化学工程与技术一流建设学科用书

化工专业基础实验

南京大学化学化工学院
周爱东 主编

高等教育出版社·北京

内容提要

本书为南京大学"十三五"重点规划教材，是为适应化学工程与技术一流学科建设，结合近年来南京大学、上海交通大学、天津大学等高校化工专业基础实验教学改革实践编写而成的。全书共 8 章，包括化工实验基础知识、实验误差分析与实验数据处理、化工数据的采集与控制技术、化工基础实验、化学工程与工艺专业实验、综合实验、化工仿真、化工模拟，书后有附录和主要参考文献。

本书可作为高等院校化学工程与工艺、应用化学、环境工程及相关专业的化工基础实验、化学工程与工艺专业实验课程的教材或参考书，也可供轻工、食品、纺织、制药、生物、海洋等领域从事科研、生产等的技术人员参考。

图书在版编目（C I P）数据

化工专业基础实验/周爱东主编. --北京：高等教育出版社，2018.9
ISBN 978-7-04-049896-7

Ⅰ. ①化… Ⅱ. ①周… Ⅲ. ①化学工程-化学实验-高等学校-教材 Ⅳ. ①TQ016

中国版本图书馆 CIP 数据核字（2018）第 117528 号

Huagong Zhuanye Jichu Shiyan

策划编辑 李 颖　责任编辑 李 颖　封面设计 张申申　版式设计 马敬茹
插图绘制 于 博　责任校对 刘娟娟　责任印制 刘思涵

出版发行 高等教育出版社
社　　址 北京市西城区德外大街 4 号
邮政编码 100120
印　　刷 山东百润本色印刷有限公司
开　　本 787mm×1092mm 1/16
印　　张 17.5
字　　数 430 千字
购书热线 010-58581118
咨询电话 400-810-0598
网　　址 http://www.hep.edu.cn
　　　　 http://www.hep.com.cn
网上订购 http://www.hepmall.com.cn
　　　　 http://www.hepmall.com
　　　　 http://www.hepmall.cn
版　　次 2018 年 9 月第 1 版
印　　次 2018 年 9 月第 1 次印刷
定　　价 32.90 元

物 料 号 49896-00

化工专业基础实验

南京大学
化学化工学院
主编　周爱东

1 计算机访问http://abook.hep.com.cn/1251172，或手机扫描二维码、下载并安装Abook应用。

2 注册并登录，进入“我的课程”。

3 输入封底数字课程账号（20位密码，刮开涂层可见），或通过Abook应用扫描封底数字课程账号二维码，完成课程绑定。

4 单击“进入课程”按钮，开始本数字课程的学习。

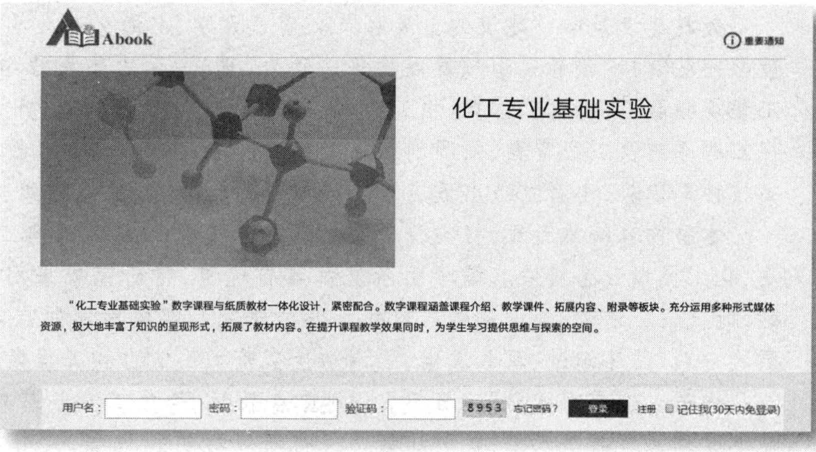

课程绑定后一年为数字课程使用有效期。受硬件限制，部分内容无法在手机端显示，请按提示通过计算机访问学习。

如有使用问题，请发邮件至abook@hep.com.cn。

http://abook.hep.com.cn/1251172

序

高等教育肩负建设创新型国家的历史使命，南京大学、上海交通大学、天津大学的化学工程与技术一流建设学科以“双一流”建设为契机，实践卓越工程师教育培养计划，着力培养学生的创新能力和创新思维、工程素养和科学精神，教学研究与科学研究紧密结合，教学过程与工程实践有机衔接，培育大化工领域具有国际竞争力的一流人才。

教材建设是学科建设的重要环节。南京大学、上海交通大学、天津大学的化工专业基础实验教学团队秉持“创新是引领发展的第一动力”理念，致力于课程结构优化和内涵建设研究。在大工程观指导下，将化工仿真、化工实训、化工模拟、科研素养训练引入课程教学，在实验教学中重视工程系统及工程背景，强调创新在工程发展中的核心地位。教材编写团队发挥一流理科、工科高校协同优势，全新打造出适应新工科建设的《化工专业基础实验》教材。

本书内容编排新颖，将实验分为化工基础实验、化学工程与工艺专业实验、综合实验、化工仿真、化工模拟五个模块。编写团队发挥各自优势，将研究成果引入实验教学内容。开设课程网站，时代信息浓郁，确保课程内容处于理论研究和实验教学热点。全书编排注重认知发展规律，层次分明、循序渐进、深入浅出，强调学生实验动手能力和工程素养训练，便于理解和自学。

本书入选南京大学“十三五”规划重点教材，是化工专业基础实验教学改革“奋进之笔”，体现办学理念与教学水平；既引导教师进行研究型实验教学，又引导学生乐于探索性学习和实验。本书适应国家高校“双一流”建设战略决策，开辟了化学工程与技术一流建设学科实验教材建设新路径，在引领兄弟院校化工专业基础实验课程及教材建设中将发挥重要作用。

国家级教学名师
南京理工大学教授

2018年6月

前　　言

2017 年 9 月，南京大学、上海交通大学、天津大学入选“双一流”建设高校，三所高校的化学工程与技术学科一同入选“双一流”建设学科。实现“双一流”宏伟目标的关键点是全面深化教育教学改革，着力培养具有国际竞争力的一流人才，课程建设、教材建设是实现“双一流”宏伟目标的重要环节。化工基础实验、化学工程与工艺专业实验是化学工程与技术学科课程体系的专业核心课程，也是化工专业基础实验教学的重要组成部分。

随着科学技术日新月异的发展，实验教学改革持续深入推进，尽管经典化工专业基础实验教学内容变化甚微，但实验仪器、实验方法和教学理念皆有了较大的变化和发展，由科研成果转化并体现学科特色的新实验内容不断涌现，扩充了化工专业基础实验的教学内容。在这些背景下，兄弟院校化工专业基础实验教学团队全面合作，共同打造了这本适应化学工程与技术一流建设学科发展的《化工专业基础实验》教材。

本书从化工专业基础实验研究的共性出发，注重实验教材的实践性和专业的工程特性，在内容的编排取材上注重理论联系实际，紧密结合计算机数据采集技术和 Aspen Plus、Fluent 等软件在化工设计、动态过程模拟等方面的应用，强调工程观点，引导学生运用实验方法解决工程问题，提升专业素养。

本书的特色主要体现在：

（1）在基础知识章节介绍个人防护设备基本要求、急救预案，强调安全操作、规范操作，彰显以人为本。

（2）在化工基础实验、化学工程与工艺专业实验、综合实验章节突出新开发的实验设备、改进的传统装置、科研成果转化的教学内容，强化工程特性，培养学生的工程意识和工程能力，切合大工程观时代特征。

（3）在仿真实验章节引入化工安全应急演练，提高安全和环保意识。

（4）适量增加化工过程模拟在实验教学中的比重，锻炼学生工程设计能力、实践能力和创新能力，提升专业素养。

（5）本书配套数字课程网站。为跟踪学科发展前沿动态，解决丰富和拓展实验内容与教材篇幅之间的矛盾，将部分实验拓展内容、前沿科学发展介绍和部分附录内容放在此网站上，读者可按照书前使用说明登录数字课程网站进行学习。

本书共分 8 章，由南京大学周爱东、周政、李磊、胡兴邦、张锋、杨国强，上海交通大学顾顺超、周锦鑫、努丽燕娜，天津大学胡彤宇，南京大学金陵学院马少玲、彭璟编写（以上排名不分先后）；周爱东担任主编，李磊、周政、周锦鑫、胡彤宇、顾顺超共同任副主编（以上排名以姓氏笔画为序）。本书的编写分工如下：周政、周爱东共同执笔第 1 章；马少玲执笔第 2 章、第 6 章的实验 6.1、第 8 章的实验 8.1、附录 2；李磊、胡兴邦、周爱东共同执笔第 3 章；周锦鑫执笔第 4 章的实验 4.1、4.2、4.4、4.8、4.9；周爱东、周锦鑫共同执笔第 4 章的实验 4.3、4.5—4.7；周爱东执笔第 4 章的实验 4. 10—4. 13、第 5 章的实验 5. 3、第 7 章、附录 1；顾顺超执笔第 5 章的实验 5. 1、5. 2、5. 4—5. 9；努丽燕娜执笔第 5 章的实验 5. 10—5. 13；李磊执笔第 6 章的实验 6. 2；张锋执笔第 6 章的实验 6. 3；周政执笔第 6 章的实验 6. 4；胡彤宇执笔第 6 章的实验 6. 5—6. 7；杨国强执笔第 8 章的实验 8. 2、附录 3；彭璟、周爱东共同承担第 4 章、第 5 章、第 6 章的部分插图绘制工作。

本书初稿承蒙南京大学张志炳教授、天津大学郭翠梨教授审阅，提出了许多宝贵意见；在本书编写和出版过程中，高等教育出版社李颖编辑给予了大力支持；编者参考了国内外兄弟院校的有关资料；本书的出版获得了南京大学化学工程与技术一流建设学科、上海交通大学化学工程与技术一流建设学科、天津大学化学工程与技术一流建设学科的支持；获得江苏高校品牌专业建设工程项目（PPZY2015B111）、江苏省高等教育教改研究项目（2017JSJG089、2013JSJG168）、南京大学“十三五”重点规划教材建设项目、南京大学 2016 年度重点教改课题（201614B2）资助；获得北京东方仿真软件技术有限公司的产品使用授权；天津大学胡瑞杰老师参与了书稿方案讨论、提供了部分素材。在此一并表示感谢！

书中许多内容都是依据编者的教学经验和认识，在编写过程中难免出现疏漏和不妥之处，恳请读者指正，以助本书日臻完善。

编者

2017 年 12 月

目　　录

第1章 化工实验基础知识

1.1 化工实验的目的和要求

1.1.1 化工实验的目的

化工实验是学习、掌握和应用化工基础理论知识的重要手段，是从化学、化工基本原理跨入实际应用的重要一环。化工实验与普通化学实验相比，具有明显的工程实验特点，要面对和解决实际的技术问题，是培养学生工程概念与动手操作能力的实践课程。通过化工实验课程的学习应达到如下目的：

(1) 强化“三传一反”知识体系理念。

(2) 掌握化工单元操作，加深对理论知识的理解与认识。

(3) 熟悉各种仪器、仪表和实验设备的结构、性能和操作流程。

(4) 提高发现问题、分析问题、解决问题的能力，培养实验技能和科研能力。

(5) 理论联系实际，利用化工基础理论知识解决实际生产问题，培养大工程观。

(6) 通过实验培养科学、严谨、求实的创新精神。

1.1.2 化工实验的要求

1. 实验前的准备工作

化工实验流程较为复杂，实验装置体型较大且经常配套有各种仪器和仪表。因此，在实验前应认真预习实验流程，复习相关理论知识，了解并掌握实验目的、实验原理、实验设备结构、操作流程、需要测量记录的数据及所需注意的安全事项。

在预习的基础上写出实验预习报告。实验预习报告应包含：实验目的、实验原理、实验装置、操作流程、注意事项等。准备好记录实验数据的表格，表中需注明各参数的单位。

进入实验室后，依据预习报告对照具体实验装置，明确实验装置构造及操作流程、仪表的使用和注意事项。实验前应提前对小组成员进行明确分工，以便协调配合完成实验。

2. 实验的操作与数据记录

实验操作是整个实验中最重要的环节，关系到整个实验的成败，在实验操作中要注意以下事项：

(1) 设备启动前应严格检查各设备、控制点和所需仪表的状态是否符合启动要求，如阀门的闭合,设备、仪表及水电气的连通状态等。

(2) 实验操作需要严格按照操作规程认真、细致、平稳地进行。实验过程中小组成员需密切配合,坚守实验岗位。

(3) 实验中要仔细观察装置运行状态和仪表显示情况,如出现异常情况应及时检查排除,必要时须按操作步骤进行停车处理。对于无法解决的问题应立刻向教师报告。

实验数据是处理、总结实验结果的依据。实验数据的读取与记录应秉承科学严谨的态度,准确、全面地记录所需数据。实验数据的读取与记录应遵循以下原则:

(1) 测取数据时应按照仪表精度准确读取有效数字,在预习时准备好的表格中工整地记录数字和单位,并复核。

(2) 不能随意舍弃数据,对于经过分析存在问题的数据,应及时排查,解决问题后重复实验再测取,争取获得准确的原始数据。

(3) 对于可能影响实验结果的其他数据也应全面记录,如环境温度、大气压、设备尺寸等。

(4) 对于稳态操作过程,待条件改变后应等待新的稳定状态建立,仪表读数稳定后再测取数据。

(5) 测取的数据应为直接读取的数据,而非经过现场计算的数据,以免匆忙造成差错,如U形管压力计应分别读取记录两侧液柱高度,不能计算差值后记录。

实验最后检查实验数据的完整性和规律性,检查无误后,结束实验,按规程清洗装置并恢复至实验前状态,切断水电气,打扫实验室卫生后经教师批准方可离开实验室。

3. 实验报告

实验结束后要及时处理数据,书写实验报告。书写实验报告可以促进学生做好实验,加强对理论知识的理解和记忆,锻炼学生能力。因此,学生应认真、独立完成实验报告。实验报告必须写得简单、明了、确切,并且有实验者个人的见解。实验报告一般包含以下内容:

(1) 实验题目。

(2) 实验目的。

(3) 实验基本原理。

(4) 实验装置的流程示意图和测试点、控制点位置,主要设备、仪表的名称、型号或尺寸。

(5) 实验操作和仪表使用的注意事项。

(6) 实验原始数据记录。

(7) 实验数据的整理、计算,以图表或公式表示的实验结果。

(8) 数据整理计算过程举例(列出一组数据的计算过程,作为计算示例)。

(9) 实验结果的分析和讨论。

(10) 结论。

4. 其他注意事项

化工实验室中大型设备较多,往往一套设备中各种仪器、装置、仪表连接在一起,牵一发而动全身,任何一部分出现问题都可能会影响到整个实验的顺利进行。同时,由于实验装置投资较大,一般没有备用装置,因此,每个学生应该本着爱护公物和对自己及他人负责的原则,培养严谨、求实的科学作风,严格按照规程操作,爱护设备、装置,坚守实验岗位,出现问题及时报告,以免耽误他人的科研学习和影响正常的实验教学。

1.2 化工实验室安全常识

1.2.1 个人防护设备

美国职业安全与健康管理局(Occupational Safety and Health Administration,OSHA)在实验室安全指导(laboratory safety guidance)中对个人防护设备设有专门的标准,即个人防护设备标准(the personal protective equipment standard)(29 CFR 1910.132)。个人防护设备包括:呼吸器(respirators),面罩(face shields),护目镜(goggles)和一次性手套(disposable gloves)。进入实验室,个人防护设备基本要求包括:长袖/长裤衣服(避免皮肤接触)、安全鞋(防砸、防滴溅)、安全眼镜(预防化学品喷溅)、防化手套(用于手部防护)。

使用个人防护设备应注意:

(1) 基于危害性选择设备。

(2) 正确安装,有时是周期性安装。

(3) 认真正确佩戴。

(4) 根据制造商的说明书,定期维护和更换。

(5) 正确移除和处置,以免污染自身、他人和环境。

(6) 若重复使用,应正确移动、清洗、消毒和储存。

1.2.2 急救预案

实验开始之前,做好应急准备:熟悉最近的火警报警地点,知道报警电话;了解安全设备的放置位置并且知道如何使用,包括洗眼器、喷淋、灭火器、吸附棉等;保持安全出口畅通,安全设备周围无阻挡物。

遇紧急情况时,急救预案的要点:

(1) 在处理泄漏等事故时,确保自己的安全是第一步。

(2) 如遇割伤,首先应清理创口,避免化学品残留,然后再进行包扎处理。

(3) 被热表面烫伤后,先用冷水降温 30 min 以上,再涂抹烫伤膏。

(4) 对于可疑性骨折,在伤情没有进一步恶化的情况下,不要试图移动伤者。

(5) 触电造成的休克,抢救人员需先关闭电源,用绝缘物品将触电者移开,立即进行人工呼吸及心肺复苏。

急救只是防止伤情恶化的暂时方法,及时接受专业医护才是重要的!

1.2.3 危险化学品的安全使用

危险化学品是指具有毒害、腐蚀、爆炸、燃烧、助燃等特性,对生物、设施、环境具有危害性的剧毒化学品和其他化学品。常见危险化学品可大致分为以下几类:

1. 易燃液体

易燃液体如甲苯、乙醇、乙醚、乙酸乙酯、丙酮等,易挥发,遇明火易燃烧,其蒸气与空气的混合物达到爆炸极限范围时,遇火会发生猛烈的爆炸。选用红色、铁材质试剂柜存放可燃液体化学品,易燃液体存储和使用时要注意密封、防止倾倒和外溢,存放在阴凉通风处,远离火种(包括易产生电火花的设备、仪器)、热源和氧化剂。

2. 易燃固体

易燃固体如硫黄、红磷、镁粉、铝粉等,燃点低,其蒸气或粉尘在空气中达到一定浓度遇明火或火花会发生激烈燃烧甚至爆炸。与氧化剂接触易导致燃烧或爆炸。易燃固体要存放在阴凉通风处,远离火种、热源和氧化剂。

3. 自燃品

自燃品如白磷(白磷同时又是剧毒品)等,会因与空气接触缓慢氧化而引起自燃。自燃品需存放在盛水的瓶中,白磷全部浸没在水下,加塞,保存于阴凉处。使用时注意不要触碰皮肤,防止体温致使其自燃而造成烧伤。

4. 遇水燃烧物

遇水燃烧物如钾、钠、碳化钙、磷化钙、硅化镁、氢化钠等,在遇水或受潮后会与水激烈反应,产生可燃性气体并放出大量热能。该类物品应存放在密闭容器中,置于阴凉干燥处。少量钾、钠应浸没在加塞的煤油瓶中。

5. 爆炸品

爆炸品如三硝基甲苯、硝化甘油、硝化纤维、重氮盐等,在高温、摩擦、震动、撞击、火源等作用下会发生爆炸。爆炸品要装瓶单独存放在安全处,使用时要避免摩擦、撞击、震动、接触火源、热源。

6. 强氧化剂

氧化剂如高锰酸盐、重铬酸盐、氯酸盐、过氧化物等,在受热、光照或与其他物品作用时会放出氧气助燃造成猛烈燃烧。存储时应注意存放于阴凉通风处,与酸类、易燃物、还原剂分开。使用时要注意其中切勿混入易燃物。

7. 腐蚀性物质

腐蚀性物质如硫酸、盐酸、固态碱或碱溶液、液溴、苯酚等,对衣物、皮肤等都具有腐蚀作用。应选用蓝色、塑料材质试剂柜存放腐蚀性化学品。使用时勿接触衣物、皮肤,严防溅入眼睛中。

8. 有毒化学品

有毒化学品如氰化物、砷化物、汞、汞盐等,摄入人体后,在体内累积到一定的量,会造成某些器官或组织暂时或持久性的病理改变,甚至会危及生命。剧毒品必须存储在安全的专用橱中,专人保管,购进和领用都要有详细明确的记录。一般毒品也要妥善保管,使用时要严防摄入或接触身体。

9. 压缩气体和液化气体

压缩气体和液化气体是指压缩、液化或加压溶解的气体,具有易燃易爆、受热膨胀、腐蚀毒害、窒息性和氧化性等性质。为了便于储存和使用,常将气体用降温加压法压缩或液化后储存于钢瓶内,其存储和使用方法将在高压钢瓶的安全使用一节中再做介绍。

1.2.4 消防安全

化学实验室中存有各种危险化学品,很多药品着火时不适合用水扑灭,因为水会和部分药品

(如钠等)发生剧烈反应,可能加大火势甚至引发爆炸。同时由于大多数有机溶剂不溶于水且比水轻,如用水灭火会使有机溶剂浮在水面上,造成火场扩大。因此,实验者需要对实验室必备的几种灭火器材有一定了解。

1. 消防沙箱

消防沙可以隔绝空气并降低温度,适用于不能用水扑救的火灾,如金属起火等。消防沙箱内需存放足量干燥的沙子备用。使用时将沙子撒在着火处。消防沙箱平常需保持干燥,切勿将纸屑、碎玻璃、垃圾等杂物丢入其中。

2. 泡沫灭火器

泡沫灭火器的作用是在燃烧物表面形成泡沫覆盖层,使燃烧物表面与空气隔绝,破坏燃烧条件,起到窒息灭火的作用。泡沫灭火器适用于扑救一般火灾,但不能扑救水溶性可燃、易燃液体的火灾,如醇、酯、醚、酮等物质的火灾。同时因泡沫能导电,不能用于扑灭电气火灾。泡沫灭火器又分为手提式泡沫灭火器、推车式泡沫灭火器和空气式泡沫灭火器。

手提式泡沫灭火器使用方法:将灭火器直立提到距起火点 10 m 处,一只手握住提环,另一只手抓住筒体的底圈,将灭火器颠倒过来,泡沫即可喷出灭火。灭火时,将喷嘴对准火焰根部,由近而远,左右扫射,并迅速向前推进,直至将全部火焰扑灭。在灭火过程中,灭火器应一直保持倒立、垂直状态,否则,会中断喷射。

推车式泡沫灭火器使用方法:一般需两人操作,使用时将灭火器推拉到距着火点 10 m 处,一人施放喷射软管后双手紧握喷枪并对准燃烧处;另一人先逆时针方向转动手轮将螺杆升到最高处,使瓶盖开足,再将筒体向后倾倒,使拉杆触地,并将阀门手柄旋转 90°,即可喷射泡沫进行灭火。如阀门装在喷枪处,则由负责操作喷枪者打开阀门。

空气式泡沫灭火器使用方法基本上与手提式泡沫灭火器相同,但应注意灭火器使用时始终保持直立状态,切勿倒立或横卧使用,否则喷射有可能中断。

3. 干粉灭火器

干粉灭火剂是由具有灭火功效的无机盐和少量的添加剂经干燥、粉碎、混合而成的微细固体粉末组成。干粉灭火剂首先是通过无机盐分解物抑制、消除燃烧物产生的活性游离子,使燃烧的链反应中断;其次是干粉的粉末在可燃物表面反应形成玻璃状覆盖层,隔绝空气从而灭火。同时干粉遇到高温分解时吸收大量的热,放出蒸汽和二氧化碳,具有冷却和稀释燃烧区空气中氧的作用。干粉灭火器适用于扑救可燃液体、气体、电气设备的初期火灾。

手提式干粉灭火器:使用时将灭火器迅速提到距起火点 5 m 处,放下灭火器。使用前先把灭火器上下颠倒几次,使筒内干粉松动。再撕掉安全铅封,拔掉保险销,然后一只手握住喷射软管前端的喷嘴,另一只手压下压把,干粉便会喷射出来。灭火时,将喷嘴对准火焰根部,由近而远,左右扫射,并迅速向前推进,直至将全部火焰扑灭。

推车式干粉灭火器:一般由两人操作,使用时将灭火器迅速拉到距起火点 10 m 处,一人将灭火器放稳,然后撕下铅封,拔掉保险销,迅速打开气体阀门或开启机构;另一人迅速展开喷射软管,一手握住喷射枪枪管,另一只手扣动扳机,将喷嘴对准燃烧场,扑灭火灾。灭火方法与手提式干粉灭火器的方法一样。

4. 二氧化碳灭火器

二氧化碳灭火器的灭火作用:二氧化碳的密度约为空气的 1.5 倍,灭火时,二氧化碳气体可以排除空气而包围在燃烧物体的表面或分布于较密闭的空间中，降低可燃物周围或防护空间内氧的浓度，阻止燃烧，从而起灭火作用，同时二氧化碳在喷射灭火过程中由液体迅速汽化成气体，吸收一定的热能，具有一定的冷却作用。二氧化碳灭火器适用于扑救精密仪器、图书、档案、600 V 以下电气设备及范围不大的油类、气体的火灾。

手提式二氧化碳灭火器：在距起火点 5 m 处放下灭火器，拔掉保险销，一手握住喇叭筒根部的手柄，另一只手紧握启闭阀的压把（如没有喷射软管，应把喇叭筒往上扳 70°～90°）。灭火时，将喷嘴对准火焰根部，由近而远，左右扫射，并迅速向前推进，直至将全部火焰扑灭。为防止冻伤，使用时不能直接用手抓住喇叭筒外壁或金属连线管。在室外使用时，应选择上风方向喷射；在狭小空间使用时，灭火后应迅速离开，以防窒息。

1.2.5　用电安全

实验室中用到的交流电源分为动力电和照明电两种。动力电也叫三相电，为三条火线一条零线，每条火线和零线之间的电压为 220 V，而每两条火线之间的电压为 380 V，动力电主要应用于大型机械、搅拌机、电动机等用电。照明电也叫单相电，也是一般的家庭用电，为一条火线一条零线，两线之间的电压为 220 V。

低压电力系统保护接地和保护接零是保证安全用电、防止间接触电的重要措施之一。当用电设备发生绝缘损坏，其金属外壳带有危险电压时，保护接地和保护接零能保护人身安全。

保护接零是指把电工设备的金属外壳与电网中的零线可靠连接，以保护人身安全的一种用电安全措施。保护接地是将正常情况下不带电，而在绝缘材料损坏后或其他情况下可能带电的电器金属部分用导线与接地体可靠连接的一种保护接线方式，用以保证当电气设备因绝缘损坏而漏电时产生的对地电压不超过安全范围。

化工实验室中电器设备较多，而且常常连有各种仪表和附加装置，各种线路错综复杂，部分设备电负荷也较大。在实验室中应注意以下事项：

（1）进入实验室，应先了解配电箱（柜）及其中总电源开关和各支路开关的位置，便于出现问题时及时切断电源。

（2）实验室内应使用空气开关并配备必要的漏电保护器，电气设备和大型仪器需良好接地。配电箱内不准堆放杂物，以免触电或燃烧。

（3）实验前，应先检查电源线路、电动机和设备各部分是否良好，如有故障，应排除后再接通电源。实验结束后，先关闭仪器设备开关，再关闭电源。

（4）实验使用电子仪器设备时，应先了解其性能及技术参数，查看其电压、电流、功率等是否符合要求。同时要考虑电线的安全载流量合理配线，不可随意增加负载，以免电线发热造成火灾。

（5）人员长时间离开房间或停电时，要切断电源开关，尤其是要注意切断加热电器设备的电源开关，以免电器损毁。按操作规程操作，若电器设备出现过热现象或有异味时，应立即切断电源。

（6）注意保持线路和电器设备的干燥，防止因线路和设备受潮而漏电。接触或操作电器设备时必须保持手部或手套干燥，以防触电。

（7）电器设备的保险丝烧断时，应先切断电源，查明原因、排除故障后，再按原设备的配型更换保险丝，不得随意加大或改用其他金属线。

(8) 不得将电线任意放在通道上，以免因绝缘破损造成短路。裸露的线头要用绝缘胶布或绝缘管包好。对老化电线等隐患要定期检查并及时排除，对于实验室中不能排除的故障应及时向老师报告，请专业人员处理。

(9) 要警惕实验室内发生电火花或静电，尤其在使用可能构成爆炸混合物的可燃性气体时，更需注意。如遇电器失火，切勿用水或导电的泡沫灭火器灭火，应切断电源，用消防沙或二氧化碳灭火器灭火。

(10) 有人触电时，应立即切断电源，或用绝缘物体将电线与人体分离后，再实施抢救。

1.2.6 高压气瓶的操作

气瓶属于移动式的可重复充装的压力容器，是用于储存和运输压缩气体、高(低)压液化气体、低温液化气体、溶解气体、吸附气体的瓶式金属或非金属密闭容器。

依据《气瓶安全技术监察规程》(TSG R0006—2014)，瓶装气体的介质分为以下几种：

(1) 压缩气体，是指临界温度(T_c)≤-50 ℃的气体，也称永久气体。

(2) 高(低)压液化气体，-50 ℃<临界温度(T_c)≤65 ℃的高压液化气体和临界温度(T_c)>65 ℃的低压液化气体。

(3) 低温液化气体，是指临界温度(T_c)≤-50 ℃，在运输过程中由于深冷低温部分呈液态的气体，也称为深冷液化气体或者冷冻液化气体。

(4) 溶解气体，在压力下溶解于溶剂中的气体。

(5) 吸附气体，在压力下吸附于吸附剂中的气体。

在气瓶上应印有钢瓶的制造标志和定期检验标志。为避免各种气瓶使用时发生混淆，须将气瓶上按照《气瓶颜色标志》(GB 7144—1999)标准漆上不同颜色，写明瓶内气体名称。

常用高压气瓶颜色及标识如表 1-1 所示。

表 1-1 常用高压气瓶颜色及标识

气体类别	瓶身颜色	字样	字色
氮气	黑	氮	黄
氧气	淡蓝	氧	黑
氢气	淡绿	氢	红
压缩空气	黑	压缩空气	白
液氨	黄	氨	黑
二氧化碳	铝白	二氧化碳	黑
氦气	棕	氦	白
氯气	深绿	氯	白
乙炔	白	乙炔	红
一氧化碳	银灰	一氧化碳	红

高压气瓶的搬运、存放和充装应注意以下事项：

(1) 搬运气瓶时，应装上防震垫圈，旋紧安全帽，以防止开关阀被意外转动或碰撞。

（2）搬运充装有气体的气瓶时，最好使用特制的担架或推车，也可以用手平抬或垂直转动，但不可用手握住开关阀处进行移动。

（3）运输气瓶时，须妥善固定，避免途中滚动碰撞；装卸车时应轻抬轻放，不可采用抛扔、摔落或其他易引起碰击的方法。

（4）充装有相互接触后可引起燃烧、爆炸气体的气瓶（如氢气瓶和氧气瓶），不可同车装运或存放在一起，也不能与其他易燃、易爆物品混合存放。

（5）气瓶瓶体出现缺陷、安全附件缺损、安全检验到期时，不可继续使用，应送交有关单位检查，确保安全后方可使用。

（6）气瓶须遵守专用要求：盛装单一气体气瓶必须专用，只允许充装与制造标记相一致的气体，不得更改制造标记及其用途，也不得混装其他气体或者添加剂；盛装混合气体的气瓶必须按照气瓶标志确定的气体特性充装相同特性的混合气，不得改装单一气体气瓶或不同特性的混合气体。

一般高压气瓶的使用应遵循以下原则：

（1）高压气瓶必须分类、单独存放在专用的房间内；储存场所有显著警示标识，按规定的温度储存，且通风良好；气瓶保持直立，有牢靠的固定装置；气瓶的钢印、标签清晰；气瓶要远离电源、热源，避免曝晒和强烈震动。

（2）高压气瓶上的减压阀要分类专用，安装时要将连接螺旋上紧，防止泄漏。助燃和不燃气体瓶阀的出气口螺纹为右旋，可燃气体瓶阀的出气口螺纹为左旋。开关、调节减压阀和气瓶总阀时，动作必须缓慢；使用时应先开启气瓶总阀，后开减压阀；关闭时先关闭气瓶总阀，放尽余气后再关减压阀。切不可只关闭减压阀，不关闭气瓶总阀。

（3）使用高压气瓶时，操作人员应避开瓶口和气体出口方向，站在侧面缓慢操作，以防阀门或压力表冲出造成伤害。操作时严禁敲打撞击，须经常检查有无漏气，并注意压力表读数。

（4）氧气瓶的减压阀内外严防被油脂玷污，以免因高压氧气与油脂接触引起燃烧爆炸。氧气瓶放气和打开减压阀的操作必须缓慢，操作太快会产生静电火花，引起爆炸。因此，操作人员不能穿戴沾有各种油脂或易感应产生静电的服装、手套或扳手进行操作。

（5）高压气瓶内的气体不得用尽，压缩气体、溶解乙炔气气瓶的剩余压力应不小于 0.05 MPa；液化气体气瓶应留有不少于 0.5% ~1.0% 规定重装量的剩余气体，以防重新充气时发生危险。

（6）各种高压气瓶必须定期进行技术检查。充装一般气体的气瓶三年检验一次，盛装腐蚀性气体的气瓶两年检验一次。如在使用中发现有腐蚀或损伤的，应提前进行检验。

1.2.7　实验废弃物的处置

为保护环境，防止废弃物污染环境，化工实验产生的废弃物的处置应遵循“五分一统”原则：

（1）实验室应采用无污染或污染少的新工艺、新设备，采用无毒无害或低毒低害的原材料，尽可能减少危险化学物品的使用，以防止新污染源的产生。

（2）应当遵循减少废弃物的产生、充分合理利用废弃物和无害化处置危险废物的原则。

（3）实验室必须配备回收装置，每次实验后的化学废液、废弃物应分类收集。对于每次实验产生的废液、废弃物应该在记录本上明确记录产生时间、类别（成分）、产生量（体积或质量）、操作人等。

(4) 严禁将实验产生的可能污染环境的废液、废渣随便倒入下水道或随意堆放,不得将实验废弃物(含沾染化学药品的实验用具)与生活垃圾或其他非危险废弃物混存。接触危险废弃物的实验室器皿、包装物等,必须完全消除危害后,才能改作他用或废弃。

(5) 废液、废弃物的收集、储存必须按废液、废弃物特性选择安全的容器、包装材料进行分类包装,包装容器和包装物必须有标示废弃物类别、性质的标志。化学性质相抵触或灭火方法相抵触的物品不得混装。

(6) 实验室产生的危险废弃物要统一交给具有废液、废弃物回收资质的 HSE 部门处置。

1.3 化学工程问题的研究方法

化学工程的基本研究对象是工业装置的动量传递、质量传递、能量传递和化学反应过程,即"三传一反"。主要任务是根据传递与反应的规律采用经济、高效的装置和工艺路线来实现有关过程的工业化。实验方法和数学模型方法是化学工程中两种主要研究方法。

影响化工过程的因素有很多,有时难以直接用数学计算定量地分析和预测结果,而必须通过实验来解决。早期的化学工程研究主要是实验方法,通过量纲分析和相似理论,将实验室研究的结果外推到工业条件。但对于化学反应过程,实验模型与工业原型之间一般难以满足相似条件,致使相似放大方法往往失效,因此早期化学反应过程的开发,主要是通过逐级经验放大,即通过小试优选出最佳操作条件和设备类型、确定所能达到的技术经济指标,再通过多层次的、逐级扩大的试验,探索放大的规律,同时逐级获取合适的工艺条件。这种经验方法耗资大、费时长、效果差。

随着人们对化学工程中各类传递现象的深入了解和定量把握,以及计算机科学技术的发展和过程系统工程学科的建立,数学模型方法逐渐得到了应用和发展。数学模型可大致分为四类:理论模型、经验模型、半经验半理论模型和人工智能模型。

(1) 理论模型　理论模型是指模型方程完全是在理论分析的基础上建立起来的数学表达式。这类模型严格可靠,但面对复杂系统的工程问题却有很多局限性,只适用于过程原理清晰、参数关系明确的单元操作。

(2) 经验模型　经验模型是指模型方程完全是靠回归实验数据得到的数学表达式。该模型没有任何理论依据,从而在模型方程的形式上看不出所研究问题的内在规律,而且受试验范围限制,外推性一般较差。在难以得到其他数学模型的情况下,使用经验模型也不失为一种选择。

(3) 半经验半理论模型　半经验半理论模型介于理论模型和经验模型之间,即通过对所研究对象的过程机理进行理论分析,建立模型方程的表达式,进而通过实验确定模型参数。该模型是理论与实验的结合,提高了可信度、改善了外推性。半经验半理论模型是处理复杂工程问题最有效、最常用的模型。

(4) 人工智能模型　人工智能模型是模拟或部分模拟人类智能的数学模型。近些年,人工智能模型的理论研究已取得突破进展,并在解决某些复杂工程问题方面取得成功。随着计算机技术的发展,人工智能模型必将广泛地应用到各种工程系统和生产系统中。

数学模型方法在化工过程开发中的应用主要包括两个方面:一是在建立模型和给定参数后,

通过模型计算预测单元或系统的输出结果，解决过程的模拟、优化、控制等问题；二是在给定研究对象的有关输入、输出信息后，通过模型来进行机理辨别和参数求取。

化学工程作为一门工程科学，实验研究仍然是基本的和主要的手段，模型的建立必须以实验为基础，模型的检验和修正也必须以实验为依据。随着化学工程学科的日益发展，模型方法和实验方法的结合也越来越紧密，二者相辅相成。由于化学工程研究对象的复杂性，目前尚有一些过程开发需要依靠经验性的逐级放大方法，但研究开发过程中的经验的、未知的因素将不断减少，科学的、理性的成分将日益增加。

第2章 实验误差分析与实验数据处理

在化学化工等领域,实验是对理论研究进行验证的最直接、可靠的方法。通过实验观察现象,测量相关数据也能指导实验者分析并得出有效的结论,获得相关规律,进而指导理论研究。实验数据的获得依赖于测量,但是由于设备制造、仪器仪表精度、实验环境及实验人员主观操作等各种因素的影响与制约,实验测量不可能做到绝对精确,即测量值与理论值间不可避免会存在一定的差异,而这种差异有可能影响实验者对结果的分析。因此,在化学化工实验中,一方面,实验者应当认真观察和记录实验现象与数据,另一方面则必须对实验误差进行分析研究,了解误差的主要来源,并有针对性地改进测量条件,减小实验误差,提高实验精度。同时,随着计算机技术在化学化工领域的普及,实验者还应该掌握常见数据处理软件的操作方法,能够借助计算机技术对实验数据进行回归分析与误差分析,提高实验效率。

2.1 实验误差分析

2.1.1 误差的基本概念

1. 误差的来源

在化学化工实验中,测量值包括直接测量值和间接测量值,通常将测量值与真值之间的差异定义为误差。误差是客观存在的,根据其产生原因,可将误差分为系统误差、随机误差、主观误差三种。

1）系统误差

实验过程中,在相同的实验条件下多次测量同一变量,所引起的误差的符号与数值始终维持恒定,且该误差值随测量条件改变而呈规律性变化,这种误差即被称为“系统误差”。系统误差主要来源为测量仪器自身,由于仪器的精度偏低、材质易受环境影响、更换实验环境时未进行校正及仪器表盘刻度不准等原因,易造成系统误差。实验系统的环境条件控制与要求值不符,如室温低于或高于系统要求的控温温度、水浴温度未达到规定数值等所引起的误差也属于系统误差。实验人员的操作习性如读数习惯、对颜色变化的分辨能力或判断标准等个人因素,同样会造成系统误差。一般经多次测量与分析能够发现系统误差,并通过更换高精度仪器,对仪器进行校正,控制实验环境条件稳定,提高实验者操作技能或更换实验人员等,能够有效消除系统误差。

2）随机误差

实验过程中，在相同的实验条件下多次测量同一变量，所出现的误差的符号与数值不完全一致，正负偏差随机出现，且误差值随测量条件改变无显著规律性变化，这种误差即被称为"随机误差"，也叫"偶然误差"。随机误差的出现具有偶然性，实验装置控制偏差如利用温控仪控制的自动加热装置的加热温度在设定值附近发生波动、环境温度或湿度的变化、实验人员不固定、读数标准不统一等，均是造成随机误差的可能原因。

对随机误差的分析研究是实验数据处理的重点之一。由于能够影响实验系统的偶然因素较多，且最终测量所得到的随机误差往往是多个影响因素的累计结果，因此通过分析也较难确定随机误差是由哪个因素波动或改变所导致的。但是通过分析相同条件下对同一变量的大量测量数据发现，这些数据所引起的误差往往在一定的范围内上下波动，即正偏差与负偏差出现的概率基本相同，随机误差分布遵循一定的统计规律。因此在实际实验中，往往要求实验员在同一条件下对同一待测量进行多次测量，并求取其平均值作为该待测量的实际测量结果，从而降低随机误差的影响。

3）主观误差

主观误差即"人为误差"或"过失误差"，主要是因实验人员的主观过失所造成的测量误差，如因实验员粗心导致实验操作不当、数据读取错误、未按规定记录测量结果的有效数字及使用计算机工作站时未按规定操作等。一般这类误差出现次数少，且往往与其他测量值存在显著差异，在检验时较容易发现并予以剔除，实验过程中通过多次测量取平均值也能够抑制主观误差的影响。同时，为避免主观误差的产生，也要求实验人员在实验前应做好准备工作，了解实验目的与内容，认真观察、记录和处理实验数据。

2. 常见的误差表示方法

1）真值与平均值

真值是实验过程中待测量变量所应具有的真实数据或理论值，是一种理想结果。通过实际测量的数据只能趋近于真值，但不可能等于真值。在一些测量中，可以选择在相同条件下利用比实际测量设备具有更高一级精度的设备测量时所能够再现的测量结果作为相应变量的真值，该真值也被称为"相对真值"。

实际上，变量测量的真值通常是在消除系统误差与主观误差的情况下，通过对变量进行反复多次测量，以所得测量值的平均值作为变量的真值，即"约定真值"。以 $x_1, x_2, x_3 \cdots, x_n$ 表示实验中对某个变量的测量值，其中 n 为测量次数，则在化学化工实验中常用的平均值及其计算方法包括：

算术平均值(arithmetic mean)，是统计学中最常使用的一种约定真值计算方法，即

$$\bar{x}=\frac{x_1+x_2+\cdots+x_n}{n}=\frac{1}{n}\sum_{i=1}^{n}x_i \tag{2-1}$$

几何平均值(geometric mean)，是指 n 个测量值(皆为正数)的连乘积的 n 次方根，即

$$x_g=\sqrt[n]{x_1\cdot x_2\cdot\cdots\cdot x_n}=\sqrt[n]{\prod_{i=1}^{n}x_i} \tag{2-2}$$

均方根平均值(root mean square)，也称平方平均值，即

$$x_{rms}=\sqrt{\frac{x_1^2+x_2^2+\cdots+x_n^2}{n}}=\sqrt{\frac{1}{n}\sum_{i=1}^{n}x_i^2} \tag{2-3}$$

一般来说，对于同一组测量数据，几何平均值≤算术平均值≤均方根平均值，其中几何平均值和均方根平均值均要求测量值为非负数，而化学化工实验中的测量值多呈正态分布，因此在计算约定真值时一般采用算术平均值。

2）绝对误差与相对误差

绝对误差(absolute error)，即通常所说的误差，是测量值与真值之间的偏离值。绝对误差有正值和负值之分，反映了某个测量值的可靠程度。实验数据处理时，一般以算术平均值 $\bar{x}$ 表示真值，则某次测量值 x_i 的绝对误差为

$$\delta_a=x_i-\bar{x} \tag{2-4}$$

相对误差(relative error)，是指测量值的绝对误差与真值的比值，即

$$\delta_r=\delta_a/\bar{x} \tag{2-5}$$

相对误差能够反映同一变量不同测量值的可靠性，在实验数据处理过程中常采用其百分数形式表示，也被称为“百分误差”，此时应表示为绝对误差的绝对值与真值之比，即

$$\delta_p=|\delta_a|/\bar{x}\times100\% \tag{2-6}$$

3）算术平均误差、方差与标准差

化学化工实验中，对于一组测量值，其算术平均误差(arithmetic average deviation)是指单次测量值与平均值间的误差的绝对值的算术平均值，即

$$\delta_A=\frac{|x_1-\bar{x}|+|x_2-\bar{x}|+\cdots+|x_n-\bar{x}|}{n}=\frac{1}{n}\sum_{i=1}^{n}|x_i-\bar{x}|=\frac{1}{n}\sum_{i=1}^{n}|\delta_{ai}| \tag{2-7}$$

方差(variance)则是指变量的测量值与约定真值之差的平方的算术平均值，表示为

$$s^2=\frac{(x_1-\bar{x})^2+(x_2-\bar{x})^2+\cdots+(x_n-\bar{x})^2}{n}=\frac{1}{n}\sum_{i=1}^{n}(x_i-\bar{x})^2 \tag{2-8}$$

方差能够反映一组测量数据的波动状况及其与平均值间的偏离程度，根据式(2-7)计算得到的方差数值越大，表明该组测量数据点波动越大，越不稳定。如果对方差取算术平方根，则为标准方差，简称标准差(standard deviation)，它所反映的是一组测量数据内各个测量值之间的分散程度，其数值越大，表示测量值的分散程度越高，测量精度则越低，反之则表明实验测量精度较高，测量值分散程度小。

$$\sigma=\sqrt{s^2}=\sqrt{\frac{1}{n}\sum_{i=1}^{n}(x_i-\bar{x})^2} \tag{2-9}$$

4）示值误差、最大允许误差和引用误差

示值误差、最大允许误差和引用误差都是用来描述实验测量仪器、仪表自身误差的一种表达方式。示值误差(error of indication)是指测量仪器、仪表所指示的测量值与对应变量的真值之差，一般多以绝对误差的形式表示，也可用相对误差表示，是选择测量仪器、仪表时的指标之一，示值误差越小表明所选测量仪器、仪表的准确度越高。

对于一个选定的测量仪器、仪表，根据相关技术标准、测量规范或规程所允许的极限误差值，则称为该仪器、仪表的最大允许误差(maximum permissible error)。

引用误差(quoted error)是测量仪器、仪表误差的一种表示方法。当用于表示示值误差时，引

用误差定义为该测量仪器、仪表指示刻度的绝对误差与其满量程示值的比值的百分数。而用于表示最大允许误差时，则定义为该测量仪器、仪表的最大允许绝对误差与其满量程示值的比值的百分数。

2.1.2　误差的基本性质

一般来讲，只要实验准备充分、认真，主观误差完全可以避免，而系统误差虽然由客观原因引起，但是通过对实验数据的分析可以查找引起该误差的原因并采取相应的措施予以消除。相对而言，随机误差的产生多具有偶然性，且影响因素多而复杂，难以查找其具体来源，但是如上文所述，通过大量的实验研究与统计分析，发现随机误差也遵循统计学规律，只要掌握了该规律，就有可能减小因随机误差对测量造成的影响，提高实验结果的精确度。

1. 随机误差的分布

在相同条件下对同一变量进行大量重复测量，研究者发现其随机误差往往具有如下规律：

（1）测量值总是在某一数值上下波动，因此存在正误差和负误差，且绝对值相同的正误差和负误差出现的概率几乎相同，具有对称性。

（2）绝对值小的误差出现的概率大，而绝对值大的误差出现的概率小，绝对值很大的误差出现的概率趋近于零。

（3）测量的次数越多，误差的算术平均值越趋近于零，故测量值的算术平均值越趋近于该变量的真值。

通过研究发现，实际上随机误差的分布规律符合高斯分布，具有如下的表达形式：

$$f(\delta_a)=\frac{h}{\sqrt{\pi}}\exp(-h^2\delta_a^2)=\frac{1}{\sigma\sqrt{2\pi}}\exp\left(\frac{-\delta_a^2}{2\sigma^2}\right) \tag{2-10}$$

式(2-10)也称为随机误差正态分布的密度函数，其中，δ_a 为测量值的绝对误差，σ 为标准方差，根据式(2-9)计算，h 为精密指数。σ 值越小，表明测量值的分散程度越低，绝对值小的随机误差的出现概率越高，因此测量的精度即 h 值也越高。

2. 可疑测量值的舍弃规则

由随机误差的高斯分布规律可知，如果所选用的测量仪器、仪表精度较高且实验前经过校准，实验操作无误，则所有测量值的随机误差中，出现绝对值较大的误差的概率很低，因此对于实验过程中出现的误差较大的测量值，通常被认为是可疑数据，需要根据一定的判据来判断是否将其舍弃。

在统计学上，若对式(2-10)在$(-\infty,+\infty)$内积分，表示全部随机误差出现的概率，其值为100%。如果将误差 δ_a 表示为标准差 σ 的倍数，即令 $\delta_a=t\sigma$，对式(2-10)在$[-t\sigma,+t\sigma]$内积分，则表示实验测量的随机误差 δ_a 在该范围内出现的概率：

$$P(-t\sigma<\delta_a<+t\sigma)=\frac{1}{\sigma\sqrt{2\pi}}\int_{-t\sigma}^{+t\sigma}\exp\left(\frac{-\delta_a^2}{2\sigma^2}\right)\mathrm{d}\delta_a \tag{2-11}$$

定义概率分布函数：

$$\phi(t)=\frac{1}{\sqrt{2\pi}}\int_0^t\exp\left(-\frac{t^2}{2}\right)\mathrm{d}t \tag{2-12}$$

则式(2-11)可表示为

$$P(-t\sigma<\delta_a<+t\sigma)=2\phi(t) \tag{2-13}$$

式(2-13)表示误差落在$[-t\sigma,+t\sigma]$内的概率,称为置信水平,也称作“置信度”;而误差(包括显著错误引起的绝对值较大的误差)落在该区间外的概率为 $\alpha=1-2\phi(t)$,称为“显著性水平”。概率积分的运算相对较为复杂,一般知道 t 值后,可以通过查询相应的手册或文献专著来获得置信水平、显著性水平等参数的数值,如表 2-1 所示。研究发现,当 $t=3$ 时,显著性水平 α 小于 3‰,在 370 次测量中仅有一次测量的误差不在置信区间$[-3\sigma,+3\sigma]$内,而在实际实验中,测量次数总是有限的,远小于 370 次(当 $t=2$ 时每测量 22 次会有一次测量误差落在置信区间外),因此可以认为这种小概率误差在实际测量中是不可能出现的,故可以将误差绝对值大于 3σ 的测量数据舍去,此判据一般称为“3σ 准则”或“三倍标准差原理”。

表 2-1 t 值与置信水平、显著性水平等参数的关系

t	置信区间$[-t\sigma,+t\sigma]$	置信水平 $2\phi(t)$	显著性水平 α
0.67	$[-0.67\sigma,+0.67\sigma]$	0.497 2	0.502 8
1	$[-1\sigma,+1\sigma]$	0.682 6	0.317 4
1.96	$[-1.96\sigma,+1.96\sigma]$	0.948 0	0.052 0
2	$[-2\sigma,+2\sigma]$	0.954 5	0.045 5
3	$[-3\sigma,+3\sigma]$	0.997 3	0.002 7

2.1.3 间接测量值的误差估算

在一次实验过程中,有些物理量通过仪器、仪表等可以直接获得测量数据,如流体的流量及温度、物质的质量等,这些物理量称为“直接测量值”,其测量误差可根据前文所述的常用误差计算方法计算。但另外还有许多物理量,如流体流速、雷诺数、干燥速率等,必须根据实验直接测量的数据并依据一定的函数关系计算而得,这类物理量被称为“间接测量值”。由于直接测量值存在误差,在计算过程中这些误差必然会传递给间接测量值,且不同测量值的误差影响也不尽相同。

令实验中某间接测量值与各独立直接测量值 $x_1,x_2,\cdots,x_n$ 具有如下函数关系:

$$y=f(x_1,x_2,\cdots,x_n) \tag{2-14}$$

则 y 的平均值为

$$\bar{y}=f(\bar{x}_1,\bar{x}_2,\cdots,\bar{x}_n) \tag{2-15}$$

假设式(2-14)中每个独立直接测量值均是多次测量且精度相同,且只存在随机误差,则对于间接测量值 y,其绝对误差的传递公式为

$$\Delta y=\frac{\partial f}{\partial x_1}\Delta x_1+\frac{\partial f}{\partial x_2}\Delta x_2+\cdots+\frac{\partial f}{\partial x_i}\Delta x_i+\cdots+\frac{\partial f}{\partial x_n}\Delta x_n=\sum_{i=1}^{n}\frac{\partial f}{\partial x_i}\Delta x_i \tag{2-16}$$

其中,最大绝对误差为

$$(\Delta y)_{\max}=\sum_{i=1}^{n}\left|\frac{\partial f}{\partial x_i}\Delta x_i\right| \tag{2-17}$$

相对误差的传递公式为

$$\frac{\Delta y}{y}=\frac{\partial f}{\partial x_1}\frac{\Delta x_1}{y}+\frac{\partial f}{\partial x_2}\frac{\Delta x_2}{y}+\cdots+\frac{\partial f}{\partial x_i}\frac{\Delta x_i}{y}+\cdots+\frac{\partial f}{\partial x_n}\frac{\Delta x_n}{y}=\sum_{i=1}^{n}\frac{\partial f}{\partial x_i}\frac{\Delta x_i}{y} \tag{2-18}$$

其中,最大相对误差为

$$\left(\frac{\Delta y}{y}\right)_{\max}=\sum_{i=1}^{n}\left|\frac{\partial f}{\partial x_i}\frac{\Delta x_i}{y}\right| \tag{2-19}$$

标准偏差的传递公式为

$$\sigma_y=\sqrt{\left(\frac{\partial f}{\partial x_1}\right)^2\sigma_{x_1}^2+\left(\frac{\partial f}{\partial x_2}\right)^2\sigma_{x_2}^2+\cdots+\left(\frac{\partial f}{\partial x_i}\right)^2\sigma_{x_i}^2+\cdots+\left(\frac{\partial f}{\partial x_n}\right)^2\sigma_{x_n}^2}=\sqrt{\sum_{i=1}^{n}\left(\frac{\partial f}{\partial x_i}\right)^2\sigma_{x_i}^2} \tag{2-20}$$

对于常见函数,其误差传递公式也可以直接通过查询相关手册或书籍获得。最终间接测量的结果可以表示为

$$y^*=\bar{y}\pm\Delta y=\bar{y}\left(1\pm\frac{\Delta y}{\bar{y}}\right) \tag{2-21}$$

[例2-1]　在某实验中,已知直管管内径 $d=30.0$ mm,平行测定三组流量数据,流量积分仪显示结果分别为 $1.99\ \mathrm{m^3\cdot h^{-1}}$,$2.00\ \mathrm{m^3\cdot h^{-1}}$ 和 $2.03\ \mathrm{m^3\cdot h^{-1}}$,忽略系统误差,计算管内流速。

解:直管管路内流体的流速可表示为

$$u=\frac{q_V}{A}=\frac{4q_V}{\pi d^2} \tag{2-22}$$

将三次流量测定结果 $q_{V,1}=1.99\ \mathrm{m^3\cdot h^{-1}}$,$q_{V,2}=2.00\ \mathrm{m^3\cdot h^{-1}}$,$q_{V,3}=2.03\ \mathrm{m^3\cdot h^{-1}}$ 及 $d=30.0$ mm 分别代入式(2-22)中,求得 $u_1=0.782\ \mathrm{m\cdot s^{-1}}$,$u_2=0.786\ \mathrm{m\cdot s^{-1}}$,$u_3=0.798\ \mathrm{m\cdot s^{-1}}$,则

$$\bar{u}=\frac{u_1+u_2+u_3}{3}=\frac{0.782+0.786+0.798}{3}\ \mathrm{m\cdot s^{-1}}=0.789\ \mathrm{m\cdot s^{-1}}$$

根据式(2-19)可知,u 的最大相对误差为

$$\left(\frac{\Delta u}{u}\right)_{\max}=\left|\frac{\partial u}{\partial q_V}\cdot\frac{\Delta q_V}{u}\right|+\left|\frac{\partial u}{\partial d}\cdot\frac{\Delta d}{u}\right|=\left|\frac{\Delta q_V}{\bar{q}_V}\right|+\left|\frac{2\Delta d}{d}\right|$$

又

$$\bar{q}_V=\frac{q_{V,1}+q_{V,2}+q_{V,3}}{3}=\frac{1.99+2.00+2.03}{3}\ \mathrm{m^3\cdot h^{-1}}=2.01\ \mathrm{m^3\cdot h^{-1}}$$

$$|q_V|=\frac{|q_{V,1}-\bar{q}_V|+|q_{V,2}-\bar{q}_V|+|q_{V,3}-\bar{q}_V|}{3}=\frac{0.02+0.01+0.02}{3}\ \mathrm{m^3\cdot h^{-1}}=0.02\ \mathrm{m^3\cdot h^{-1}}$$

则取 Δd 为最小分度值的一半即 0.05 mm,则

$$\left(\frac{\Delta u}{u}\right)_{\max}=\left|\frac{\Delta q_V}{\bar{q}_V}\right|+\left|\frac{2\Delta d}{d}\right|=\frac{0.02}{2.01}+\frac{2\times0.05}{30}=0.013$$

根据式(2-21),可得流速公式为

$$u^*=\bar{u}\left(1\pm\frac{\Delta u}{u}\right)=0.789\times(1\pm0.013)\ \mathrm{m\cdot s^{-1}}=(0.789\pm0.01)\ \mathrm{m\cdot s^{-1}}$$

2.2　实验数据处理

实验数据的处理是实验过程中的重要环节,实验者需要根据测量结果进行数据计算、列表、

绘图及数据回归分析，从而能够对实验结果进行分析讨论，考察变量间的相互关系，找出实验规律。因此，在实验过程中，必须认真记录与处理实验数据，选择合适的回归方程，以期获得正确的结论或模型，进而指导研究工作。

2.2.1 有效数字的处理

1. 有效数字的概念

在实验过程中，根据读数规则并通过仪器、仪表测量获得的实验数据，一般是包含多个位数的小数，从该小数左边第一个不等于 0 的数字开始，至小数右边末位数（包括 0）在内的所有数字，即称为该实验数据的有效数字。如某试样质量为 0.103 8 g，自左向右其有效数字包括 1，0，3，8。若采用科学计数法，则有效数字不包括 10 的 n 次方，如 2.50×10^5，其有效数字为 2，5，0。但如果所计算的数据是 pH，pOH 及 lg 等对数值时，结果中小数点前的整数部分实际上表示的是相应结果的数量级，不计入有效数字内，其有效数字指的是小数点后即小数部分的数字，例如 $\lg x=2.36$ 则有效数字为 3，6，合计 2 位有效数字；又如 pH＝4.031，则有效数字为 0，3，1 共 3 位有效数字。

在有效数字中，除末尾的数字之外，其他位数的有效数字通常能够直接在测量仪表或仪器上准确读取，这些数字也被称为“可靠数字”；而末尾数字则是由实验者估读得到的，称为“存疑数字”，可靠数字和存疑数字对于测量结果与实验分析来说都是有效且必需的，且存疑数字只有一位，其所在位数能够反映仪器、仪表的测量精度，因此实验前实验者应充分了解所用仪器、仪表的测量精度，准确读取并记录数据，如果所用仪器、仪表无法满足实验者期望的精度，则应当及时更换高精度的仪器、仪表进行实验。

不同的实验仪器、仪表自身精密度不同，因此在读数和有效数字的保留上也有所差别，而且随着计算机技术的发展，在线测量技术在化学化工实验中的应用越来越广泛，因此在数据的读取上还需要注意以下两点：

（1）对于人工读数的仪器、仪表，并非全部要进行估读。例如量筒、托盘天平，均属于非精密仪器，多用于对试剂用量要求不严格的实验中，因此只需要精确到小数点后一位即 0.1 即可，不需要估读。而游标卡尺作为精密测量仪器，因为国家标准和国家计量检定规程中已经规定了游标卡尺在不同分度值下对应的示值误差，故测量时再进行估读并没有什么意义。

（2）数显式仪器、仪表及计算机在线采集数据在化学化工实验中逐渐增多，在记录这类实验数据时应当以实际显示的数据为准，不需要人为估读，当然对于计算机在线采集的数据，如果小数位保留过多，实验者可以根据实际需要对数据进行处理，但原则上应当将计算机显示的结果先作为原始数据完整地记录下来，以备查证。对于这类数据，其有效数字直接与所使用的测量元件有关，例如在测定温度值时，所选择的温度探头的型号、测量范围及其测量精度将决定温度显示仪上的数据结果。因此实验者在装配及调试装置时，需要了解各测量元件的量程与精度，若不符合实验要求则必须及时更换相关元件。

2. 有效数字的运算规则

在实验数据记录与处理过程中，由于不同的变量所采用的仪器、仪表的测量精度不同，其结果的有效位数往往也不尽相同，在使用这些变量对应的数值进行计算时，其计算结果的有效数字取舍必须遵循一定的规则。

（1）有效数字取舍的一般规则　在利用有效数字进行运算时，可靠数字与可靠数字的运算结果仍为可靠数字，而可靠数字与存疑数字、存疑数字与存疑数字的运算结果均为存疑数字。因此，当计算结果中存疑数字超过1位时，一般仅保留1位存疑数字即可。对于存在2位及以上的存疑数字的计算结果，需要根据有效数字保留规则对计算结果进行舍入，此时应遵循“四舍六入五成双”的舍入规则。所谓“五成双”，是指假定计算结果需要保留 n 位有效数字，则当计算结果中第 $n+1$ 位数字是5且第 $n+2$ 位数字是0时，若第 n 位数字为偶数则直接舍去第 $n+1$ 位及其后方的数字，若第 n 位数字为奇数则舍去第 $n+1$ 位及其后方的数字的同时第 n 位数字加1。而当计算结果中第 $n+1$ 位数字是5且第 $n+2$ 位数字不为0时，则直接舍去第 $n+1$ 位及其后方的数字，同时第 n 位数字加1。

（2）有效数字的运算规则　当进行有效数字加减法计算时，计算结果的尾数（自左向右计）的位置以参与计算的各数据中存疑数字所在位数最靠前的一个为准，即以参与计算的数据中小数点后位数最少的数据为准，如 $20.63+1.308=21.94$，$20.6-1.308=19.3$。该计算规则表明，计算结果的精度一般由精度最小的测量数据决定，故在选择仪器、仪表或测量元件时，应考虑使它们之间具有相同的测量精度。

对实验数据进行乘除法运算时，结果的有效数字位数应当与参与运算的数据中有效数字位数最小的数据保持一致，如 $0.021\,6\times300.14=6.48$。因此，当进行乘方或开方运算时，计算结果的有效数字位数与原底数相同，如 $0.204^2=0.041\,6=4.16\times10^{-2}$。

实验数据在进行对数运算时，计算结果的有效数字以真数即对应实验数据的位数为准，但是如上文所述，对数计算结果的有效数字仅由小数部分即尾数的位数决定，与整数部分无关，如 $\lg 128=2.107$，结果2.107中，只有1,0,7才是有效数字。又例如某溶液中 H^+ 浓度 $[H^+]=5.3\times10^{-7}$，则溶液的 $pH=6.27$。同样，当已知对数计算结果并根据该结果进行反对数函数计算求原真数时，也应当注意有效数字的问题，例如已知 $pH=11.35$，此时有效数字为3,5，共2位，则 $[H^+]=4.5\times10^{-12}$。

此外，还应当指出的是，对于数学或物理常数，如圆周率 π 等，它们在参与计算时的位数实际上可以任意选取，而习惯上则是选择比测量并参与计算的数据中位数最少的多一位。但在确定计算结果的有效数字时，不能以这些数学或物理常数为参考，必须根据其他测量数据结合运算规则来确定。

2.2.2　实验结果的数据处理

实验过程中，实验者通过观察记录或计算机在线采集等方式，客观地获得仪器、仪表检测或显示的直接数据，称为“原始数据”。对于绝大多数实验或科学工作，在研究或分析相关变量的影响趋势时，所需要的大多是依据原始数据计算而得到的间接数据或函数关系，并且为了让同行或其他研究者能够更方便、迅速地了解其工作或相关结果，往往需要采用图表等更为直接的方式对实验结果及其相关性进行整理与表达。

1. 化学化工实验过程中数据的记录与处理应遵循的基本原则

（1）不随意改动数据　实验过程中应当客观、真实地记录实验观测数据，保存在线测量数据，不删减或篡改数据；如果在实验过程中发现因人为等原因造成实验数据发生显著偏差，并且需要修改或删除时，应当首先告知实验负责人，经确认签字后方可改动。

(2) 列出实验基础数据　化学化工实验对环境参数往往有严格要求，特别是化工实验，其实验装置较大，实验条件易波动，受环境影响明显，因此在实验中应当列出基础数据，包括实验装置编号、当时的大气压、环境温度，便于对结果进行分析。

(3) 引用数据需注明　实验过程中如果需要引用文献资料或数据库中的数据，应当进行说明。例如在精馏实验中，需要绘制体系的气液平衡曲线(y-x 图)，一般教材或任课教师会直接给出相关数据，并由学生根据数据进行绘图，也有部分教材或任课教师要求学生自己查阅资料获得相关数据并绘图，此时，学生应当在报告中标明数据来源，以便查证和分析。

(4) 不主观臆造数据点趋势　实验中如果数据量过大需要进行筛选时，应当遵循数据分布的客观规律，不得根据主观需要有针对性地筛选数据，同时应保证数据能够真实地反应变量间的内在联系。例如干燥实验中，所需记录的数据量大且存在显著波动，如果增大数据记录的时间间隔 $\Delta\tau$，既能够减少数据量，又能够消除数据的波动使结果趋势更明显，但这样处理会导致临界含水量数值与真实值发生较大偏移，因此是不合理的。

(5) 有计算示例和文字说明　对于同一组实验数据，由于实验者研究的目的和对数据处理的方式不同，都可能造成实验结果不同。为了让其他研究者能够较便捷地了解实验者的工作，在对实验数据进行图表处理时，实验者应当随机选择其中一组原始数据作为示例，列出详细的计算步骤，说明表格中各物理量的公式、单位等。对于图表中的数据分布或趋势，还应配以必要的文字说明，方便其他研究者参考或进行错误查证。

2. 化工实验数据处理方法

相较于化学实验，化工实验测定数据量大，实验者可以借助 Excel，Origin 等软件进行数据处理，节约时间，提高结果精度。为了更直观、清晰地反映出自变量与因变量之间的关系，实验者则可以通过列表、绘图或数据回归等方式对实验数据进行归纳总结，以便进一步分析和查找规律。

1) 列表法

列表法是以表格的形式，按照某一变量(如时间、流量)递变的规律，将实验记录的原始数据和计算得到的处理数据呈现出来的一种方式。完整的数据列表应当包括标题(俗称“表头”)、实验条件、固定参数、序号、变量项目、变量单位、数据以及数据来源等内容，必要时还可以对表格中某些特殊结果或规律进行备注说明。

(1) 标题　表格的标题应当简洁扼要，能够准确地反映表格所陈列数据及其实验的内容，在科技论文中还应配以相应的英文标题。

(2) 实验条件　对于某些实验，其测量数据往往受多个环境变量控制，为便于进行分析，需要先固定其中一个或几个变量进行实验，在进行数据列表时应予以说明。例如，在二元气-液平衡数据的测定实验中，通常是在某个固定压强条件下测定不同温度下气、液两相的组分组成，因此在制表时应当在表格上方注明实验测定时的压强条件。

(3) 序号　主要是为方便对实验数据进行统计，一般放置在表格的第一列。

(4) 变量项目　根据实验者所需记录的数据，列出相关变量的名称和符号，在表达足够清晰的前提下，变量名称应当尽可能简单。对于有统一标准或约定俗成的命名的变量，则应按统一规范制表。

(5) 变量单位　变量单位的选择通常遵循两个原则，对于原始记录数据，应当以仪器、仪表上的计量单位为准。而在结果处理表格中，则应按报告处理要求换算到指定单位，若报告没有指定，则可以转换为 SI 单位。例如，在化工实验中经常需要使用流量计测量流体流量，计量单位包括 $L \cdot h^{-1}$，$m^3 \cdot h^{-1}$等，而在计算时一般都转换为 $m^3 \cdot s^{-1}$来处理。

（6）数据及数据来源　数据是表格的核心内容，实验者将实验测量的直接数据及通过计算得到的间接数据分别置于对应的单元格中，以便查找、分析或引用。如果某单元格数据为空，应当填入“—”符号。在填写数据时，还应当注意有效数字位数的选择，同时尽可能按统一形式排列数据，规范使用科学计数法，使表格更为美观、整齐。此外，如果表格中使用的数据引自文献资料或数据库，则应对该数据进行标注并说明其来源。

根据表格中数据的来源或目的不同，又可以将表格分为基础信息表、原始数据记录表、中间运算表、结果处理表及混合表。

与其他处理方法相比，列表法的数据呈现较为直观、紧凑，表格中所能表述的信息量大，能够将实验测量数据与计算结果列于同一表格中，方便数据查找与分析，同时也为绘制曲线、模拟曲线方程奠定了基础。列表法的缺点在于因变量随自变量之间的变化趋势不明显，尤其是对于一些拐点、跃迁点的分析较为繁琐且不易查找，而对于不在实验测量点范围内的数据，一般无法直接根据表格内容进行求解，因此为进一步分析实验数据以获得有用的实验结果，通常需要对自变量与因变量进行作图分析，考察二者间的变化趋势。

2）绘图法

绘图法通常是在列表法的基础上，利用测量数据和计算数据，将实验研究的因变量与自变量之间的关系绘制成相关曲线，以便于分析研究二者间的关系与变化趋势，并能够根据绘图结果进一步求解曲线方程，拟合因变量与自变量之间的函数关系。

在实验研究与科学论文工作中，实验结果的图形表示是非常重要的一种手段，且应具有“自明性”，它是指研究者通过图的标题、图例、图线等即能够了解图形所要表达的意思。因此在制图时对图形的清晰度、格式（如曲线宽度、坐标样式等）均应当遵循严格的规范和要求，采用符合要求的软件如 Origin，AutoCAD，Coreldraw，Excel 及 Microsoft Visio 等绘制图形。传统的化学化工实验教学往往要求学生在坐标纸上进行手工绘图，由此所得到的图形数据点误差大，所标绘的曲线粗糙，远远无法达到科学分析的要求。另一方面，随着计算机的普及，计算机技术在科学实验与分析中占据着日益重要的作用，因此在实验教学过程中，要求学生学习并掌握采用计算机软件进行科学绘图的方法显得非常必要。在化学化工实验与科研工作中，Origin 是用于绘图与分析的最常用的软件之一，当然在一般教学过程中，也可以采用 Excel 进行绘图。使用软件进行绘图时，应当注意以下几点：

（1）选择合适的坐标系　坐标系的选择对于所得到的曲线线性有一定的影响，在化学化工研究中，最常见的坐标系是传统的普通等距、直角坐标系。但是在部分化工实验中，所涉及的变量数据变化较大，甚至可能相差几个数量级，此时若仍旧采用普通坐标系则会导致图形所占篇幅非常大，不利于结果分析，因此可以将该变量所在的坐标轴改为间距不等的对数坐标轴，由此形成的坐标系称为半对数坐标系，如果两个变量均采用对数坐标轴则称为双对数坐标系，例如在流动阻力测定实验中，$\lambda - Re$ 的关系即绘制在双对数坐标系中。当然，也可以先求出这两个变量的对数值，然后将结果对应的数据点标绘在普通坐标系中，即绘制 $\ln \lambda - \ln Re$ 的关系曲线。

（2）双（多）纵轴的使用　有时候要分析多个因变量随同一自变量变化的问题，为了节约图形篇幅同时也便于对比分析，需要将几个不同的因变量随自变量变化关系曲线绘制在同一坐标系中，但由于因变量间的数值范围、单位等不同，采用同一纵坐标刻度可能导致其中一条或几条曲线变得平坦，变化趋势不明显，此时应使用软件中的双纵轴或多纵轴功能进行调整，使不同的因变量对应不同的纵坐标刻度，从而使曲线更为合理。例如离心泵特性曲线的测定实验即需要使用三纵轴进行绘制。

(3) 曲线的修饰　根据计算数据将曲线绘制出来尚不能满足要求，此时还需要对曲线、数据点和整个图形框进行调整与修饰。首先要对曲线进行“平滑”调整使线性更为光滑，将数据点的大小、曲线的线宽设定在合理范围，必要时需修改其颜色以确保打印时的清晰度。如果实验中测得的数据点过多导致绘图时过于密集而影响对曲线的分析，则可以利用软件设置将部分实验数据隐藏起来，确保曲线能够较显著地呈现。因实验装置影响造成实验数据存在明显波动，导致无法分析其数据分布趋势时，例如干燥曲线的测定与绘制，此时可以采用 Origin 软件中的“邻近平均值法”或“傅里叶滤波法”进行分析与修正，在不影响结果准确度的前提下使曲线趋势更为合理，消除实验装置的影响。

(4) 坐标轴的修饰　图标上坐标轴的刻度分布范围要合理，一般其上、下限可接近实验测量数据的上、下限范围，这样得到的曲线能够尽可能分布于整个图形范围，趋势明显，有利于结果分析。坐标轴上的刻度应当调整为内置（即指向图形框内部），此外还要添加坐标轴的名称和单位，为与科技论文的图形相统一，要求尽可能使用英文名称进行描述。如果因结果分析需要，则在绘图时可以考虑在图中添加网格线，便于曲线上非测量点数据的读取。

(5) 图例和图形框的修饰　如果同一图形中存在多条曲线，则曲线上的数据点应采用不同的标志，此时还需要在图例框中对不同标志所表示的含义进行标注。如果图的顶端和右侧（单纵轴情况下）没有边框线，则还需要添加边框线以形成闭合的图形框。

(6) 图名　一般来说，图名是单独在 Word 等软件中进行编辑说明，而不是直接在绘图软件中添加。图名要求简明扼要，中英文对照，能够准确说明图形含义，必要时还需要增加部分文字说明以解释图中实验点的测量条件等。

(7) 图片保存　绘图完成后应当按照规定的清晰度，将其保存为 jpg 或 png 等图片格式，然后将其插入对应的 Word 文档中，并在下方放置图名和其他文字说明。部分期刊可能要求作者提供可编辑的图形文件，则此时应在绘图软件中将相关图形直接复制粘贴到文档中，以便修改。

图 2-1 所示为干燥实验中经修饰后的失水量 Δm 及干基含水量 X 随时间变化关系示意图，图中采用双纵轴的形式使两条曲线基本能够布满整个图形范围，趋势明显，同时数据点采用空心图标也使得曲线更为突出，便于观察。如果需要查询曲线上某个点如拐点的坐标值，可以在 Origin 软件中使用坐标查询工具并将光标置于曲线上指定位置处查看即可。但由此读取的数值仍存在一定误差，并且无法获得因变量与自变量间的具体关系，为此，在绘图获得变量间关系曲线的基础上，还可以进一步对数据点进行分析，构建变量间的函数关系方程，以获得更多的信息。

3) 数据回归

在化学化工实验中，经常需要求解某个未知测量点的组成、物性等数据，为此必须根据已知的实验结果和图形来构建相关变量在实验范围内的函数关系，获取标准工作曲线方程或其他相关性方程，进而将其用于未知测量点的数据预测或计算，这种方法即为数据回归，一般也称为建模或方程拟合。

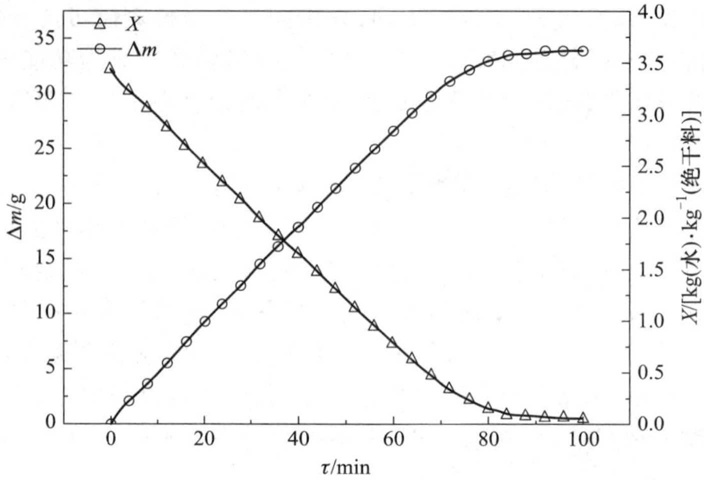

图 2-1　失水量 Δ*m* 及干基含水量 *X* 随时间变化关系示意图

通常可以采用图解法、平均值法及最小二乘法等对数据进行处理,在化学化工实验中常采用最小二乘法。在进行数据回归分析时,需要根据已绘制完成的图形曲线,判断并选择合适的拟合公式,再根据已知数据求解公式中的系数与常数,此外还要对拟合得到的方程的合理性进行分析与检验。为简化计算与操作步骤,传统的建模方法多希望能够对实验点进行简单的一元线性回归,为此常需要对实验结果进行转换,过程略显繁琐。而且在实际实验中,许多变量间关系如气液平衡曲线并不能满足简单的线性相关,若采用多元线性回归及对拟合结果进行显著性检验等都会大大增加工作的复杂程度。

现代计算机软件的发展与普及,使得数据点的分析与建模变得简单便捷,常用的数据分析软件包括 Origin 和 Excel 等,在软件中完成绘图后,只要选择相应的数据回归命令,并设置相关的参数即可获得回归后的曲线、方程及其相关性分析结果。一般针对不同的研究目的或数据点分布,应选择不同的拟合类型。例如,在精馏实验中,如果要建立组分浓度与折射率之间变化关系的标准工作曲线,通常采用一元线性回归即可,而要建立气液平衡曲线关系时,则应选择多项式回归。如果实验者不能判定数据点符合何种函数关系,也可以直接通过逐个尝试并考察相关性结果来判断最为合适的拟合方程。

针对化学化工实验中的数据回归,Origin 软件中提供的数据回归功能要更为专业和强大,其中包括了线性回归、多项式回归及非线性曲线回归等。而非线性曲线回归中又包括了幂函数、指数函数、对数函数、峰值函数、波形等多种函数关系种类,在这些种类下面又包括高斯方程、玻尔兹曼方程、各类指数方程、对数方程等诸多具体方程类型,用户还可以根据自己的专业领域如光谱分析、电化学、药学等来选择对应的数据回归方法。如果这些方程都无法满足数据回归要求,实验者还可以通过编辑自定义公式,利用 Origin 软件进行逆向拟合分析,求解公式中的系数或常数,进而获得完整的函数关系方程。可见,应用 Origin 软件进行数据回归分析,能够大大节约传统数据回归分析所消耗的人力和时间,并且有利于获得更为准确的回归方程。

采用 Excel 或 Origin 进行数据回归,首先应按照前文所述的方法列好实验测量与计算的相关数据,并根据数据绘制变量关系曲线,然后通过曲线拟合的相关命令操作完成数据回归,并在软件中显示相关的拟合方程。在使用软件进行数据回归分析时,应当注意几个问题:

（1）尊重实验客观事实，不随意删减数据点以期获得较好的数据回归结果。

（2）进行数据拟合时参数选择要合理，如绘制干燥速率曲线，为消除设备造成的数据波动，可以采用邻近平均值法处理实验数据，根据设备特性，通常选取相邻 3 ~ 4 个点最为合适，如果选择更多的点求平均，虽然能够使曲线更为平滑，但因为选取点数过多导致时间间隔增大，反而易造成结果与真实值产生偏差。

（3）对精度要求较高的实验，例如绘制标准工作曲线，以及数据变化趋势为非单一性的曲线，应该采取分段拟合，如干燥速率曲线的匀速干燥阶段和降速干燥阶段的原理不同，数据回归时应分别采用线性方程和多项式进行拟合。又如在精馏实验中绘制浓度-折射率标准曲线时，可以按不同浓度区间对实验数据进行划分并分段进行线性拟合，以提高方程的精确性。

（4）完成数据回归后，必须对拟合模型进行回归分析，以确认所获得的方程是否可靠。回归分析中常采用的指标是决定系数（coefficient of determination），也有书中称为"拟合优度"或"确定系数"，记为 R^2。决定系数用于判定回归分析所得到的数学模型与实验测量点之间的相关程度，R^2 的取值范围为[0,1]，其数值越接近于 1，表明自变量对因变量的解释程度越高，所得数学模型与实验点的相关程度也越高，在图中则表现为实验点与拟合曲线之间越接近，此时可以根据该数学模型用自变量来预测因变量的数值。当实验研究的自变量是有确定取值的普通变量（也可以使用随机变量）时可进行回归分析，通常在 Origin 和 Excel 的数据回归分析中，都可以显示 R^2 的结果。

3 第3章 化工数据的采集与控制技术

3.1 化工常用测量仪表及控制技术

化工过程在一定的工艺条件下进行，为了有效地进行生产操作和自动控制，要对生产中温度、压力、流量、液位等参数进行测量、调节和自动控制。

操作人员要全面深入地了解测量仪表的特性及仪表的结构和工作原理，才能合理地选用仪表，正确地使用仪表，控制这些工艺条件，才能使生产安全正常地进行，实现优质高产。在实际操作中，为了确保生产平稳进行，需要对一些能够显著影响过程稳定性的参数进行测量，这些参数包括压力、流量、温度等。根据测量物理量的不同，需采用各种不同的测量仪表，而测量仪表的性能直接影响测量数据的准确性。

3.1.1 化工常用测量仪表

1. 压力仪表

压力是化工装置中最为重要的物理参数之一。在化工生产中，经常遇到流体（包括液体和气体）静压强的测量问题，如高压反应压力的测量与监控、管路输送流体时流动阻力的测量、精馏塔压力的测量与监控、真空系统真空度的测量与监控等。

流体压力的测量可分为静压测量和总压测量。流体静压测量可采用在管道管壁或单元设备壁面上开孔测压的方法，也可以采用将静压管直接插入流体中，并使管子轴线与流体流动方向垂直，即测压管端面与流体流动方向平行的方向测压。流体总压测量可用总压管的办法。压力测量仪表是用来测量气体或液体压力的工业自动化仪表，又称压力表或压力计。压力测量仪表按工作原理分为液柱式、弹性式、电气式和活塞式等类型。仪表所测压力包括绝对压力、大气压力、正压力（习惯上称表压）、负压（习惯上称真空）和差压。

化工装置中常用的测量压力的仪表很多，按其工作原理大致可分为四大类：

1）液柱式压力计

液柱式压力计是根据流体静力学原理，当液体液面承受压力时，会把被测压力转换成液柱高度。如图 3-1 所示，根据液柱高度及已知的一端压力 p_1，可以很方便地计算出另一端压力 p_2。计算时需注意液柱所使用的液体种类（常用的工作液体有水、水银、酒精、甲苯等）。基于这一原理的液柱式压力计有 U 形管压力计，倒 U 形压差计，单管压力计和斜管压力计等。

2）弹簧管压力计

弹簧管压力计又称波登管压力计，它是目前在工业上及化学、化工实验室应用最广泛的工程仪表（图 3-2）。它是根据弹性元件受力后会产生形变、从而将被测压力转换成位移的原理进行测量的。弹簧管压力计的主要部件为一弯成圆弧形的弹簧管，弹簧管为基本测量原件，其横切面为椭圆形，弹簧管的一端被固定住，通过专用接头使弹簧管与被测介质相连，另一端封闭。弹簧管的自由端通过连杆与齿轮相连接，同时以上齿轮又和机芯齿轮咬合在一起组成传动放大装置。当被测压的流体进入弹簧管的时候，弹簧管的管壁在压力作用下会使弹簧管伸张，从而使得自由端移动产生位移，自由端移动的距离与流体压力大小成正比。

3）电气式压力计

电气式压力计由压力传感器、测量线路、指示器等组成（图 3-3），其工作原理示意图如图 3-4 所示，其是将压力的变化转换成能够通过电路传输的电阻、电感或电势等电量的变化，即将被测压力转换成电阻、电感或电势等电量，通过读取电量数值的大小而实现压力的间接测量。电气式压力计反应较迅速，压力转化而得的电量信号易于远距离传送，在测量压力快速变化、脉动压力、高真空、超高压的场合下较合适。因此，电气式压力计在化工自动化系统中具有重要作用。

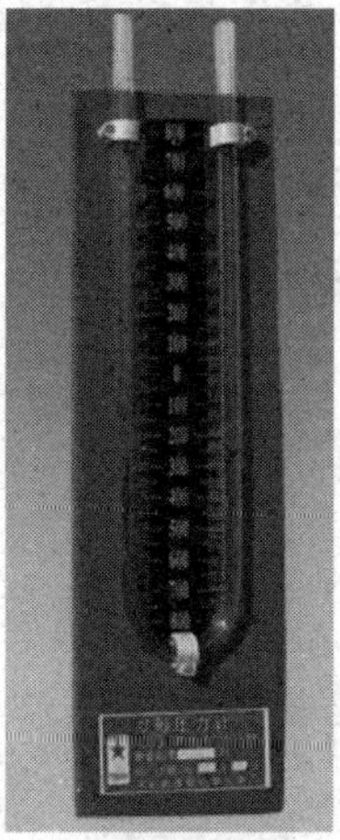

图 3-1　液柱式压力计实物图

图 3-2　弹簧管压力计实物图

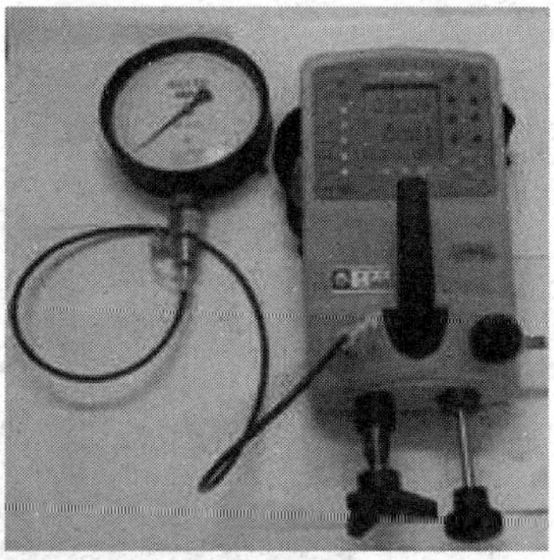

图 3-3　电气式压力计实物图

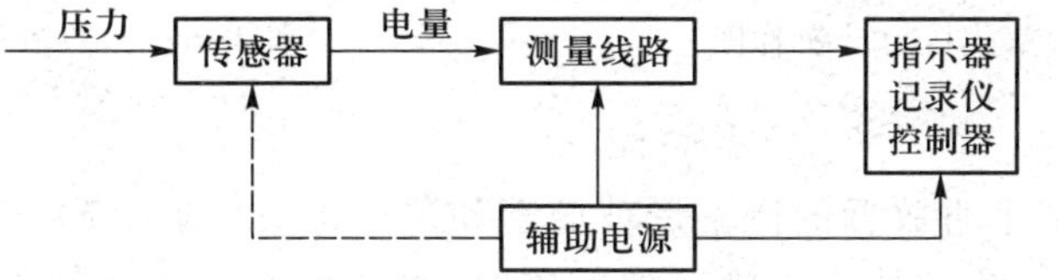

图 3-4　电气式压力计工作原理示意图

4）活塞式压力计

活塞式压力计是基于流体静力学平衡原理和帕斯卡定律而制造的一种具有高准确度和高度复现性的标准压力计量仪器（图 3-5）。它是通过专用砝码作用于已知有效面积活塞上，使其产生一定的压力来平衡被测系统压力的测压仪器，活塞式压力计还被称为砝码式压力计或压力天平。活塞式压力计普遍地被作为标准仪器来对弹簧管压力计进行校验和刻度,主要在检验、校准、实验、工业等各种场合作为压力基准器使用。

2. 流量仪表

化工装置一般都要对物料进行化学或物理的转化并得到目标产物,这必然离不开物料在工艺系统中的传输。因此,对流体流量的准确测量十分重要。由于流动的物料组成非常复杂,如气体、液体、气液混合物、气液固混合物等,因此,必须针对不同情况采用不同的测量方法和仪表。流量计就是用于测量管道或明渠中流体流量的一种仪表。

根据测量方式的不同,当前常用的流量计可分为两大类:体积流量计和质量流量计。根据测量方法及原理不同,流量计又分为压差流量计、转子流量计、涡轮流量计、节流式流量计、细缝流量计、容积流量计、电磁流量计、超声波流量计等。

1）压差流量计

管道内流体经过节流装置时所产生的压力差与流量之间存在一定的比例关系,压差流量计正是基于这一原理通过测量压力差来实现流量测定(图 3-6)。压差流量计由一次装置和二次装置组成。一次装置为压差流量计的测量节流装置(孔板、喷嘴、文丘里),被安装在流体所经过的管道中,流体经过时一次装置会产生与流量成比例的压力差,供二次装置进行流量显示。二次装置为显示仪表,负责接收一次装置测量元件产生的压力差信号,并将此压力差信号转换为相应的流量数值进行显示。

图 3-5　活塞式压力计实物图

图 3-6　压差流量计实物图

2）转子流量计

转子流量计由一个垂直放置的倒锥形玻璃管和浮子组成(图 3-7)。转子流量计工作时流体的流动方向为自下而上,当流体流过锥形玻璃管时,其会在浮子上下之间产生压力差,从而推动浮子上升。当此浮子所受压力差与浮子的重力相等时,浮子不再上升并处于平衡位置。浮子的平衡高度与流量大小成正比,因此,将锥形管的高度按流量值刻度,就能从转子最大直径所处的位置直接读出流量测量值。

由于具有价格便宜、结构简单、安装使用方便、压力损失少、性能可靠等优点,转子流量计被广泛应用于化工、石油、轻工、医药、化肥、化纤、食品、染料、环保及科学研究等各个领域中,用来测量单向流动且流速稳定的流体(液体或气体)流量。值得注意的是,对于流速不稳定的流体,由于容易造成浮子不稳定,不适宜采用转子流量计来测量。

转子流量计的刻度是生产厂家采用水或空气进行标定的。若实际测量的流体不是水或空气,必须对流量读数进行修正,以得到实际测量条件下的真实流量。

3)涡轮流量计

涡轮流量计工作的基本原理是动量矩守恒,当有流体经过时,流量计将流体流速转换为涡轮的转速,然后通过测量涡轮转速并将其转换成与流体流量成正比的电信号。流体流速越高,动能越大,叶轮的转速也就越高,因此,测出叶轮的转速就可以确定流过管道的流体流量(图 3-8)。涡轮流量计不但可检测瞬时流量,还可以检测总的积算流量,输出信号为频率,可方便地实现数字化。因此,涡轮流量计在化工自动化系统中具有重要作用。涡轮流量计具有如下优点:具有较好的抗电磁干扰和抗震动干扰能力、流体压力损失小、使用寿命长、传感器精度高、重复性好、信号可远距离传输。

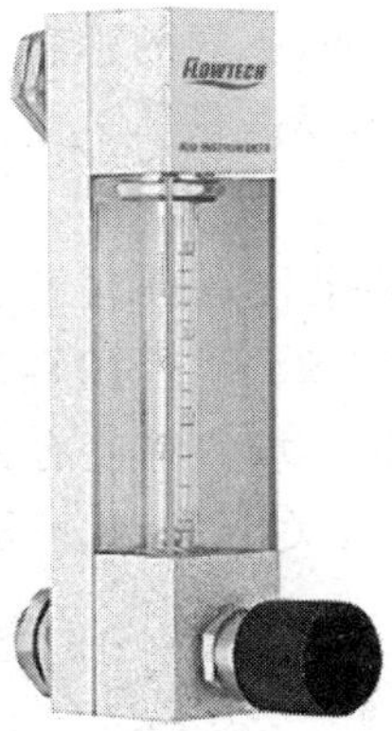

图 3-7 转子流量计实物图

图 3-8 涡轮流量计实物图

3. 温度的测量

温度是化工装置中一个非常普遍和重要的操作参数,通过对指定点温度的测量,可确定流体的物理性质,推算流股的组成,确定相平衡数据和反应数据。对于反应过程,温度直接影响反应转化速率、反应平衡组成、副产物生成情况等。对于分离过程,温度也直接影响分离效率及目标产物的纯度等。同时,维持一定温度(包括高温和低温)所需的能量消耗也直接影响化工生产成本。因此,对温度进行准确测量和控制对于维持化工过程的稳定性具有非常重要的意义。

常用的测量温度的仪器很多,基本原理均是利用固体、液体、气体受温度的影响而导致物质性质发生改变的现象为设计的依据。按其工作原理及方法的不同大致可分为液体(气体)温度计、热电阻温度计、热电偶温度计。

1)液体(气体)温度计

液体(气体)温度计是化工实验中最常见的温度计,是利用液体或气体膨胀原理来进行测量的。密封于玻璃空腔中的液体或气体,在加热或冷却下,密度会发生改变,从而引起体积的膨胀或收缩。根据液体或气体的体积膨胀或收缩情况,可以标注出相应的温度变化。液体温度计常用的液体有水银、石油醚、煤油、酒精、甲苯、戊烷等。当需要进行精密测量时,也可采用气体温度计，由于气体体积随温度变化更加敏感，对细微的温度变化也能进行较为显著的指示，可以进行更加精密的测量。气体温度计多用氢气或氦气作测温物质，因为氢气和氦气的液化温度很低，因此气体温度计的测温范围很广。

液体温度计在初次使用时需要进行校正，一般采用与标准温度计在同一状况下进行比较的方法。将标准温度计与需校正的温度计一起置于恒温槽中，等恒温槽温度稳定后，比较标准温度计与需校正温度计在不同温度下的差异，即可获得两者的校正关系。

2）热电阻温度计

热电阻温度计是利用测温元件的电阻随温度的变化而变化的性质来进行温度测量的。热电阻温度计包括热电阻感温元件和显示仪表（图3-9），在数字显示仪表上可以直接读出温度数值。常见的感温元件有导体金属电阻和半导体热敏电阻，如铂电阻温度计和铜电阻温度计，在低温下还有碳、锗和铑铁电阻温度计。

热电阻温度计具有如下优点：测量精度高、性能稳定；低温时产生的信号比热电偶温度计大得多，容易测准；此外，由于本身电阻大，导线的电阻相对而言可以忽略不计，因此信号可以远距离传输和记录。需注意的是，由于热电阻温度计感温材料的限制，不同的感温元件一般只能在特定的温度范围下使用，若超过最大允许值范围，其感温元件很容易老化。

3）热电偶温度计

将两件不同的导体或半导体连接成闭合回路，将它们的两个接点分别置于具有温差的两个不同热源中，在该回路中就会产生热电势，这样的组合即为热电偶（图3-10）。两个接点中，一个为测量端，一个为参比端。热电偶两端产生的热电势与热端和冷端的温度有关。如果能使冷端温度固定，对一定的热电偶材料，其总热电势与热端温度呈函数关系，因此可从测量得到的热电势确定热端的温度。

图3-9　热电阻温度计实物图

图3-10　热电偶温度计实物图

热电偶温度计具有如下优点：测温元件简单、使用方便、精确度高、量程范围宽、适用于中高温温区。根据使用的材料不同，热电偶温度计可用于测量各种温度物体，测量范围极大，远远大于酒精温度计、水银温度计。热电偶温度计可用于炼钢炉、炼焦炉等高温环境，也可测量液态氢、液态氮等低温物体。

3.1.2 化工常用物理量的控制技术

化工过程的如下特征对化工物理量的控制技术提出了非常高的要求：过程动态，多为连续操作过程，间歇过程也包含动态转化的过程；转化剧烈，在过程进行中有物性显著改变（如黏度的改变、相态的改变等），且相关的过程往往伴随大量放热，使得反应被动加速或溶剂大量挥发；过程危险，容易燃烧、爆炸、泄漏等。对化工过程进行自动控制是现代化工生产的重要特征之一。

对化工过程进行自动控制具有如下优势：可以提高化工工艺参数的操作控制精度，可以使化工过程严格按照工艺优化操作长期安全、稳定、自动地运行，可以保证产品质量的稳定性和重现性，可以降低工人劳动强度、改善工作环境，可以减少人为因素对过程操作和产品质量的影响。

对任何化工物理量的控制均是通过图 3-11 所示的控制系统回路来实现的。这一控制回路包括如下要素：

（1）被控对象，被控制的物理装置。

（2）被控变量，被控对象的某个变量，进行自动化控制的目的就是要使被控变量尽可能接近给定值。

（3）干扰，被控对象中除了调节变量以外，能对被控变量具有影响作用的所有变量。

（4）变送器，将物理量测量信号转换为标准电信号输出的设备。

（5）给定值，也称为设定值或期望值，是期望系统实现控制的目标。

（6）偏差，给定值与测量值之差。

（7）控制器，按照预定顺序改变电路中电阻值来控制相关设备的启动、调速、制动和反向的主令装置。

（8）调节变量，对被控对象的被控变量具有直接且显著影响的变量。

（9）控制阀，控制流体流动方向、流量及开关的阀的总称。

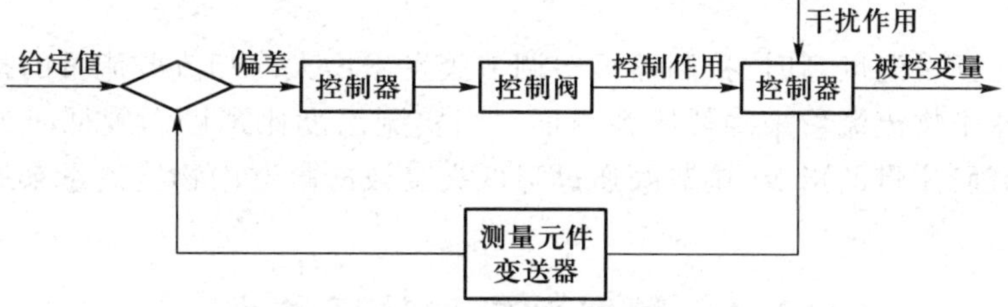

图 3-11 控制系统回路示意图

在化工装置中，需要控制的物理量参数较多，如流量、压力、温度、液位等。一般情况下，各种参数的控制均是通过控制流体流量来实现的。

1. 流量控制技术

流量控制是化工过程控制的核心，通过物流流量大小的调节可以实现压力、温度、液位等的控制。流量控制是通过各种阀门来实现的，阀门种类繁多，按结构种类分主要有：

（1）旋塞阀、闸阀、截止阀、球阀，用于开启或关闭管道内流体的流动。

（2）止回阀，用于阻止管道内流体的倒流。

（3）节流阀，用于调节管道流体的流量。

（4）蝶阀，用于开启或关闭管道内的流体。

（5）安全阀，用于需要进行防爆的设备上，当流体压力超过规定数值时，能自动排除过剩介质压力，确保生产安全。

（6）减压阀，用于降低管道及设备内流体压力，使流体经过阀瓣的间隙时，产生较大阻力造成压力损失，从而使流体减压。

（7）疏水器，用于蒸汽管道上自动排除冷凝水，防止蒸汽损失或泄漏。

2. 压力控制技术

在操作过程中，保持恒定的压力或维持一定的真空度是实现稳定生产的前提。压力控制包括维持常压、加压、减压三种情况。压力控制一般是通过控制气体流量来实现的。当需要对压力进行控制时，一般配合电气式压力计来对压力进行测量，这样可以方便地将压力值转化为电信号并传送给控制器进行控制。

当需要维持常压时，需将单元设备的放气口与常压气源（如大气）相通，这样当设备内气压发生扰动时，气体可以自由地进出单元设备，以维持设备内压力与外部气源压力一致。

当需要维持正压时，对于精馏塔可通过塔顶冷凝器的传热量来调节。传热量减少，塔内蒸气不能全部冷凝，塔压升高；传热量增加，塔内蒸汽冷凝较多，塔压降低。而冷凝器的传热量可通过调节冷却水流量的方法来控制。对于反应器的加压，主要通过外部高压气源来控制，通过压力控制阀控制进入反应器的气体流量，当反应釜内压力低于外部气源时，流量加大；当反应釜内压力接近外部气源时，流量减小。

3. 温度控制技术

温度是化工装置中一个非常普遍和重要的操作参数，当体系温度发生波动时，需及时将其控制到预设范围内，以防止发生安全事故或物料大幅损失。对温度控制主要是通过调节夹套或冷凝器中加热或冷却的物流流量来实现的。当需要对温度进行控制时，一般配合热电阻温度计或热电偶温度计来对温度进行测量，这样可以方便地将温度值转化为电信号并传送给控制器进行控制。

当实测温度比预设温度高时，控制器可向调节阀发出增大冷却流股流量的指令，调节阀通过加大夹套或冷凝器中物流流量来降低体系温度。当实测温度比预设温度低时，控制器可向调节阀发出减小冷却流股流量的指令，调节阀通过降低夹套或冷凝器中物流流量来提高体系温度。

3.2　数据采集与处理技术

3.2.1　集散控制系统

集散控制系统（distributed control system，DCS）是随着现代大型工业生产自动化的不断兴起和过程控制要求的日益复杂应运而生的综合控制系统。DCS 可直译为“分布式控制系统”，“集散控制系统”是按中国人习惯理解而称谓的。集散控制系统通过分布于生产装置系统的各个测量和执行元件，通过通信网络传输信号和转换设备、CRT 显示器、键盘、打印机等设备实现高度集中的操作、显示和报警管理。这种实现集中管理、分散控制的新型控制装置，自 1975 年问世以来，发展十分迅速，目前，DCS 在能源、冶金、石油、化工、制药等几乎所有的流程工业中都得到了极其广泛的应用。

1. 集散控制系统的特点

集散控制系统具有集中管理和分散控制的显著特征，与模拟仪表控制系统和集中式工业控制计算机系统相比具有显著的特点。

（1）控制功能强大 DCS 具有多种运算控制算法和其他数学、逻辑运算功能，如四则运算、逻辑运算、PID 控制、前馈控制、自适应控制和滞后时间补偿等；还有顺序控制和各种联锁保护、报警等功能。可以通过组芯把以上这些功能有机地结合起来，形成各种控制方案，满足系统的要求。

（2）监视操作方便 DCS 通过 CRT 显示器、键盘、鼠标可以对被控对象的变量值及其变化趋势、报警情况、软硬件运行状况等进行集中监视，实施各种操作功能，画面形象直观。

（3）信息和数据共享 DCS 的各仪器仪表和分支机构独立工作同时，通过通信网络传递各种信息和数据协调工作，使整个系统信息共享。DCS 通信采用国际标准通信协议，符合 OSI 七层体系，具有极强的开放性，便于系统间的互联，提高了系统的可用性。

（4）系统扩展灵活 DCS 采用标准化、模块化设计，可以根据不同规模的工程对象要求，硬件设计上采用积木搭接方式进行灵活配置，扩展灵活。

（5）安装维护方便 DCS 采用专用的多芯电缆、标准化插接件和规格化端子板，便于装配和维修更换。DCS 具有强大的自诊断功能，为故障判别提供准确的指导，维修迅速准确。

（6）系统可靠性高 DCS 管理集中而控制分散，使得危险分散，故障影响面小。系统的自诊断功能和采用的冗余措施等，支持系统无中断工作，平均无故障时间（MTBF）可达十万小时以上。

2. 集散控制系统的基本构成

集散控制系统的基本组成通常包括现场监控站（监测站和控制站）、操作站（操作员站和工程师站）、上位计算机和通信网络等部分，如图 3-12 所示。图 3-13 为横河 CENTUM-CS 系统的外观图，图中前排为操作站，即操作员站和工程师站；后排立柜为现场监控站。

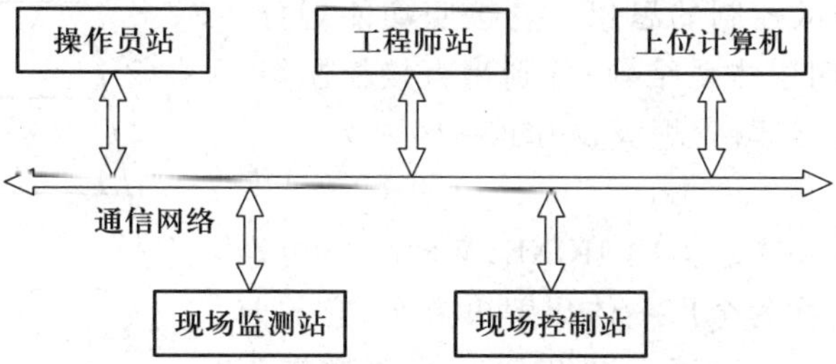

图 3-12 集散控制系统基本构成图

图 3-13 横河 CENTUM-CS 系统的外观图

现场监测站又叫数据采集站,直接与生产过程相连接,实现对过程变量进行数据采集。它完成数据采集和预处理,并对实时数据进行进一步加工,为操作站提供数据,实现对过程变量和状态的监视与打印,实现开环监视,或为控制回路运算提供辅助数据和信息。

现场控制站也直接与生产过程相连接,对控制变量进行检测、处理,并产生控制信号驱动现场的执行机构,实现生产过程的闭环控制。它可控制多个回路,具有极强的运算和控制功能,能够自主地完成回路控制任务,实现连续控制、顺序控制和批量控制等。

操作员站简称操作站,是操作人员进行过程监视、过程控制操作的主要设备。操作站提供良好的人机交互界面,用以实现集中显示、集中操作和集中管理等功能。有的操作站可以进行系统组态的部分或全部工作,兼具工程师站的功能。

工程师站主要用于对 DCS 进行离线的组态工作和在线的系统监督、控制与维护。工程师能够借助于组态软件对系统进行离线的组态,并在 DCS 在线运行时实时地监视 DCS 网络上各站的运行情况。

上位计算机用于全系统的信息管理和优化控制,在早期的 DCS 中一般不设上位计算机。上位计算机通过网络收集系统中各单位的数据信息,根据建立的数学模型和优化控制指标进行后台计算、优化控制等。

通信网络是集散控制系统的中枢,它连接 DCS 的现场监控站、操作站、工程师站、上位计算机等部分。各部分之间的信息传递均通过通信网络实现,完成数据、指令及其他信息的传递,从而实现整个系统协调一致地工作,进行数据和信息的共享。

可见,操作站、工程师站和上位计算机构成集中管理部分;现场监测站、现场控制站构成分散控制部分;通信网络是连接集散系统各部分的纽带,是实现集中管理、分散控制的关键。

经过近 30 年的发展,集散控制系统的结构不断更新。DCS 的层次化体系结构已成为它的显著特征,使之充分体现集散系统集中管理、分散控制的思想。若按照功能划分,可把集散控制系统分成四层体系结构,分别为直接控制级、过程管理级、生产管理级、经营管理级,如图 3-14 所示。

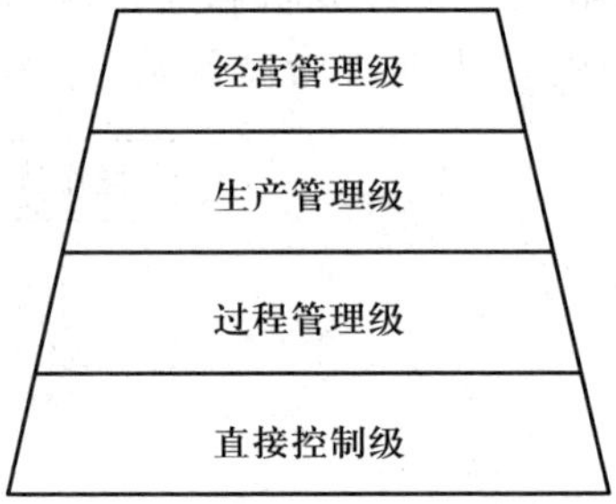

图 3-14　集散控制系统的体系结构

3. TPS 系统简介

TPS(total plant solution)是美国 HONEYWELL 公司推出的一种集散控制系统,称为全厂一体化解决方案,它的前身是 TDC-3000^X。该公司自 1975 年推出第一套集散控制系统以来,不断地进行新技术的开发。1983 年 10 月推出的 TDC-3000 也已多次改进,先后增加了局域控制网(LCN)、万能操作站(UD)、过程管理器(PM)等新产品,使系统在控制器功能、开放式通信网络、综合信息管理方面得到进一步加强。1988 年推出的 TDC-3000^X 在此基础上又增加了万能控制网(UCN)、高性能过程管理器(HPM),新型应用模件(A^XM)及新型万能操作站(U^XS),进一步提高了系统的控制和管理能力。以管控一体化形式出现的新一代系统(TPS)增加了工厂信息网(PIN),全方位用户操作站(GUS)、过程历史数据库(PHD)、应用处理平台(APP)等新产品。该系统与 HONEYWELL 公司早期的产品完全兼容,就其总体构成而言,主要由基本系统、万能控制网络、局域控制网络和工厂信息网组成。

TPS 系统已在化工、轻工、炼油、冶金、纺织等领域得到广泛的应用。这里介绍一例应用 TPS

系统实现某炼油厂变压吸附制氢工艺计算机控制。

变压吸附(pressure swing adsorption,PSA)提纯是指采用变压吸附技术从原料气中分离除去杂质组分获得提纯的氢气产品。该厂的 PSA 系统采用 8 塔操作,通过计算机程序控制保证在任何时刻都有相同数量的吸附床处于吸附状态,成为流量压力恒定的产氢过程。

控制方案如下:

(1) 程序控制系统　每个吸附塔有 7 个程控阀,正常情况下,8 个吸附塔的 56 个程控阀按照预先设定的步骤及切换时间开启和关闭,实现吸附、均压降等 7 个步骤,当出现下列情况之一时,DCS 会自动检测并报警。

① 某程序控制阀的外部元件出现故障;

② 某吸附塔程序控制阀的执行机构失灵;

③ 某吸附塔的控制输出模件发生故障;

④ 某吸附塔的压力变压器内部故障。

如果此时处于自动程序切除方式,DCS 程序会考虑在最合适的步序自动切换到 7 塔运行,使生产得以连续稳定地进行。如果此时是处于手动切除方式,操作员则根据屏幕上的报警提示,选择相应的塔,将其切除,程序同样会考虑在最合适的步序自动切换到 7 塔运行。依次类推,还有 7 塔切 6 塔、6 塔切 5 塔、5 塔切 4 塔、7 塔切 4 塔等。反之,程序同样要考虑从 4 塔切到 5 塔,5 塔切到 6 塔等切换步序。

每一步序的时间可人工设定或选择自适应控制方式,由 DCS 程序根据工作状态自动设置其时间。

(2) 控制回路　为了保证生产过程的连续稳定,PSA 还设置了 5 个单回路控制和 6 个程序控制回路。

5 个单回路控制分别为原料气流量控制、吸附压力控制、产品气超压放空及解吸气混合罐超压放空,都是常规的 PID 控制。原料气水分离罐液位控制阀是两位式的,所以液位是控制在给定值上下的一个区域范围,用一个逻辑点即可实现。当原料气水分离罐液位控制处于自动方式时,阀门按照液位测量值与给定值比较的结果决定是开还是关,使液位保持在给定值范围内波动;而当其处于手动方式时,阀门的开关则由操作员控制。

6 个程序控制回路是终充流量速率控制、顺放流量速率控制、单系列逆放速率控制、双系列逆放速率控制、解吸气混合罐压力控制和解吸气流量控制,主要考虑阀门按照一定的斜率开启。

(3) 程序结构及与过程的衔接　DCS 中的程序用系统提供的 CL 语言编写,为模块化结构,有初始化程序、主程序、各塔运行程序、各塔压力检测程序、阀检程序、分周期计算程序、自适应控制程序及程控回路等共 20 个模块,每一模块都挂在相应的程序点上,分别实现各自的功能。同时,通过逻辑点、流程图和中间数字点的灵活运用,使 CL 程序与过程的控制更好地结合在一起。

(4) 人机界面　PSA 控制系统人机界面是在操作站上实现的,用 Display Builder 编写,共有 5 幅画面,其中,2 幅为流程图,主要用于操作,3 幅专用于参数的输入。流程图画面有 PSA 专用的切换按钮,并动态显示阀门状态、压力与阀校验报警等,而且只要任一程序模块停止运行,立刻进行报警;参数画面可修改 PSA 给定值、限幅、斜率等参数。

(5) DCS 系统资源占用　所有 PSA 的程序与控制点都在 1 对 HPM 中,共占用 DI 点 58 个、DO 点 61 个、AI 点 22 个、AO 点 10 个、逻辑点 11 个、定时点 12 个、FLAG 点 3 170 个、数字点

3 500 个、常规控制点 17 个、PM 点 12 个、数组点 9 个及字符点 30 个。

3.2.2　ForceControl 7.0 组态软件简介

DCS 是比较通用的控制系统，可以在很多的领域中应用，为了使用户在不需要编代码程序的情况下，便可生成适合自己需求的应用系统，通常 DCS 厂商在 DCS 中预装了系统软件和应用软件，而其中的应用软件实际上就是组态软件。组态的概念最早来自英文 configuration，含义是使用软件工具对计算机及软件的各种资源进行配置，达到使计算机或软件按照预先设置，自动执行特定任务，满足使用者要求的目的。

典型的计算机控制系统通常可以分为设备层、控制层、监控层、管理层四个层次结构，构成了一个分布式的工业网络控制系统，其中监控层通过对多个控制设备的集中管理，以完成监控生产运行过程的目的。控监组态软件是对现场生产数据进行采集与过程控制的专用软件，最大的特点是能以灵活多样的“组态方式”而不是编程方式来进行系统集成，它提供了良好的用户开发界面和简捷的工程实现方法，只要将其预设置的各种软件模块进行简单的“组态”，便可以非常容易地实现和完成监控层的各项功能，通过“组态”的方式可以大大缩短自动化工程师的系统集成时间，提高集成效率。

力控（ForceControl）组态软件的设计符合远程大型工厂管理与监控模式，软件支持工厂数据模型、工程模型、窗口模型、智能单元模型、对象模型等多种对象技术，内置分布式实时数据库支持多种工厂模型的信息数据类型及结构，图形监控系统与数据归档采用分离结构可以构造复杂灵活的分布式信息化系统。

1. ForceControl 组态软件基本结构

一般组态软件是一个具有实时多任务、接口开放、使用灵活、功能多样、运行可靠的软件系统。实时多任务是它最突出的特点。一个组态软件系统由若干个功能模块组成，模块之间的通信及模块与数据库之间的通信均通过共享内存数据库和 OLE DB（object linking and embedding database）完成。

ForceControl 组态软件基本的程序及组件包括：工程管理器、人机界面 View、实时数据库 DB、I/O 驱动程序、控制策略生成器及各种数据服务及扩展组件等，其中实时数据库是 SCADA 系统的核心，实现机器内各应用程序的实时数据交换，通过网络通信程序将实时数据扩展到整个网络。

主要的各种组件如下：

（1）工程管理器　工程管理器用于工程管理包括用于创建、删除、备份、恢复、选择工程等。

（2）开发系统　开发系统是一个集成环境，可以完成创建工程画面、配置各种系统参数、脚本、动画、启动 ForceControl 其他程序组件等功能。

（3）界面运行系统　界面运行系统用来运行由开发系统创建的包括画面、脚本、动画连接等工程，操作人员通过它来实现实时监控。

（4）实时数据库　实时数据库是 ForceControl 软件系统的数据处理核心，构建分布式应用系统的基础，它负责实时数据处理、历史数据存储、统计数据、报警处理、数据服务请求处理等。

（5）I/O 驱动程序　I/O 驱动程序负责 ForceControl 与控制设备的通信，它将 I/O 设备寄存器中的数据读出后，传送到 ForceControl 的实时数据库，最后界面运行系统会在画面上动态显示。

（6）网络通信程序（Net Client/Net Server）　网络通信程序采用 TCP/IP 通信协议，可利用

Intranet/Internet 实现不同网络节点上 ForceControl 之间的数据通信，可以实现 ForceControl 软件的高效率通信。

（7）远程通信服务程序（Comm Server） 该通信程序支持串口、以太网、移动网络等多种通信方式，通过 ForceControl 在两台计算机之间实现通信，使用 RS-232C 接口，可实现一对一（1∶1 方式）的通信；如果使用 RS-485 总线，还可实现一对多台计算机（1∶N 方式）的通信，同时也可以通过电台、MODEM、移动网络的方式进行通信。

（8）Web 服务器程序 Web 服务器程序可为处在世界各地的远程用户实现在台式机或便携机上用标准浏览器实时监控现场生产过程。

（9）控制策略生成器（Strategy Builder） 控制策略生成器是面向控制的新一代软逻辑自动化控制软件，采用符合 IEC61131-3 标准的图形化编程方式，提供包括变量、数学运算、逻辑功能、程序控制、常规功能、控制回路、数字点处理等在内的十几类基本运算块，内置常规 PID、比值控制、开关控制、斜坡控制等丰富的控制算法，同时提供开放的算法接口，可以嵌入用户自己的控制程序，控制策略生成器与 ForceControl 的其他程序组件可以无缝连接。

2. 组态软件的数据处理流程

从现场 I/O 设备获得实时数据，对数据进行必要的处理后显示在计算机屏幕上，计算机按组态要求和操作人员的指令将控制数据送给 I/O 设备，对执行机构实施控制，并将需存储信息存储到历史数据库。当发生报警时及时报警，并记录报警的历史信息。一般组态软件的数据处理流程图如图 3-15 所示。

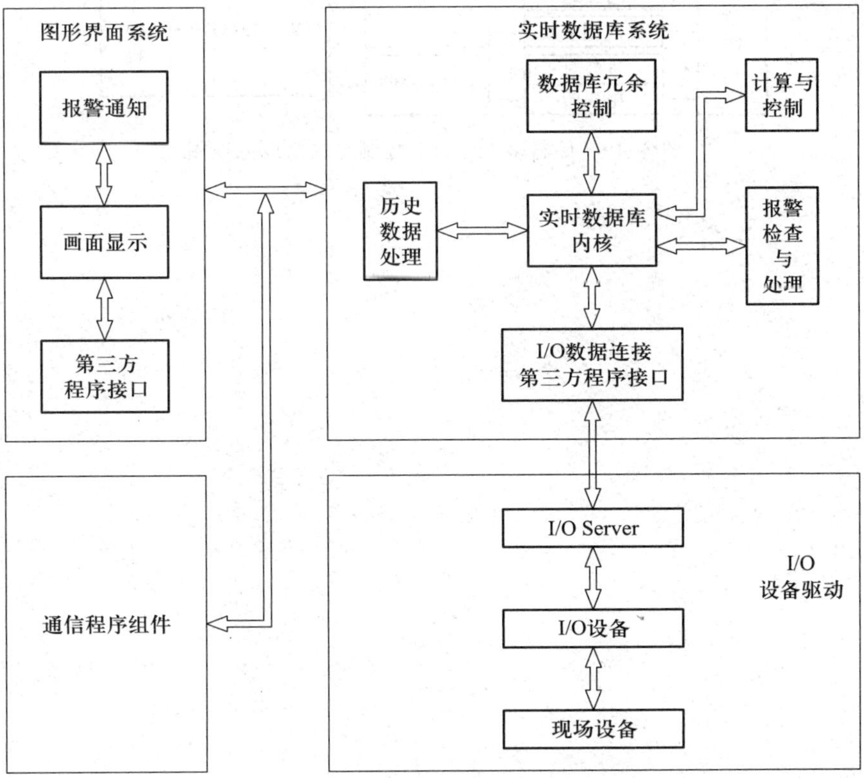

图 3-15 一般组态软件的数据处理流程图

3. ForceControl 组态软件工程应用案例

某一车间 5 m^3 的不锈钢蒸汽加热反应釜生产出的酚醛树脂要先放料到储料罐,经造粒工序造粒包装成成品。以储料罐工序为例,对生产过程进行自动控制。生产工艺要求:(1) 该系列酚醛树脂的软化点为 90 ℃以上,需控制其温度在 90～95 ℃,温度过高则浪费能源且造成物料变性,过低则结块不能用泵打出,设计其温度范围为 92±2 ℃。储料罐利用夹套蒸汽加热,利用热电阻温度变送器测温,并设高低温度报警,高于 95 ℃和低于 90 ℃时报警。(2) 设置液位检测装置,过低(低于 10%)和过高(高于 80%)时报警。过低时关闭出料阀,并打开进料阀,开启进料泵;液体过高时关闭进料阀,停止进料泵。

储料罐工序自动控制系统组成方框图如图 3-16 所示。利用各种变送器测量储料罐的温度、液位和压力值,通过模拟量输入通道接线端子板 PCLD-880 输入 PCL-812PG 的模拟量输入通道,经 A/D 转换后变成数字量输入到工控机。工控机再利用三维 ForceControl 组态软件设计监控系统,按照控制要求对测量数据进行处理、运算,输出数据经 PCL-812PG 的输出通道输出,控制电磁阀、泵和调节阀等执行机构运行,进而控制储料罐的温度;同时,对实时和历史数据进行存储和处理,以供事故发生后对其进行详细分析和研究,以此提高运行管理人员的技术水平,减小事故影响。当系统处于不正常运行状态时,能够迅速发出报警信号,提示值班员巡视检查。当系统发生故障时,能够自动停机并发出信号,提高系统运行的可靠性。

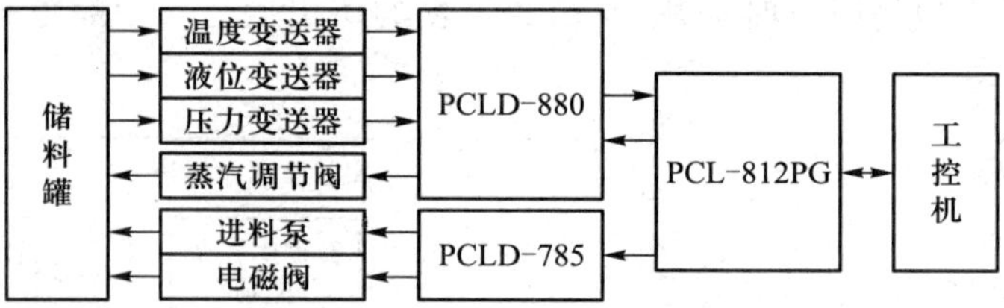

图 3-16　储料罐工序自动控制系统组成方框图

第4章 化工基础实验

4.1 雷诺实验

4.1.1 实验目的

（1）通过调节出口阀门的流量，了解流体流动过程中层流、过渡流、湍流等各种流型特征，观察流体在圆管中流动时的速度分布。

（2）根据不同流型下流体的流量，测量出不同流型与雷诺数的对应关系。

4.1.2 实验原理

流体在管内流动过程中，由于其质点在流体中表现出不同运动方式，形成了层流、过渡流、湍流等特征流型，而这三种状态可以通过雷诺数 Re 来予以判断。

$$Re=\frac{du\rho}{\mu} \tag{4-1}$$

式中：Re——雷诺数，量纲为 1；

d——管径，m；

u——流速，$m \cdot s^{-1}$；

ρ——流体的密度，$kg \cdot m^{-3}$；

μ——流体的黏度，Pa · s。

4.1.3 实验装置及流程

雷诺实验装置流程图如图 4-1 所示，高位槽中的流体分别经测试管 4、流量调节阀 V4、转子流量计 F1 后排出系统。红墨水经墨水调节阀 V1 后注入测试管中，通过调节系统的流量大小对流型进行观察和实验。

实验装置的主要技术参数如下：

实验管道有效长度 $L=1\ 000$ mm；$\phi30$ mm×2.5 mm。

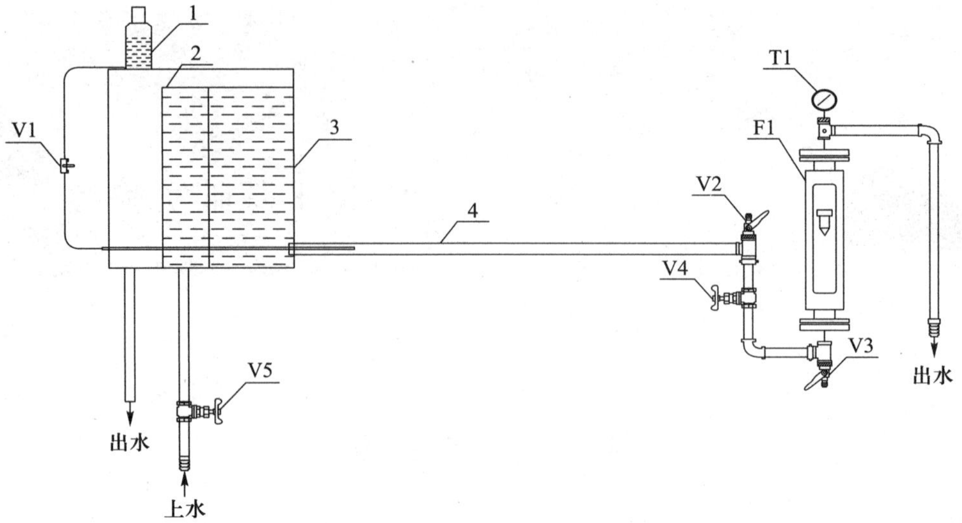

图4-1　雷诺实验装置流程图

1—下口瓶；2—溢流口；3—高位槽；4—测试管；F1—转子流量计；T1—温度计；V1～V5—阀门

4.1.4　实验方法及步骤

1. 雷诺实验

（1）关闭放气阀V2和流量调节阀V4，开启上水阀V5，向高位槽注水，使水充满水箱并产生溢流，维持尽可能小的溢流量。

（2）向下口瓶中加入适量用水稀释过浓度适中的红墨水，打开墨水调节阀V1，使红墨水充满进样管。

（3）调整细管位置使针头处于观察管道中心线位置。

（4）轻轻打开放气阀门V2，排除测试管中的气体后关闭。

（5）开启水流量调节阀V4，使水缓慢流过实验管道，并让红墨水充满细管道。

（6）缓慢有控制地打开红墨水的流量调节阀，调节管内流体不同流速，观察红墨水流束在管内所呈现的不同现象，如图4-2表示的层流流动状态。读取流量数值并计算出对应的雷诺数。

（7）在进行层流实验时，有时会因进水或溢流造成扰动，使测试管道中的红墨水流束偏离管内中心线或发生不同程度的上下摆动，此时可关闭进水阀V5，然后进行测量。层流测量结束后，须马上开启进水阀V5，保持水槽在溢流状态下进行其他流型的测量（图4-3）。

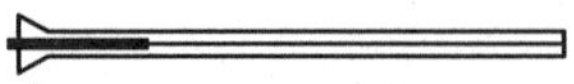

图4-2　层流流动示意图

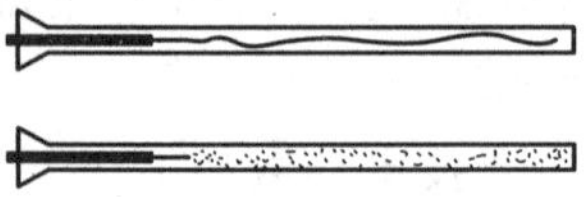

图4-3　过渡流、湍流流动示意图

2. 圆管内流体速度分布演示实验

（1）关闭上水阀、流量调节阀。

（2）打开墨水流量调节阀，使红墨水滴落在不流动的测试管路中。

（3）突然打开流量调节阀 V4，在测试管中可以清晰地看到红色水线流动所形成的如图 4-4 所示的流速分布。

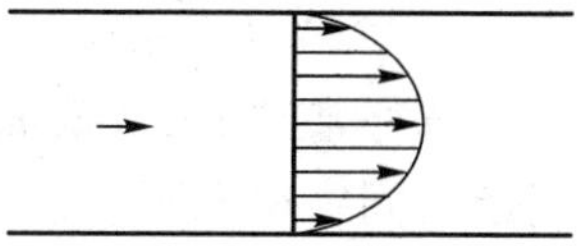

图 4-4 流速分布示意图

4.1.5 数据记录及处理

将实验测得的数据参考表 4-1 进行记录。

表 4-1 雷诺实验实验数据记录表

序号	流量 / $L\cdot h^{-1}$	流量 / $m^3\cdot s^{-1}$	流速 / $m\cdot s^{-1}$	雷诺数	实验现象	流型
1						
2						
⋮						

4.1.6 实验结果与讨论

（1）通过实验现象对流体流动的流型判断分析。

（2）通过对流量等参数的测量，分别计算不同流量下所对应的雷诺数，并与观察到的实验现象进行比较分析。

思考题

（1）影响流体流型的因素有哪些？

（2）有人说可以只用流速来判断管中的流型，流速低于某一数值时是层流，否则是湍流，这种说法对否？在什么条件下可以由流速的数值来判断流型？

4.2 伯努利方程实验

4.2.1 实验目的

（1）掌握压头、各种能量的概念，加深对管内流体流动时各种能量之间的相互转换关系的理解。

（2）通过实验发现各能量、流速之间的变化规律，熟练掌握伯努利方程。

4.2.2 实验原理

在一个稳态流动系统中，在流体流经的管路上任取 n 个截面，流体将遵循不可压缩流体的定常流动的伯努利方程，可以列出从进口截面 1 到附近任意截面 i 的伯努利方程：

$$z_1+\frac{p_1}{\rho g}+\frac{u_1^2}{2g}=z_i+\frac{p_i}{\rho g}+\frac{u_i^2}{2g}+\sum H_{f_{1-i}} \qquad (4-2)$$

式中：$i=2,3,4,\cdots,n$。

选好基准面，从截面处已设置的不同压头测管中分别读取静压头和冲压头的值；分析流体在流经不同管径和形貌的管路时动、静压头的转换关系及能量的损失状况。

4.2.3　实验装置及流程

能量转换实验装置流程图如图 4-5 所示，水箱中的流体由离心泵 5 送至高位槽 2 后分别流经测试管、流量调节阀 V4、转子流量计 F1 后返回到水箱中，实验测试导管管路如图 4-6 所示，分别由文氏管、不同管径的直管及弯管组成，在文氏管上的不同位置设置了 7 个测压口，在 A，B，C，D 四个位置分别设置了静压头和冲压头的测压口。

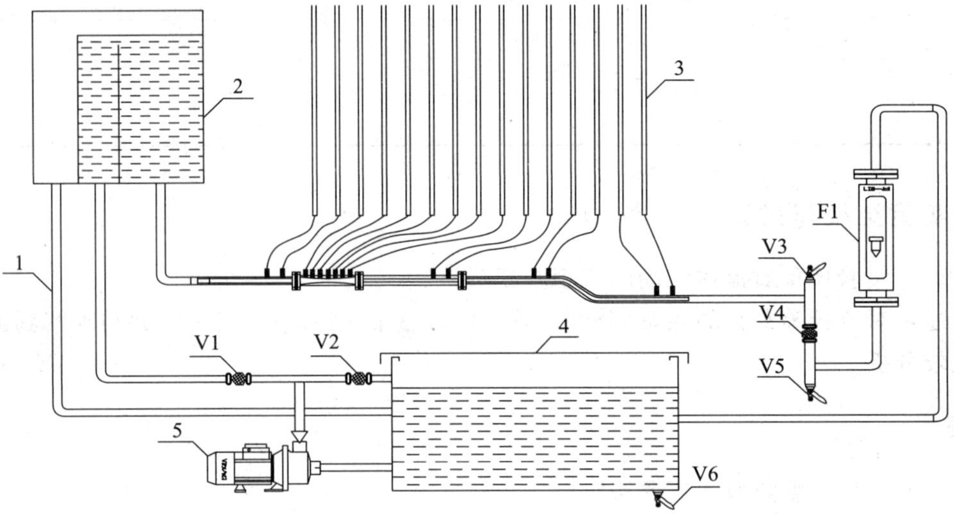

图 4-5　能量转换实验装置流程图

1—溢流管；2—高位槽；3—测压管；4—水箱；5—离心泵；F1—转子流量计；V1～V6—阀门

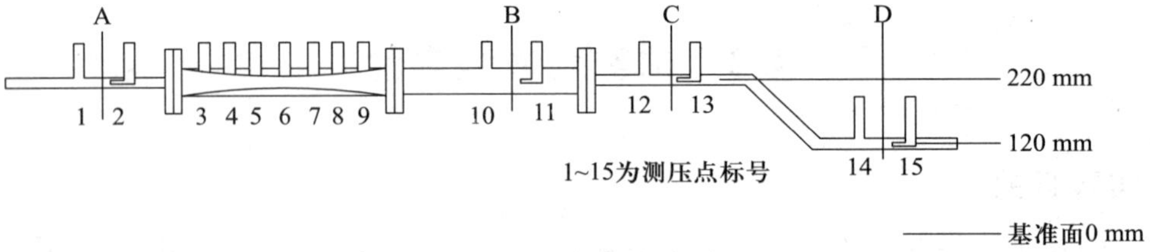

图 4-6　实验测试导管管路

实验装置的主要技术参数如下：

离心泵型号：WB50/025，流量：4.8 $m^3\cdot h^{-1}$，扬程：10.57 m，功率：0.25 kW；

低位槽：不锈钢材质，880 mm×370 mm×550 mm；

高位槽：有机玻璃材质，445 mm×445 mm×730 mm。

4.2.4　实验方法及步骤

（1）关闭离心泵出口上水阀 V1、排气阀 V3、排水阀 V6，打开回水阀 V2 和流量调节阀 V4 后启动离心泵。

(2) 逐步开启离心泵出口上水阀,当高位槽溢流管有液体溢流后,利用洗耳球吹出测试导管内的气体后,利用流量调节阀 V4 调节出水流量。测量不同位置的静压头和冲压头数据。

(3) 调节流量调节阀至不同流量,重复以上步骤继续测定多组数据。

(4) 关闭离心泵,结束实验。

注意事项

(1) 不要将离心泵出口上水阀开得过大,以免使水流冲击到高位槽外面,导致高位槽液面不稳定。

(2) 水流量增大时,应检查高位槽内水面是否稳定,当水面下降时要适当开大上水阀补充水量。

(3) 水流量调节阀调小时要缓慢,以免造成流量突然下降使测压管中的水溢出管外。

(4) 注意排除实验导管内的空气泡。

(5) 离心泵不要空转和在出口阀门全关的条件下工作。

4.2.5 数据记录及处理

将实验测得的数据参考表 4-2 进行记录。

表 4-2 伯努力方程实验数据记录表

测量点	项目	流量=____ $L \cdot h^{-1}$		流量=____ $L \cdot h^{-1}$		流量=____ $L \cdot h^{-1}$	
		压强测量值	压头	压强测量值	压头	压强测量值	压头
		mmH_2O	mmH_2O	mmH_2O	mmH_2O	mmH_2O	mmH_2O
1	静压头						
2	冲压头						
⋮							

4.2.6 实验结果与讨论

通过对不同位置的压头测定,定量分析流体流经文氏管、直管伸缩及弯管等动、静压头能量等能量的转化规律。

思考题

(1) 关闭出口流量调节阀时,各液压管内的液面高度是否相同?为什么?

(2) 当系统流量改变时,A,B 点的液位变化哪个大?为什么?

4.3 流体流动阻力测定实验

4.3.1 实验目的

(1) 学习直管摩擦阻力 Δp_f、直管摩擦系数 λ 的测定方法。

（2）测定直管摩擦系数 λ 与雷诺数 Re 的关系及其变化规律。

（3）掌握局部阻力的测量方法，测定流体流经阀门时的局部阻力系数 ζ。

（4）掌握压力传感器的工作原理和使用方法。

4.3.2　实验原理

流体在管内流动时，由于黏性剪应力和涡流的存在，不可避免地要消耗一定的机械能，这种机械能的消耗包括流体流经直管的沿程阻力和因流体运动方向改变所引起的局部阻力。

1. 直管摩擦系数 λ 与雷诺数 Re 的测定

流体在管道内流动时，由于流体的黏性作用和涡流的影响会产生阻力。流体在直管内流动阻力的大小与管长、管径、流体流速和管道摩擦系数有关。它们之间存在如下关系：

$$h_f=\frac{\Delta p_f}{\rho}=\lambda\frac{l}{d}\frac{u^2}{2} \tag{4-3}$$

$$\lambda=\frac{2d}{\rho l}\frac{\Delta p_f}{u^2} \tag{4-4}$$

式中：d——管径，m；

Δp_f——直管阻力引起的压力降，Pa；

l——管长，m；

u——流速，$m\cdot s^{-1}$；

ρ——流体的密度，$kg\cdot m^{-3}$。

直管摩擦系数 λ 与雷诺数 Re 之间有一定的关系，这个关系一般用曲线来表达。在实验装置中，直管段长 l 和管径 d 都已固定。若水温一定，则水的密度 ρ 和黏度 μ 也是定值。所以本实验实质上是测量直管段流体阻力引起的压力降 ΔP_f 与流速 u（流量 q_V）之间的关系。

根据实验数据和式(4-4)可计算出不同流速下的直管摩擦系数，用式(4-1)计算对应的 Re，从而整理出直管摩擦系数和雷诺数的关系，绘出 λ 与 Re 的关系曲线。

2. 局部阻力系数 ζ 的测定

$$h_f'=\frac{\Delta p_f'}{\rho}=\zeta\frac{u^2}{2} \tag{4-5}$$

$$\zeta=\frac{2}{\rho}\cdot\frac{\Delta p_f'}{u^2} \tag{4-6}$$

式中：ζ——局部阻力系数，量纲为1；

$\Delta p_f'$——局部阻力引起的压力降，Pa；

h_f'——局部阻力引起的能量损失，$J\cdot kg^{-1}$。

局部阻力引起的压力降 $\Delta p_f'$ 可用下面的方法测量：在一条各处直径相等的直管段上，安装待测局部阻力的阀门，在其上、下游开两对测压口 $a-a'$ 和 $b-b'$，如图4-7所示，使

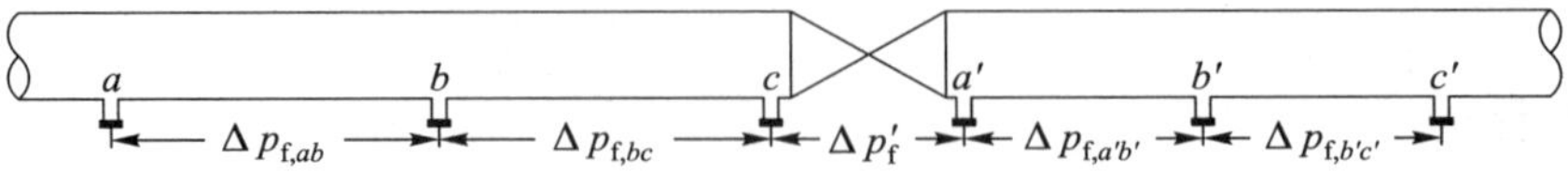

图4-7　局部阻力测量取压口布置图

$$ab=bc;\quad a'b'=b'c'$$

则

$$\Delta p_{f,ab}=\Delta p_{f,bc};\Delta p_{f,a'b'}=\Delta p_{f,b'c'}$$

在 $a-a'$之间,列压差表达式:

$$p_a-p_{a'}=2\Delta p_{f,ab}+2\Delta p_{f,a'b'}+\Delta p_f' \tag{4-7}$$

在 $b-b'$之间,列压差表达式:

$$p_b-p_{b'}=\Delta p_{f,bc}+\Delta p_{f,b'c'}+\Delta p_f' \tag{4-8}$$

联立式(4-7)和式(4-8),则

$$\Delta p_f'=2(p_b-p_{b'})-(p_a-p_{a'}) \tag{4-9}$$

通常,$(p_b-p_{b'})$称为近点压差,$(p_a-p_{a'})$称为远点压差,用压差传感器来测量。

4.3.3 实验装置及流程

4.3.3.1 第Ⅰ类型实验装置

流体流动阻力测定实验装置流程图(Ⅰ)如图 4-8 所示。离心泵 2 将储水槽 1 中的水抽出,送入实验系统,经转子流量计 F1 或 F2 测量流量,送入被测直管段 3 或 4 测量流体流动的光滑管或粗糙管的阻力,或经局部阻力测试段 V7 测量局部阻力后回到储水槽,水循环使用。被测直管段流体流动阻力 Δp_f 可根据其数值大小分别采用差压变送器 7 或空气-水倒 U 形管 6 来测量。

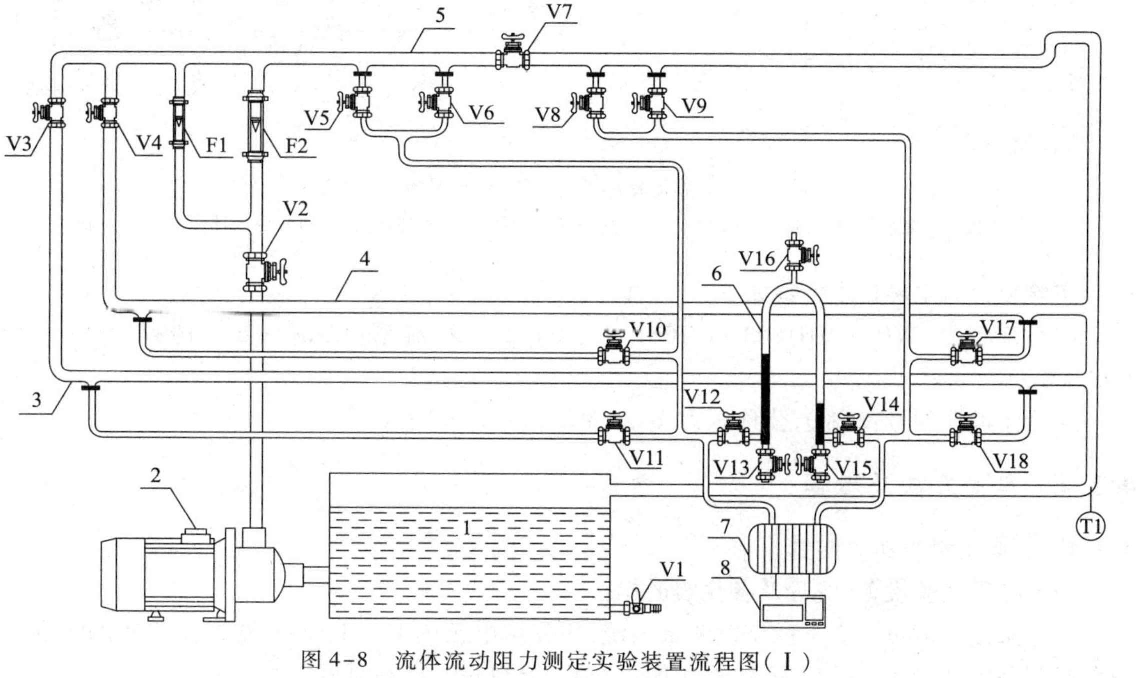

图 4-8 流体流动阻力测定实验装置流程图(Ⅰ)

1—储水槽;2—离心泵;3—粗糙管;4—光滑管;5—局部阻力测试管;6—倒 U 形管;

7—差压变送器;8—数字电压表;F1,F2—转子流量计;T1—温度计;V1 ~ V18—阀门

实验装置的主要技术参数如下:

管路材质:不锈钢;被测量局部阻力直管段管径:15 mm;粗糙管、光滑管测试段长度:1.60 m;

粗糙管直径:10 mm;光滑管直径见现场装置标注。

离心泵型号:WB70/055,流量:8 $m^3 \cdot h^{-1}$,扬程:12 m,功率:550 W。

4.3.3.2　第Ⅱ类型实验装置

流体流动阻力测定实验装置图(Ⅱ)如图 4-9 所示,流体经离心泵抽出水箱后,分别流经涡轮流量计、光滑管、粗糙管、出口控制阀后回至储水槽。同时涡轮流量计作为局部阻力的测量器件,测压系统采用差压变送器。

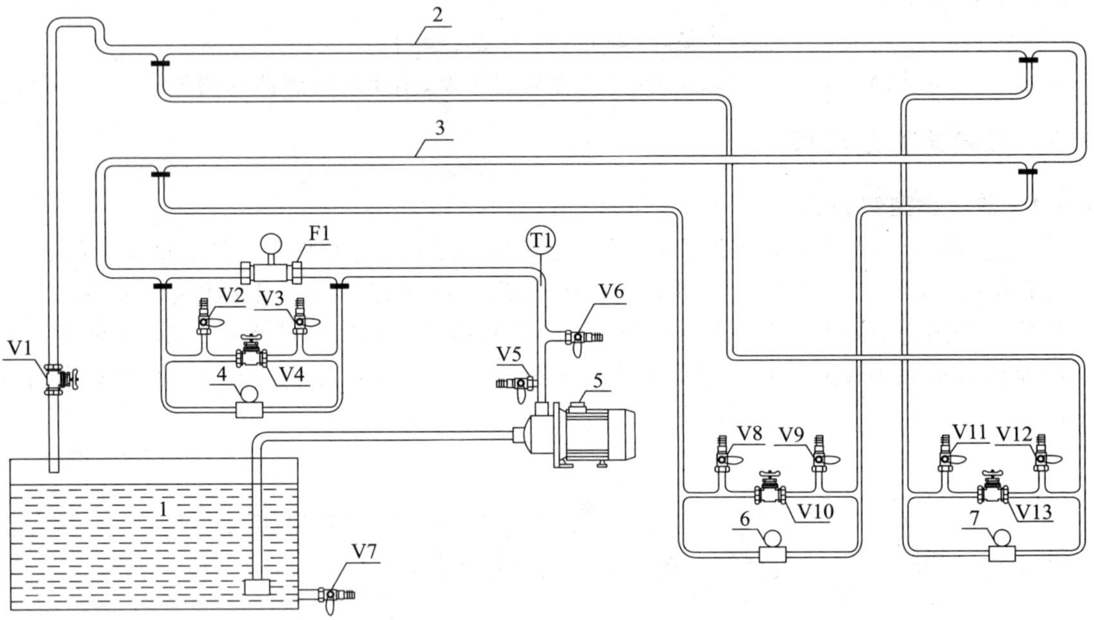

图 4-9　流体流动阻力测定实验装置流程图(Ⅱ)

1—储水槽;2—光滑管;3—粗糙管;4,6,7—差压变送器;5—泵;F1—涡轮流量计;T1—温度计;V1 ~ V13—阀门

实验装置的主要技术参数如下:

离心泵型号:WILO MH1803-1/10/E/3-380-50-2,流量:12 $m^3 \cdot h^{-1}$,扬程:36 m,功率:1.41 kW;

涡轮流量计型号:25AD,公称压力:6.23 MPa,0 ~ 20 $m^3 \cdot h^{-1}$。

4.3.4　实验方法及步骤

4.3.4.1　第Ⅰ类型实验装置

(1)熟悉实验设备、流程及各仪表的操作。

(2)采用大流量状态下的压差测量系统,应先接电预热 10 ~ 15 min,调好数字表的零点。检查各阀门是否处于正确的启闭状态,关闭离心泵的出口阀,启动泵做实验。

(3)检查导压系统内有无气泡存在。

(4)测取 15 ~ 20 组数据,建议当流量读数小于 300 $L \cdot h^{-1}$时,采用空气-水倒 U 形管测压差 Δp_f。

(5)局部阻力测定时关闭 V3 和 V4,全开或半开阀 V7,用差压变送器测量远端、近端压差。

（6）待数据测量完毕，关闭流量调节阀，切断电源。

（7）上机进行数据处理。

注意事项

（1）当流量为零时，若空气-水倒U形管内两液柱的高度差不为零，则说明系统内有气泡存在，必须赶净气泡方可测取数据。

（2）利用压力传感器测大流量下 Δp_f 时，应切断空气-水倒U形管，关闭阀V12，V14，否则影响测量数值。

（3）在实验过程中每调节一个流量之后应待流量和直管压力降的数据稳定以后方可记录数据。

4.3.4.2 第Ⅱ类型实验装置

（1）关闭离心泵出口控制阀、导压管排气阀，打开3个压差计平衡阀，打开离心泵的引水阀、放气阀，灌泵，放气，然后关闭引水阀、放气阀，启动泵。

（2）系统排气操作：

① 引压管排气：依次对3组放气阀进行排气，将排气阀门打开，观察排气管出口至没有气泡时关闭。

② 总管排气：先将控制阀开足然后再关闭，使总管中的大部分气体被排走。

（3）实验布点：由于 Re 在充分湍流区时，$\lambda-Re$ 关系曲线处在双对数坐标的密集区，在大流量时少布点，而 Re 比较小时，$\lambda-Re$ 的关系是曲线，所以小流量时多布点。先将控制阀开至最大，读取流量显示仪读数 $F_{大}$，然后关至压差显示值为0.2～0.3 kPa时（光滑管），再读取流量显示仪读数 $F_{小}$，在 $F_{小}$ 和 $F_{大}$ 两个读数之间布15个点。

（4）关闭压差计平衡阀，开启离心泵出口控制阀，调节流量进行测量。

（5）测量结束后，打开压差计平衡阀，关闭离心泵出口控制阀，关闭离心泵。

（6）上机进行数据处理。

注意事项

由于系统的流量计量采用涡轮流量计，其小流量受到结构的限制，故从大流量做起，实验数据比较准确。

4.3.5 数据记录及处理

4.3.5.1 第Ⅰ类型实验装置

1. 实验基本参数

实验装置：第____套，水温：________℃，黏度：________ Pa·s，密度：________ $kg\cdot m^{-3}$。

2. 实验数据

本实验数据记录表可参考表4-3～表4-5。

表4-3 直管阻力实验数据记录表（光滑管）

序号	q_V	R		Δp_f	u	Re	λ
	$L\cdot h^{-1}$	kPa	mmH_2O	Pa	$m\cdot s^{-1}$		
1							
2							
⋮							

表 4-4 直管阻力实验数据记录表(粗糙管)

序号	q_V / $L\cdot h^{-1}$	R / kPa	R / mmH_2O	Δp_f / Pa	u / $m\cdot s^{-1}$	Re	λ
1							
2							
⋮							

表 4-5 局部阻力实验数据记录表

序号	q_V / $L\cdot h^{-1}$	近端压差 / Pa	远端压差 / Pa	u / $m\cdot s^{-1}$	局部阻力压差 / Pa	阻力系数 ζ
1						
2						
⋮						

4.3.5.2 第Ⅱ类型实验装置

1. 实验基本参数

实验装置:第____套,水温:________℃,黏度:________ Pa · s,密度:________ $kg\cdot m^{-3}$。

光滑管管长:2 m,光滑管内径:29.5 mm。

粗糙管管长:2 m,粗糙管内径:27 mm,局部阻力测量段管径:32 mm。

2. 实验数据

本实验数据记录表可参照表 4-6、表 4-7。

表 4-6 流体阻力测量实验数据记录表

序号	流量/($L\cdot s^{-1}$)	光滑管压差/kPa	粗糙管压差/kPa	局部压差/kPa
1				
2				
⋮				

表 4-7 过程运算表

序号	流量 / $L\cdot s^{-1}$	光滑管 流速 / $m\cdot s^{-1}$	光滑管 阻力 / $J\cdot kg^{-1}$	光滑管 Re	光滑管 λ	粗糙管 流速 / $m\cdot s^{-1}$	粗糙管 阻力 / $J\cdot kg^{-1}$	粗糙管 Re	粗糙管 λ	局部阻力 流速 / $m\cdot s^{-1}$	局部阻力 阻力 / $J\cdot kg^{-1}$	局部阻力 ζ
1												
2												
⋮												

4.3.6 实验结果与讨论

(1) 将实验数据和数据处理结果列在表格中,并以其中一组数据为例写出计算过程。

(2) 在合适的坐标系上标绘光滑管和粗糙管 $\lambda-Re$ 关系曲线。

(3) 根据所标绘的 $\lambda-Re$ 曲线，求本实验条件下层流区的 $\lambda-Re$ 关系式，并与理论公式比较。

思考题

(1) 为什么测定实验数据前首先要赶净设备和测压管中的空气？怎样赶气泡？

(2) 解释突然扩大与突然缩小的压差计读数在实验过程中有什么不同现象。

(3) 在实验中，直管阻力、摩擦系数、局部阻力系数随流速如何变化？并解释其原因。

(4) 本实验以水为工作介质作出的 $\lambda-Re$ 曲线，对其他流体能否使用？为什么？

(5) 在实验中掌握了哪些测试流量、压力的方法？它们各有什么特点？

4.4 流量计的校正

4.4.1 实验目的

(1) 掌握压差式流量计测量的工作原理。

(2) 熟悉孔板(或文丘里)流量计孔流系数的测定方法，了解孔流系数与雷诺数之间的变化关系。

(3) 掌握涡轮流量传感器的工作原理和使用方法。

4.4.2 实验原理

流量测量的仪表多种多样，常用的有孔板流量计、文丘里流量计及毕托管等，压差式流量计也称节流式流量计，是工业上常见的流量计之一，是通过测定流体的压差来确定流体的速度，本实验通过一个已知流量的流量计对一个未知孔流系数的孔板流量计进行校正，确定其孔流系数和最佳使用范围。

图 4-10 是孔板流量计的管路安装示意图，即在管道里插入一片与管轴垂直并带有通常为圆孔的金属板，构成孔板流量计，当流体经小孔流出时，在小孔的后端处由于惯性的作用而发生收缩，形成一缩脉(即流动截面最小处)，此处动能最大，静压力最低。当流体以一定的流速流经小孔时，会产生一定的压差，流量越大，压差越大。通过测量压差的方法实现流体流量的测量。

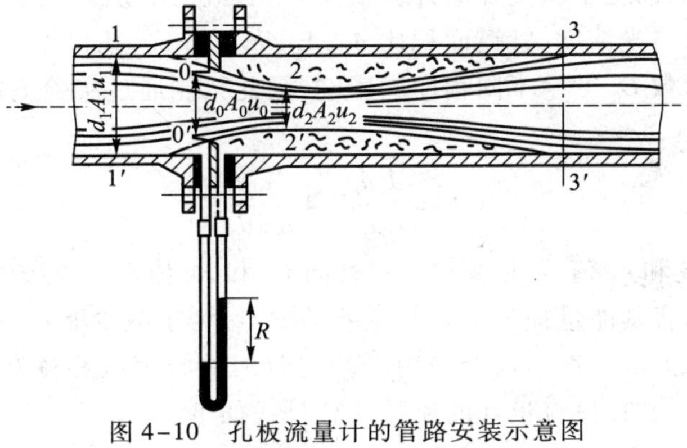

图 4-10 孔板流量计的管路安装示意图

假设流体为理想流体，无阻力损失，在图 4-10 中截面 1-1′及截面 2-2′之间满足伯努利方程，得

$$\frac{u_2^2-u_1^2}{2}=\frac{p_1-p_2}{\rho} \tag{4-10}$$

或

$$\sqrt{u_2^2-u_1^2}=\sqrt{\frac{2\Delta p}{\rho}} \tag{4-11}$$

由于式(4-10)未考虑阻力损失,而且缩脉处的位置难以确定,故式中的 u_2 可用孔口速度 u_0 孔板的下游截面(即截面 2-2′)来代替,同时,两侧压孔的位置也不在截面 1-1′和截面 2-2′处,所以用校正系数 c 来校正。

上述各因素的影响,则式(4-10)变为

$$\sqrt{u_0^2-u_1^2}=c\sqrt{\frac{2\Delta p}{\rho}} \tag{4-12}$$

对于不可压缩流体,$u_1=u_0\left(\frac{d_0}{d_1}\right)^2$,代入式(4-12)后,整理得

$$u_0=\frac{c\sqrt{\frac{2\Delta p}{\rho}}}{\sqrt{1-\left(\frac{d_0}{d_1}\right)^4}} \tag{4-13}$$

令

$$C_0=\frac{c}{\sqrt{1-\left(\frac{d_0}{d_1}\right)^4}}$$

又

$$\Delta p=Rg(\rho_i-\rho)$$

式中:ρ_i——指示液密度,$kg \cdot m^{-3}$;

ρ——待测液密度,$kg \cdot m^{-3}$。

于是计算孔板流量计流量的数学模型为

$$q_V=C_0A_0\sqrt{\frac{2gR(\rho_i-\rho)}{\rho}} \tag{4-14}$$

孔流系数 C_0 的引入简化了流量计的计算模型。实际应用过程中,管道中流体流动的 Re、安装位置、孔口面积、形状与光洁度、管道面积比 A_0/A_1、取压方式,孔口形状及加工精度、孔板厚度和管壁情况等都会对参数 C_0 产生不同程度的影响,因此只能通过实验测定 C_0。

又知:

$$Re=\frac{d_1u\rho}{\mu}=4\frac{q_V\rho}{\mu\pi d_1} \tag{4-15}$$

通过实验测得的 Re 和 q_V 值,可推算出一系列的 C_0 和 Re 值,在半对数纸上得到 C_0-Re 曲线。

对于孔板流量计而言其能量损失大是其主要的缺点,为了减少能耗可采用如图 4-11 所示的文丘里流量计。文丘里流量计在结构上采用了均匀收缩的收缩段和逐渐扩张的扩张段,流速变化平缓,能量损耗较小。文丘里流量计的流量计算公式如下:

$$q_V=C_VA_0\sqrt{\frac{2\Delta p}{\rho}} \tag{4-16}$$

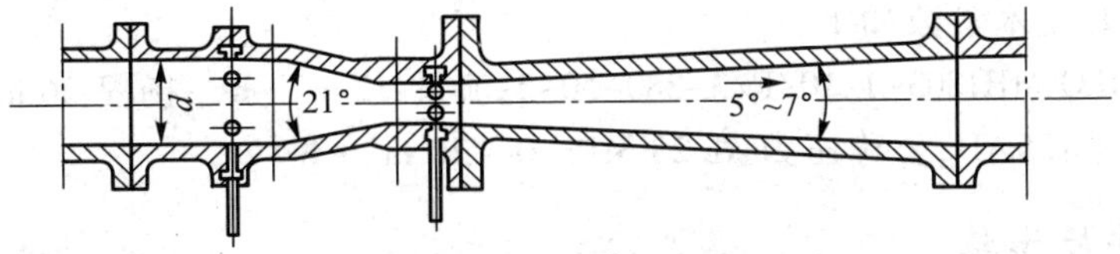

图 4-11 文丘里流量计

式中：C_V——文丘里流量计的流量系数，量纲为 1。

在选用流量计时，应仔细查看流量计的使用说明和指标参数，一般工厂生产的流量计都是标准化生产的产品，通常是在标准状况下以水或空气为介质进行标定，当使用的温度、介质、压力等环境因素发生较大改变时，要对其及时进行校正，以确保测量的精度。即使已校正过的流量计，在长时间使用中被磨损较大时，也需要再一次校正。流量计的校正，有量体法、称量法和基准流量计法。量体法或称量法都是通过一定时间间隔内排出的流体体积或质量的测量来实现的，而基准流量计法则是用一个已被事先校正过且精度较高的涡轮流量计作为被校流量计的比较基准。

液体涡轮流量计是速度式流量计中的主要种类，当被测流体流过液体涡轮流量计传感器时，在流体的作用下，叶轮受力旋转，其转速与管道平均流速成正比，同时，叶片周期性地切割电磁铁产生的磁力线，改变线圈的磁通量，根据电磁感应原理，在线圈内将感应出脉动的电势信号，即电脉冲信号，经放大器放大后，送至显示仪表显示。此电脉动信号的频率与被测流体的流量成正比。

4.4.3 实验装置及流程

流量计校正实验装置流程图如图 4-12 所示，流体由离心泵从储水槽抽送分别流经涡轮流量计、孔板流量计及出口流量调节阀后回到储水槽。

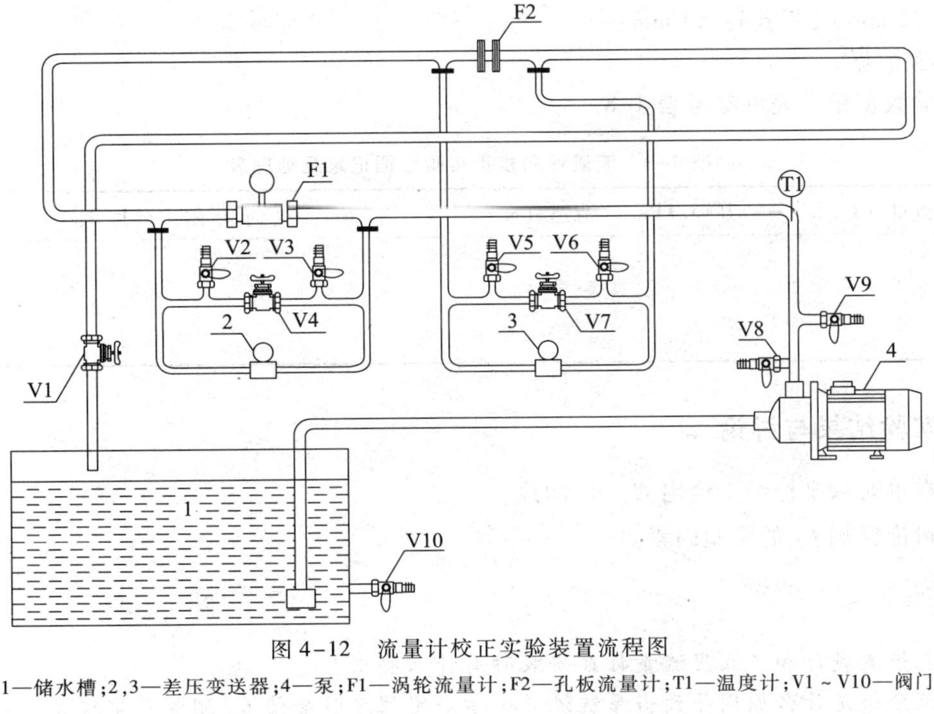

图 4-12 流量计校正实验装置流程图

1—储水槽；2，3—差压变送器；4—泵；F1—涡轮流量计；F2—孔板流量计；T1—温度计；V1～V10—阀门

实验装置的主要技术参数如下：

离心泵型号：WILO MH1803-1/10/E/3-380-50-2，流量：12 $m^3 \cdot h^{-1}$，扬程：36 m，功率：1.41 kW；

涡轮流量计型号：25AD，公称压力：6.23 MPa，0～20 $m^3 \cdot h^{-1}$。

4.4.4 实验方法及步骤

(1) 打开压差传感器平衡阀，关闭离心泵出口控制阀，打开离心泵引水阀，放气阀，灌水排气后，关闭放气阀和引水阀，启动泵。

(2) 系统排气操作：

① 引压管排气：依次对两组放气阀进行排气，将阀门打开，观察排气管出口至没有气泡时关闭。

② 总管排气：先将控制阀开足然后再关闭，使总管中的大部分气体被排走。

(3) 关闭压差传感器平衡阀，进行实验。实验顺序从大到小，即将阀门开至最大时，作为第1组实验数据，共采集10组数据。

(4) 数据采集结束后，打开压差传感器平衡阀，关闭出口控制阀，切断电源。

(5) 上机进行数据处理。

注意事项

由于系统的流量计量采用涡轮流量计，其小流量受到结构的限制，故从大流量做起，实验数据比较准确。

4.4.5 数据记录及处理

1. 实验基本参数

实验装置：第____套，水温：________℃，黏度：________ Pa·s，密度：________ $kg \cdot m^{-3}$。

管径：32 mm，孔板孔径：13 mm。

2. 实验数据

本实验数据记录表可参考表4-8。

表4-8 流量计的校正实验数据记录及处理表

序号	流量/($L \cdot h^{-1}$)	压差/kPa	流速/($m \cdot s^{-1}$)	*Re*	孔板阻力/($J \cdot kg^{-1}$)	孔流系数
1						
2						
⋮						

4.4.6 实验结果与讨论

(1) 在单对数坐标纸上绘出 C_0-Re 曲线。

(2) 讨论影响 C_0 的实验因素。

思考题

(1) 孔板流量计和文丘里流量计在安装时有什么要求？

(2) 试分析是什么原因导致当系统流量小于一定程度时会使 C_0 测量产生较大误差。

4.5 离心泵特性曲线测定实验

4.5.1 实验目的

(1) 了解离心泵结构与特性,掌握离心泵流量调节的方法;掌握离心泵的串、并联组合操作。

(2) 学会马达天平法测定轴功率的方法。

(3) 掌握离心泵特性曲线测定方法。

(4) 测定两泵串联时有效扬程与有效流量之间的曲线关系。

4.5.2 基本原理

离心泵的特性曲线是选择和使用离心泵的重要依据之一,其特性曲线是在恒定转速下泵的扬程 H、轴功率 P 及效率 η 与泵的流量 q_V 之间的关系曲线,它是确定离心泵适宜操作条件和选用泵的重要依据,其具体测定方法如下:

1. 流量 q_V 的测定与计算

采用涡轮流量计测量流量,智能流量积算仪显示流量值 q_V,单位为 $m^3 \cdot h^{-1}$。

2. 扬程 H 的测定与计算

取离心泵进口真空表和出口压力表处为 1,2 两截面(参见图 4-13),列机械能衡算式:

$$z_1+\frac{p_1}{\rho g}+\frac{u_1^2}{2g}+H=z_2+\frac{p_2}{\rho g}+\frac{u_2^2}{2g}+\sum H_f \tag{4-17}$$

由于两截面间的管长较短,通常可忽略阻力项 $\sum H_f$,速度平方差也很小故可忽略,故有

$$H=(z_2-z_1)+\frac{p_2-p_1}{\rho g} \tag{4-18}$$

式中:ρ——流体密度,$kg \cdot m^{-3}$;

g——重力加速度,$m \cdot s^{-2}$;

p_1,p_2——分别为泵进、出口的真空度和表压,Pa;

u_1,u_2——分别为泵进、出口的流速,$m \cdot s^{-1}$;

z_1,z_2——分别为真空表、压力表的安装高度,m。

由式(4-18)可知,只要直接读出真空表和压力表上的数值,以及两表的安装高度差,就可计算出泵的扬程。

3. 轴功率 P 的测量与计算

$$P=P_{输入}\times k \tag{4-19}$$

式中:$P_{输入}$——电动机的输入功率;

k——电动机传动效率,可取 $k=0.95$。

4. 转速

泵轴的转速由磁电传感器采集,数值式转速表直接读出。

5. 效率 η 的计算

泵的效率 η 是泵的有效功率 P_e 与轴功率 P 的比值。有效功率 P_e 是单位时间内流体经过泵时所获得的实际功，轴功率 P 是单位时间内泵轴从电动机得到的功，两者差异反映了水力损失、容积损失和机械损失的大小。

泵的有效功率 P_e 可用下式计算：

$$P_e = Hq_V \rho g \tag{4-20}$$

故泵的效率为

$$\eta = \frac{Hq_V \rho g}{P} \times 100\% \tag{4-21}$$

4.5.3　实验装置及流程

4.5.3.1　第Ⅰ类型实验装置

离心泵特性曲线测定实验装置流程图（Ⅰ）如图 4-13 所示，流体由离心泵从储水槽分别送经涡轮流量计和出口流量调节阀后回到储水槽中。操作过程中完成对泵的流量、真空度、扬程及功率等参数测量工作。

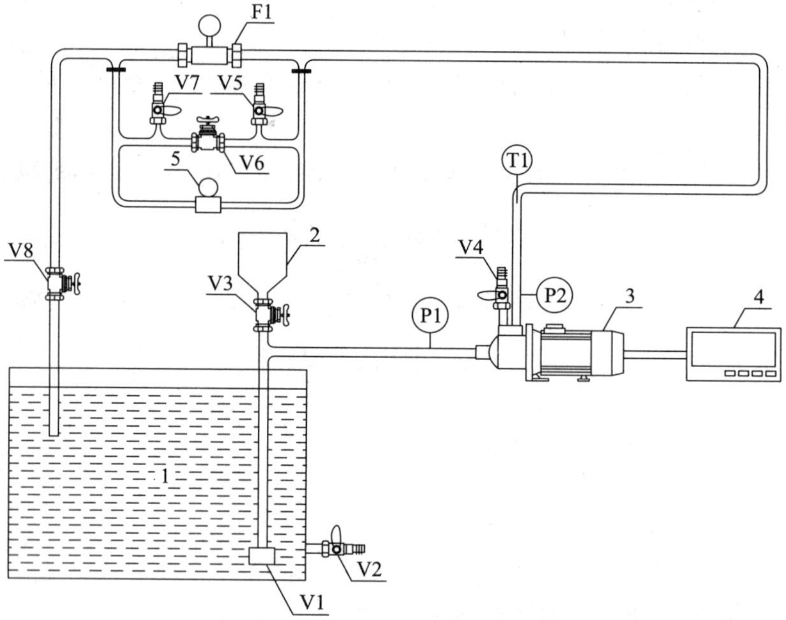

图 4-13　离心泵特性曲线测定实验装置流程图（Ⅰ）

1—储水槽；2—灌泵加水漏斗；3—离心泵；4—控制检测仪表（功率表、变频器）；5—差压变送器；F1—涡轮流量计；P1，P2—压力表；T1—温度计；V1 ~ V8—阀门

实验装置的主要技术参数如下：

离心泵型号：WILO MH1803－1/10/E/3－380－50－2，流量：12 $m^3 \cdot h^{-1}$，扬程：36 m，功率：1.41 kW；

涡轮流量计型号：25 AD，公称压力：6.23 MPa，0 ~ 20 $m^3 \cdot h^{-1}$；

离心泵进口管径：40 mm，离心泵出口管径：32 mm。

4.5.3.2　第Ⅱ类型实验装置

离心泵性能特性曲线测定实验装置流程图(Ⅱ)如图 4-14 所示,主要由储水槽、离心泵、马达天平、转速传感器、涡轮流量计、不同管径和材质的管子、各种阀门及管件等组成。

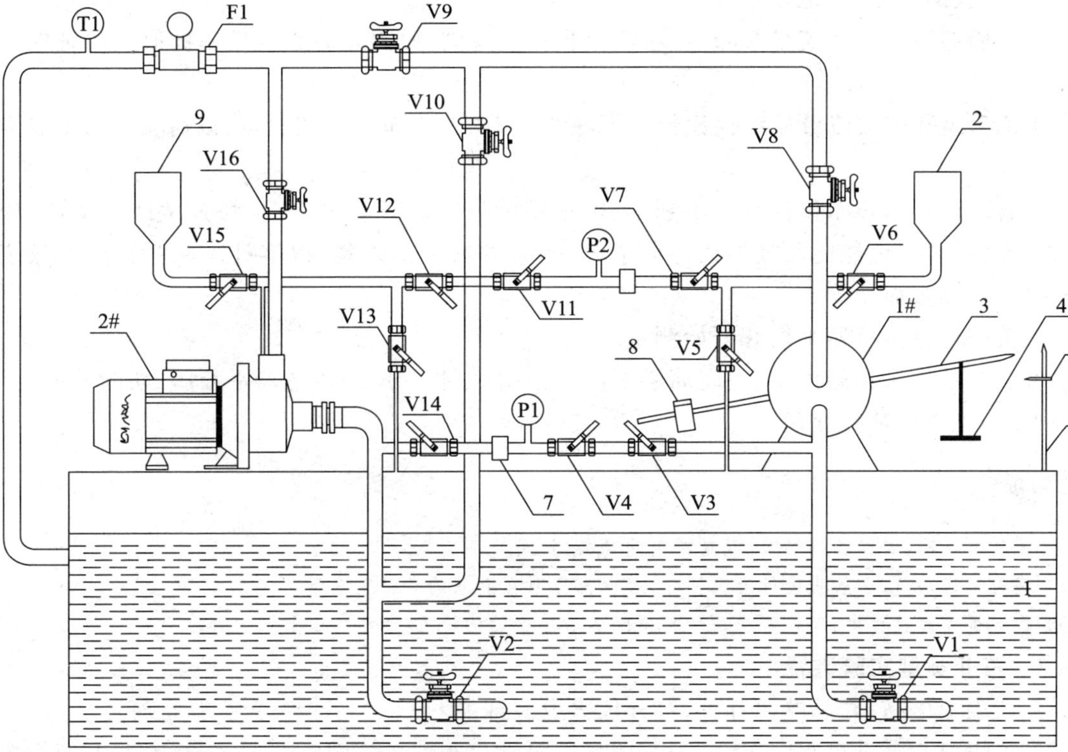

图 4-14　离心泵性能曲线测定实验装置流程图(Ⅱ)

1—储水槽;2,9—灌泵加水漏斗;3—马达天平测功臂;4—砝码托盘;5—准星;6—调零杆;7—压力变送器;8—平衡锤;1#,2#—离心泵;F1—涡轮流量计;P1,P2—压力表;T1—温度计;V1 ~ V16—阀门

实验装置的主要技术参数如下:

离心泵型号:MHI803N-1/10/E/3-380-50-2-BSR,流量:12 $m^3 \cdot h^{-1}$,扬程:36 m,功率:1.38 kW;

涡轮流量传感器型号:LWGY-50。

4.5.4　实验方法及步骤

4.5.4.1　第Ⅰ类型实验装置

(1) 打开压差传感器平衡阀,关闭离心泵出口控制阀,打开离心泵引水阀、放气阀,灌水排气后,关闭放气阀和引水阀。

(2) 启动泵。

(3) 系统排气操作:

① 引压管排气:依次对两组放气阀进行排气,将阀门打开,观察排气管出口至没有气泡时关闭。

② 总管排气:先将控制阀开足然后再关闭,重复3次,目的是为了使管中的大部分气体被排走。

(4) 用泵出口阀调节流量,流量在零与最大之间取16个点,采集各流量及该流量下压力表、真空表、功率表的读数,并记录水温。

(5) 实验布点服从大流量多布点、小流量少布点规则,原因是离心泵效率极值点出现在大流量时。

(6) 前7组数据按流量显示仪读数每下降约0.2 $L\cdot s^{-1}$布一个实验点,以后实验数据布点约降0.3$L\cdot s^{-1}$。

(7) 若发现流量显示仪读数达不到零,可采用将调节阀开至最大,再快速关闭调节阀,流量显示仪读数将为零,可能此读数不久还会上升,上升的数据不采集,以零计。此时其余的仪表读数不随显示仪读数而变。

(8) 关闭压差传感器平衡阀开始测量。

(9) 实验数据采集结束后,关闭离心泵出口控制阀,打开压差传感器平衡阀,切断电源。

(10) 上机进行数据处理。

注意事项

(1) 灌泵操作前,确保各排气阀、流量调节阀已关闭。

(2) 离心泵启动前,必须先进行灌泵操作,确保离心泵在满灌的条件下启动。

(3) 在测量操作过程中,压差传感器的平衡阀务必处于关闭状态。

4.5.4.2　第Ⅱ类型实验装置

(1) 仪表上电:打开总电源开关,打开仪表电源开关。

(2) 关闭离心泵进口阀门V1,V2,关闭离心泵出口阀门V8,V16,打开排气阀,打开离心泵灌水漏斗下的灌水阀,对离心泵进行灌水;排水阀出水后关闭泵的灌水阀,再关闭排气阀。

(3) 按下2#泵启动按钮,启动离心泵2#。启动离心泵后,迅速打开进口阀门V2(注意关闭阀V9),将出水阀V16开到最大,再逐渐调小,然后停泵。

(4) 同样方式启动1#泵(注意关闭阀V10,打开阀V9)。

(5) 串联操作:

① 对1#泵、2#泵罐泵;

② 启动1#泵,打开阀V1,打开阀V8(调至最大),打开阀V10,关闭阀V9,将流体从1#泵输入2#泵;

③ 启动2#泵,打开阀V16,逐渐调大,观察流量变化(注意一定要关闭阀V14)。

(6) 并联操作:

① 对1#泵、2#泵罐泵;

② 启动1#泵,打开阀V1,打开阀V8(调至最大),关闭阀V10,打开阀V9;

③ 启动2#泵,打开阀V2,打开阀V16,将1#泵、2#泵输出的流体汇流,并逐渐调大阀V16开度,观察流量变化。

(7) 测定单泵特性曲线:

① 对1#泵罐泵,调平马达天平。

② 启动 1#泵,打开阀 V1,打开阀 V8(调至最大),关闭阀 V10,打开阀 V9。

③ 调节流量,由积算仪读取流量,单位为 $m^3 \cdot h^{-1}$。

④ 打开阀 V3,读取进口真空度;打开阀 V7,读取出口压力;读取转速及温度。

⑤ 马达天平挂砝码,读取质量。

⑥ 流量逐渐调大,测量另一组数据,从最小流量至最大流量测 10~15 组数据。

⑦ 实验完毕,关闭离心泵出口阀,按下离心泵停止按钮,停止离心泵的运转;打开阀 V4,卸掉负压。

⑧ 重复以上操作,测定 2#泵特性曲线。

(8) 测定两泵串联时有效扬程(H)与有效流量(q_V)之间的曲线关系。

(9) 关闭之前打开的所有设备电源。

注意事项

(1) 每次实验前,均需对离心泵进行灌泵操作,防止出现气缚现象,使离心泵正常工作。同时注意定期对离心泵进行保养,防止叶轮卡死等。

(2) 在不通电的情况下,检查离心泵是否能够转动;若离心泵的转动阻力很大,有可能出现“过载”,导致电动机损坏。

(3) 离心泵运转过程中,勿触碰泵主轴部分,因其高速转动,可能会缠绕并伤害身体接触部位。

(4) 不要在出口阀关闭状态下长时间使离心泵运转,一般不超过 3 min,否则泵中液体循环温度升高,易生气泡,致泵产生汽蚀现象。

4.5.5 数据记录及处理

4.5.5.1 第Ⅰ类型实验装置

1. 实验基本参数

实验装置:第____套,流体温度:________℃。

2. 实验数据

本实验数据记录表可参考表 4-9、表 4-10。

表 4-9 离心泵性能特性曲线测定实验数据记录表

序号	流量 q_V	泵进口压力 p_1	泵出口压力 p_2	功率表读数
	$L \cdot s^{-1}$	MPa	MPa	W
1				
2				
⋮				

表 4-10 实验数据(计算)

序号	流量 q_V	扬程 H	轴功率 P	效率 η
	$m^3 \cdot h^{-1}$	mH_2O	kW	%
1				
2				
⋮				

4.5.5.2 第Ⅱ类型实验装置

1. 实验基本参数

实验装置：第____套，离心泵型号：__________，额定流量：__________，额定扬程：__________，额定功率：__________，泵进出口测压点高度差 H_0：__________，流体温度 t：__________。

2. 实验数据

单泵性能特性曲线测定实验数据记录表可参考表4-11。

表4-11 单泵性能特性曲线测定实验数据记录表

序号	流量 q_V	泵进口压力 p_1	泵出口压力 p_2	电动机功率 $P_{输入}$	泵转速 n	砝码质量 m
	$m^3 \cdot h^{-1}$	MPa	MPa	kW	$r \cdot min^{-1}$	kg
1						
2						
⋮						

根据原理部分的公式，计算各流量下的泵扬程、轴功率和效率，填写表4-12。

表4-12 实验数据(计算)

序号	流量 q_V	扬程 H	轴功率 P	泵效率 η
	$m^3 \cdot h^{-1}$	mH_2O	kW	%
1				
2				
⋮				

双泵串联实验数据记录表可参考表4-13。

表4-13 双泵串联实验数据记录表

序号	流量 q_V	泵进口压力 p_1	泵出口压力 p_2	泵转速 n
	$m^3 \cdot h^{-1}$	MPa	MPa	$r \cdot min^{-1}$
1				
2				
⋮				

4.5.6 实验结果与讨论

(1) 分别绘制一定转速下的 $H-q_V$，$P-q_V$，$\eta-q_V$ 曲线。

(2) 分析实验结果，判断离心泵较为适宜的工作范围。

思考题

(1) 试从所测实验数据分析，离心泵在启动时要关闭出口阀门的原因。

(2) 为什么用离心泵的出口阀门调节流量？这种方法有什么优缺点？是否还有其他方法调节流量？

(3) 离心泵在启动前为什么要灌水排气？如果已经引水灌泵了，离心泵还是启动不起来，则有可能是什么原因？

(4) 对于所示的实验装置，为什么离心泵进口管下安装有底阀？从节能的观点上看，安装底阀是否有利？应如何改进？调节阀能否安装在离心泵进口管上？为什么？

4.6 过滤常数测定实验

4.6.1 实验目的

(1) 熟悉板框压滤机的构造和操作方法。

(2) 学会测定过滤常数 K, q_e 及压缩性指数 s 的方法。

(3) 了解操作压力对过滤速率的影响。

(4) 学会滤饼洗涤操作。

4.6.2 实验原理

过滤是利用过滤介质进行液-固混合系统的分离过程，过滤介质通常采用带有许多毛细孔的物质如滤布、毛织物、多孔陶瓷等。在外力的作用下，悬浮液中的液体通过介质的孔道而固体颗粒被截留在介质表面上，从而实现固液分离。过滤操作本质上是流体通过固体颗粒床层的流动，所不同的是这个固体颗粒层的厚度随着过滤过程的进行而不断增加，故在恒压过滤操作中，其过滤速率不断降低。

对于不可压缩性滤渣，在恒压过滤时，滤液量与过滤时间的关系可表示为

$$q^2+2qq_e=K\tau \tag{4-22}$$

式中：q——单位过滤面积获得的滤液体积，$m^3 \cdot m^{-2}$；

q_e——单位过滤面积上的虚拟滤液体积，$m^3 \cdot m^{-2}$；

K——滤饼常数，由物料特性及过滤压差所决定，$m^{-2} \cdot s^{-1}$；

τ——过滤时间，s。

K, q_e 称为过滤常数。利用恒压过滤方程进行计算时，必须通过实验才能确定 K, q_e。

实验在恒压条件下进行，对式(4-22)微分可得

$$\frac{d\tau}{dq}=\frac{2}{K}q+\frac{2}{K}q_e \tag{4-23}$$

式(4-23)表明以$\frac{d\tau}{dq}$为纵坐标，以 q 为横坐标作图可得一直线。

在实验测定中，当各数据点的时间间隔不大时，为便于计算，可用$\frac{\Delta\tau}{\Delta q}$替代$\frac{d\tau}{dq}$，将式(4-23)改写成

$$\frac{\Delta\tau}{\Delta q}=\frac{2}{K}q+\frac{2}{K}q_e \tag{4-24}$$

在恒压条件下，用秒表和量筒分别测定一系列时间间隔 $\Delta\tau_i(i=1,2,3,\cdots)$ 及对应的滤液体

积 $\Delta V_i(i=1,2,3,\cdots)$，由此算出一系列 $\Delta\tau_i,\Delta q_i,q_i$。在直角坐标系中绘制 $\frac{\Delta\tau}{\Delta q}-q$ 的函数关系，得一直线。直线斜率为 $2/K$，截距为 $2q_e/K$，从而求出 K,q_e。

改变实验所用的过滤压差 Δp，可测得不同的 K 值，由 K 的定义式两边取对数得

$$\lg K=(1-s)\lg(\Delta p)+\lg(2k) \tag{4-25}$$

在实验压差范围内，若 k 为常数，则 $\lg K-\lg(\Delta p)$ 的关系在直角坐标上应是一条直线，直线的斜率为 $(1-s)$，可得滤饼压缩性指数 s，由截矩可得物料特性常数 k。

4.6.3　实验装置及流程

4.6.3.1　第Ⅰ类型实验装置

恒压过滤实验装置流程图(Ⅰ)如图4-15所示，滤浆槽内配有一定浓度的碳酸钙悬浮液，用电动搅拌器进行均匀搅拌(浆液不出现旋涡)。不锈钢过滤器，内径 74 mm，其结构示意图见图4-16。启动真空泵，使系统内形成真空达指定值，滤液自过滤漏斗、真空胶皮管和真空旋塞进入积液瓶内，滤液在计量瓶内计量。

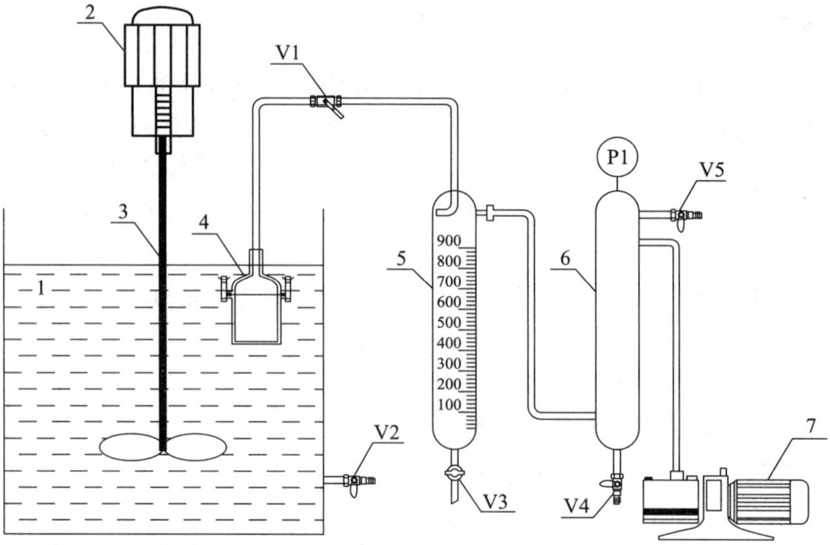

图4-15　恒压过滤实验装置流程图(Ⅰ)

1—滤浆槽；2—搅拌电动机；3—搅拌桨；4—过滤漏斗；5—积液瓶；6—缓冲罐；7—真空泵；P1—真空表；V1～V5—阀门

4.6.3.2　第Ⅱ类型实验装置

本实验装置由空气压缩机、配料槽、压力料槽、板框过滤机和压力定值调节阀等组成。其实验装置流程图(Ⅱ)如图4-17所示。$CaCO_3$ 悬浮液在配料槽内配置一定浓度后利用位差送入压力料槽中，用压缩空气加以搅拌使 $CaCO_3$ 悬浮液不致沉降，同时利用压缩空气的压力将料浆送入板框过滤机过滤，滤液流入量筒。

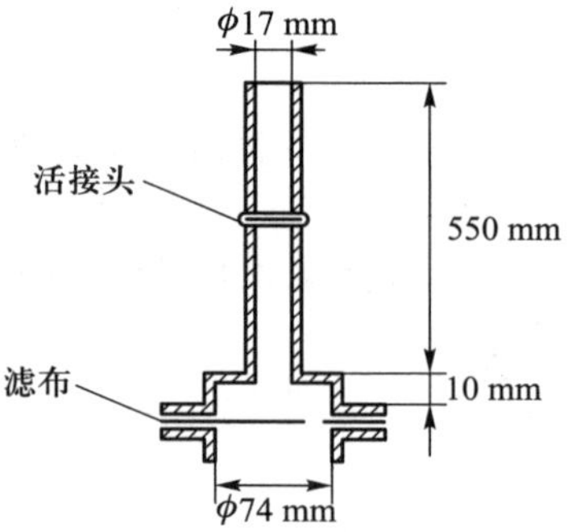

图4-16　不锈钢过滤器结构示意图

板框过滤机的结构尺寸如下：框厚度 38 mm，每个框过滤面积 0.024 m^2，框数 2 个。空气压缩机规格型号为：2VS-0.06/7，

风量 0.06 $m^3 \cdot min^{-1}$,最大气压为 0.7 MPa。

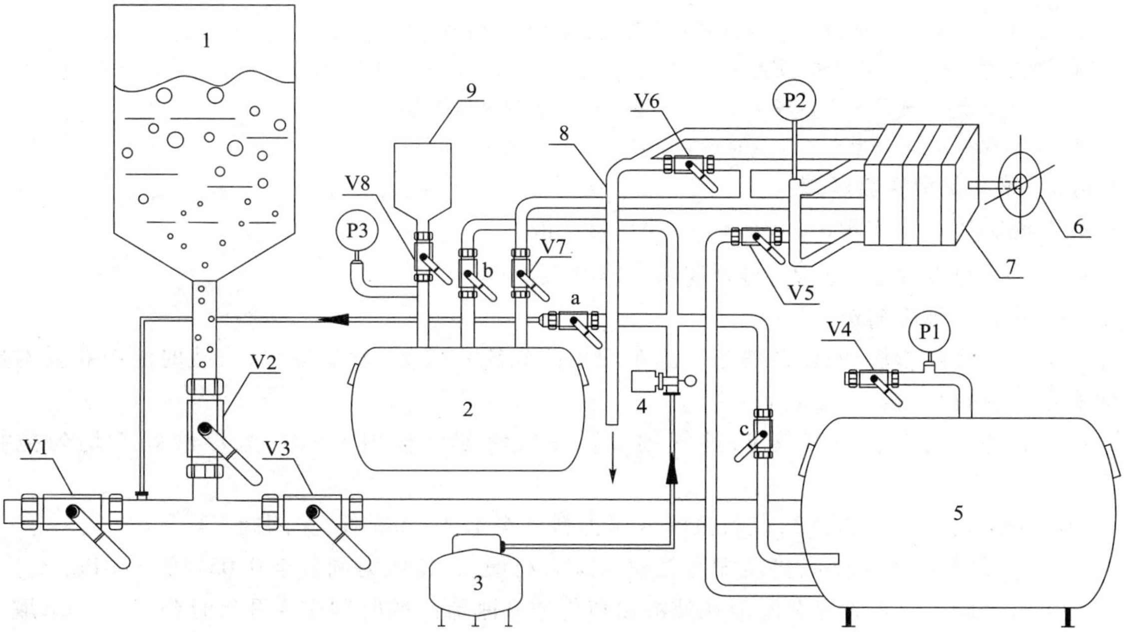

图 4-17 恒压过滤实验装置流程图(Ⅱ)

1—配料槽;2—洗涤水槽;3—空气压缩机;4—压力定值调节阀;5—压力料槽;6—紧固盘;7—板框压滤组件;8—滤液出口管路;9—洗涤水加水漏斗;a,b,c—进气阀;P1 ~ P3—压力表;V1 ~ V8—阀门

4.6.4 实验方法及步骤

4.6.4.1 第Ⅰ类型实验装置

(1) 系统接上电源,启动电动搅拌器,待滤浆槽内浆液搅拌均匀,将过滤漏斗按流程图所示安装好,固定于滤浆槽内。

(2) 打开放空阀 V5,关闭旋塞 V1 及放液阀 V3。

(3) 启动真空泵,用放空阀 V5 及时调节系统内的真空度,使真空表的读数稍大于指定值,然后打开旋塞 V1 进行抽滤。此后应注意观察,真空表的读数应恒定于指定值。当积液瓶滤液达到 100 mL 时按表计时,记为恒压过滤时间的零点。记录滤液每增加 100 mL 所用的时间。当积液瓶读数为 800 mL 时停止计时,并立即关闭旋塞 V1。

(4) 把放空阀 V5 全开,关闭真空泵,打开旋塞 V1,利用系统内的大气压和液位高度差把吸附在过滤介质上的滤饼压回槽内,放出积液瓶内的滤液并倒回槽内,以保证滤浆浓度恒定。卸下过滤漏斗洗净待用。

(5) 改变真空度重复上述实验。

(6) 各小组可根据不同的实验要求,自行选择不同的真空度测定过滤常数 K,q_e,θ_e 及 s,k。

注意事项

(1) 检查真空泵内真空泵油是否在视镜液面以上。

（2）过滤漏斗如图 4-16 所示安装，在滤浆中潜没一定深度，让过滤介质平行于液面，以防止空气被抽入造成滤饼厚度不均匀。

（3）用放空阀 V5 调节控制系统内的真空度恒定，以保证恒压状态下操作。

（4）电动搅拌器为无级调速，使用方法：系统接上电源，打开调速器开关，将调速钮从“小”至“大”位启动，不允许高速挡启动，转速状态下出现异常时或实验完毕后将调速钮恢复最小位。

（5）启动搅拌前，用手旋转一下搅拌轴以保证顺利启动搅拌。

4.6.4.2　第Ⅱ类型实验装置

（1）配制质量分数 8% ~13% 的 $CaCO_3$ 悬浮液。

（2）打开总电源空气开关，打开仪表电源开关。

（3）开启空气压缩机。

（4）正确装好滤板、滤框及滤布。滤布使用前先用水浸湿，然后安装，安装时滤布孔要对准滤机孔道，表面拉平整，不能起皱。

（5）打开压力定值调节阀 4、进气阀 a 和 V2，使配料槽内 $CaCO_3$ 悬浮液处于均匀搅拌状态。

（6）关闭阀 4，打开阀 V3，使料浆流入压力料槽至 1/2 ~2/3 处，关闭阀 V3。

（7）打开阀 4、进气阀 c，将压缩空气通入压力料槽，并将压力调节至 0.05 ~0.07 MPa。

（8）打开阀 V6，实验应在滤液从滤液出口管路 8 刚流出的时刻作为开始时刻，每次 ΔV 取为 800 mL 左右，记录相应的过滤时间 $\Delta\tau$。量筒交替接液时不要流失滤液。当量筒内滤液静止后，读出 ΔV 值和记录 $\Delta\tau$ 值。测量 8 ~10 组数据即可停止实验。

（9）分别在 0.1 ~0.15 MPa 及 0.25 ~0.3 MPa 压差范围内，重复上述操作，依次做中压和高压过滤实验。

（10）关闭滤液出口管路，打开阀 V3、V2，将压力料槽剩余的悬浮液压回配料槽，关闭阀 V3、V2。

（11）打开排气阀 V4，卸除压力料槽内的压力。然后卸下滤饼，清洗滤布、滤框及滤板。

（12）关闭空气压缩机电源，关闭仪表电源及总电源开关。

注意事项

（1）安装滤板、滤框并用螺旋压紧时，应先慢慢转动手轮使板框合上，然后再压紧，以免漏液。

（2）要注意滤板、滤框的放置方向及顺序，不能装反。

（3）每次操作结束后滤液及滤饼均收集在小桶内，一起重新倒入配料槽内重复利用。

4.6.5　数据记录及处理

1. 实验基本参数

实验装置：第____套，室温：________℃。

2. 实验数据

本实验数据记录表可参考表 4-14。

表 4-14 过滤常数测定实验数据记录表

序号	工作压力					
	$p_1=$		$p_2=$		$p_3=$	
	累计时间 τ	单次滤液体积	累计时间 τ	单次滤液体积	累计时间 τ	单次滤液体积
	min	mL	min	mL	min	mL
1						
2						
⋮						

4.6.6 实验结果与讨论

（1）由恒压过滤实验数据求过滤常数 K,q_e。

（2）在直角坐标纸上绘制 $\lg K-\lg(\Delta p)$ 关系曲线，求出 s 及 k。

思考题

（1）当操作压力增加一倍时，K 值是否也增加一倍？要得到同样的过滤液，过滤时间是否缩短了一半？

（2）影响过滤速率的主要因素有哪些？

（3）为什么过滤开始时，滤液常常有些浑浊，而过段时间后才变清？

（4）过滤操作的外力有哪些？

（5）恒压过滤的特点是什么？

（6）求压缩性指数所用的公式有无条件限制？为什么？

4.7 总传热系数 K 和给热系数 α 的测定

4.7.1 实验目的

（1）了解换热器的结构，掌握换热器的操作方法。

（2）通过空气-水蒸气简单套管换热器的实验研究，掌握对流传热系数 α_i 的测定方法。应用线性回归分析方法，确定关联式 $Nu=ARe^m Pr^{0.4}$ 中常数 A,m 的值。

（3）通过对管程内部插有螺旋线圈的空气-水蒸气强化套管换热器的实验研究，测定其准数关联式 $Nu=BRe^n Pr^{0.4}$ 中常数 B,n 值和强化比 Nu/Nu_0，了解强化传热的途径。

（4）掌握换热器总传热系数的测定及实验数据处理方法。

4.7.2 实验原理

1. 对流传热系数 α_i 的测定

对流传热系数 α_i 可以根据牛顿冷却定律，用实验来测定：

$$\alpha_i = \frac{Q_i}{\Delta t_{m,i} S_i} \tag{4-26}$$

式中：α_i——管内流体对流传热系数，$W \cdot m^{-2} \cdot ℃^{-1}$；

Q_i——管内传热速率，W；

S_i——管内传热面积，m^2；

$\Delta t_{m,i}$——管内流体空气与管内壁面的对数平均温差，℃。

对数平均温差由下式确定：

$$\Delta t_{m,i} = \frac{(t_w - t_{i,1}) - (t_w - t_{i,2})}{\ln \dfrac{(t_w - t_{i,1})}{(t_w - t_{i,2})}} \tag{4-27}$$

式中：$t_{i,1}$，$t_{i,2}$——流体的入口、出口温度，℃；

t_w——壁面平均温度，℃。

因为换热器内管为紫铜管，其导热系数较大，且管壁很薄，故认为内壁温度、外壁温度和壁面平均温度近似相等，用 t_w 来表示。

管内换热面积：

$$S_i = \pi d_i L_i \tag{4-28}$$

式中：d_i——内管管内径，m；

L_i——传热管测量段的实际长度，m。

由热量衡算式：

$$Q_i = q_{m,i} c_{p,i}, (t_{i,2} - t_{i,1}) \tag{4-29}$$

其中质量流量由下式求得：

$$q_{m,i} = \frac{q_{V,i} \rho_i}{3\,600} \tag{4-30}$$

式中：$q_{V,i}$——冷流体空气在套管内的平均体积流量，$m^3 \cdot h^{-1}$；

$c_{p,i}$——冷流体的比定压热容，$kJ \cdot kg^{-1} \cdot ℃^{-1}$；

ρ_i——冷流体的密度，$kg \cdot m^{-3}$。

$c_{p,i}$ 和 ρ_i 可根据定性温度 t_m 查得，$t_m = \frac{t_{i,1} + t_{i,2}}{2}$ 为冷流体进出口平均温度。

当换热器内管管壁存在一定厚度，金属壁面的温差较大时（如第Ⅱ类型实验装置），其传热速率方程式为

$$\alpha_{i,c} S_{i,c} \Delta t_{m,c,i} = q_{c,i} \rho_{c,i} (t_{i,2} - t_{i,1}) \tag{4-31}$$

$$\alpha_{i,h} S_{i,h} \Delta t_{m,c,h} = q_{c,i} \rho_{c,i} (t_{i,2} - t_{i,1}) \tag{4-32}$$

其中

$$\Delta t_{m,c,i} = \frac{(t_{w,上} - t_{i,2}) - (t_{w,下} - t_{i,1})}{\ln \dfrac{(t_{w,上} - t_{i,2})}{(t_{w,下} - t_{i,1})}} \tag{4-33}$$

$$\Delta t_{m,h,i} = \frac{(T_{i,1} - t_{w,上}) - (T_{i,2} - t_{w,下})}{\ln \dfrac{(T_{i,1} - t_{w,上})}{(T_{i,2} - t_{w,下})}} \tag{4-34}$$

式中：$T_{i,1}$，$T_{i,2}$——热流体进、出口温度，℃；

$t_{w,上}$，$t_{w,下}$——蒸汽进、出口端的壁面温度，℃；

$t_{i,1}$，$t_{i,2}$——冷流体进、出口温度，℃；

S——冷、热流体端的传热面积，m^2。

2. 对流传热系数特征数关联式的实验确定

流体在管内作强制湍流，处于被加热状态，特征数关联式的形式为

$$Nu_i = ARe_i^m Pr_i^n \tag{4-35}$$

式中：$Nu_i = \dfrac{\alpha_i d_i}{\lambda_i}$，$Re_i = \dfrac{u_i d_i \rho_i}{\mu_i}$，$Pr_i = \dfrac{c_{p,i}\mu_i}{\lambda_i}$。

物性数据 λ_i，$c_{p,i}$，ρ_i，μ_i 可根据定性温度 t_m 查得。对于管内被加热的空气，普朗特特征数 Pr_i 变化不大，可以认为是常数，则关联式的形式可简化为

$$Nu_i = ARe_i^m Pr_i^{0.4} \tag{4-36}$$

3. 强化套管换热器传热系数、特征数关联式及强化比的测定

强化传热能减少传热面积，以减少换热器的体积和质量，提高现有换热器的换热能力，使换热器能在较低温差下工作。强化传热的方法有多种，常采用在换热器内管插入螺旋线圈的方法来强化传热。

螺旋线圈由直径 1 mm 以下的铜丝或钢丝按一定节距绕成。将金属螺旋线圈插入并固定在管内，即可构成一种强化传热管。在近壁区域，流体一面由于受到线圈的作用而发生旋转，一面还周期性地受到线圈的螺旋金属丝的扰动，因而可以使传热强化。

在本实验中，测定不同流量下的 Re 与 Nu，用线性回归方法确定特征数关联式 $Nu = BRe^n Pr^{0.4}$ 中 B 和 n 的值。B 和 n 因螺旋丝尺寸不同而不同。

单纯研究强化手段的强化效果（不考虑阻力的影响），可以用强化比的概念作为评判准则，其形式是：$\dfrac{Nu}{Nu_0}$，其中 Nu 是强化管的努塞尔数，Nu_0 是普通管的努塞尔数，显然，强化比$\dfrac{Nu}{Nu_0}>1$，而且它的值越大，强化效果越好。

4. 换热器总传热系数的确定

实验装置保温良好，如果忽略换热器的热损失，在稳态传热过程中，空气升温获得的热量与对流传递的热量及换热器的总传热量相等：

$$Q_i = W_i c_{p,i}(t_{i,2} - t_{i,1}) = K_0 S_0 \Delta t_{m,i} \tag{4-37}$$

式中：K_0——基于外表面的总传热系数，$W \cdot m^{-2} \cdot ℃^{-1}$；

S_0——基于外表面的换热面积，m^2；

$\Delta t_{m,i}$——传热间壁两侧对数平均温差，℃。

$$\Delta t_{m,i} = \frac{(T_s - t_{i,1}) - (T_s - t_{i,2})}{\ln \dfrac{T_s - t_{i,1}}{T_s - t_{i,2}}} \tag{4-38}$$

4.7.3　实验装置及流程

4.7.3.1　第Ⅰ类型实验装置

实验装置的主体是两根平行的套管换热器，内管为紫铜材质，外管为不锈钢管，两端用不锈钢法兰固定。实验的蒸汽发生釜为电加热釜，气源选择 XGB-2 型旋涡气泵，使用旁路阀调节流量。在蒸汽、空气上升管路上，使用三通和球阀分别控制气体进入两个套管换热器，如图 4-18 所示。

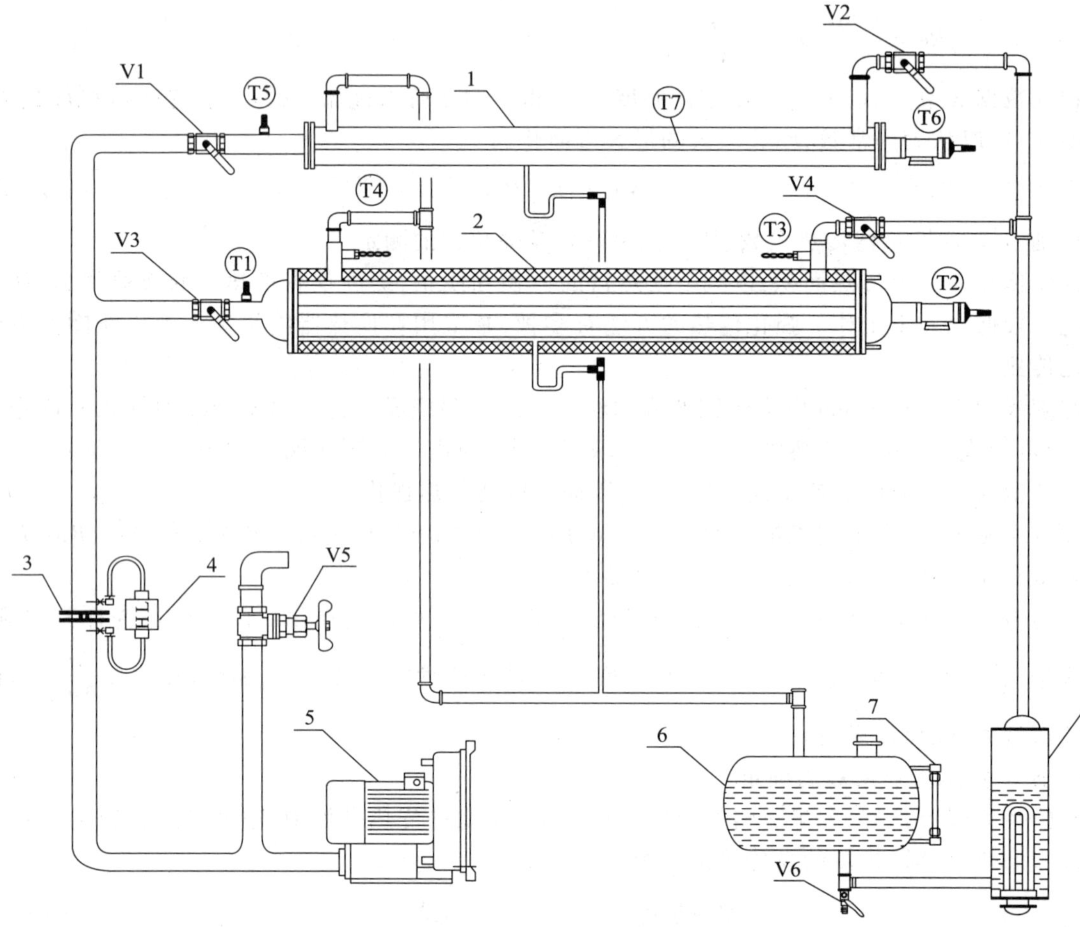

图 4-18　空气-水蒸气传热实验装置流程图（Ⅰ）

1—光滑套管换热器；2—列管式换热器（注：一些装置流程中此部件用强化套管换热器）；3—孔板流量计；4—压力传感器；5—旋涡气泵；6—储水罐；7—液位计；8—蒸汽发生器；T1 ~ T7—温度计；V1 ~ V6—阀门

空气由旋涡气泵吹出，由旁路调节阀调节，经孔板流量计，由支路控制阀选择不同的支路进入换热器管程。蒸汽由加热釜发生后自然上升，经支路控制阀选择逆流进入换热器壳程，由另一端蒸汽出口自然喷出，达到逆流换热的效果。

实验装置的主要技术参数如下：

（1）传热管参数　内管内径 d_i：20 mm；内管外径 d_0：22 mm；外管内径 D_i：50 mm；外管外径

D_0:57 mm;测量段(紫铜内管)长度 l:1.00 m。

(2) 孔板流量计参数 流量系数 C_0:0.65;节流孔开孔直径 d_0:0.017 m。

(3) 蒸汽发生器 加热功率:25 kW。

(4) 气源 旋涡气泵,XGB-2 型,电动机功率约为 0.75 kW。

4.7.3.2 第Ⅱ类型实验装置

由蒸汽发生器生成的热流蒸汽自热交换器上部侧端进入,经热交换后从交换器下端流回至蒸汽发生器。冷流体空气经转子流量计后自交换器底端进入,顶部流出,与蒸汽实现对流传热,如图 4-19 所示。

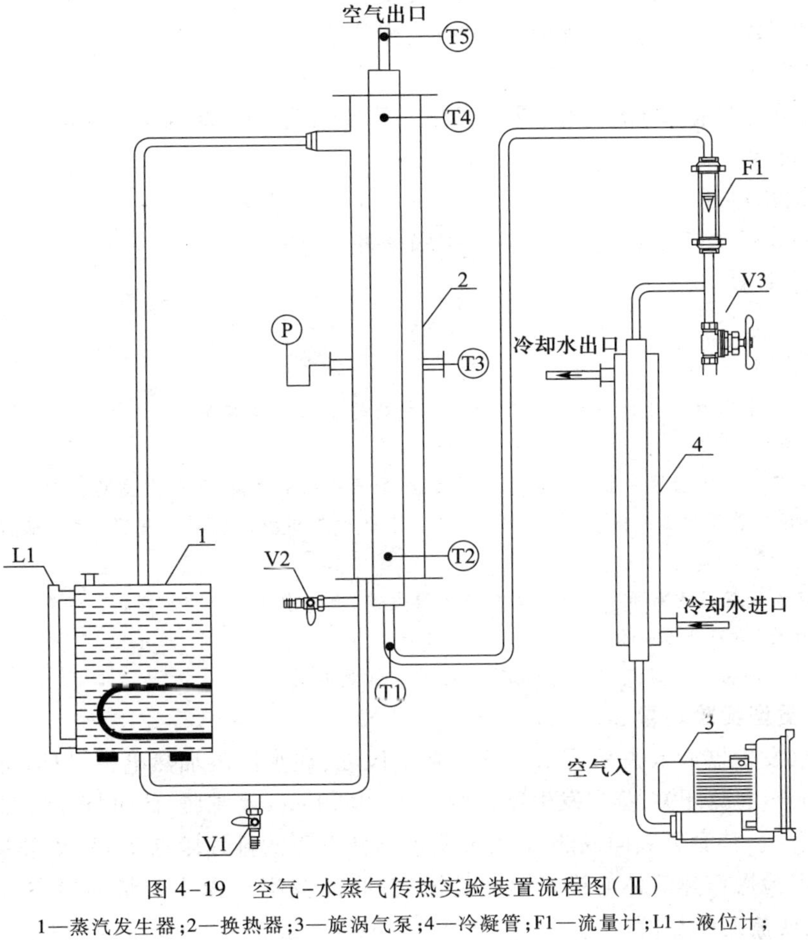

图 4-19 空气-水蒸气传热实验装置流程图(Ⅱ)

1—蒸汽发生器;2—换热器;3—旋涡气泵;4—冷凝管;F1—流量计;L1—液位计;P—压力表;T1 ~ T5—温度计;V1 ~ V3—阀门

4.7.4 实验方法及步骤

4.7.4.1 第Ⅰ类型实验装置

1. 实验前的准备,检查工作

(1) 向储水罐加蒸馏水至液位计 2/3 高度处。

（2）检查空气流量旁路调节阀是否全开。

（3）检查普通管支路各控制阀是否全开，保证蒸汽和空气管线的畅通。

（4）接通电源总闸，设定加热电压，启动电加热器开关，开始加热。

2. 开始实验

（1）一段时间后水沸腾，水蒸气自行充入普通套管换热器壳程，观察蒸汽排出口有恒量蒸汽排出，标志着实验可以开始。

（2）约加热 10 min 后，可提前启动旋涡气泵，保证实验开始时空气入口温度比较稳定。

（3）调节空气流量旁路阀的开度，使压差计的读数为所需的空气流量值。

（4）稳定 5 ~ 8 min 可转动各仪表选择开关读取数值。

（5）重复步骤（3）与（4），共做 5 ~ 6 组空气流量值。

3. 重复实验

转换支路，重复步骤（2）的内容，进行强化套管换热器的实验，测定 5 ~ 6 组实验数据。

4. 实验结束

（1）关闭加热器开关。

（2）过 5 min 后关闭旋涡气泵，并将旁路阀全开。

（3）切断总电源。

注意事项

（1）检查储水罐中的水位是否在正常范围内。特别是每个实验结束后，进行下一个实验之前，如果发现水位过低，应及时补给水量。

（2）必须保证蒸汽上升管线的畅通。在给蒸汽加热釜调升电压之前，两蒸汽支路控制阀之一必须全开。在转换支路时，应先开启需要的支路阀，再关闭另一侧，且开启和关闭控制阀必须缓慢，防止管线截断或蒸汽压力过大突然喷出。

（3）必须保证空气管线的畅通。即在启动旋涡气泵之前，三个空气支路控制阀之一和旁路调节阀必须全开。

（4）调节流量后，应稳定 5 ~ 10 min 后读取实验数据。

（5）实验过程中保持上升蒸汽流量的稳定，不应改变加热电压。

4.7.4.2 第Ⅱ类型实验装置

（1）在蒸汽发生器放入去离子水之液位管上段处，让水浸没加热电棒，以防烧坏。

（2）打开加热电源开关，蒸汽发生器开始工作，约 20 min 水沸腾，此时打开气源开关，调节空气流量为 20 $m^3 \cdot h^{-1}$。待套管表面发热，打开套管底端法兰下的排气拷克 2 ~ 3 次，排除不凝性气体。

（3）整个实验操作热流体的进口温度是恒定的，改变唯一操作变量即冷空气转子流量计阀门开度，达到改变流速的目的。

（4）待冷流体出口温度显示值保持 5 min 以上不变时方可同时采集实验数据。

（5）实验结束时，先关加热电源，保持冷空气继续流动 20 min，以足够冷却套管换热器及壁温，保护热电偶接触正常。

注意事项

（1）实验开始前应关闭套管换热器底端的蒸汽排气阀。

（2）在进行不凝性气体排除操作时，务必要确保在阀门前无人的前提下方可操作。

(3) 排气操作完成后,如若蒸汽压力表压力过大,必须再次进行排气检查,确保不凝性气体排除完全。

4.7.5 数据记录及处理

4.7.5.1 第Ⅰ类型实验装置

1. 实验基本参数

实验装置:第____套,室温:________℃。

2. 实验数据

本实验数据记录表可参考表 4-15。

表 4-15 传热实验数据记录(Ⅰ)

序号	普通套管换热器				列管式换热器或强化套管换热器			
	压差/kPa	t_1/℃	t_2/℃	t_w/℃	压差/kPa	t_1/℃	t_2/℃	t_w/℃
1								
2								
⋮								

4.7.5.2 第Ⅱ类型实验装置

1. 实验基本参数

实验装置:第____套,室温:________℃。

管子:ϕ22 mm×2.0 mm,测量段管长 L=1.3 m。

2. 实验数据

本实验数据记录表可参考表 4-16。

表 4-16 传热实验数据记录(Ⅱ)

序号	蒸汽压力	蒸汽温度	空气流量	空气进口温度	空气出口温度	下壁温度	上壁温度
	MPa	℃	$m^3 \cdot h^{-1}$	℃	℃	℃	℃
1							
2							
⋮							

4.7.6 实验结果与讨论

(1) 根据实验数据,分别求算总传热系数 K 和对流传热系数 α 的实验结果。

(2) 根据原始数据表,确定传热特征数关联式的回归结果。

(3) 在双对数坐标系中绘制 Nu-Re 关联图。

(4) 对实验结果进行分析与讨论。

思考题

(1) 实验中冷流体和蒸汽的流向对传热效果有无影响?

(2) 蒸汽冷凝过程中,若存在不凝性气体,对传热有无影响,应采取什么措施?

(3) 实验过程中,蒸汽冷凝水若不及时排走,会产生什么影响?如何及时排走冷凝水?

4.8　裸管与绝热管传热实验

4.8.1　实验目的

（1）了解裸管与绝热管传热实验装置的基本原理，熟悉实验流程。

（2）分别测定套管换热器流体对流传热系数、保温管保温材料的导热系数和在裸管中管壁对空气自然对流传热系数。

4.8.2　实验原理

据传热基本方程、圆筒壁的热传导方程及牛顿冷却定律方程，分别测定 α_0，λ 和 α_T。

1. 绝热管保温材料导热系数 λ 的测定

$$Q = W_{汽} \times r \tag{4-39}$$

$$\lambda = \frac{Q \times b}{S_m (t_{w,2} - t_{w,1})} \tag{4-40}$$

其中

$$S_m = \frac{2\pi (r_2 - r_1) L}{\ln \frac{r_2}{r_1}} \tag{4-41}$$

式中：Q——传热速率，W；

$W_{汽}$——饱和蒸汽的汽化冷凝速率，$kg \cdot s^{-1}$；

r——蒸汽的汽化潜热，$J \cdot kg^{-1}$；

$t_{w,2}$，$t_{w,1}$——分别为保温层两侧的温度，℃；

b——保温层的厚度，m；

S_m——保温层内外壁的平均面积，m^2；

L——保温管的长度，m；

r_2，r_1——分别为保温层两侧的半径，m。

2. 裸管-空气自然对流传热系数 α_T 的测定

$$\alpha_T = \frac{Q}{S \times (t_W - t_e)} \tag{4-42}$$

式中：Q——传热速率，W；

S——传热面积，m^2；

α_T——对流传热系数，$W \cdot m^{-2} \cdot ℃^{-1}$；

t_w，t_e——分别为壁温和空气温度，℃。

3. 汽-水（整管）对流传热系数 α_0 的测定

$$\alpha_0 = \frac{Q}{S \times (t_w - \bar{t})} \tag{4-43}$$

$$\bar{t} = \frac{t_1 + t_2}{2} \tag{4-44}$$

式中：Q——传热速率，W；

α_0——对流传热系数，$W \cdot m^{-2} \cdot ℃^{-1}$；

S——传热面积，m^2；

t_w——管壁温度，℃；

$\bar{t}$——水进出口温度的平均值，℃；

t_1——水进口温度，℃；

t_2——水出口温度，℃。

4.8.3　实验装置及流程

裸管与绝热管传热实验装置流程图如图4-20所示，蒸汽自蒸汽发生器3生成后送至汽包8，然后沿热交换通道（绝热管、裸管、对流传热管中的任一通道）分别完成对绝热、空气和冷却水的热交换任务，余下的蒸汽由冷凝液收集瓶侧口排出，冷凝液收集于冷凝液收集瓶中。

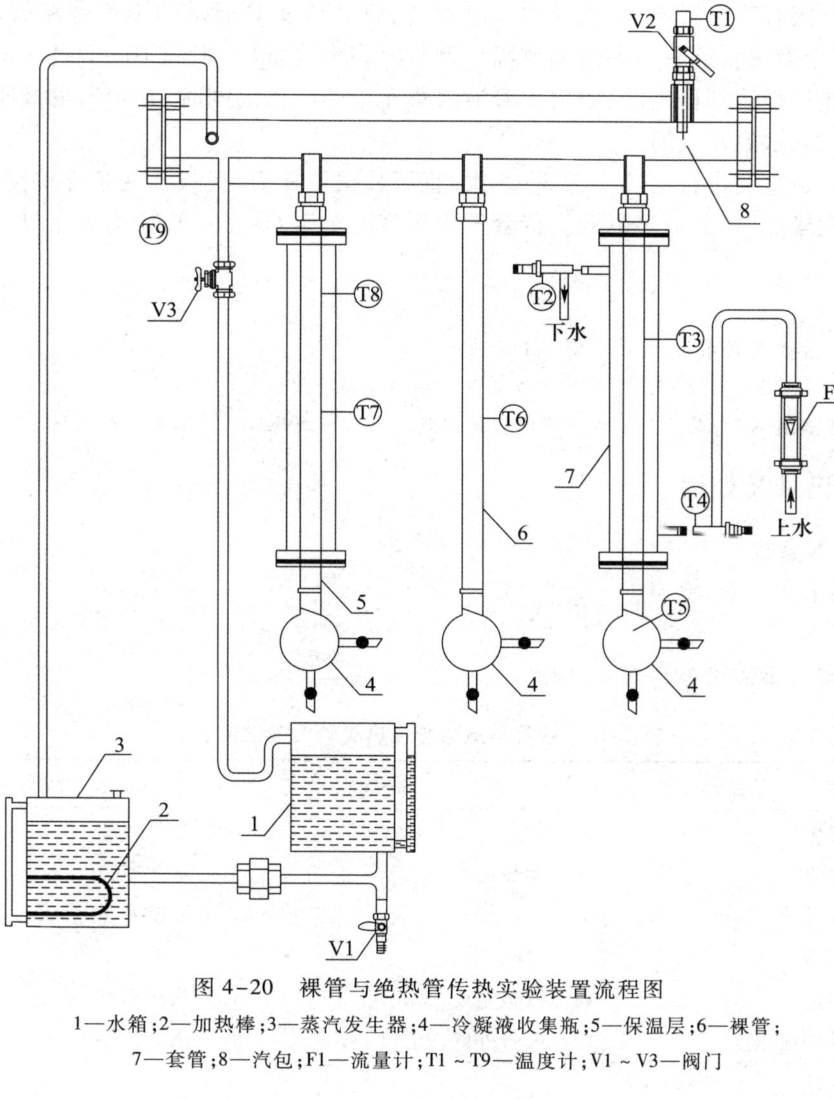

图4-20　裸管与绝热管传热实验装置流程图

1—水箱；2—加热棒；3—蒸汽发生器；4—冷凝液收集瓶；5—保温层；6—裸管；

7—套管；8—汽包；F1—流量计；T1～T9—温度计；V1～V3—阀门

裸管与绝热管传热实验装置结构参数如表4-17。

表4-17　裸管与绝热管传热实验装置结构参数

管子类别	测量段管长	外管		内管	
	mm	材质	规格/mm	材质	规格/mm
保温管	600	玻璃	$\phi18\times1$	紫铜	$\phi43\times4.5$
裸管	600	玻璃	$\phi18\times1$	紫铜	
对流传热管	600	玻璃	$\phi18\times1$	紫铜	$\phi43\times4.5$

4.8.4　实验方法及步骤

(1) 熟悉设备流程。关闭蒸汽冷凝液收集瓶旁路通道阀门和冷凝水通道阀门。

(2) 打开加热开关,将加热电压调至110 V左右。

(3) 待放气阀有蒸汽冒出后,选择实验的通道,打开该实验通道的蒸汽旁路阀门,以套管换热器为例:打开冷凝液收集瓶的旁路调节阀。调节冷却水流量(一般为10~20 L·h^{-1})。

(4) 待传热过程达到稳定后,放去冷凝液收集瓶中的液体的同时,开始测量该通道单位时间的冷凝液量、壁温、水温及气温。

(5) 每一通道重复进行上述步骤3~5次,直至数据重复为止(或改变条件重复实验)。

(6) 实验完毕后,切断加热电源。待套管内温度冷却至60~70 ℃时关闭冷却水阀。

注意事项

(1) 要经常观察加热器水位,使之不低于1/2高度。

(2) 进行实验步骤(5)之前应注意系统中不凝气及冷凝水的排放情况。

(3) 冷凝液收集计时时,必须是记录放液阀门关闭时到最后一滴液体放完的整个时间段。

4.8.5　数据记录及处理

1. 实验基本参数

实验装置:第____套,室温:________℃。

2. 实验数据

本实验数据记录表可参考表4-18。

表4-18　裸管与绝热管传热实验数据记录表

序号	保温管		裸管		对流传热管	
1	加热电压	V	加热电压	V	加热电压	V
2	加热电流	A	加热电流	A	加热电流	A
3	冷凝水量	mL	冷凝水量	mL	冷凝水量	mL
4	时间	s	时间	s	时间	s
5	汽包温度	℃	汽包温度	℃	汽包温度	℃
6	内管外壁面温度	℃	裸管外壁面温度	℃	内管外壁面温度	℃

续表

序号	保温管		裸管		对流传热管	
7	保温管外平均温度	℃	空气温度	℃	水进口温度	℃
8					水出口温度	℃
9					冷却水流量	$L \cdot h^{-1}$
10	蒸汽密度	$kg \cdot m^{-3}$	100 ℃时蒸汽密度	$kg \cdot m^{-3}$	100 ℃时蒸汽密度	$kg \cdot m^{-3}$
11	蒸汽冷凝潜热	$kJ \cdot kg^{-1}$	100 ℃时蒸汽冷凝潜热	$kJ \cdot kg^{-1}$	100 ℃时蒸汽冷凝潜热	$kJ \cdot kg^{-1}$
12	蒸汽冷凝体积流量	$m^3 \cdot h^{-1}$	蒸汽冷凝体积流量	$m^3 \cdot h^{-1}$	蒸汽冷凝体积流量	$m^3 \cdot h^{-1}$
13	蒸汽冷凝质量流量	$kg \cdot h^{-1}$	蒸汽冷凝质量流量	$kg \cdot h^{-1}$	蒸汽冷凝质量流量	$kg \cdot h^{-1}$
14	传热速率	W	传热速率	W	传热速率	W
15	传热面积	m^2	传热面积	m^2	传热面积	m^2
16	导热系数	$W \cdot m^{-1} \cdot ℃^{-1}$	传热系数	$W \cdot m^{-1} \cdot ℃^{-1}$	传热系数	$W \cdot m^{-1} \cdot ℃^{-1}$

4.8.6 实验结果与讨论

（1）根据实验结果，分别计算绝热管的导热系数，裸管、套管换热器的对流传热系数。

（2）分析讨论不同的导热系数和传热系数在工业过程中的意义。

思考题

（1）在蒸汽冷凝时，若存在不凝性气体，你认为将会有什么变化？

（2）本实验中所测定的壁面温度是靠近蒸汽温度，还是接近水侧的温度？为什么？

（3）从你的实验结果分析，如果保温管外再包一层同样厚度的同种绝热材料，热损失能否减少 1/2？

4.9 薄膜蒸发实验

4.9.1 实验目的

（1）了解单管升膜式蒸发器的结构和流型。

（2）观察在垂直管内气、液两相的流型，了解流体在汽化过程中与传热过程的相互关系。

（3）测量不同流型下的对流传热系数及蒸汽的干度。

4.9.2 实验原理

升膜式蒸发器由加热室和垂直长管组成，随着气速的变化，液体在垂直管内形成泡状流、弹状流、搅拌流及环状流等不同的流动状态（图 4-21）。泡状流是指在液相中有近似均匀分散的小气泡的流动；弹状流是指大多数气体是以较大的枪弹形气泡存在并流动，在弹性泡与管壁之间及两个弹性泡之间的液层中充满了小气泡；搅拌流是弹状流的发展，枪弹形泡被破坏，呈狭条状，流型较混乱；环状流则是指含有液滴的连续气相沿管中心向上流动，含有小气泡的液相则沿管壁向上爬行。

影响气、液两相流型的主要因素除了流体本身的物性之外，与流道的集合形状、放置方式、尺寸、流向设计参数及传热温差、气、液两相的流速等操作参数有关，对于垂直气、液两相向上流动得升膜式蒸发器，当流道直径及物料性质固定后，各流型的转变主要取决于气液流量和物料的进管温度，而关键参数为气速。环状流的出现一般是在气速不小于 10 $m \cdot s^{-1}$ 时，此时料液贴在管内壁拉曳成薄膜状向上流动，环状液膜上升，必须克服其重力及与壁面的摩擦力。

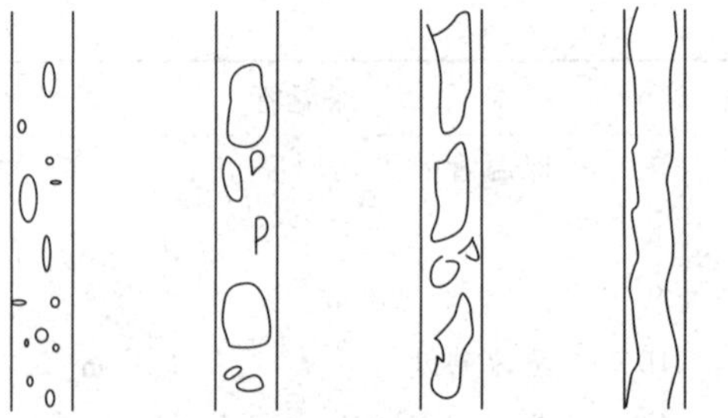
(a) 泡状流　(b) 弹状流　(c) 搅拌流　(d) 环状流

图 4-21　垂直管内两相流流型示意图

本实验通过在单管升膜式蒸发器中以水为物料，通过改变系统的压力(改变流体的沸点温度)来观察它们的不同流型，计算出他们的传热系数、干度，由此结果分析总结出它们的规律。

根据物料衡算，有质量衡算：

$$Fw_0 = (F-W)w_1 \tag{4-45}$$

式中：F——原料液流量，$L \cdot h^{-1}$；

w_0——初始液中溶质的质量分数；

W——蒸发量，$L \cdot h^{-1}$；

w_1——完成液中溶质的质量分数。

热量衡算：

$$Q = \alpha S(t_w - t_b) \tag{4-46}$$

$$\alpha = \frac{Q}{S(t_w - t_b)} \tag{4-47}$$

$$S = \pi d L_e \tag{4-48}$$

$$X = \frac{W_g}{W_g + W_l} \tag{4-49}$$

式中：Q——传热速率，W；

α——对流传热系数，$W \cdot m^{-2} \cdot ℃^{-1}$；

S——传热面积，m^2；

t_w——内壁温度，℃；

t_b——主体温度，℃；

d——测量管内径，m；

L_e——有效管长，m；

X——干度，量纲为 1；

W_g——蒸发器内流出蒸汽量，$L \cdot h^{-1}$；

W_l——蒸发器内流出液体量，$L \cdot h^{-1}$。

4.9.3　实验装置及流程

单管升膜式蒸发实验装置流程图如图 4-22 所示，物料由离心泵送转子流量计后进入升膜式蒸发器的底部入口，液体在蒸发器内被加热、蒸发浓缩后从顶部排出，浓缩过的液体由左侧冷凝器冷凝后流入液体接收瓶，产生的蒸汽由右侧冷凝器冷凝成液体后流入蒸汽接收瓶。蒸发器的加热蒸汽由蒸汽发生器提供。为了降低液体的沸点温度，系统在泵的回流端利用一文氏管作为系统负压的生成系统。

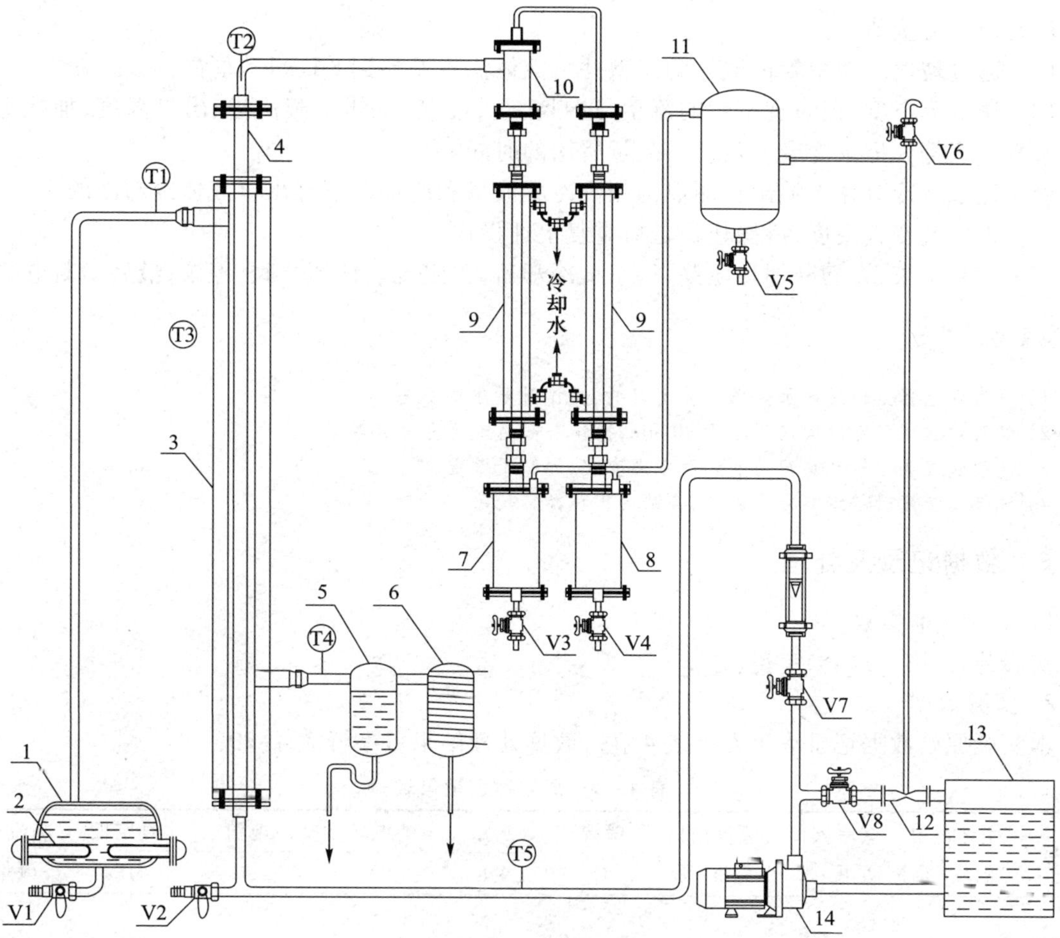

图 4-22 单管升膜式蒸发实验装置流程图

1—蒸汽发生器；2—电加热器；3—升膜式蒸发器；4—玻璃观察段；5，10—气液分离器；6—蒸汽冷凝器；7—液体接收瓶；8—蒸汽接收瓶；9—冷凝器；11—缓冲罐；12—文氏管；13—原料箱；14—进料泵；F1—转子流量计；P—真空表；T1 ~ T5—温度计；V1 ~ V8—阀门

实验装置的主要技术参数如下：

内管 ϕ17 mm×1.5 mm，有效管长 L_e：1 400 mm，材质：紫铜；外管直径 57 mm，材质：不锈钢；保温层外径 D_0：120 mm，材质：不锈钢；液体接收瓶直径：140 mm，材质：玻璃；气体冷凝液接收瓶直径：50 mm，材质：玻璃。

加热电压：小于 200 V。

4.9.4　实验方法及步骤

（1）打开蒸汽发生器上的通气阀门，调节蒸汽发生器通电加热100 V左右，注意观察蒸汽的产生过程。

（2）当有蒸汽产生后，关闭通气阀门。打开冷却水，启动泵，开启转子流量计调节阀，调节流量为所设定的流量值。

（3）通过玻璃段观察管内流体的流型并将液体流量调整到8 $L \cdot h^{-1}$左右。

（4）调节真空度，记录观察到的流型，进料流量，内壁、主体及蒸汽进、出口温度，加热电压，电流及真空度等。记录冷凝一定的蒸凝量所用的时间。

（5）记录从冷凝器下端出口测取的蒸汽冷凝液量和冷却器下端出口液体冷却液的量。

（6）再次改变真空度，待操作稳定后重复上述操作。

（7）实验结束，先切断加热电路，待系统冷却后，关闭流量计调节阀，停泵，最后切断电源。

注意事项

（1）蒸汽发生器是通过电加热器产生蒸汽的，操作时要注意安全。

（2）实验过程中稳定时间应不小于30 min，操作全部稳定后再读取数据。

（3）实验过程要密切观察流型变化及壁温变化，严防干壁现象。

（4）调节真空度时一定要缓慢调节，否则会出现异常现象。

4.9.5　数据记录及处理

1. 实验基本参数

实验装置：第____套，室温：________℃。

2. 实验数据

本实验原始数据记录表可参考表4-19，数据处理结果可参考表4-20。

表4-19　原始数据记录表

序号	主体出口温度/℃	蒸汽入口温度/℃	蒸汽出口温度/℃	壁温/℃	水量/$L \cdot h^{-1}$	电压/V	电流/A	真空度/MPa	蒸汽出口冷凝量/mL
1									
2									
⋮									

表4-20　数据处理结果

序号	时间/min	回水高度/mm	冷凝液高度/mm	现象	蒸发量/$kg \cdot s^{-1}$	传热速率/kW	换热面积/m^2	对流传热系数/$kW \cdot m^{-2} \cdot ℃^{-1}$	干度
1									
2									
⋮									

4.9.6　实验结果与讨论

（1）计算不同流型下的对流传热系数和蒸汽的干度。

(2) 根据实验结果,考察不同加热速率(真空度)下对完成液和两次蒸汽流量的影响规律。

思考题

(1) 影响气、液两相流型的因素有哪些?
(2) 本实验装置的关键部分是什么? 为什么?

4.10 精馏实验

4.10.1 实验目的

(1) 了解精馏单元操作的工作原理、精馏塔结构及精馏流程。
(2) 掌握全回流及部分回流的操作方法及调节方法。
(3) 根据实验任务要求设计出精馏塔操作条件,能开启精馏塔,调节操作参数,完成分离任务。
(4) 学会识别精馏塔内出现的几种操作状态,并分析这些操作状态对塔性能的影响。

4.10.2 实验原理

蒸馏单元操作是一种分离液体混合物常用的有效方法,其依据是液体中各组分间相对挥发度的差异。在化工生产中,将含有多次部分汽化与冷凝且有回流的蒸馏操作称为精馏。在板式塔内进行多级的上述过程,易挥发组分在气相中不断提浓,并在塔顶馏出;难挥发组分在液相中不断提浓,并在塔底采出,从而使两组分得到纯化。

1. 全塔效率 E_T

板式精馏塔的全塔效率定义为完成一定的分离任务所需的理论塔板数 N_T 与实际塔板数 N 之比。在实际生产中,每块塔板的上气液接触状况及分离效率均不相同,因此,全塔效率 E_T 体现精馏塔内全部塔板的平均分离效率,工程上有实际意义的是在全回流条件下测定全塔效率。全塔效率定义如下:

$$E_T=\frac{N_T-1}{N} \tag{4-50}$$

式中:N_T——全回流下的理论板数(包括塔釜的贡献);

N——实际塔板数。

当板式精馏塔处于全回流稳定状态时,取塔顶产品试样分析得塔顶产品中轻组分摩尔分数 x_D,取塔底产品试样分析得塔底产品中轻组分摩尔分数 x_W,用作图法求出 N_T,结合实际塔板数 N,即可求出全塔效率 E_T。

2. 单板效率 E_M

全塔效率反映了塔内全部塔板的平均效率,也叫总板效率,但它不能反映具体每一块塔板的效率。单板效率有两种表示方法,一种是经过某塔板的气相浓度变化来表示的单板效率,称为默弗里(Murphree)气相单板效率 E_{MV},计算公式如下:

$$E_{MV}=\frac{y_n-y_{n+1}}{y_n^*-y_{n+1}} \tag{4-51}$$

式中：y_n, y_{n+1}——离开第 $n, n+1$ 板的气相组成(摩尔分数)；

y_n^*——与离开第 n 块板的液体组成 x_n 平衡的气相组成(摩尔分数)。

因此，只要测出 x_n, y_n, y_{n+1}，通过平衡关系由 x_n 计算出 y_n^*，则根据式(4-51)就可计算默弗里气相单板效率 E_{MV}。

单板效率的另一种表示方法为经过某块塔板液相浓度的变化，称为默弗里(Murphree)液相单板效率，用 E_{ML} 来表示，计算公式如下：

$$E_{ML}=\frac{x_{n-1}-x_n}{x_{n-1}-x_n^*} \tag{4-52}$$

式中：x_{n-1}, x_n——离开第 $n-1, n$ 板的液相组成(摩尔分数)；

x_n^*——与离开第 n 块板的气相组成 y_n 平衡的液相组成(摩尔分数)。

因此，只要测出 x_{n-1}, x_n, y_n，通过平衡关系由 y_n 计算出 x_n^*，则根据式(4-52)就可计算默弗里液相单板效率 E_{ML}。

3. 进料热状况参数 q

进料为冷液时，q 可按照如下公式求算：

$$q=1+\frac{c_{p,m}(t_{bp}-t_F)}{r_m} \tag{4-53}$$

式中：t_F——冷液进料的温度，℃；

t_{bp}——进料的泡点，℃；由进料组成 x_F，查物系的 $t-x-y$ 图确定泡点；

$c_{p,m}$——进料液体在平均温度 $(t_F+t_{bp})/2$ 下的比定压热容，$kJ\cdot kmol^{-1}\cdot ℃^{-1}$；

r_m——进料液体在泡点下的汽化热，$kJ\cdot kmol^{-1}$。

$$c_{p,m}=c_{p1}M_1x_1+c_{p2}M_2x_2 \tag{4-54}$$

$$r_m=r_1M_1x_1+r_2M_2x_2 \tag{4-55}$$

式中：c_{p1}, c_{p2}——组分1和组分2在平均温度 $(t_F+t_{bp})/2$ 下的比热容，$kJ\cdot kmol^{-1}\cdot ℃^{-1}$；

r_1, r_2——组分1和组分2在泡点下的汽化热，$kJ\cdot kmol^{-1}$；

M_1, M_2——组分1和组分2的摩尔质量，$kg\cdot kmol^{-1}$；

x_1, x_2——组分1和组分2在进料中的摩尔分数。

4.10.3　实验装置及流程

4.10.3.1　乙醇-正丙醇体系

筛板精馏塔实验装置流程图(乙醇-正丙醇体系)如图4-23所示，主要由精馏塔、回流分配装置及测控系统组成。

精馏塔为筛板塔，全塔共11块塔板，塔身由不锈钢材质制成，为了便于观察塔板上的气液两相流动状况，第3段和第11段采用耐热玻璃材质。塔体结构尺寸：塔径 ϕ70 mm×100 mm，塔板间距110 mm；溢流堰高15 mm，底隙高度5 mm；筛孔直径2 mm，正三角形排列，孔中心距16 mm。降液管材质为不锈钢，弓形降液管面积748.57 mm^2 的不锈钢管，蒸馏釜尺寸为 ϕ220 mm×420 mm，塔釜装有电加热器、测压口和取样口，分别用于加热料液、测量塔釜压力和塔釜液取样。塔内装有多个铂电阻温度计，用来测定塔内不同位置的气相温度。

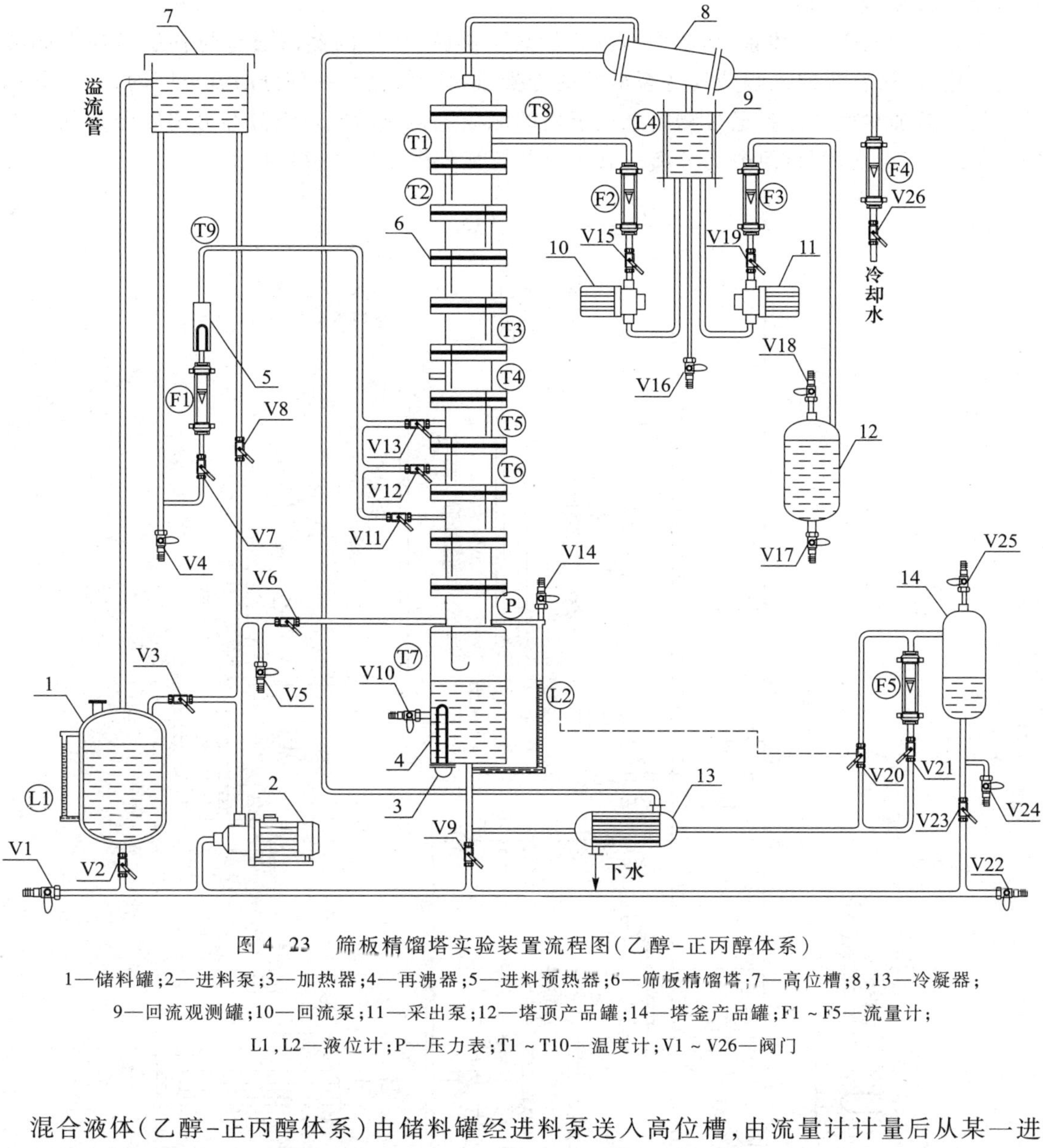

图4 23 筛板精馏塔实验装置流程图(乙醇-正丙醇体系)

1—储料罐;2—进料泵;3—加热器;4—再沸器;5—进料预热器;6—筛板精馏塔;7—高位槽;8,13—冷凝器;9—回流观测罐;10—回流泵;11—采出泵;12—塔顶产品罐;14—塔釜产品罐;F1 ~ F5—流量计;L1,L2—液位计;P—压力表;T1 ~ T10—温度计;V1 ~ V26—阀门

混合液体(乙醇-正丙醇体系)由储料罐经进料泵送入高位槽,由流量计计量后从某一进料口进入塔内。塔釜蒸气通过电加热混合液产生,塔釜装有液位计,用于观察釜内存液量。塔顶全冷凝器规格:ϕ89 mm×600 mm,塔顶蒸气在管外冷凝并冷却,管内通冷凝水。

实验中利用人工智能仪表分别测定塔顶温度、塔釜温度、塔身伴热温度、塔釜加热温度、塔压降、加热电压、进料温度及回流比等参数。人工智能仪表的引入使实验更为简便、快捷,可实现计算机在线数据采集与控制。

由于乙醇-正丙醇这两种物质的折射率存在差异,且其混合物的质量分数与折射率有良好的线性关系,故可通过阿贝折射仪分析料液的折射率,从而得到浓度数据。这种测定方法的特点是方便快捷、操作简单,但精度稍低;若要实现高精度的测量,可利用气相色谱进行浓度分析。

4.10.3.2　乙醇-水体系

本实验采用乙醇-水体系，塔釜内溶液经加热至沸腾，产生的蒸汽通过与各层塔板上的液体进行气液接触，被富集的乙醇蒸气送至塔顶的冷凝器、分离器后，一部分回流至塔内，一部分作为产品收集。被加热后的原料通过物料泵送至塔的侧线进料口，轻、重组分经分离后分别从塔顶和塔釜采集，最终实现轻、重组分的分离。其实验装置流程图如图 4-24 所示。

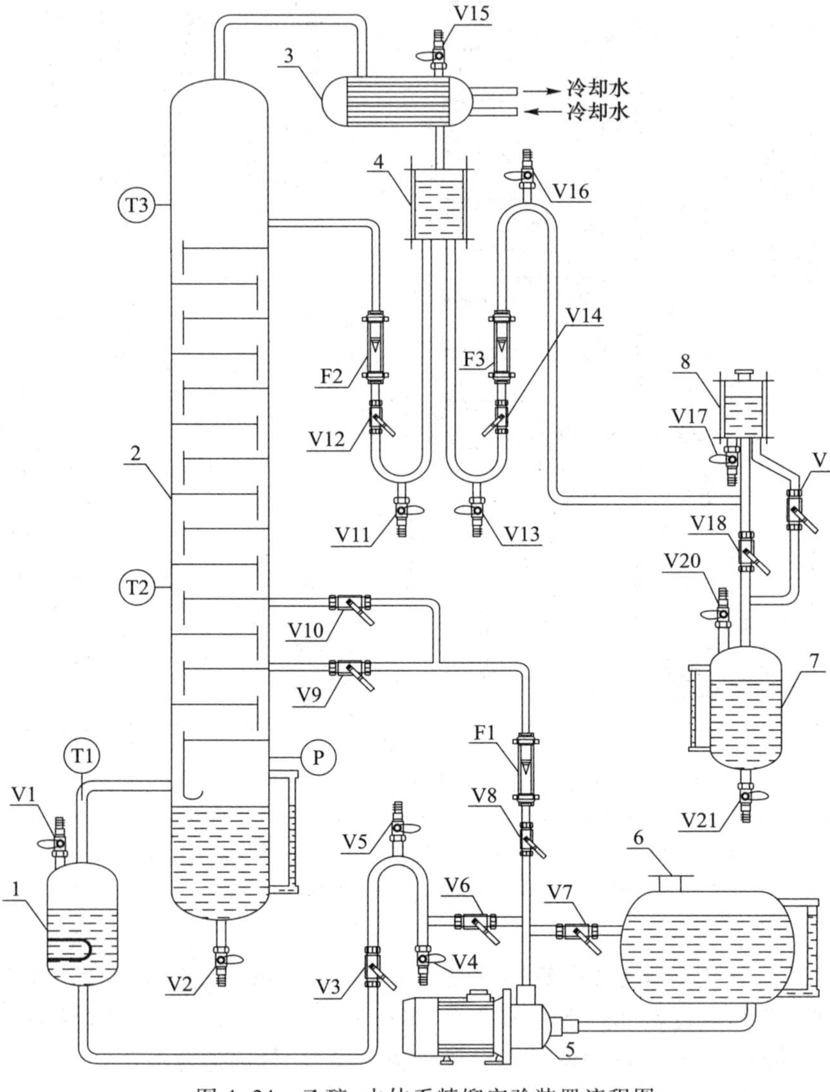

图 4-24　乙醇-水体系精馏实验装置流程图

1—再沸器；2—塔节；3—冷凝器；4—冷凝液接收器；5—加料泵；6—原料罐；7，8—产品接收器；F1 ~ F3—转子流量计；P—压力表；T1 ~ T3—温度计；V1 ~ V21—阀门

实验装置的主要技术参数如下：

塔板数：15 块；塔径：50 mm；板间距：100 mm；开孔率：3.8%；加热功率 0 ~ 2.5 kW。

4.10.4 实验方法及步骤

4.10.4.1 乙醇-正丙醇体系

1. 实验前准备工作

(1) 调整与阿贝折射仪配套的超级恒温水浴的温度,使阿贝折射仪样品室的温度为 30 ℃。

(2) 配制一定浓度的乙醇-正丙醇混合液(乙醇质量分数为 15%左右),然后加到原料罐中。

(3) 检查水、电、仪表、阀门、泵、储罐、实时监控仪是否处于正常状态。

(4) DCS 控制操作时,启动计算机并进入计算机采集系统。

(5) 确定每个阀门处于正常位置后,启动进料泵向塔内再沸器加料至 2/3 位置。

2. 全回流操作

(1) 关闭进料阀门,打开全凝器冷却水给水阀,并调节至适宜流量。

(2) 调节好再沸器加热电压(或加热功率),开启电加热器对再沸器内物料进行加热,当塔釜中液体开始沸腾时,注意观察塔内的气液接触状况;当塔顶产生液体回流后,适当调整加热功率,待各块塔板上鼓泡均匀后,保持加热功率不变,进行全回流操作。

(3) 观察塔内温度,当塔内温度稳定 10 min 后记录一组塔内温度、加热电压和塔压降等实验数据。在塔顶、塔釜取样口处分别取样,用阿贝折射仪分析样品浓度。相关数据合格后转入部分回流实验。

3. 部分回流操作

(1) 确定进料位置后开启进料阀、启动进料泵,以指定进料量进料,记录实验开始时间。

(2) 调节塔釜加热电压(或功率)并稳定,确定操作回流比(参考回流比为 4)后开启部分回流操作,馏出液收集在塔顶采出罐中,塔釜产品经冷却后由溢流管流出,在塔釜储料罐中收集。待操作稳定后,观察塔板上的气液传质状况,记录加热电压、电流、塔内温度、塔压降、回流比等实验数据,整个过程中维持进料量不变。

(3) 确定部分回流操作稳定后(20 min 左右)在塔顶、进料位置和塔釜取样口处分别取样,分析塔顶、塔釜、进料浓度。

(4) 当到达规定时间(40 min)时,测取塔顶产品混合液浓度和塔顶产品的体积。

(5) 检查数据合理后结束实验。

4. 正常停车

(1) 关闭进料泵及相应管线上阀门。

(2) 关闭再沸器电加热器。

(3) 停回流。

(4) 待精馏塔内没有上升蒸气时,关闭冷却水上水阀。

(5) 各阀门恢复初始开车前的状态。

(6) 关仪表电源和总电源。

注意事项

(1) 本实验过程中要特别注意安全,实验所用物系是易燃液体,操作过程中避免洒落以免发生危险。

(2) 塔顶放空阀一定要打开,常压操作。

(3) 检查再沸器一定要有液体,严禁干烧加热器,以免发生触电事故。常温进料,不得对进料预热器进行加热。

(4) 实验设备具有自锁、联动功能,注意当精馏塔釜液位低于规定时,塔釜加热器将会停止加热。当塔釜内液位高于出料口位置时,出料电动阀门自动打开,塔釜内液体自动出料。

(5) 开车时必须先接通冷却水,方能进行塔釜加热,停车时则反之。

4.10.4.2 乙醇-水体系

1. 全回流操作

(1) 预先配制(或检查)塔釜内和料液槽内的水-乙醇组成。一般塔釜内溶液组成:15% ~20%(体积比),要达到预定的标度线。料液槽内的组成:15% ~20%(体积比)。

(2) 预热开始后,要及时开启塔顶冷凝器的冷却水阀,当釜液预热至沸腾后要注意控制加热量。

(3) 进行全回流操作,建立板上稳定气、液两相接触状况。

(4) 要随时注意釜内的压力、灵敏板的温度等操作参数的变化情况,随时加以调节控制。

(5) 取样必须在操作稳定时进行,取样数量要能保证密度计的浮起。

(6) 全回流操作,并测定全塔效率。

(7) 对15% ~20%(体积比)水和乙醇混合液进行精馏分离,以达到塔顶馏出液乙醇含量大于93%(体积比),塔釜残液乙醇含量小于3%(体积比)。并在规定时间内完成500 mL的塔顶采出量。

2. 部分回流操作

(1) 调节进料转子流量计阀的流量向塔内加料;加料量根据回流比进行测算。

(2) 等操作稳定后,记下加热电压、塔顶温度等有关数据,整个操作中维持进料流量计读数不变,记录原料液的温度(室温)及测量产品的浓度等相关数据。

注意事项

(1) 本实验过程中要特别注意安全,实验所用物系是易燃液体,操作过程中避免洒落以免发生危险。

(2) 开车时先开冷却水,再向塔釜供热,停车时则反之。

(3) 测含量用乙醇密度计。由于温度对乙醇密度的影响很大,测量时乙醇应事先用自来水冷却到常温。

4.10.5 数据记录及处理

1. 实验基本参数

实验装置:第____套,室温:________℃。

常压下,乙醇-正丙醇体系平衡数据如表4-21所示。

表4-21 乙醇-正丙醇体系平衡数据(1.013×10^5 Pa)

t/℃	97.60	93.85	92.66	91.60	88.32	86.25	84.98	84.13	83.06	80.59	78.38
x	0	0.126	0.188	0.210	0.358	0.461	0.546	0.600	0.663	0.844	1.0
y	0	0.240	0.318	0.349	0.550	0.650	0.711	0.760	0.799	0.914	1.0

30 ℃时，乙醇-正丙醇体系中，乙醇的质量分数 w_A 与折射率 n_D 的回归式如下：

$$w_A = 58.844116 - 42.61325 n_D \tag{4-56}$$

由质量分数 w_A 求算试样的摩尔分数 x_A。

常压下，乙醇-水体系平衡数据如表 4-22 所示。

表 4-22 乙醇-水体系平衡数据(1.013×10^5 Pa)

t/℃	100	95.5	89.0	86.7	85.3	84.1	82.7	82.3
x	0.00	1.90	7.21	9.66	12.38	16.61	23.37	26.08
y	0.00	17.00	38.91	43.75	47.04	50.89	54.45	55.80
t/℃	81.5	80.7	79.8	79.7	79.3	78.84	78.41	78.15
x	32.73	39.65	50.79	51.98	57.32	67.63	74.72	89.43
y	58.36	61.22	65.64	65.99	68.41	73.85	78.15	89.43

2. 实验数据

本实验数据记录表可参考表 4-23。

表 4-23 精馏实验数据记录

序号	R	t_D/℃	$t_{灵}$/℃	t_W/℃	t_F/℃	$\frac{F}{L \cdot h^{-1}}$	$\frac{D}{L \cdot h^{-1}}$	$\frac{W}{L \cdot h^{-1}}$	x_F	x_D	x_W
1											
2											
⋮											

4.10.6 实验结果与讨论

(1) 分别计算全回流和部分回流条件下的理论板数。

(2) 计算部分回流时塔顶易挥发组分回收率。

(3) 分析并讨论实验过程中观察到的现象。

思考题

(1) 测定全回流和部分回流总板效率(或等板高度)与单板效率时各需测几个参数？取样位置在何处？

(2) 查取进料液的汽化潜热时，定性温度取何值？

(3) 精馏塔在操作过程中，由于塔顶采出率太大而造成产品不合格，恢复正常的最快、最有效的方法是什么？

(4) 本实验中，进料状况为冷态进料，当进料量太大时，为什么会出现精馏段干板？甚至会出现塔顶既没有回流也没有出料的现象？应如何调节？

4.11　CO_2 吸收与解吸实验

4.11.1　实验目的

（1）了解填料吸收塔的结构及填料特性，熟悉气、液两相在填料层中的流动过程。

（2）观察空塔气速时干填料层的流体力学状况，并在一定液体喷淋量条件下测定气体通过填料层的压降与气速的关系曲线，确定填料塔的液泛气速。

（3）掌握以 ΔX（或 ΔY）作为推动力的吸收总传质系数 $K_X a$（或 $K_Y a$）的测定方法，测定气速或液速对总传质系数的影响。

4.11.2　实验原理

填料塔是化工生产中常见的气液传质设备之一，具有结构简单、阻力小、便于用耐腐蚀材料制造等优点。填料塔操作时，气体由下向上呈连续相通过填料层孔隙，液体则沿填料表面流下，形成相际接触界面并进行传质。填料的作用主要是增加气、液两相的接触面积，而气体在通过填料层时，由于有局部阻力和摩擦阻力而产生压力降。

填料塔的流体力学性能主要包括：压力降和液泛规律。测定填料塔的流体力学特性是为了计算填料塔所需动力消耗和确定填料塔的适宜操作范围，选择适宜的气液负荷，因此，填料塔的流体力学特性是确定最适宜操作气速的依据。

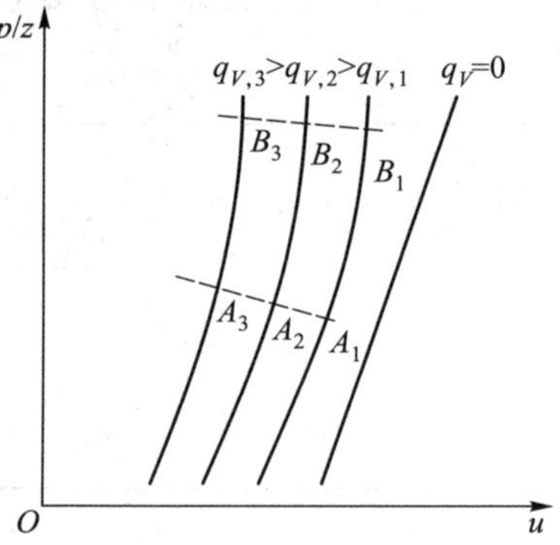

图 4-25　填料层压力降与空塔气速关系曲线

在填料塔中，当气体自下而上通过干填料层时，其压力降 Δp 与空塔气速 u 的关系可用式 $\Delta p = u^{1.8\sim2.0}$ 表示。在双对数坐标纸上为一条直线，斜率为 1.8～2.0（如图 4-25 所示）。在有液体喷淋时，气体通过床层的压力降除与空塔气速和填料特性有关外，还取决于喷淋密度等因素。在一定的喷淋密度下，当气速较小时，液体沿着填料表面的流动很少受到逆向气流的牵制，持液量基本不变，压力降对空塔气速的关系与干填料层的曲线几乎平行。在同样的空塔速度下，由于填料表面有液膜存在，填料中的空隙减小，填料空隙中的实际速度增大，因此，床层阻力降比无喷淋时的值要高。当气速增加到某一较大值时，液体的流动受逆向气流的阻拦开始明显起来，填料层内的持液量随气速的增加而增加，气流通道截面减少，压力降随空塔气速有较大增加，压力降-气速曲线的斜率加大。开始拦液时的空塔气速（A 点）称为载点气速，进入载液区后，当空塔气速再进一步增大，则填料层内持液量不断增多，压力降与空塔气速的关联线向上弯曲，斜率变大。当气速增大到 B 点时，填料层持液量越积越多，气体的压力几乎是垂直上升，气体以泡状通过液体，出现液泛现象，B 点称为泛点。

气体吸收是典型的传质过程之一，本实验采用水吸收空气中的 CO_2 组分。一般将配置的原料气中的 CO_2 含量控制在 10% 以内，CO_2 在水中的溶解度很小，所以此体系 CO_2 气体的吸收过程属于液膜控制过程。吸收系数是决定吸收过程速率高低的重要参数，获取吸收系数的根本途径是通过实验测定。对于相同的物系及一定的设备(填料类型与尺寸),吸收系数将随着操作条件及气液接触状况的不同而变化。实验过程中,液相体积流率可视为定值,且设总传质系数 K_X 和两相接触比表面积 a 在整个填料层内为一定值,可得填料层高度 Z 的计算公式:

$$Z=H_{\mathrm{OL}}\cdot N_{\mathrm{OL}} \tag{4-57}$$

$$H_{\mathrm{OL}}=\frac{q_{n,\mathrm{L}}}{K_X a\Omega} \tag{4-58}$$

$$N_{\mathrm{OL}}=\frac{X_1-X_2}{\Delta X_{\mathrm{m}}} \tag{4-59}$$

$$\Delta X_{\mathrm{m}}=\frac{\Delta X_1-\Delta X_2}{\ln\dfrac{\Delta X_1}{\Delta X_2}}=\frac{\left(\dfrac{Y_1}{m}-X_1\right)-\left(\dfrac{Y_2}{m}-X_2\right)}{\ln\dfrac{\dfrac{Y_1}{m}-X_1}{\dfrac{Y_2}{m}-X_2}} \tag{4-60}$$

$$m=\frac{E}{P} \tag{4-61}$$

式中: Z——填料层的高度,m;

H_{OL}——液相总传质单元高度,m;

N_{OL}——液相总传质单元数,量纲为 1;

$q_{n,\mathrm{L}}$——液相的摩尔流量,$\mathrm{kmol\cdot s^{-1}}$;

$K_X a$——液相总体积吸收系数,$\mathrm{kmol\cdot m^{-3}\cdot s^{-1}}$;

Ω——塔的横截面积,$\Omega=\frac{\pi}{4}D^2$,$\mathrm{m^2}$;

D——塔径;m;

X_1,X_2——进塔、出塔液体中溶质组分的摩尔比,量纲为 1;

Y_1,Y_2——进塔、出塔气体中溶质组分的摩尔比,量纲为 1;

ΔX_{m}——所测填料层两端面上液相对数平均推动力,量纲为 1;

$\Delta X_1,\Delta X_2$——填料层上、下端面上的液相推动力,量纲为 1;

m——相平衡常数;

E——CO_2 在水中的亨利系数,Pa;

P——总压,Pa。

吸收操作质量用回收率 φ_A 来评价,即

$$\varphi_A=\frac{Y_1-Y_2}{Y_1} \tag{4-62}$$

4.11.3 实验装置及流程

4.11.3.1 第Ⅰ类型实验装置

CO_2 吸收-解吸实验装置流程图如图 4-26 所示。该装置有两个塔,分别是吸收塔、解吸塔。空气在管路中与来自钢瓶的 CO_2 混合后进入吸收塔的塔底,水从塔顶喷淋而下,混合气体在塔中

经水吸收后，尾气从塔顶排出，吸收了 CO_2 的液体从塔底排出由离心泵输送至解吸塔，从解吸塔塔顶喷淋而下。新鲜空气从解吸塔底部进入塔内，液体中的 CO_2 被解吸出来进入空气中，从塔顶排出，经过解吸的液体从塔底排出进入水箱，作为吸收塔的吸收剂。

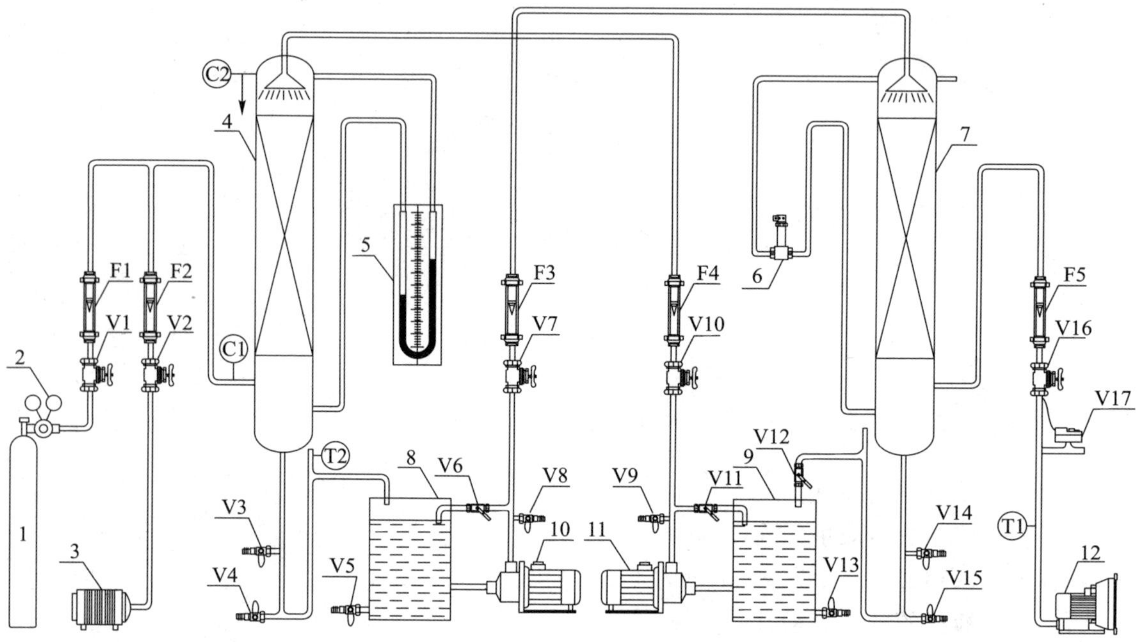

图 4-26　CO_2 吸收-解吸实验装置流程图

1—CO_2 钢瓶；2—CO_2 钢瓶减压阀；3—吸收用气泵；4—吸收塔；5—U 形管压差计；6—压差传感器；7—解吸塔；8，9—水箱；10，11—水泵；12—旋涡气泵；C1，C2—浓度检测器；F1 ~ F5—转子流量计；T1，T2—温度计；V1 ~ V17—阀门

上述实验装置流程中，气体必须经过一个高于塔内填料层的 π 形管进入塔内，可以避免因操作失误而发生液体流入旋涡气泵；塔底液体排出管设计成 π 形管的形式，可防止气相短路，还可起到液封作用。

实验装置的主要技术参数如下：

填料吸收塔：玻璃管内径 $D=0.100$ m；$\phi16$ mm×16 mm 不锈钢鲍尔环；

填料解吸塔：玻璃管内径 $D=0.100$ m；$\phi16$ mm×16 mm 不锈钢鲍尔环；

旋涡气泵型号：XGB-12，550 W；离心泵型号：WB50/025；压缩机型号：ACO808。

4.11.3.2　第Ⅱ类型实验装置

本实验装置流程图如图 4-27 所示，旋涡气泵输送来的空气经缓冲罐由转子流量计计量后送入填料塔底。塔顶排气经尾气调压阀维持一定的尾气压力作为尾气通过取样分析器所需的压力。CO_2 由钢瓶经自动减压阀使输出 CO_2 压力稳定在 0.04 ~ 0.1 MPa（表压）。减压后的 CO_2 通过缓冲罐，空气与 CO_2 在缓冲罐内充分混合，为了确保安全，在缓冲罐上装有安全阀，使进入实验系统的混合气体压力不超过安全允许值（0.4 MPa）。作为吸收剂的水经过滤器，由转子流量计计量送入填料塔顶，经液体分布器喷淋至填料，与混合气体进行逆流接触，实现气液传质过程。由于本实验为低浓度气体的吸收，所以热量交换可略，整个实验过程可看成是等温吸收过程。塔底有液封装置,通过控制排液管的位置高低,使得液面稳定在管子内部,而升不到塔截面内。

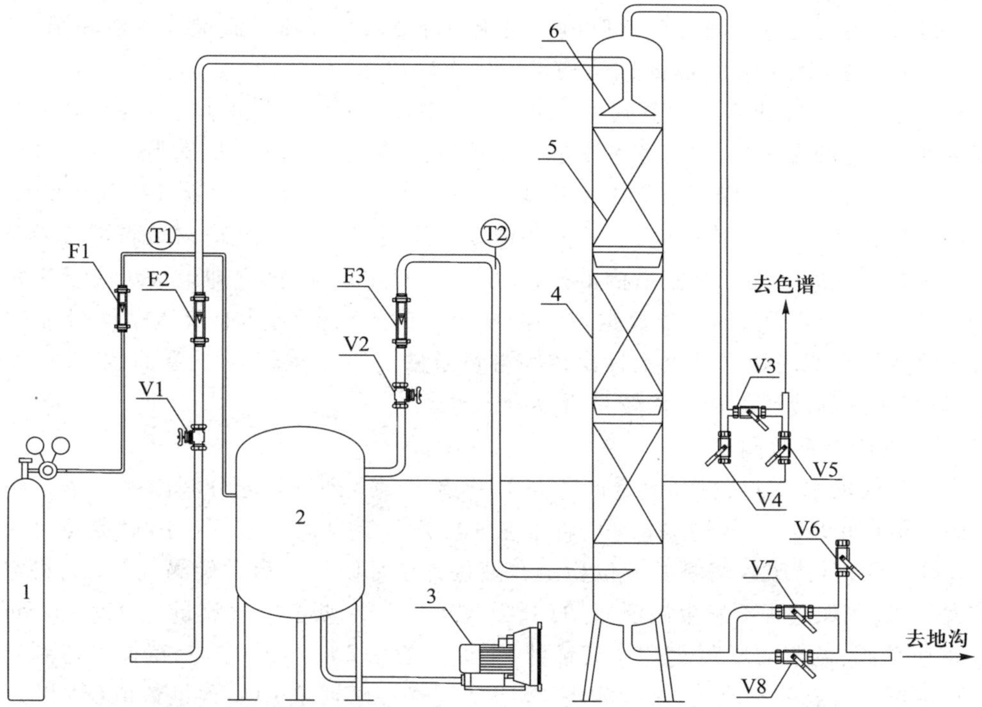

图 4-27 CO_2 吸收实验装置流程图

1—CO_2 钢瓶;2—气体混合罐;3—旋涡气泵;4—吸收塔;5—填料;6—液体分布器;

F1 ~ F3—流量计;T1,T2—温度计;V1 ~ V8—阀门

实验装置的主要技术参数如下:

(1) 填料吸收塔 高效填料塔塔体采用石英玻璃,塔径 100 mm,塔内装有金属丝网板波纹填料或金属压延孔环填料(ϕ10 mm×10 mm×0.5 mm),填料层总高度 2 000 mm。塔顶有液体初始分布器,塔中部有液体再分布器,塔底部有栅板式填料支承装置。填料塔底部有液封装置,以避免气体泄漏。

(2) 层叠风机 气量 0 ~ 90 $m^3 \cdot h^{-1}$,风压 50 kPa。

(3) 气相色谱仪 型号:SP6801。

(4) 色谱工作站 浙大 NE2000(分离条件:填充柱,柱规格:GDX-103,载气类型:氢气,载气流量:50 $mL \cdot min^{-1}$,进样量:1 mL,检测器温度:78 ℃,进样器温度:80 ℃,柱温:40 ℃)。

4.11.4 实验方法及步骤

4.11.4.1 第Ⅰ类型实验装置

1. 实验前准备工作

熟悉实验流程,实验前将吸收液水箱、解吸液水箱加入去离子水,检查各流量计调节阀是否均已关闭,检查 CO_2 气瓶和减压阀是否安装完好并测试是否漏气。

2. 解吸塔流体力学特性的测定

（1）打开空气旁路调节阀至全开，启动旋涡气泵。打开空气流量计，逐渐关小旁路调节阀的开度，调节进塔的空气流量。稳定后读取填料层压力降 Δp、空气转子流量计读数和温度；改变空气流量（从小至大测定 8～10 组数据），达稳定后依次读取相应数据。

（2）开启水泵 10，打开流量调节阀 V3、出口流量计 F3，将解吸塔的填料润湿 10～20 min，调节出口流量计 F3 流量为 350 $L\cdot h^{-1}$（水流量大小可因设备进行调整），同时开启水泵 11，打开流量调节阀 V10，出口流量计 F4，调节出口流量与 F3 相同。开动旋涡气泵 12，利用旁路调节阀 V16 从小到大调节空气流量，待塔内气、液两相流动稳定后分别读取并记录填料层压降 Δp、空气转子流量计读数和温度并注意观察塔内的操作现象，一旦出现液泛，立即记录对应空气转子流量计读数；出现液泛以后再测 2～3 个数据点。按照同样的方法测定其他液体喷淋量下的相应数据。根据实验数据在双对数坐标纸上标出该喷淋量条件下的（$\Delta p/z$）$-u$ 关系曲线，并在图上确定液泛气速，与观察到的液泛气速相比较是否吻合。

3. CO_2 吸收传质系数测定

（1）启动解吸液水泵 11，打开流量调节阀 V10、出口流量计 F4，充分润湿吸收塔。将水流量调节至一固定值（如 210 $L\cdot h^{-1}$ 左右），开启水泵 10，打开流量调节阀 V7、出口流量计 F3，调节 F3，F4 的流量一致，保持吸收塔塔釜液位稳定在液位计中部附近。启动旋涡气泵 12，将空气流量调节至较大数值（确保过程不发生液泛）。打开吸收用气泵 3，调节空气流量为 0.5～1.5 $m^3\cdot h^{-1}$；打开 CO_2 钢瓶总阀，调节减压阀使 CO_2 流量计 F1 读数为 0.2 $m^3\cdot h^{-1}$ 左右，待操作达到稳定状态 20 min 后测量吸收塔底的水温；记录吸收塔、解吸塔尾气传感器上 CO_2 含量数值（体积分数）；分析吸收塔塔底、解吸塔塔底溶液中 CO_2 的含量。

（2）同时增大或减小吸收塔和解吸塔的喷淋量，保持其他条件不变，重复上述操作，测定相关数据。

（3）含量测定：用移液管吸取 10 mL 0.1 $mol\cdot L^{-1}$ 左右的 $Ba(OH)_2$ 溶液，放入三角瓶中，并从塔底附设的取样口接收塔底溶液 10 mL，用胶塞塞好并振荡。在溶液中加入 2～3 滴酚酞指示剂摇匀，用 0.1 $mol\cdot L^{-1}$ 盐酸滴定至粉红色消失即为终点。

按下式计算溶液中 CO_2 浓度（单位为 $mol\cdot L^{-1}$）：

$$c_{CO_2}=\frac{2c_{Ba(OH)_2}V_{Ba(OH)_2}-c_{HCl}V_{HCl}}{2V_{试样}} \tag{4-63}$$

（4）实验完毕后，先关闭 CO_2 钢瓶总阀，然后关闭旋涡气泵、空气压缩机等设备，关闭进水阀、泵，将所有仪器复原。

注意事项

（1）开启 CO_2 钢瓶总阀前要先关闭减压阀，打开 CO_2 流量调节阀，开启钢瓶总阀时开度不宜过大。

（2）做完传质实验后要先关闭 CO_2 钢瓶总阀。

（3）在填料塔操作条件改变后，需要有较长的稳定时间，一定要等到稳定以后方能读取有关数据，吸收液流量计和解吸液流量计数值要保持一致（两流量计要及时调节），并注意解吸水箱的液位。

（4）两次传质实验所用 CO_2 浓度尽量一致。

（5）因 CO_2 难溶于水，滴定水中的 CO_2 时要耐心仔细。

4.11.4.2 第Ⅱ类型实验装置

(1) 熟悉实验流程并了解气相色谱仪及其配套仪器的结构、原理、使用方法及其注意事项。

(2) 打开仪表电源开关及旋涡气泵电源开关。

(3) 开启进水总阀,使水的流量达到 300 L·h^{-1}左右,让水进入填料塔润湿填料。

(4) 仔细调节阀门的开度,使塔底液位缓慢地在一段区间内变化,以免塔底液封过高而溢满或过低而泄气。

(5) 打开 CO_2 钢瓶总阀,并缓慢调节钢瓶的减压阀,使其压力稳定在 0.2 MPa 左右。

(6) 事先确定好操作条件,如空气流量、CO_2 流量,空气流量取该喷淋量下液泛气速的 0.6~0.8,控制 CO_2 的流量,保证进口含量在 10%以下,一般 CO_2 流量取 150~350 L·h^{-1}。

(7) 仔细调节尾气放空阀的开度,直至塔中压力稳定在实验值。

(8) 当塔内吸收过程稳定后,读取各流量计的读数及通过温度数显表、压力表读取各温度、压力数值,通过六通阀在线进样,利用气相色谱仪分析塔顶、塔底气相组成,至少要分析两次,当两次实验数据在允许的误差范围内,改变条件(空气或水流量、进料含量等),做另一组实验。

(9) 实验完毕,关闭 CO_2 钢瓶(先关闭总阀,待减压阀压力为 0,再逆时针关闭减压阀),再关闭旋涡气泵电源开关,关闭仪表电源开关,清理实验仪器和实验场地。

注意事项

(1) 调节空气、CO_2 流量时应注意压力表的变化,缓慢开启。

(2) 液泛现象出现时,应注意空气流量不要过大,勿使填料冲出。

(3) 在填料塔操作条件改变后,需要有较长的稳定时间,一定要等到稳定以后方能读取有关数据。

(4) 实验时,应特别注意防止 CO_2 的泄漏。

4.11.5 数据记录及处理

4.11.5.1 第Ⅰ类型实验装置

1. 实验基本参数

实验装置:第____套,室温:________℃,填料层有效高度 Z:________ m。

CO_2 在水中的亨利系数见表 4-24。

表 4-24 CO_2 在水中的亨利系数

温度/℃	0	5	10	15	20	25	30	35	40	45	50	60
亨利系数 $E/(10^5\ kPa)$	0.738	0.888	1.05	1.24	1.44	1.66	1.88	2.12	2.36	2.60	2.87	3.46

2. 实验数据

本实验测得数据参考表 4-25、表 4-26 进行记录。

表 4-25　解吸塔流体力学特性测定实验数据

喷淋量 $L=$____ $L\cdot h^{-1}$

序号	填料层压力降 kPa	单位高度填料层压力降 $Pa\cdot m^{-1}$	空气流量计读数 $m^3\cdot h^{-1}$	空气温度 ℃	空塔气速 $m\cdot s^{-1}$	操作现象
1						
2						
⋮						

表 4-26　填料吸收塔传质实验数据

序号	项目	实验组别		
		1	2	…
1	填料层有效高度/m			
2	CO_2 转子流量计读数/($m^3\cdot h^{-1}$)			
3	CO_2 体积流量/($m^3\cdot h^{-1}$)			
4	空气转子流量计读数/($m^3\cdot h^{-1}$)			
5	空气温度/℃			
6	空气体积流量/($m^3\cdot h^{-1}$)			
7	水转子流量计读数/($L\cdot h^{-1}$)			
8	$Ba(OH)_2$ 溶液浓度/($mol\cdot L^{-1}$)			
9	中和 CO_2 用 $Ba(OH)_2$ 溶液体积/mL			
10	盐酸浓度/($mol\cdot L^{-1}$)			
11	滴定塔底吸收液用盐酸体积/mL			
12	滴定空白液用盐酸体积/mL			
13	试样体积/mL			
14	塔底液相温度/℃			
15	亨利系数 $E/(10^5 kPa)$			
16	相平衡常数 m			
17	塔底液相浓度 $X_1/(kmol\cdot m^{-3})$			
18	空白液相浓度 $X_2/(kmol\cdot m^{-3})$			
19	CO_2 溶解度常数 $H/(kmol\cdot m^{-3}\cdot Pa^{-1})$			
20	y_1			
21	Y_1			
22	$X_1^*/(kmol\cdot m^{-3})$			
23	y_2			
24	Y_2			
25	$X_2^*/(kmol\cdot m^{-3})$			
26	$X_1-X_1^*/(kmol\cdot m^{-3})$			
27	$X_2-X_2^*/(kmol\cdot m^{-3})$			
28	平均推动力 $\Delta X_m/(kmol\cdot m^{-3})$			
29	液相总体积吸收系数 $K_X a/(mol\cdot m^{-2}\cdot s^{-1})$			
30	吸收率			

4.11.5.2 第Ⅱ类型实验装置

1. 实验基本参数

实验装置:第____套,室温:________℃。

2. 实验数据

本实验数据记录表可参考表 4-27。

表 4-27 填料吸收塔实验数据表

序号	水流量	空气流量	CO_2 流量	y_1	y_2	空气温度	液体温度
	$L\cdot h^{-1}$	$m^3\cdot h^{-1}$	$L\cdot h^{-1}$			℃	℃
1							
2							
⋮							

4.11.6 实验结果与讨论

(1) 将原始数据列表。

(2) 列出实验结果与计算示例。

(3) 分析实验结果:在其他条件不变的情况下,增大气体流量,吸收率、气相总体积吸收系数 K_Ya、总气相传质单元数 N_{OG} 及总气相传质单元高度 H_{OG} 如何变化?是否与理论分析一致?为什么?

思考题

(1) 填料吸收塔塔底为什么必须有液封?液封装置如何设计?

(2) 为什么 CO_2 吸收过程属于液膜控制?

(3) 当气体温度和液体温度不同时,应按照什么温度计算亨利系数?

(4) 从传质推动力和传质阻力两个方面来分析吸收剂流量和吸收剂温度对吸收过程的影响。

4.12 液-液萃取实验

4.12.1 实验目的

(1) 了解液-液萃取设备的结构和特点。

(2) 熟悉萃取操作的工艺流程,掌握液-液萃取塔的操作。

4.12.2 实验原理

液-液萃取也称溶剂萃取,是分离和提纯物质的重要单元操作之一。在待分离的液态混合物(本实验为煤油和苯甲酸的混合液)中加入一种与其互不相溶的溶剂(本实验为水),利用混合液中各组分在两相之间不同的分配关系,按相际传递过程把各组分分离开。萃取过程中所用的溶剂称为萃取剂(水),混合液中欲分离的组分称为溶质(苯甲酸),萃取剂提取混合液中的溶质称为萃取相，剩余的混合液称为萃余相。

由于在液-液系统中，两相间的密度差较小，界面张力也不大，所以从过程进行的流体力学条件看，在液-液相接触过程中，能用于强化过程的惯性力不大，已分散的两相分层能力也不高。为了提高液-液相传质设备的效率，常常从外界向体系加能量，如搅拌、脉动、振动等。

与精馏和吸收过程类似，由于过程的复杂性，传质性能可用理论级和级效率表示，或者用传质单元数和传质单元高度表示，对于转盘萃取塔、振动萃取塔这类微分接触萃取塔的传质过程，一般采用传质单元数和传质单元高度来表征塔的传质特性。

按萃取相计算传质单元数 N_{OE} 的计算公式为

$$N_{OE}=\int_{Y_{Et}}^{Y_{Eb}}\frac{dY_E}{Y_E^*-Y_E} \tag{4-64}$$

式中：Y_{Et}——在进入塔顶萃取相中苯甲酸的质量比组成，kg(苯甲酸)·kg^{-1}(水)，本实验中 $Y_{Et}=0$；

Y_{Eb}——在离开塔底萃取相中苯甲酸的质量比组成，kg(苯甲酸)·kg^{-1}(水)；

Y_E——在塔内某一高度处萃取相中苯甲酸的质量比组成，kg(苯甲酸)·kg^{-1}(水)；

Y_E^*——在塔内某一高度处萃余相组成平衡的萃取相中苯甲酸的质量比组成，kg(苯甲酸)·kg^{-1}(水)。

在画有平衡曲线的 Y_E-X_R 图上，画出操作线。因为操作线必然通过以下两点：(煤油入口 X_{Rb}，水出口 Y_{Eb})和(煤油出口 X_{Rt}，水入口 $Y_{Et}=0$)，所以在平衡曲线 Y_E-X_R 图上找出以上两点，连接两点即为操作线。

在 $Y_E=Y_{Et}=0$ 至 $Y_E=Y_{Eb}$之间，任取一系列 Y_E 值，可用操作线找出一系列的 X_R 值，再用平衡曲线找出一系列的 Y_E^* 值，并计算出一系列的$\frac{1}{Y_E^*-Y_E}$值。

利用 Y_E-X_R 图上的分配曲线(平衡曲线)与操作线可求得$\frac{1}{Y_E^*-Y_E}-Y_E$ 关系。将此关系在直角坐标系上作图，$Y_{Et}=0\sim Y_{Et}$曲线以下的面积即为按萃取相计算的传质单元数(Simpson 数值积分法求取 N_{OE})。对于水-煤油-苯甲酸物系，Y_E-X_R 图上的分配曲线(见图 4-28)可由实验测定得出。

按萃取相计算的传质单元高度 H_{OE}：

$$H_{OE}=H/N_{OE} \tag{4-65}$$

式中：H——塔釜轻相入口管到塔顶两相界面之间的距离，即塔的有效高度，m。

N_{OE}——按萃取相计算的传质单元数。

传质单元高度 H_{OE}表示设备传质性能的优劣。H_{OE}越大，设备效率越低。影响萃取设备传质性能的因素很多，主要有设备结构因素、两相物性因素、操作因素及外加能量的形式和大小。

萃取体积总传质系数：

$$K_{YE}a=\frac{q_m}{H_{OE}A} \tag{4-66}$$

式中：q_m——萃取相纯溶剂的质量流量，kg·h^{-1}；

A——萃取塔截面积，m^2；

$K_{YE}a$——按萃取相计算的总体积传质系数，kg·m^{-3}·h^{-1}。

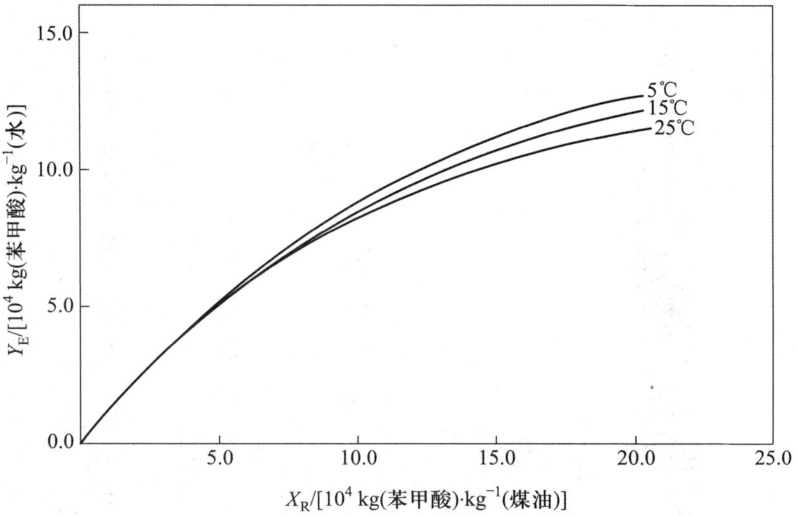

图 4-28 水-煤油-苯甲酸物系的分配曲线

4.12.3 实验装置及流程

本实验以水为萃取剂,从煤油中萃取苯甲酸。实验中将含有苯甲酸的煤油从油循环槽经泵输送通过转子流量计打入塔底部,由于两相的密度差,煤油从底部向上运动到塔顶。在塔的上部设置一澄清段,以保证有足够的停留时间,让分散的液相凝聚实现两相分离。经澄清段分层后,油相从塔顶出口排出返回到油循环槽。水相经转子流量计进入塔的上部,在重力的作用下从上部住下与煤油混合液逆流接触,在塔底澄清段分层后排出。在萃取过程中,部分苯甲酸通过相界面由原料液向萃取剂中扩散,并分别在塔顶和塔底得到萃余相(R 相)和萃取相(E 相)。考虑水与煤油完全不互溶,且苯甲酸在两相中的含量都很低,可认为在萃取过程中两相液体的体积流量不发生变化。萃取塔有桨叶式旋转萃取塔、转盘式萃取塔、震动筛板萃取塔等。

4.12.3.1 第Ⅰ类型实验装置

本实验装置采用桨叶式旋转萃取塔,其实验装置流程图如图 4-29 所示。水相和油相分别用磁力驱动泵输送,并用转子流量计计量。通过调控电动机的电压来实现对桨叶搅拌轴的控制。

实验装置的主要技术参数如下:

萃取塔塔体:ϕ37 mm×3.5 mm,高硼硅玻璃管;塔高 H' = 1000 mm,塔有效传质段高度 H = 750 mm。

4.12.3.2 第Ⅱ类型实验装置

本实验装置为转盘式萃取塔,见图 4-30。转盘式萃取塔是一种效率比较高的液-液萃取设备。转盘式萃取塔塔身由玻璃制成(有效高度 1.134m),转轴、转盘、固定盘由不锈钢制成。转盘式萃取塔上下两端各有一段澄清段,使每一相在澄清段有一定的停留时间,以便两液相的分离。在萃取区,一组转盘固定在中心转轴上,转盘有一定的开口,沿塔壁则固定着一组固定圆环盘,转轴由在塔顶的调速电动机驱动,可以正反两个方向调解速度。电动机无极调速、转速控制及测量采用变频器、转速传感器、变送器和显示仪。分散相(油相)被转盘强制性混合搅拌,使其以较小的液滴分散在连续相(水)中,并形成强烈的湍动,促进传质过程的进行。

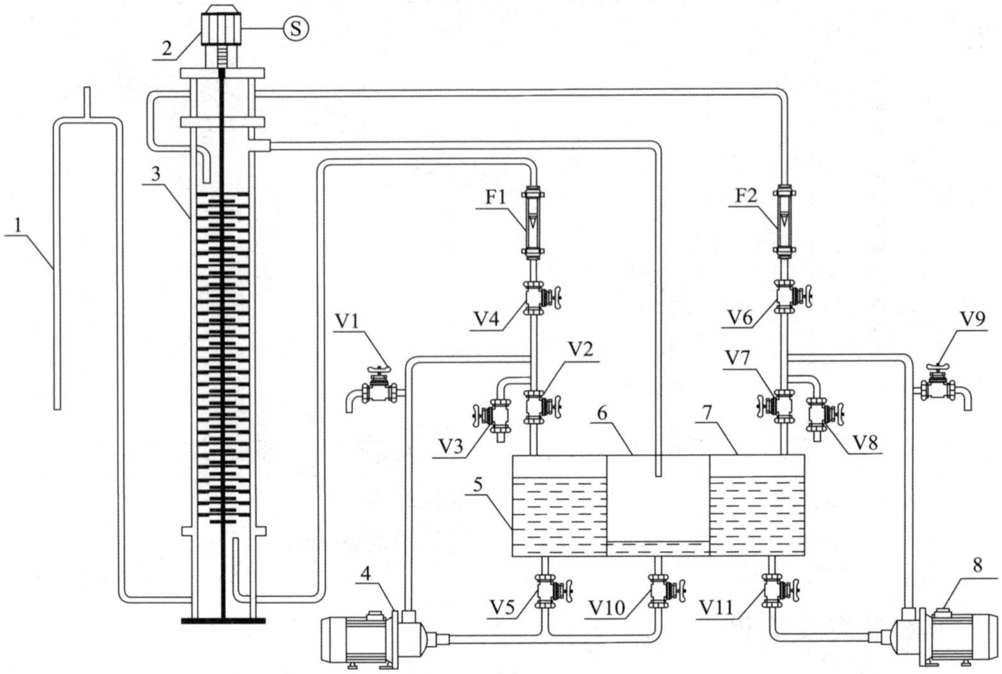

图4-29　桨叶式萃取塔实验装置流程图

1—π形管;2—电动机;3—萃取塔;4,8—泵;5—煤油原料箱;6—煤油回收箱;7—水箱;
F1,F2—流量计;S—转速频率计;V1～V11—阀门

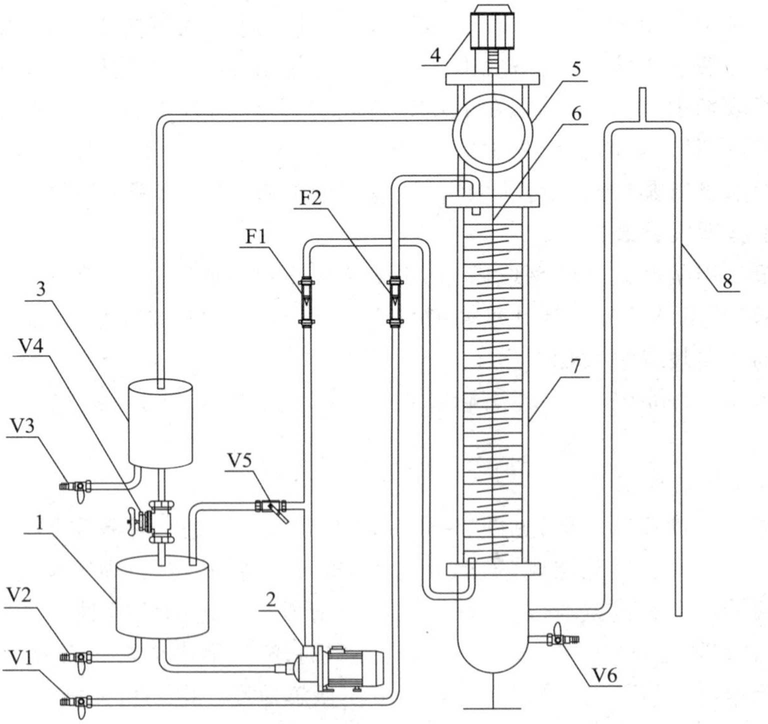

图4-30　转盘式萃取塔实验装置流程图

1—原料罐;2—油泵;3—煤油回收罐;4—电动机;5—视镜;6—搅拌桨;7—萃取塔;8—倒U形管;F1,F2—转子流量计;V1～V6—阀门

实验装置的主要技术参数如下：

萃取塔塔体：ϕ60 mm×5 mm，高硼硅玻璃管；无级调速电动机：200 W；水槽 30 L；煤油槽 20 L；原料液泵：磁力驱动循环泵；水泵：磁力驱动循环泵；温度变送：Pt100；转子流量计 LZB-6，4 ~40 L · h^{-1}。

4.12.4 实验方法及步骤

4.12.4.1 第Ⅰ类型实验装置

（1）向水箱、向煤油原料箱分别注水、配制好的轻相（约为箱体体积的 2/3），分别开启水相和煤油相的送液泵，将两相的回流阀打开，使其循环流动。

（2）全开水转子流量计调节阀，将重相（连续相）送入塔内。当塔内水面快上升到重相入口与轻相出口之间的中点时，调节重相流量至 4 L · h^{-1}，并缓慢调整 π 形管高度，使塔内两相液界面的位置稳定在重相入口与轻相出口之间中点附近的位置。

（3）将调速装置的旋钮调至零位，接通电源，启动电动机并将桨叶转速缓慢调至某一值（如 300 r · min^{-1}）。

（4）将轻相（分散相）流量调至 6 L · h^{-1}，并注意及时调整 π 形管的高度。在实验过程中，两相的相界面始终位于重相入口与轻相出口之间中点附近。

（5）操作稳定 30 min 后，用锥形瓶收集轻相进、出口的试样各约 40 mL，重相出口试样约 50 mL，分析试样浓度。

（6）取样后，其他条件不变，仅改变桨叶的转速，操作顺序同前，进行第 2 个实验点的测试（≤450 r · min^{-1}）。

（7）分析各试样浓度。用移液管分别移取煤油相 10 mL，水相 25 mL，用约 0.01 mol · L^{-1} NaOH 标准液滴定分析试样中的苯甲酸浓度。

（8）实验完毕后，关闭两相流量计，停止搅拌，切断电源。

4.12.4.2 第Ⅱ类型实验装置

（1）将一定量的苯甲酸溶于煤油中[约 0.02 kg（苯甲酸） · kg^{-1}（煤油）]，在油循环槽中通过油泵循环搅拌使煤油中苯甲酸的浓度均匀。

（2）开启水阀，水由上部进入转盘塔。待水灌满塔后，控制水流量为 16 L · h^{-1}，维持 30 min。

（3）关闭水流量计，打开出塔水阀，将塔中水位降至第一块固定盘处，开启油泵，通过阀门调节流量，将煤油送人转盘塔下部。调节萃取剂（建议水相流量为 16 L · h^{-1}）与混合液（煤油）流量，确保萃取操作顺利进行，转轴转数调节到 300 r · min^{-1}左右，正转。

（4）观测塔中两相的混合情况，待进出口流量及转数稳定后，每隔 20 min 取塔底部出口水进行分析，直到出口水中苯甲酸浓度趋于稳定。

（5）测定出水口温度（视为实验体系温度）。

（6）改变搅拌转速或进料量，进行下一个实验。

（7）萃取实验完成，进行洗塔，停止煤油-苯甲酸混合溶液进料，加大水流量（建议在 30 L · h^{-1}），使塔中有机相溢流至储槽中（油水分界面刚好没过目镜），随后将水流量调至 16 L · h^{-1}，使塔中水位降至正常水平，每隔 20 min 取塔底部出口水进行分析，至水中的苯甲酸浓度趋于 0。

（8）实验完毕后，关闭电源，将塔中和循环槽的煤油和水放尽。

（9）整理所记录的实验数据，进行处理。

本实验中需分别测定出塔水中苯甲酸浓度和操作温度下苯甲酸平衡浓度，由此推算出萃取塔的传质单元高度。

注意事项

(1) 调节转轴转数时一定要小心谨慎，缓慢升速，千万不能增速过猛，使电动机产生“飞转”而损坏设备。从流体力学性能考虑，若转速太高，容易液泛，操作不稳定，对于水-煤油-苯甲酸物系，建议在600 $r\cdot min^{-1}$以下操作。

(2) 如遇到流量开不大的情况，应查对应管路是否有气泡，并设法排除。

(3) 在整个实验过程中，塔顶两相界面一定要控制在轻相出口和重相入口之间的适中位置，并保持不变，要绝对避免塔顶的两相界面过高或过低。若两相界面过高，到达轻相出口的高度，将会导致重相混入轻相回收箱。

(4) 由于分散相和连续相在塔顶、塔底滞留很大，改变操作条件后，稳定时间一定要足够长，大约30 min，否则误差极大。

(5) 必须用流量修正公式对流量计的读数进行修正后方可使用。

4.12.5　数据记录及处理

1. 实验基本参数

实验装置：第____套，塔内室温：________℃，塔内径：________m；

萃取相：____________，萃余相：____________，NaOH溶液浓度：____________ $mol\cdot L^{-1}$。

2. 实验数据

将实验测得的数据参考表4-28进行记录。

表4-28　萃取实验记录表

序号	转速/($r\cdot min^{-1}$)	水流量/($L\cdot h^{-1}$)	煤油流量/($L\cdot h^{-1}$)	塔底轻相		塔顶轻相		塔底重相	
				试样体积/mL	NaOH用量/mL	试样体积/mL	NaOH用量/mL	试样体积/mL	NaOH用量/mL
1									
2									
⋮									

4.12.6　实验结果与讨论

(1) 根据苯甲酸在出塔水中浓度和煤油中的平衡浓度，计算传质单元数。

(2) 分析流量、转速对萃取分离结果的影响。

(3) 根据物料衡算得到的实验误差有多大？误差的来源有哪些？

思考题

(1) 液-液萃取设备和气液传质设备的主要区别在哪里？

(2) 本实验为何不宜用水作为分散相？若用水作为分散相，操作步骤如何改变？此时，两相分层分离段应设在塔顶还是塔底？

(3) 在实验过程中，如何控制塔顶的两相界面？

4.13 干燥实验

4.13.1 实验目的

（1）了解干燥器的结构和流程，掌握干燥器的操作方法。

（2）掌握物料干燥速率测定方法，并绘制恒定干燥条件下湿物料的干燥曲线、干燥速率曲线。

（3）了解影响干燥速率曲线的因素。

（4）加深对物料临界含水量 X_c 概念及影响因素的理解。

4.13.2 实验原理

干燥单元操作是一个热、质同时传递的过程，干燥过程能得以进行的必要条件是湿物料表面所产生的湿分分压一定要大于干燥介质中湿分的分压，两者分压相差越大，干燥推动力就越大，干燥就进行得越快。本实验是用一定温度的热空气作为干燥介质，在恒定干燥条件下，即热空气的温度、湿度、流速及与湿物料的接触方式不变，当热空气与湿物料接触时，空气把热量传递给湿物料表面，而湿物料表面的水分则汽化进入热空气中，从而达到除去湿物料中水分的目的。

干燥速率 N_A 为单位时间内在单位干燥面积上汽化的水分质量，如用微分式表示则为

$$N_A=\frac{dm_W}{A d\tau} \tag{4-67}$$

式中：N_A——干燥速率，$kg \cdot m^{-2} \cdot h^{-1}$；

m_W——汽化的水分质量，kg；

A——物料的干燥表面积，m^2；

τ——干燥所需时间，h。

$$dm_W=-m_c dX \tag{4-68}$$

$$N_A=\frac{dm_W}{A d\tau}=-\frac{m_c dX}{A d\tau} \tag{4-69}$$

式中：m_c——湿物料中绝干料的质量，kg；

X——湿物料中干基含水量，$kg(水) \cdot kg^{-1}(绝干料)$。

图 4-31 所示为干燥过程中湿物料干基含水量 X 与干燥时间 τ 的关系曲线，此曲线称为干燥曲线。图 4-32 所示为物料干燥速率 N_A 与湿物料干基含水量 X 的关系曲线，称为干燥速率曲线。由图 4-32 可见，干燥过程分为恒速干燥和降速干燥两个阶段。

（1）恒速干燥阶段　当热空气与湿物料接触时，湿物料被预热并开始被干燥。此阶段的干燥速率如图 4-32 中 BC 段所示。在过程开始时，由于整个物料的湿含量较大，其内部的水分能迅速达到物料表面。因此，干燥速率为物料表面上水分的汽化速率所控制，故此阶段为表面汽化控制阶段。在此阶段，干燥介质传给物料的热量全部用于水分的汽化，物料表面的温度保持恒

定。物料表面处的水蒸气分压维持恒定,因此干燥速率恒定不变。

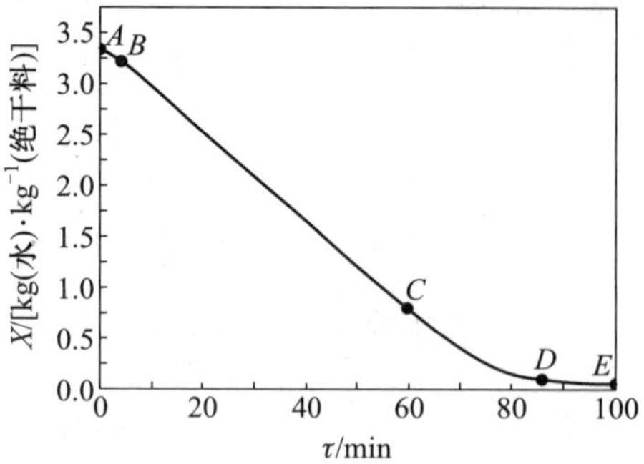

图 4-31 干燥曲线

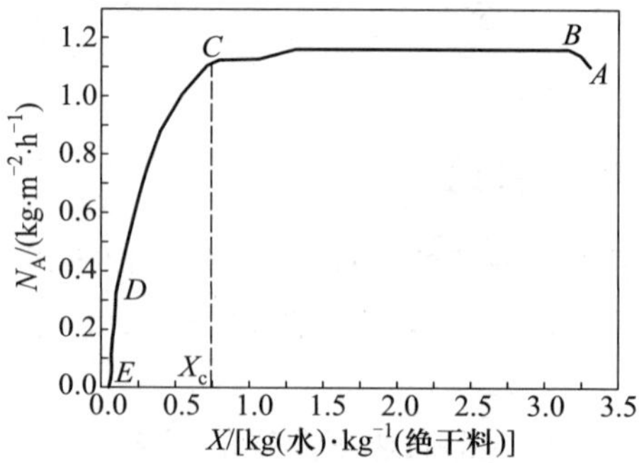

图 4-32 干燥速率曲线

备注:图中 AB 段为物料预热段,此段所需时间很短,干燥计算中往往忽略不计。

(2) 降速干燥阶段 此阶段的干燥速率如图 4-32 中 CDE 段所示。干燥速率曲线的转折点(C 点)称为临界点,该点的干燥速率与等速阶段的干燥速率相等,该点对应的干基含水量,称为临界含水量。当物料的含水量降到临界含水量以下时,便进入降速干燥阶段。此时,物料中所含水分较少,水分自物料内部向表面传递的速率低于物料表面水分的汽化速率,干燥速率为水分在物料内部的传递速率所控制,此阶段亦称为内部扩散控制阶段。随着物料湿含量逐渐降低,物料内部水分向表面的迁移扩散速率逐渐减少,因而干燥速率进一步降低,直到点 E 时,物料的干基含水量将降至该空气条件下的平衡含水量 X^*。此时物料所产生的水汽压力与空气中水汽分压相等,物料的水分汽化速率等于零。

4.13.3 实验装置及流程

4.13.3.1 第Ⅰ类型实验装置

洞道干燥实验装置流程图如图 4-33 所示,冷空气由风机送入管道,经孔板流量计计量后由电加热器预热至一定的温度,由气流均布器进入干燥室干燥湿毛毡,然后经蝶阀排入大气。干燥过程中,湿毛毡失去的水分质量由称量传感器和智能数字显示仪显示出来。

实验装置的主要技术参数如下:

洞道干燥器横截面尺寸:15 mm×20 mm;风机型号:CZR-L80,全压:1.7 kPa,额定风量:2 $m^3 \cdot h^{-1}$;空气预热器额定功率:450 W,3 个;质量变送器量程:0 ~ 200 g,精度:0.1 级;压差变送器量程:0 ~ 10 kPa,精度:0.5 级;温度显示控制仪表显示:0 ~ 100 ℃,输入 Pt100;孔板流量计流量系数 C_0:0.65,节流孔开孔直径 d_0:0.045 m。

4.13.3.2 第Ⅱ类型实验装置

采用流化床干燥器,以热空气为加热介质,含水硅胶为被干燥物,其实验装置流程图如图 4-34 所示。由风机输送的空气流经流量计计量和电加热器预热,从流化床下部的分布板进入床层内,与床层中的湿硅胶颗粒进行流态化的接触干燥。干燥后的废气上升至干燥器顶部的旋风分离器除尘后放空。

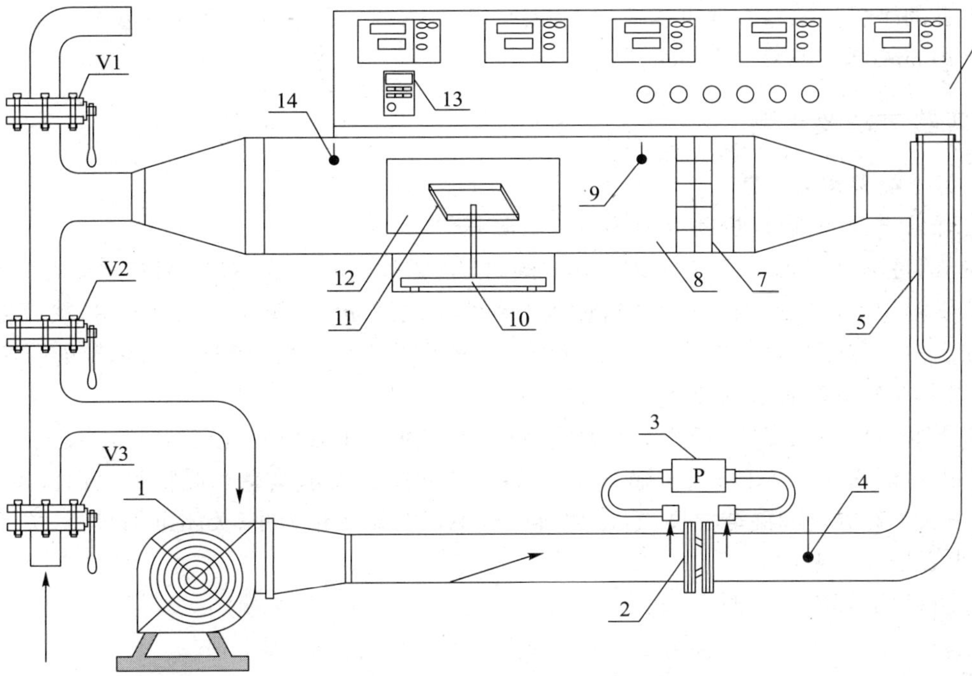

图 4-33 洞道干燥实验装置流程图

1—风机;2—孔板流量计;3—压差变送器;4,9,14—温度传感器;5—加热器;6—仪控柜;7—气流均布器;8—洞道干燥器;10—称量传感器;11—湿毛毡托盘;12—干燥室;13—变频器;V1～V3—阀门

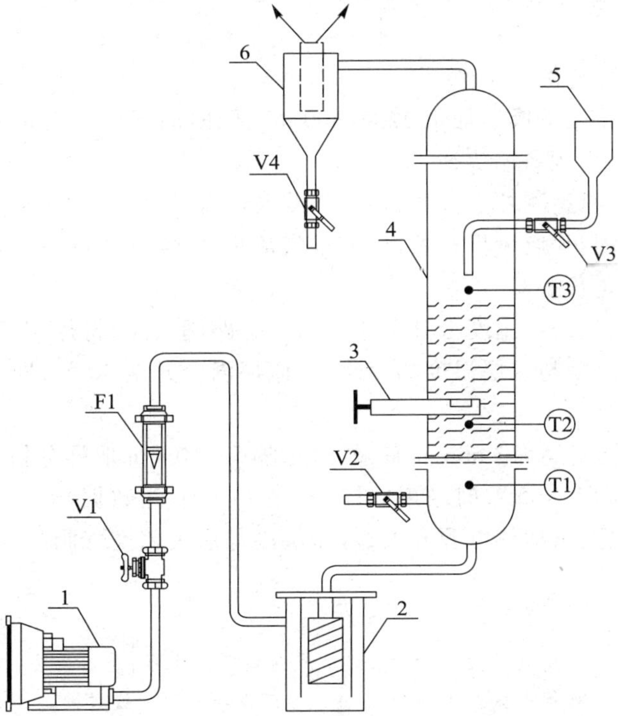

图 4-34 流化床干燥实验装置流程图

1—风机;2—加热器;3—物料取样器;4—流化床干燥器;5—加水斗;6—旋风分离器;F1—流量计;T1～T3—温度计;V1～V4—阀门

实验装置的主要技术参数如下：

塔径：140 mm；床层高度：160 mm。

4.13.4　实验方法及步骤

4.13.4.1　第Ⅰ类型实验装置

（1）打开总电源，开启风机和电加热器的电源开关。

（2）调节实验所需的温度（70～90 ℃），用蝶阀调节所需的风量，在湿球温度计盛水器内加满水。

（3）从烘箱中取出“绝干物料”毛毡，称量得到绝干质量 m_c，并测量其表面积 A，然后将绝干物料浸泡在水中，充分湿透后，再称其质量得到物料的湿重 m_s（注意：湿物料在称量前要将多余水分挤去，以免在称量时有水滴掉下，引起误差）。

（4）待干燥室温度恒定后，打开干燥室门，将湿毛毡非常小心地放置在称量传感器上。

（5）手工每隔 3 min 或计算机每隔 1 min 记录一次时间、失水质量和湿物料表面温度，每隔 5 min 记录一次干球温度和湿球温度，直至物料质量不再明显变化为止，关闭电加热器，关闭仪表电源，十分小心地取下毛毡。

（6）关闭风机，切断总电源。

注意事项

（1）在安装试样时，使得大部分干燥表面与气流方向平行，一定要小心保护传感器，以免用力过大使传感器造成机械性损伤。

（2）在设定温度给定值时，不要改动其他仪表参数，以免影响控温效果。

（3）为了设备的安全，开车时，一定要先开风机后开空气预热器的电热器。停车时则反之。

4.13.4.2　第Ⅱ类型实验装置

（1）从加水斗向流化床干燥器加水 220～300 mL，同时向系统通入常温空气流化搅拌，使硅胶物料均匀吸水（此步骤由预备室完成）。

（2）了解实验装置，熟悉测控点位置，检查气路及电源情况。

（3）打开旁路调节阀，开启风机开关，调节空气流量至 14～18 $m^3 \cdot h^{-1}$，并恒定流量，使床层中颗粒层处于良好的流化状态。

（4）预热空气，待空气进口温度上升至 95 ℃，将旁路阀关闭，将热空气切换至床层。

（5）仔细观察进口温度与床层温度的变化，待床层温度升至 30 ℃，即开始取第一份试样，此时时间设定为 0。

（6）前 4 次取样时间间隔为 3 min 左右，然后每隔 5～10 min 取样分析一次，并记录相应床层温度，直至床层温度达到 61～65 ℃时结束取样（采集 14～16 组数据）。

（7）实验结束时，先关闭加热电源开关，待床层冷却后关闭空气阀门（转子流量计）。

注意事项

（1）加水时要保证物料的湿度适当，加水太少，则干燥曲线范围太窄；加水太多，气流通过时分布不均匀产生短路或固体颗粒结块难以流化等不良状况，同时注意加水速度不宜过快或过慢。

（2）干燥后的硅胶极易吸水，在取出试样称量时，须将试样瓶盖严再称量，然后取下瓶盖将试样放入烘箱烘干。试样瓶自烘箱中取出时，必须盖严后再去称量。

4.13.5 数据记录及处理

4.13.5.1 第Ⅰ类型实验装置

1. 实验基本参数

实验装置:第____套,室温:________℃;

绝干毛毡质量 m_c:______ g,初始湿毛毡质量 m_s:______ g,毛毡尺寸:______ cm×______ cm;

风机出口压力 p:________ kPa,风量:________ $m^3 \cdot h^{-1}$;

干燥室温度 t:________℃,湿球温度 t_w:________℃。

2. 实验数据

将实验测得的数据参考表 4-29 进行记录。

表 4-29 干燥实验数据记录表(Ⅰ)

序号	时间/min	湿毛毡质量/g	干球温度/℃	湿球温度/℃
1				
2				
⋮				

4.13.5.2 第Ⅱ类型实验装置

1. 实验基本参数

实验装置:第____套,室温:________℃;

塔径:140 mm,床层高度:160 mm;物料:变色硅胶,物料尺寸:45 目;

空气流量:________ $m^3 \cdot h^{-1}$。

2. 实验数据

将实验测得的数据参考表 4-30 进行记录。

表 4-30 干燥实验数据记录表(Ⅱ)

序号	时间间隔/min	床层温度/℃	空瓶质量/g	空瓶+湿瓶质量/g	空瓶+干物质量/g	空气进口温度/℃	空气出口温度/℃
1							
2							
⋮							

4.13.6 实验结果与讨论

(1) 绘制干燥曲线。

(2) 绘制干燥速率曲线,并指出物料的临界含水量、平衡含水量。

思考题

(1) 在 70~80 ℃的空气流中干燥,经过相当长的时间,能否得到绝干物料?为什么?要获得绝干物料通常采用什么方法？

（2）提高气流温度或加大空气流量时，干燥速率曲线有何变化？对临界含水量有无影响？为什么？

（3）同一种物料在相同的干燥条件下，用流态化干燥和洞道式干燥，其干燥速率曲线是否相同？

（4）有些物料在热气流中干燥，希望热气流相对湿度要小，而有些物料要在相对湿度较大的热气流中干燥，试说明原因。

第5章

化学工程与工艺专业实验

5.1 化学吸收系统气液平衡数据的测定

5.1.1 实验目的

（1）掌握气相内循环动态法快速测定气液相平衡数据的实验技术。

（2）掌握通过相平衡数据的对比，优选吸收能力大、净化度高的化学吸收剂。

（3）了解有机胺吸收 CO_2 的机理。

（4）加深对化学吸收相平衡理论的理解，学会用实验数据检验理论模型建立有效的相平衡关联式。

5.1.2 实验原理

化学吸收是工业气体净化和回收常用的方法，为了从合成氨原料气、天然气、热电厂尾气和石灰窑尾气等工业气体中脱除 CO_2，H_2S，SO_2 等酸性气体，各种催化热钾碱吸收法、氨水吸收法和有机胺溶液吸收法被广泛采用。在化学吸收过程的设计开发中，相平衡数据的测定必不可少，因为它是工艺计算和设备设计的重要基础数据。由于在这类系统的相平衡中既涉及化学平衡又涉及溶解平衡，其气液平衡数据不能用亨利定律简单描述，也很难用热力学理论准确推测，必须依靠实验。

气液相平衡数据的实验测定是化学吸收过程设计开发中必不可少的一项工作，也是评价和筛选化学吸收剂的重要依据。气液平衡数据提供了两个重要的信息：一是气体的溶解度，二是气体平衡分压。从工业应用的角度看，溶解度体现了溶液对气体的吸收能力，吸收能力越大，吸收操作所需的溶液循环量越小，能耗越低。平衡分压反映了溶液对原料气的净化能力，平衡分压越低，对原料气的极限净化度越高。因此，从热力学角度看，一种性能优良的吸收剂应具备两个特征：一是对气体的溶解度大，二是气体的平衡分压低。

由热力学理论可知，一个化学吸收过程达到相平衡就意味着系统中的化学反应和物理溶解均达到平衡状态。若将平衡过程表示为

$$\begin{array}{c}\text{A(气)}\\ \Vert\\ \text{A(液)}+\text{B(液)}=\!=\!=\text{M(液)}\end{array} \tag{5-1}$$

定义：c 为液相反应物 B 的初始浓度，$mol \cdot L^{-1}$；

θ 为平衡时溶液的饱和度，其定义式为

$$\theta=\frac{\text{以反应产物 M 形式存在的组分 A 的浓度}}{\text{液相反应物 B 的初始浓度 } c}$$

α 为平衡时组分 A 的物理溶解量，$mol \cdot L^{-1}$。

平衡时，被吸收组分 A 在液相中的总溶解量为物理溶解量 α 与化学反应量 $c\theta$ 之和，由化学平衡和溶解平衡的关系联立求解，进而可求得气相平衡分压 P_A^* 与 θ 和 c 的关系。

在乙醇胺（MEA）水溶液吸收 CO_2 系统中，主要存在如下过程：

溶解过程：$$CO_2(g) = CO_2(l) \tag{5-2}$$

反应过程：$\theta<0.5$ 时，$$CO_2(l)+2RNH = RNH_2^+ + RNCOO^- \tag{5-3}$$

$\theta>0.5$ 时，$$RNCOO^- + CO_2 + 2H_2O = RNH_2^+ + 2HCO_3^- \tag{5-4}$$

本实验仅讨论 $\theta<0.5$ 时的情况。

当 $\theta<0.5$ 时，由式（5-2）和式（5-3）可知，平衡时液相中各组分的浓度分别为

$$[RNH]=c(1-2\theta),\ [RNH_2^+]=c\theta,\ [RNCOO^-]=c\theta,\ [CO_2]=\alpha$$

其中，$\theta=[RNCOO^-]/c$，c 为 RNH（即 MEA）的初始浓度。

由反应（5-3）的化学平衡可得

$$K=\frac{[RNH_2^+][RNCOO^-]}{\alpha[RNH]^2}=\frac{c\theta^2}{\alpha(1-2\theta)^2} \tag{5-5}$$

式中：K——化学平衡常数；

c——液相反应物的初始浓度，$mol \cdot L^{-1}$；

θ——平衡时溶液的饱和度；

α——平衡时组分 A 的物理溶解量，$mol \cdot L^{-1}$。

又由反应（5-2）CO_2 的溶解平衡可得

$$p_{CO_2}^* = H \cdot \alpha \tag{5-6}$$

式中：$p_{CO_2}^*$——CO_2 平衡分压，MPa；

H——亨利常数；

α——平衡时组分 A 的物理溶解量，$mol \cdot L^{-1}$。

将式（5-6）代入式（5-5），可得

$$p_{CO_2}^* = \frac{H}{K} \cdot c \cdot \left(\frac{\theta}{1-2\theta}\right)^2 \tag{5-7}$$

式中：$p_{CO_2}^*$——CO_2 平衡分压，MPa；

H——亨利常数；

K——化学平衡常数；

c——液相反应物的初始浓度，$mol \cdot L^{-1}$；

θ——平衡时溶液的饱和度。

可见，当温度和 MEA 初始浓度 c 一定时，将式（5-7）取对数，则 $p_{CO_2}^*$ 与 $\theta/(1-2\theta)$ 呈线性关系。若将不同温度和 MEA 初始浓度 c 条件下，实验测定的平衡分压 $p_{CO_2}^*$ 与溶液饱和度 θ 按式（5-7）拟合，便可得到相平衡关系。

本实验采用气相内循环动态法测定 CO_2-乙醇胺(MEA)水溶液系统的气液平衡数据。

5.1.3　实验装置及流程

气相循环式高压气液平衡测试装置见图 5-1。平衡室是一个容积为 200 mL 带有视镜的压力管(类似于高压流量计),平衡室的上方有一个容积为 250 mL 的气相空间,用以增加气相的储量,减小气相取样分析对系统的干扰。

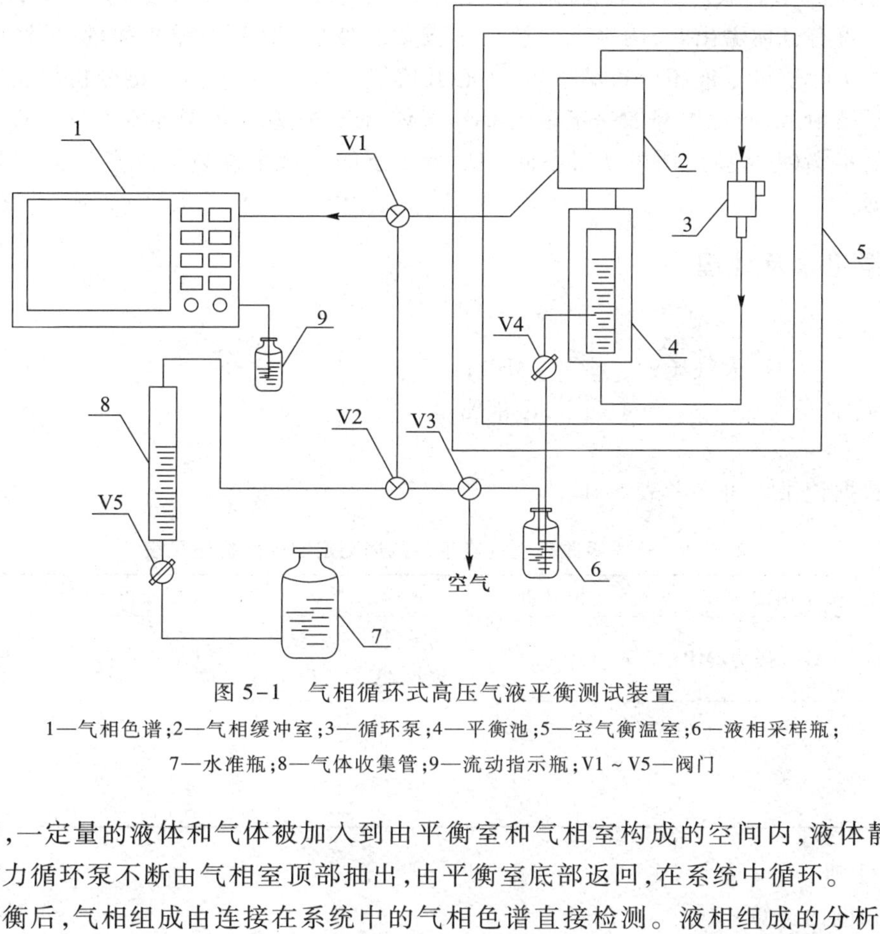

图 5-1　气相循环式高压气液平衡测试装置

1—气相色谱;2—气相缓冲室;3—循环泵;4—平衡池;5—空气衡温室;6—液相采样瓶;
7—水准瓶;8—气体收集管;9—流动指示瓶;V1～V5—阀门

操作时,一定量的液体和气体被加入到由平衡室和气相室构成的空间内,液体静置,气体则通过一台磁力循环泵不断由气相室顶部抽出,由平衡室底部返回,在系统中循环。

达到平衡后,气相组成由连接在系统中的气相色谱直接检测。液相组成的分析方法是将一定量的液体试样取入盛有一定量 2.5 mol · L^{-1} 硫酸溶液的分解瓶内,反应分解出的酸性气体直接进入量气管测定其体积,然后,送入气相色谱分析组成。

在这种实验装置中,由于循环气体不断地鼓泡通过液体,使两相充分接触,易于建立气液平衡,温度、压力稳定,数据准确度高,常用于化学吸收系统气液平衡数据的测定,适用范围为:温度 40～130 ℃,绝对压力 7×10^{-4}～7.0 MPa。

5.1.4　实验方法及步骤

(1) 用 N_2 气体将系统升压至 0.5 MPa 左右,关闭平衡装置的所有进出口阀门,开启循环泵,进行气密实验,并吹扫系统。

(2) 将120 mL预先配置并预热的2.5 mol·L^{-1}乙醇胺(MEA)水溶液加入平衡池内,开启恒温系统将温度升至80 ℃。

(3) 开启CO_2钢瓶将一定量的CO_2气体加入平衡池内,导入N_2气体将池内总压升至0.5 MPa以上,关闭进口阀,启动循环泵。

(4) 系统达到平衡后,采样分析。液体分析方法:在液相取样瓶中加入2.5 mol·L^{-1}硫酸溶液5 mL,称量后接入系统,将阀V2和阀V3旋至┬位置,使量气管和取样瓶通大气,举起水准瓶排除量气管内的空气,读取初读数后,将阀V3切换至┴位置,小心地开启液体取样阀,采样2~3 g,待采样瓶内不再有气体溢出时,用水准瓶读取末读数。然后,取下采样瓶称量,采样前后的质量差即为试样的实际质量。液相分析结束后,小心开启气相采样阀,通过色谱分析气相组成。

(5) 分析结束后,向池内补加一定量的CO_2气体,使系统总压恢复至0.5 MPa以上。

(6) 重复步骤(4)、(5),便可获得不同CO_2分压下的气液平衡数据。本实验要求测定3~4点的平衡数据。

5.1.5 数据记录及处理

1. 实验基本参数

室温:________℃,大气压:________ MPa;

MEA初始浓度:________ mol·L^{-1},溶液密度:________ g·L^{-1}。

2. 实验数据

本实验数据记录表可参考表5-1。

表5-1 化学吸收系统气液平衡数据测定实验数据记录表

序号	平衡池		气相分析		液相分析				
	温度/℃	压力/MPa	c	w_{CO_2}/%	量气管温度/℃	试样质量/g	V_{CO_2}/mL	c	$w_{(CO_2+MEA)}$/%
1									
2									
⋮									

3. 数据处理

液相饱和度的计算:

$$[RNCOO^-]=\frac{V_{CO_2}}{22400}\cdot\frac{273}{273+t}\cdot\frac{\rho}{m} \tag{5-8}$$

式中:V_{CO_2}——酸分解释放的CO_2体积,mL;

t——温度,℃;

ρ——吸收溶液密度,g·L^{-1};

m——液体试样质量,g。

气相CO_2分压计算:

$$p^*_{CO_2}=p\cdot y_{CO_2} \tag{5-9}$$

式中:$p^*_{CO_2}$——CO_2平衡分压,MPa;

p——平衡池总压，MPa；

y_{CO_2}——气相 CO_2 摩尔分数。

将实验数据依式(5-7)的关系，在双对数纸上作图，求出 H/K 的值。

5.1.6 实验结果与讨论

(1) 如何判断系统是否达到相平衡？

(2) 为什么本实验中系统的总压必须维持在 0.5 MPa 以上？

(3) 用酸分解法分析液相组成的操作要点是什么，可能的误差来源有哪些？

思考题

(1) 一个性能优良的吸收剂，在相平衡性能上应该具有哪些特征？为什么？

(2) 化学吸收为什么能提高溶液的吸收能力，降低气体的平衡分压？

(3) 本实验装置为什么不适宜测定 CO_2 分压很低($p_{CO_2}<7\times10^{-4}$ MPa)时的相平衡数据？

(4) 若气相色谱不能准确分析气相样品中水分的含量，可采取什么方法来测定或估算水蒸气分压？

5.2 双驱动搅拌吸收器测定气液传质系数

5.2.1 实验目的

(1) 了解双驱动搅拌吸收器的特点。

(2) 掌握测定气液传质系数的方法。

(3) 加深对气液传质过程的了解。

5.2.2 实验原理

传质过程是化工过程最重要的单元操作过程之一。气液传质过程中由于物系不同，其传质机理可能也不相同，被吸收组分从气相传递到液相的整个过程决定于发生在气液界面两侧的扩散过程及在液相中的化学反应过程，化学反应又影响组分在液相中的传递。化学反应的条件、结果各不相同，影响组分在液相中传递的程度也不同，通常化学反应促进被吸收组分在液相中的传递。或者将这个过程的传质阻力分成气膜阻力与液膜阻力，就需要了解整个传质过程中哪个是传质的主要阻力，进而采取一定的措施，或者提高某一相的运动速率，或者采用更有效的吸收剂，从而提高传质的速率。

气液传质系数是传质过程方程式中的一个比例系数，也是设计计算吸收塔的重要数据。工业上应用气液传质设备的场合非常多，而且处理物系又各不相同，加上传质系数很难完全用理论方法计算得到，因此，最可靠的方法就是借用实验手段得到。测定气液传质系数的实验设备多种多样，且都具有各自的优缺点。本实验所采用的双驱动搅拌吸收器不但可以测定传质系数，而且可以研究气液传质机理。

气膜阻力为主的系统、液膜阻力为主的系统或气膜阻力与液膜阻力相近的系统在实际操作中都会存在,在开发吸收过程中要了解某系统的吸收传质机理必须在实验设备上进行研究。双驱动搅拌吸收器的主要特点是气相与液相搅拌是分别控制的,搅拌速度可以分别调节,所以适应面较宽。可以分别改变气、液相转速测定吸收速率来判断其传质机理,也可以通过改变液相或气相的浓度来测定气膜一侧的传质速率或液膜一侧的传质速率。

测定某条件下的气液传质系数必须采取切实可行的方法测出单位时间单位面积的传质量,并通过操作条件及气液平衡关系求出传质推动力,由此来求得气液传质系数。传质量的计算可以通过测定被吸收组分进、出搅拌吸收器的量之差求得,或是通过测定搅拌吸收器里的吸收液中被吸收组分的起始浓度与最终浓度之差来确定。

本实验以热碳酸钾吸收二氧化碳作为系统,该系统是一个伴有化学反应的吸收过程:

$$K_2CO_3+CO_2+H_2O \rightleftharpoons 2KHCO_3 \tag{5-10}$$

CO_2 从气相主体扩散到气液界面,在液相界面与 K_2CO_3 进行化学反应并扩散到液相主体中,由于 CO_2 在 K_2CO_3 溶液中的反应为快速反应,使原来液膜控制的过程有所改善。若气膜阻力可以忽略,吸收速率的公式可写为

$$N_{CO_2}=\beta K_L(c_A^*-c_{AL}) \tag{5-11}$$

或

$$N_{CO_2}=\beta K_G H_{CO_2}(p_A-p_{AL}^*)=K(p_A-p_{AL}^*) \tag{5-12}$$

式中:N_{CO_2}——单位时间、单位面积传递的 CO_2 量,$mol \cdot s^{-1} \cdot m^{-2}$;

β——增大因子;

K_L——液相传质系数,$L \cdot s^{-1} \cdot m^{-2}$;

K_G——气相传质系数,$L \cdot s^{-1} \cdot m^{-2} \cdot MPa^{-1}$;

c_A^*——气相中 CO_2 分压的平衡浓度,$mol \cdot L^{-1}$;

c_{AL}——液相中的 CO_2 浓度,$mol \cdot L^{-1}$;

H_{CO_2}——CO_2 的溶解度系数,$mol \cdot L^{-1}$;

p_A——CO_2 分压,为总压与吸收液面上水的饱和蒸气压之差,MPa;

p_{AL}^*——吸收液上 CO_2 的平衡分压,MPa;

K——K_2CO_3吸收 CO_2 的气液传质系数,$mol \cdot s^{-1} \cdot m^{-2} \cdot MPa^{-1}$。

实验中以钢瓶装 CO_2 作气源,经过稳压、控制气体流量、增湿后进入双驱动搅拌吸收器,气体为连续流动,吸收液固定在吸收器内,操作一定的时间后取得各项数据,可计算出 K 值,此值为一个平均值。

CO_2 在整个吸收过程的传质量可用 K_2CO_3 溶液中 $KHCO_3$ 的增加量来确定,即可用酸解法来得到,从每毫升吸收液在吸收前后所持有 CO_2 量的差值可确定 CO_2 总吸收量(操作方法见实验操作步骤中的分析方法)。

吸收在 60 ℃下操作,使用 $1.2\ mol \cdot L^{-1}$的 K_2CO_3 吸收液,CO_2 的平衡分压可用下式计算:

$$p_{CO_2}^*=1.95\times10^9\times c^{0.4}\left(\frac{f^2}{1-f}\right)\exp\left(-\frac{8\ 160}{T}\right) \tag{5-13}$$

式中:$p_{CO_2}^*$——CO_2 平衡分压,MPa;

c——K_2CO_3 吸收液的浓度,$mol \cdot L^{-1}$;

T——吸收温度,K;

f——转化度,量纲为1,$f=\frac{c_{HCO_3^-}}{2c_{CO_3^{2-}}+c_{HCO_3^-}}$。

60 ℃时,热 K_2CO_3 吸收液上水蒸气分压较大,从总压中扣除水蒸气分压后才是界面上 CO_2 的分压。60℃时,K_2CO_3 吸收液上水蒸气分压可按下式计算:

$$p_W=0.01751\times(1-0.3f) \tag{5-14}$$

式中:p_W——水蒸气分压,MPa。

吸收液的起始转化度和终了转化度均可用酸解法求取(见实验方法及步骤)。

为了考察其他物系不同操作条件对吸收速率的影响,可以分别改变气相的搅拌速度与液相的搅拌速度,测得传质系数后进行综合比较,确定系统的传质情况。

5.2.3 实验装置及流程

本实验实验装置流程图如图5-2所示。双驱动搅拌吸收器有如下特点:气相及液相的搅拌速度可通过两台直流电动机分别调节控制,搅拌转速由数字仪显示,可测定不同条件下的传质系数,也可用来研究未知物系的气液传质机理。

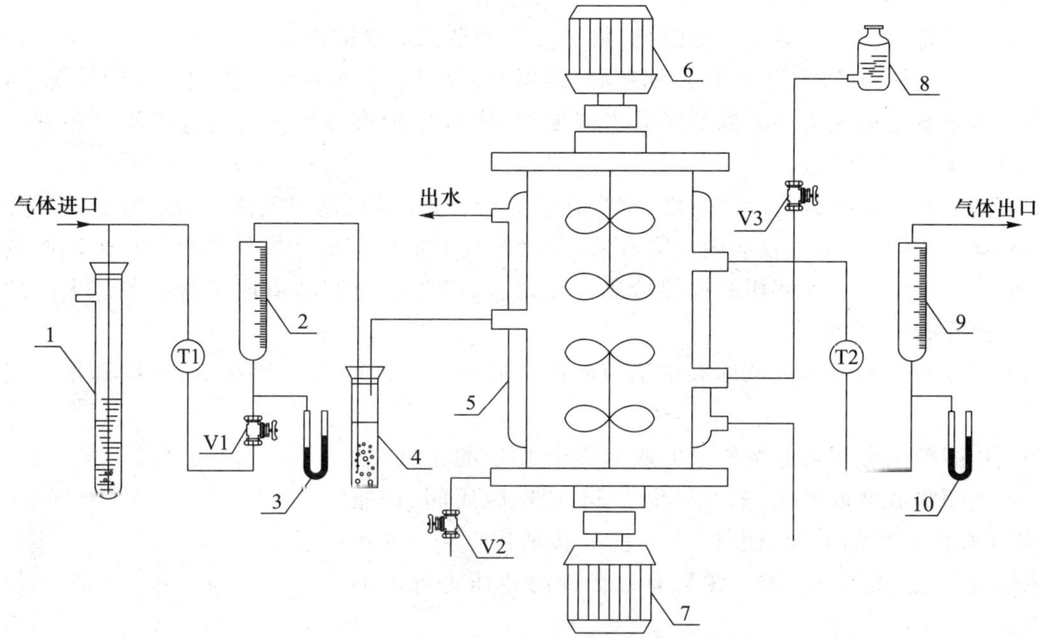

图5-2 双驱动搅拌吸收器实验装置流程图

1—气体稳压管;2,9—皂膜流量计;3,10—U形压差计;4—气体增湿器;
5—双驱动搅拌吸收器;6,7—直流电动机;8—吸收剂瓶;T1,T2—温度计;V1~V3—阀门

本实验装置由如下部分组成:

(1)气体调节阀:调节气体进口流量。

(2)超级恒温槽:控制水浴温度,保持液相温度恒定。

(3)水饱和器:玻璃水饱和器置于超级恒温槽中,CO_2 气体经水饱和器增湿后进入吸收系统,可保持系统水平衡。

（4）转速控制仪：通过两台可控直流电动机控制气相和液相的搅拌转速，并由数字仪显示。

（5）皂膜流量计：用于测定气体进、出口的瞬时流量。

（6）U形压差计：用于测定气体进出口压力。

（7）酸分解装置：通过量气管测量得到单位体积液体吸收的 CO_2 的量。

气体从钢瓶经减压阀送出，经稳压管稳压后由气体调节阀调节适当流量，用皂膜流量计计量后进入水饱和器，水饱和器放置在超级恒温槽内，双驱动搅拌吸收器的吸收温度也由超级恒温槽控制，增湿的气体从吸收器中部进入，与吸收液接触后从上部出口引出，出口气体经另一皂膜流量计后放空。

双驱动搅拌吸收器是一个气液接触界面已知的设备，气相搅拌轴与液相搅拌轴都与各自的磁钢相连接，搅拌桨的转速分别通过可控硅直流调速器调节。吸收器中液面的位置应控制在液相搅拌桨上桨的下缘1mm左右，以保证桨叶转动时正好刮在液面上，以达到更新表面的目的。吸收液从吸收剂瓶一次准确加入。

5.2.4　实验方法及步骤

1. 实验操作步骤

（1）开启总电源。开启超级恒温槽，将恒温水调节到需要的温度。

（2）关闭气体调节阀，开启 CO_2 钢瓶阀，缓慢开启减压阀，观察稳压管内的鼓泡情况，再开启气体调节阀并通过皂膜流量计调节到适当流量，并让 CO_2 置换装置内的空气。将气相及液相搅拌转速调节在指定值附近。

（3）待超级恒温槽到达所需温度，空气置换完全，进入吸收器的气体流量适宜且气体稳压管里有气泡冒出，此时可向吸收器内加吸收液，使吸收剂的液面与液相搅拌器上面一个桨叶的下缘相切。要一次正确加入。液相的搅拌转速不能过大，以防液面波动造成实验误差过大。此时记作吸收过程开始的“零点”。

（4）吸收2 h，从吸收液取样阀中迅速放出吸收液，用250 mL量筒接取，并精确量出吸收液体积。

（5）用酸解法分析初始及终了时吸收液中 CO_2 的含量。

（6）关闭吸收液取样阀门、气体调节阀、CO_2 减压阀、钢瓶阀，关闭超级恒温槽的电源，使气、液相搅拌转速回“零”，关闭两个转速表开关，关闭总电源。采取有效措施防止压力计上的水柱倒灌。

2. 酸解法分析吸收液中 CO_2 含量

原理：热 K_2CO_3 溶液与 H_2SO_4 反应，放出 CO_2。用量气管测量 CO_2 体积，即可求出溶液的转化度。反应式为

$$K_2CO_3+H_2SO_4 \longrightarrow K_2SO_4+CO_2\uparrow+H_2O \qquad (5-15)$$

$$2KHCO_3+H_2SO_4 \longrightarrow K_2SO_4+2CO_2\uparrow+2H_2O \qquad (5-16)$$

（1）仪器与试剂　酸解法分析装置如图5-3所示。

仪器：150 mL量气筒，5 mL移液管与1 mL移液管各1支。

试剂：3 mol·L^{-1} H_2SO_4 溶液。

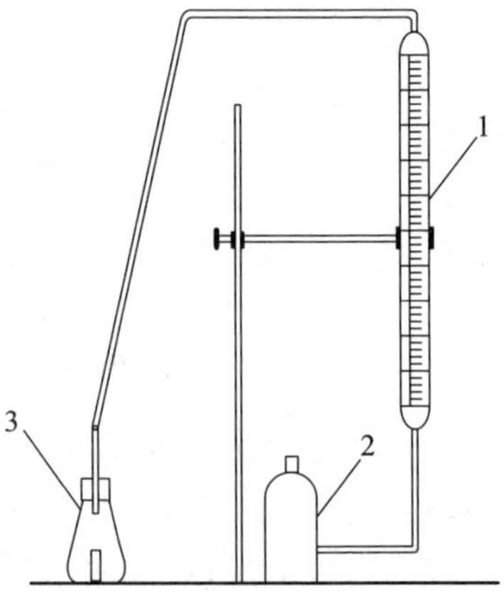

图5-3　酸解法分析装置
1—量气筒；2—水准瓶；3—反应瓶

(2) 分析操作及计量　准确吸取吸收液 1 mL 置于反应瓶的内瓶中,用移液管移取 5 mL 3 mol · L^{-1} H_2SO_4 溶液置于反应瓶的外瓶中,提高水准瓶,使液面升至量气管的上刻度处,塞紧瓶塞,使其不漏气后,调整水准瓶的高度,使水准瓶的液面与量气管内液面相平,记下量气管的读数 V_1。摇动反应瓶使 H_2SO_4 溶液与碱液充分混合,反应完全(无气泡发生),再记下量气管的读数 V_2。可计算吸收液中 CO_2 含量。

$$\varphi_{CO_2}=(V_2-V_1)\cdot\gamma \tag{5-17}$$

式中:φ_{CO_2}——吸收液中 CO_2 的含量,mL(CO_2) · mL^{-1}(碱液);

γ——校正系数。

$$\gamma=\frac{273.2}{T}\cdot\frac{(p-p_{H_2O})}{101.3} \tag{5-18}$$

式中:p——大气压,kPa;

T——酸解时容器内 CO_2 温度,K;

p_{H_2O}——温度为 T 时水的饱和蒸气压,kPa。

$$p_{H_2O}=0.133\,3\exp[18.303\,6-3\,816.44/(T-46.13)] \tag{5-19}$$

溶液转化度可按下式计算:

$$f=\frac{V_f}{V_f^0}-1 \tag{5-20}$$

式中:f——吸收液的转化度,可用来计算吸收液上 CO_2 的平衡分压与水的饱和蒸气压;

V_f,V_f^0——吸收后和吸收前 1 mL 吸收液酸解后放出的 CO_2 校正后体积,mL。

注意事项

(1) 每次实验结束后后,将水饱和器前的管路断开,气体放空,避免 CO_2 溶解倒吸。

(2) 测定气体、进出口流率时,应同时进行。

5.2.5 数据记录及处理

从记录的实验原始数据中逐项计算出单位时间单位面积 CO_2 的传递量,换算成物质的量,以及从初始及终了吸收液的转化度算出吸收的推动力,求取平均推动力,进一步计算气液传质系数,单位为 mol · s^{-1} · m^{-2} · MPa^{-1}。

对在不同的液相转速下取得的 K 值进行综合比较,并得出结论。

5.2.6 实验结果与讨论

(1) 本实验需要记录哪些数据?如何求取 N_{CO_2},p_A,p_{AL}^*?

(2) 本实验测定过程中的误差来源是什么?

思考题

(1) 本实验用纯 CO_2 有什么目的?

(2) 实验前为何要用 CO_2 排空实验装置中的空气?

(3) 气体进入吸收器前为何要用水饱和器？

(4) 气体稳压管的作用是什么？

(5) 实验时测定大气压有何用处？

(6) 酸解出的 CO_2 为何要同时测定温度？

5.3　连续流动反应器中的返混测定

5.3.1　实验目的

(1) 熟悉多釜串联反应装置的结构、流程和操作。

(2) 掌握停留时间分布的测定方法。

(3) 学习停留时间函数的统计特征 $\bar{\tau}$ 和 σ_τ^2 的计算方法,并用它们来分析反应系统的流动特性。

5.3.2　实验原理

停留时间通常是指从流体进入反应器开始,到其离开反应器为止的这段时间。实际的连续操作反应器,由于流体在反应器内流速分布不均匀,流体的分子扩散和湍流扩散、搅拌而引起的强制对流及由于设备设计、安装不良而产生的死区、沟流和短路等原因,流体微团在反应器中的停留时间有长有短,有些很快便离开了反应器,有些则经历很长的时间后才离开,从而形成了停留时间分布。

当物料连续流过反应器时,可以有两种理想的流动模型,即活塞流和理想全混流。活塞反应器的显著特点是物料一进入反应器,物料“齐头并进”,沿总的流动方向各微团之间完全不发生混合,没有返混,因此,物料在反应器内的停留时间都是一样的。长径比很大的管式反应器,其流动情况接近活塞流。全混流反应器的特点是物料一进入反应器,立即分散到整个反应器内,并与反应器内的原有物料充分混合,即完全返混,使整个反应器内各处的浓度和温度等参数均匀一致,且始终保持不变,但物料在反应器停留时间在 $0\to\infty$ 范围内变化。连续流动的理想搅拌釜式反应器在一定条件下可以实现全混流。而对于实际反应器,其流动模型是介于活塞流和全混流之间的非理想流动模型。反应器中非理想流动状况的主要偏差在于返混程度不同,由于反应器中流体返混的程度很难直接测定,而停留时间分布却可以直接测定,因此,一般总是用物料的停留时间分布来表示返混程度,并与反应器中的流动模型联系起来。通过测定物料在反应器内停留时间分布,结合化学反应动力学,就能预测反应器内进行的化学反应的结果,寻找改进和强化反应器的途径。因此,测定停留时间分布对反应器的设计和实际操作都具有指导意义。目前,停留时间分布的测定,不仅广泛应用于化学反应工程及化工分离工程,而且应用于涉及流动过程的其他领域。

由于物料在反应器内的停留时间分布是随机的,因此,可以根据概率分布对物料在反应器内的停留时间分布做定量的描述。停留时间分布的密度函数,通常以 $E(\tau)$ 来表示,其定义为:在定态下的连续流动的系统中,相对于某瞬间 $\tau=0$ 时流入反应器的流体,在反应器中停留的时间为 τ 与 $\tau+d\tau$ 之间的微团占总量的分数应为 $E(\tau)d\tau$,$E(\tau)$ 的单位是[时间]$^{-1}$。依此,$E(\tau)$ 应具有归

一化的性质,即

$$\int_0^\infty E(\tau)\,\mathrm{d}\tau = 1 \tag{5-21}$$

用式(5-21)可以检验测得 $E(\tau)-\tau$ 函数的准确性。

停留时间分布函数,以 $F(\tau)$ 表示,其定义为:在定态下的连续流动系统中,相对于在 $\tau=0$ 瞬间流入反应器内的流体,在反应器中停留时间少于 τ 的微团占总量中的分数。$F(\tau)$ 的量纲为 1,当 τ 趋于无限大时,$F(\tau)$ 的值趋于 1。$E(\tau)$ 和 $F(\tau)$ 之间应具有如下关系:

$$F(\tau) = \int_0^\tau E(\tau)\,\mathrm{d}\tau \tag{5-22}$$

即

$$E(\tau) = \frac{\mathrm{d}F(\tau)}{\mathrm{d}\tau} \tag{5-23}$$

式(5-23)表明在任何时刻 τ 时,$E(\tau)$ 的值就是 $F(\tau)-\tau$ 曲线上对应点的斜率。反之,若 $E(\tau)$ 曲线已知,将其进行积分即可得相应的 $F(\tau)$ 值。所以停留时间分布的两种不同形式,只要知道到其中一种即可求得另一种。

停留时间分布测定所采用的方法是示踪响应法。在反应器入口以一定的方式加入示踪剂,然后通过测量反应器出口处示踪剂浓 $c(\tau)$ 的变化,间接地描述反应器内流体的停留时间分布。常用的示踪剂加入方法有脉冲输入法、阶跃输入法和周期输入法等。本实验示踪剂加入方法选用脉冲输入法。脉冲输入法的实质是在极短的时间内,在稳定流动反应器入口处,向设备内一次注入一定量的示踪剂,随即开始检测出口处中示踪剂浓度 $c(\tau)$ 随时间 τ 的变化,直至出口处示踪剂浓度 $c(\tau)$ 为零。出口流体中示踪剂浓度与时间的关系叫做响应曲线。

脉冲输入法的优点是由实验数据可直接求出 $E(\tau)-\tau$,简单且示踪剂耗量少。脉冲输入法的最大困难是如何使示踪剂的输入时间缩到最短,这对于平均停留时间短的流动系统难度较大。在实际应用时,必须保证在示踪剂输入点与系统入口截面之间不产生返混现象,才能获得准确的停留时间分布数据。

用停留时间分布函数 $F(\tau)$ 来描述系统的停留时间分布,给出了统计性的分布规律。但是,比较不同停留时间分布之间的差异,还需引入随机函数的两个特征值:均值 $\bar{\tau}$ 和方差 σ_τ^2。

停留时间分布密度函数 $E(\tau)$ 的数学期望为平均停留时间,以 $\bar{\tau}$ 表示,即

$$\bar{\tau} - \frac{\int_0^\infty \tau E(\tau)\,\mathrm{d}\tau}{\int_0^\infty E(\tau)\,\mathrm{d}\tau} = \int_0^\infty \tau E(\tau)\,\mathrm{d}\tau \tag{5-24}$$

仅凭平均停留时间 $\bar{\tau}$ 的对比,还不足以比较不同停留时间分布的差异,必须再比较其方差才能给出确切结论。方差是衡量物料停留时间分布离散度的量度,它表示停留时间与平均停留时间之间的偏离程度,方差越大,则分布越宽,也就是说停留时间长短不一,参差不齐的程度越大,根据方差的定义:

$$\sigma_\tau^2 = \frac{\int_0^\infty (\tau-\bar{\tau})^2 E(\tau)\,\mathrm{d}\tau}{\int_0^\infty E(\tau)\,\mathrm{d}\tau} = \int_0^\infty \tau^2 E(\tau)\,\mathrm{d}\tau - \bar{\tau}^2 \tag{5-25}$$

对于理想流动反应器而言,有活塞流反应器 $\sigma_\tau^2=0$,全混流反应器 $\sigma_\tau^2=\bar{\tau}^2$。若为多釜串联,且各釜的有效容积相同,方差与串联釜数 N 之间的关系是

$$\sigma_\tau^2 = \frac{\bar{\tau}^2}{N} \tag{5-26}$$

由式(5-26)可知,方差 σ_τ^2 是和反应器流动模型关系密切的参数。

非理想流动反应器可以用多釜串联模型描述,多釜串联模型中的模型参数 N 可以由实验数据处理得到的方差来计算。当 N 为整数时,代表该非理想流动反应器可以用 N 个等体积的全混流反应器的串联来建立模型。当 N 为非整数时,可以用四舍五入的方法近似处理,也可以用不等体积的全混流反应器串联模型。

5.3.3　实验装置及流程

多釜串联连续搅拌釜式反应器实验装置流程图如图5-4所示。实验所用的反应器由四个有机玻璃制成的工业微型搅拌釜组成(其中三个体积相同的釜串联起来)。实验时,水经转子流量计分别流入单釜反应器或多釜串联反应器,待系统稳定后,适时在相应釜的入口瞬时注入示踪剂,通过安装在每个反应釜出口处的电导电极(铂电极)测试过程中电导率的变化,示踪剂浓度 $c(\tau)$ 与电导率成正比。电导仪将示踪剂浓度 $c(\tau)$ 转化为毫伏级的直流电压信号,该信号经放大器与A/D转换卡处理后,由模拟信号转换为数字信号,通过计算机或记录仪连续记录下来,并计算出各釜 $\bar{\tau}$,σ_τ^2 及 N。

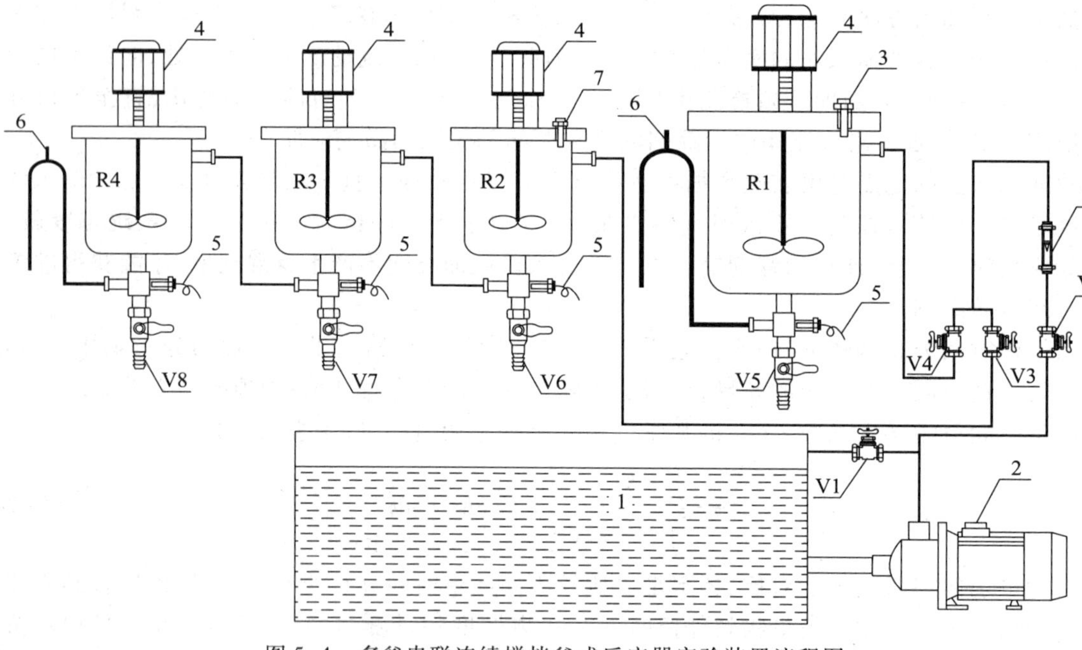

图5-4　多釜串联连续搅拌釜式反应器实验装置流程图

1—水箱;2—水泵;3,7—KCl溶液进样口;4—搅拌电动机;5—电导电极;6—溢流口;F1—转子流量计;R1～R4—釜式反应器;V1～V8—阀门

在测定过程中水应充满全釜,以尽量保证各釜有效容积一致,搅拌器使每个釜内浓度均一,搅拌速度的大小可用光电数字测速仪测定。

5.3.4　实验方法及步骤

1. 实验准备

(1) 配置KCl水溶液待用。

(2) 检查电极导线连接是否正确，开电导仪，分别调节“调零”、调温度和电极常数，备用。

2. 实验操作

(1) 打开总电源开关，开启入水阀门，向水箱内注水，启动水泵，慢慢打开进水转子流量计的阀门。调节水流量为 20 $L \cdot h^{-1}$，直至各釜充满水，并能正常地从最后一级流出。

(2) 开启釜 1 搅拌电动机开关，调节电动机转速旋钮，使速度在 200 ~ 350 $r \cdot min^{-1}$，并保持稳定，做单釜实验并记录实验数据。

(3) 分别开启釜 2、釜 3、釜 4 搅拌电动机开关，调节电动机转速旋钮，使各釜搅拌速度在 200 ~ 350 $r \cdot min^{-1}$（三釜搅拌速度一致），并保持稳定，做三釜串联实验并记录实验数据。

3. 实验记录

1）计算机记录方式

(1) 开启计算机电源，按计算机提示要求操作。

(2) 按下开始实验键后，看显示图上有显示点后将 KCl 溶液用注射器注入反应器中。实验所需时间可以根据图形变换而定，当图像由最高点恢复到与初始点相近 20s 后即可结束实验。

(3) 待测试结束，按下“结束”按钮，然后按下“保存数据”按钮保存数据文件。

2）记录仪记录方式

(1) 开启记录仪，并记下走纸速度。

(2) 待各参数（水流量、反应釜液位、搅拌速度、基线）稳定后，用注射器迅速注入示踪剂，在记录纸上做起始标记。

(3) 当记录笔回到基线（2min 内觉察不到变化），即认为到达终点。

4. 停车

(1) 实验完毕，将反应釜的进水阀全开，冲洗整个装置，使系统内不残留示踪剂。

(2) 关闭各阀门，关闭电源开关，打开釜底排水阀，将水排空。

(3) 退出实验程序，关闭计算机。

注意事项

(1) 采用脉冲输入法时，将针头插入并迅速注射示踪剂，拔出针头时要压住注射口，以免带出硅橡胶塞。强调极快地将示踪剂输入，是为了把全部示踪剂看成在同一时间内加入系统。

(2) 系统中不应存在气泡，特别是死角处，否则影响曲线，波动较大，造成实验误差。

(3) 装置运行测量过程中，应尽量避免不必要的扰动，否则在记录曲线中会出现干扰脉动。

5.3.5 数据记录及处理

1. 实验基本参数

实验装置：第____套，室温：________℃；

示踪剂浓度：______________，脉冲示踪剂注入量：______________，水流量：______________，走纸速度：______________，$V_{釜1}$ = ______________，$V_{釜2} = V_{釜3} = V_{釜4}$ = ______________，搅拌速度______________。

2. 实验数据

(1) 将实验测得的数据参考表 5-2 ~ 表 5-5 进行记录。

（2）用辛普生法或梯形法计算出单釜、双釜、三釜串联反应器脉冲法响应曲线的面积，检验响应曲线的准确性。

（3）在坐标纸上，分别作出单釜、双釜串联、三釜串联的 $E_{实}(\tau)-\tau$ 曲线及 $E_{理}(\tau)-\tau$ 曲线。

表 5-2 单釜实验数据记录表

序号	$\bar{\tau}$/s	κ/(μS · cm^{-1})	$c(\tau)$/(mol · L^{-1})	$E(\tau)$	$E(\theta)$
1					
2					
⋮					

表 5-3 双釜串联实验数据记录表

序号	$\bar{\tau}$/s	κ/(μS · cm^{-1})	$c(\tau)$/(mol · L^{-1})	$E(\tau)$	$E(\theta)$
1					
2					
⋮					

表 5-4 三釜串联实验数据记录表

序号	$\bar{\tau}$/s	κ/(μS · cm^{-1})	$c(\tau)$/(mol · L^{-1})	$E(\tau)$	$E(\theta)$
1					
2					
⋮					

表 5-5 实验数据整理

釜数	归一性	$\bar{\tau}$/s	σ_{τ}^{2}	N
单釜				
双釜				
三釜				

5.3.6 实验结果与讨论

（1）示踪响应曲线的形状、大小由哪些因素决定？

（2）比较 $E_{实}(\tau)-\tau$ 曲线与 $E_{理}(\tau)-\tau$ 曲线，分析偏离原因。

（3）研究反应器的停留时间分布有何意义？

思考题

（1）实验选择示踪剂应考虑哪些因素？为什么？

（2）多釜串联模型参数 N 与实验中反应釜的个数有什么不同？为什么？

（3）全混流反应器具有什么特征？如何利用实验方法判断搅拌釜是否达到全混流反应器的模型要求？如果尚未达到，如何调整实验条件使其接近这一理想模型？

5.4 鼓泡反应器中气泡比表面及气含率的测定

5.4.1 实验目的

(1) 掌握静压法测定气含率的原理与方法。

(2) 掌握气液鼓泡反应器的操作方法。

(3) 了解气液比表面的确定方法。

5.4.2 实验原理

鼓泡塔反应器作为一种工业上广泛应用的气、液两相或气、液、固三相接触的反应装置,具有结构简单、产能大、易操作、传热传质好、床层压力降小等优点,适合应用于各种大规模的气液反应过程。鼓泡塔放大的主要问题是对塔内多相流体力学的了解和把握。而流体参数的检测是流体力学研究的基础。气含率和气泡尺寸是最基本的流体力学特征参数。

1. 气含率

气含率是表征气液鼓泡反应器流体力学特性的基本参数之一,它直接影响反应器内气液接触面积,从而影响传质速率与宏观反应速率,是气液鼓泡反应器的重要设计参数,测定气含率的方法很多,静压法是较精确的一种,基本原理由反应器内伯努利方程而来,可测定各段平均气含率,也可测定某一水平位置的局部气含率。根据伯努利方程,有

$$\varepsilon_G = 1 + \left(\frac{g_c}{\rho_L g}\right)\left(\frac{dp}{dH}\right) \tag{5-27}$$

式中:ε_G——气含率;

g_c——转换因子;

ρ_L——液体密度,$kg \cdot m^{-3}$;

g——重力加速度,$m \cdot s^{-2}$;

p——压力,MPa;

H——两测压点间的垂直距离,m;

采用 U 形压差计测量时,两测压点平均气含率为

$$\varepsilon_G = \frac{\Delta h}{H} \tag{5-28}$$

式中:Δh——两测压点间 U 形压差计液位差,m。

当气液鼓泡反应器空塔气速改变时,气含率 ε_G 会作相应变化,一般有如下关系:

$$\varepsilon_G \propto u_G^n \tag{5-29}$$

式中:u_G——空塔气速,$m \cdot s^{-1}$;

n——关联式常数。

n 取决于流动状况。对于安静鼓泡流,n 值为 0.7 ~ 1.2;在湍动鼓泡流或过渡流区,u_G 影响较小,n 值为 0.4 ~0.7。

假设

$$\varepsilon_G = k u_G^n \tag{5-30}$$

则

$$\lg \varepsilon_G = \lg k + n \lg u_G \tag{5-31}$$

式中：k——关联式常数。

根据不同气速下的气含率数据，以 $\lg \varepsilon_G$ 对 $\lg u_G$ 作图标绘，或用最小二乘法进行数据拟合，即可得到关系式中参数 k 和 n 值。

2. 气泡比表面

气泡比表面是单位液相体积的相界面积，也称气液接触面积，比相界面积，也是气液鼓泡反应器很重要的参数之一。许多学者进行了这方面的研究工作，如光透法、光反射法、照相技术、化学吸收法和探针技术等，每一种测试技术都存在一定的局限性。

气泡比表面 a 可由气泡平均直径 d_{us} 与相应的气含率 ε_G 计算：

$$a = \frac{6\varepsilon_G}{d_{us}} \tag{5-32}$$

式中：a——气泡比表面，$m^2 \cdot m^{-3}$；

ε_G——气含率；

d_{us}——气泡平均直径，m。

Gestrich 对许多学者计算的 a 值的关系进行整理比较，得到了计算 a 值的公式：

$$a = 2\ 600\left(\frac{H_0}{D}\right)^{0.3} K^{0.003} \varepsilon_G \tag{5-33}$$

式中：H_0——静液层高度，m；

D——塔直径，m；

K——体模数，$K = \dfrac{\rho\sigma^3}{g\mu^4}$；

ε_G——气含率。

式(5-33)适用范围：$u_G \leqslant 0.60\ m \cdot s^{-1}$，$2.2 \leqslant \dfrac{H_0}{D} \leqslant 24$，$5.7\times10^5 \leqslant K \leqslant 10^{11}$。

因此，在一定的气速 u_G 下，测定反应器的气含率 ε_G 数据，就可以间接得到气泡比表面 a。Gestrich 经大量数据比较，其计算偏差在±15%以内。

5.4.3　实验装置及流程

本实验实验装置流程图见图 5-5。

实验室气液相鼓泡反应器直径 ϕ200 mm，高 H 为 2.5 m，气体分布器采用十字形，并有若干小孔使气体达到一定的小孔气速。反应器用有机玻璃管加工而成，便于观察。壁上沿轴向开有一排小孔与 U 形压差计相接，用于测量压力差。

由空气压缩机送来的空气经转子流量计计量后，通过鼓泡反应器的进口；反应器预先装水至一定高度；气体经气体分布器通入床层，并使床层膨胀，记下床层沿轴向的各点压力差数值。改变气体通入量可使床层气含率发生变化，并使床层气液相界面相应变化。

5.4.4　实验方法及步骤

(1) 将清水加入反应器床层中，至一定刻度(2 m 处)。

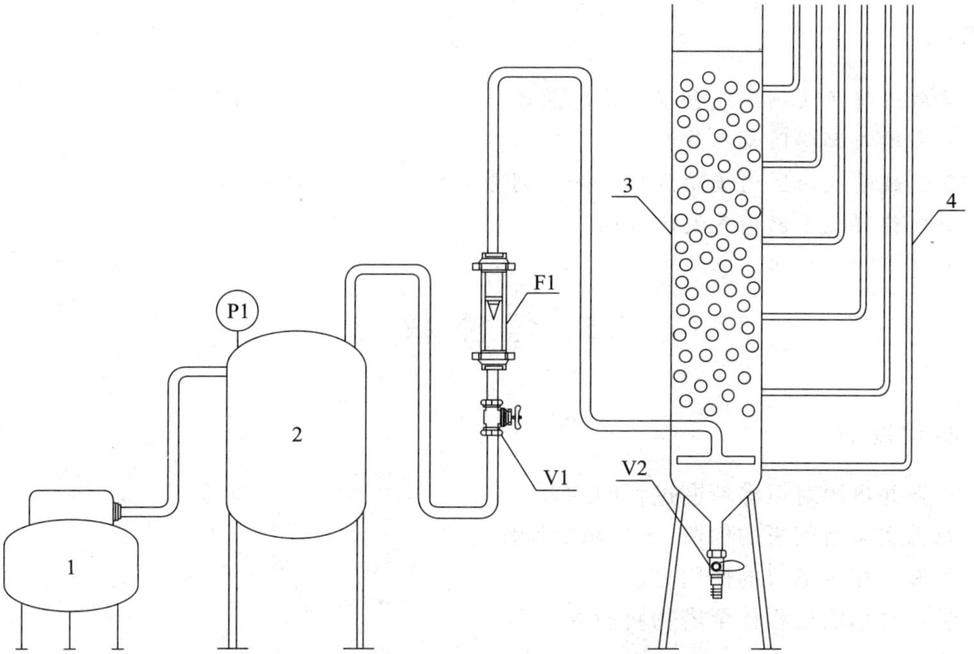

图 5-5　鼓泡反应器气泡比表面及气含率测定实验装置流程图

1—空气压缩机；2—缓冲罐；3—反应器；4—压差计；F1—流量计；P1—压力表；V1，V2—阀门

(2) 检查 U 形压差计中液位在一个水平面上，防止有气泡存在。

(3) 通空气开始鼓泡，并逐渐调节流量值。

(4) 观察床层气、液两相流动状态。

(5) 稳定后记录各点 U 形压差计刻度值。

(6) 改变气体流量，重复上述操作（可做 8～10 个条件）。

(7) 关闭气源，将反应器内清水放尽。

5.4.5　数据记录及处理

(1) 气体流量可在空塔气速 $0.05 \sim 0.50\ \mathrm{m \cdot s^{-1}}$ 中选取 8～10 个实验点。

(2) 记录下每组实验点的气速，各测压点读数，并由公式(5-28)，计算每两点间的气含率，从而求出全塔平均气含率 ε_G；按不同空塔气速 u_G 下的实验结果，在双对数坐标纸上以 ε_G 对 u_G 进行标绘，或用最小二乘法拟合，可以得到式(5-30)中的参数 k 与 n。

(3) 利用式(5-33)计算不同气速 u_G 下的气泡比表面 a，并在双对数坐标纸上绘出 a 与 u_G 的关系曲线。

5.4.6　实验结果与讨论

(1) 分析气液鼓泡反应器内流动状态的变化。

(2) 根据实验结果讨论 ε_G 与 u_G 关系，并分析实验误差。

(3) 由计算结果分析气泡比表面与 u_G 的变化关系。

思考题

(1) 试叙述静压法测定气含率的基本原理。

(2) 气含率与哪些因素有关?

(3) 气液鼓泡反应区内流动区域是如何划分的?

(4) 如何获得反应器内气液比表面 a 的值?

5.5　恒沸精馏

5.5.1　实验目的

(1) 加强并巩固对恒沸精馏过程的理解。

(2) 熟悉实验精馏塔的构造,掌握精馏操作方法。

(3) 掌握气相色谱仪的使用方法。

(4) 学习对精馏过程作全塔物料衡算。

5.5.2　实验原理

精馏是化工生产中常用的一种分离液体混合物的方法。它是利用气、液两相间的传质和传热来达到分离的目的。当待分离的两个组分相对挥发度相近或形成恒沸物时,采用普通精馏的方法很难达到分离的目的,而必须采用如恒沸精馏或萃取精馏的方法才能进行分离。

恒沸精馏是一种特殊的分离方法。它是通过加入适当的分离媒质来改变被分离组分之间的气液平衡关系,从而使分离由难变易,主要适用于含恒沸物组成且用普通精馏无法得到纯品的物系。通常,加入的分离媒质(亦称夹带剂)能与被分离系统中的一种或几种物质形成最低恒沸物,使夹带剂以恒沸物的形式从塔顶蒸出,而塔釜得到纯物质。

在常压下,用常规精馏方法分离乙醇-水溶液,最高只能得到质量分数为95.57%的乙醇。这是乙醇与水形成恒沸物的缘故,其恒沸点78.15 ℃,与乙醇沸点78.30 ℃十分接近,形成的是均相最低恒沸物。而质量分数95%左右的乙醇常称为工业乙醇。由工业乙醇制备无水乙醇可采用恒沸精馏的方法。

实验室中恒沸精馏过程的研究包括以下几方面内容:

1. 夹带剂的选择

恒沸精馏成败的关键在于夹带剂的选取,一种理想的夹带剂应该满足:

(1) 必须至少与原溶液中一种组分形成最低恒沸物,希望此恒沸物比原溶液中任一组分的沸点或原来的恒沸点低10℃以上。

(2) 在形成的恒沸物中,夹带剂的含量应尽可能小,以减少夹带剂的用量,节省能耗。

(3) 回收容易,一方面希望形成的最低恒沸物是非均相恒沸物,可以减少分离恒沸物所需要的萃取操作等;另一方面,在溶剂回收塔中,应该与其他物料有相当大的挥发度差异。

(4) 应具有较小的汽化潜热,以节省能耗。

(5) 夹带剂应具有价廉、来源广、无毒、热稳定性好和腐蚀性小等优点。

工业乙醇制备无水乙醇,适用的夹带剂有苯、乙酸乙酯、三氯甲烷、正己烷等,它们都能与水-乙醇形成多种恒沸物,而且其中的三元恒沸物在室温下又可以分为两相,一相富含夹带剂,另一相中富含水。前者可以循环使用,后者又很容易分离出来,这样使得整个分离过程大为简化。表5-6给出了常压下夹带剂与水、乙醇形成三元恒沸物的数据。

表5-6 常压下夹带剂与水、乙醇形成三元恒沸物的数据

序号	恒沸组分			各纯组分沸点/℃			恒沸温度/℃	恒沸组分质量分数/%		
	组分1	组分2	组分3	组分1	组分2	组分3		组分1	组分2	组分3
1	乙醇	水	苯	78.3	100	80.1	64.85	18.5	7.4	74.1
2	乙醇	水	乙酸乙酯	78.3	100	77.1	70.23	8.4	9.0	82.6
3	乙醇	水	三氯甲烷	78.3	100	61.1	55.50	4.0	3.5	92.5
4	乙醇	水	正己烷	78.3	100	68.7	56.00	11.9	3.0	85.02

本实验采用正己烷为恒沸剂制备无水乙醇。当正己烷被加入乙醇-水体系以后可以形成四种恒沸物,包括乙醇-水-正己烷三者形成的三元恒沸物,以及它们两两之间形成的三种二元恒沸物。乙醇-水-正己烷三元体系恒沸物性质如表5-7所示。

表5-7 乙醇-水-正己烷三元体系恒沸物性质

体系	恒沸点/℃	恒沸组分质量分数/%			在恒沸点分相液的相态
		乙醇	水	正己烷	
乙醇-水	78.174	95.57	4.43		均相
水-正己烷	61.55		5.6	94.40	非均相
乙醇-正己烷	58.68	21.02		78.98	均相
乙醇-水-正己烷	56.00	11.98	3.00	85.02	非均相

2. 决定精馏区

具有恒沸物体系的精馏进程与普通精馏不同,表现在精馏产物不仅与塔的分离能力有关,而且与进塔总组成落在哪个浓度区域有关。因为精馏塔中的温度沿塔向上是逐板降低,不会出现极值点。只要塔的分离能力(回流比、塔板数)足够大,塔顶产物可为温度曲线的最低点,塔底产物可为温度曲线上的最高点。因此,当温度曲线在全浓度范围内出现极值点时,该点将成为精馏路线通过的障碍。于是,精馏产物按混合液的总组成分区,称为精馏区。

当添加一定数量的正己烷于工业乙醇中蒸馏时,整个精馏过程可以用图5-6加以说明。图5-6中,A,B,W点分别表示乙醇、正己烷和水的纯物质,C,D,E点分别代表三个二元恒沸物,T点为A-B-W三元恒沸物。曲线BNW为三元混合物在25℃时

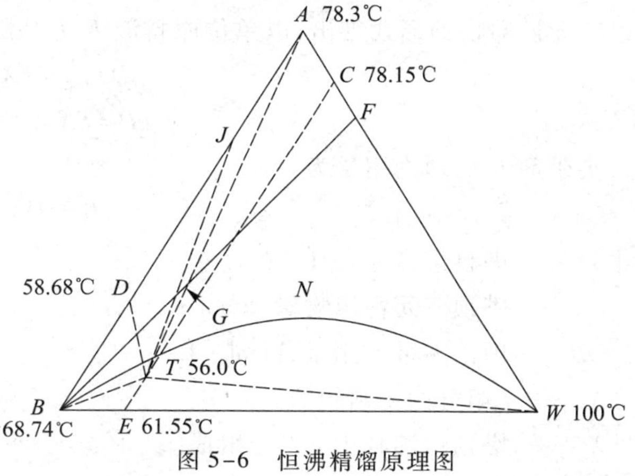

图5-6 恒沸精馏原理图

的溶解度曲线,曲线以下为两相共存区,以上为均相区,该曲线受温度的影响而上下移动。图中的三元恒沸物组成 T 点室温下是处在两相区内。

以 T 点为中心,连接三种纯物质 A,B,W 和三个二元恒沸组成点 C,D,E,则该三角形相图被分成六个小三角形。当塔顶混相回流(即回流液组成与塔顶上升蒸气组成相同)时,如果原料液的组成落在某个小三角形内,那么间歇精馏的结果只能得到这个小三角形三个顶点所代表的物质。为此要想得到无水乙醇,就应保证原料液的总组成落在包含顶点 A 的小三角形内。但由于乙醇-水的二元恒沸点与乙醇沸点相差极小,仅 0.15 ℃,很难将两者分开。而乙醇-正己烷的恒沸点与乙醇的沸点相差 19.62 ℃,很容易将它们分开。所以只能将原料液的总组成配制在三角形的 ATD 内。

图 5-6 中,F 代表乙醇-水混合物的组成,随着夹带剂正己烷的加入,原料液的总组成将沿着 FB 线而变化,并将与 AT 线相交于 G 点。这时,夹带剂的加入量称为理论夹带剂用量,它是达到分离目的所需最少的夹带剂用量。如果塔有足够的分离能力,则间歇精馏时三元恒沸物从塔顶馏出(56℃),釜液组成就沿着 $\overline{TA}$ 线向 A 点移动。但实际操作时,往往总将夹带剂过量,以保证塔釜脱水完全。这样,当塔顶三元恒沸物 T 出完以后,是出沸点略高于它的二元恒沸物,最后塔釜得到无水乙醇,这就是间歇操作特有的效果。

倘若将塔顶三元恒沸物(图 5-6 中 T 点,56 ℃)冷凝后分成两相,一相为油相(富含正己烷),一相为水相,利用分层器将油相回流,这样正己烷的用量可以低于理论夹带剂用量。分相回流也是实际生产中普遍采用的方法。它的突出优点是夹带剂用量少,夹带剂提纯的费用低。

3. 夹带剂的加入方式

夹带剂一般可随原料一起加入精馏塔中,若夹带剂的挥发度比较低,则应在加料板的上部加入,若夹带剂的挥发度比较高,则应在加料板的下部加入。目的是保证全塔各板上均有足够的夹带剂浓度。

4. 恒沸精馏操作方式

恒沸精馏既可用于连续操作,又可用于间歇操作。

5. 夹带剂用量的确定

理论夹带剂用量可利用三角形相图按物料平衡式求解。若原溶液的组成为 F 点,加入夹带剂 B 以后,物系的总组成将沿 FB 线向着 B 点方向移动。当物系的总组成移到 G 点时,恰好能将水以三元恒沸物的形式带出,以单位原料液 F 为基准,对水作物料衡算,得

$$DX_{D水} = FX_{F水} \tag{5-34}$$

$$D = FX_{F水}/X_{D水} \tag{5-35}$$

夹带剂 B 的理论用量为

$$B = DX_{DB} \tag{5-36}$$

式中:F——进料量,kmol · L^{-1};

D——塔顶三元恒沸物量,kmol · L^{-1};

B——理论夹带剂用量,kmol · L^{-1};

X_{Fi}——i 组分的原料组成;

X_{Di}——塔顶恒沸物中 i 组分组成。

5.5.3 实验装置及流程

本实验实验装置图见图 5-7。

实验所用的精馏柱为内径 ϕ20 mm 的玻璃塔，塔内分别装有不锈钢三角形填料，压延孔环填料，填料层高 1 m。塔身采用真空夹套以便保温。塔釜为 1 000 mL 的三颈烧瓶，其中位于中间的一个口与塔身相连，侧面的一口为测温口，用于测量塔釜液相温度，另一口作为取样口。塔釜配有 350 W 电热碗，加热并控制釜温。经加热沸腾后的蒸气通过填料层到达塔顶，塔顶采用一特殊的冷凝头，以满足不同操作方式的需要。这样既可实现连续精馏操作，又可进行间歇精馏操作。塔顶冷凝液流入分相器后，分为两相，上层为油相富含正己烷，下层富含水，油相通过溢流口，用考克控制回流量。

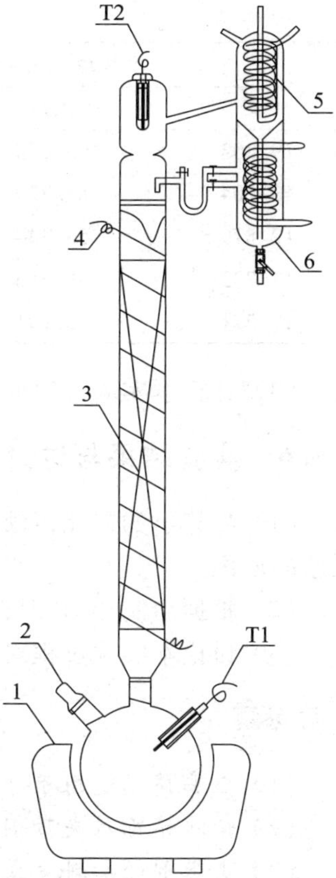

图 5-7 恒沸精馏装置图

1—电热碗；2—进料口；3—填料；4—保温管；5—冷凝器；6—油水分离器；T1，T2—温度计

5.5.4 实验方法及步骤

（1）称取 100 g 95% 乙醇（以色谱分析数据为准），按理论夹带剂用量算出正己烷的加入量。

（2）将配制好的原料加入塔釜中，开启塔釜加热电源及塔顶冷却水。

（3）当塔顶有冷凝液时，便要注意调节回流考克，实验过程采用油相回流。

（4）每隔 10 min 记录一次塔顶塔釜温度，每隔 20 min 取塔釜液相试样分析。当塔釜温度升到 80 ℃时，若釜液纯度达 99.5% 以上即可停止实验。

（5）取出分相器中的富水层，称量并进行分析，然后再取富含正己烷的油相分析其组成（称量塔釜产品的质量）。

（6）切断电源，关闭冷却水，结束实验。

（7）实验中各点的组成均采用气相色谱分析法分析。

5.5.5 数据记录及处理

（1）作间歇操作的全塔物料衡算，推算出塔顶三元恒沸物的组成。

（2）根据表 5-8 的数据，画出 25 ℃下，乙醇-水-正己烷三元体系溶解度曲线，标明恒沸物组成点，画出加料线。

表 5-8 水-乙醇-正己烷液-液平衡数据（25 ℃）

水相摩尔分数/%			油相摩尔分数/%		
水	乙醇	正己烷	水	乙醇	正己烷
69.423	30.111	0.466	0.474	1.297	98.230
40.227	56.157	3.616	0.921	6.482	92.597
26.643	64.612	8.745	1.336	12.540	86.124

续表

水相摩尔分数/%			油相摩尔分数/%		
水	乙醇	正己烷	水	乙醇	正己烷
19.803	65.678	14.517	2.539	20.515	76.946
13.284	61.759	22.957	3.959	30.339	65.702
12.879	58.444	28.676	4.940	35.808	59.253
11.732	56.258	32.010	5.908	38.983	55.109
11.271	55.091	33.639	6.529	40.849	52.622

(3) 计算本实验过程的收率。

5.5.6 实验结果与讨论

(1) 将算出的三元恒沸物组成,并与文献值比较,求出其相对误差,并分析实验过程中产生误差的原因。

(2) 根据绘制相图,对精馏过程做简要说明。

(3) 讨论本实验过程对乙醇收率的影响。

思考题

(1) 恒沸精馏适用于什么物系?

(2) 恒沸精馏对夹带剂的选择有哪些要求?

(3) 夹带剂的加料方式有哪些? 目的是什么?

(4) 恒沸精馏产物与哪些因素有关?

(5) 用正己烷作为夹带剂制备无水乙醇,在相图上可分成几个区? 如何分? 本实验拟在哪个区操作? 为什么?

(6) 如何计算夹带剂的加入量?

(7) 需要采集哪些数据,才能做全塔的物料衡算?

(8) 采用分相回流的操作方式,夹带剂用量可否减少?

(9) 提高乙醇产品的收率,应采取什么措施?

(10) 实验精馏塔由哪几部分组成? 说明动手安装的先后次序,理由是什么?

5.6 填料塔分离效率的测定

5.6.1 实验目的

(1) 了解系统表面张力对填料精馏塔效率的影响机理。

(2) 测定甲酸-水体系在正、负体系范围的 *HETP*。

5.6.2 实验原理

填料塔是生产中广泛使用的一种塔型,在进行设备设计时,要确定填料层高度,或确定理论塔板数与等板高度(*HETP*)。其中理论塔板数主要取决于系统性质与分离要求,等板高度则与塔的结构、操作因素及体系物性有关。

由于精馏体系中低沸点组分与高沸点组分表面张力上的差异,沿着气液界面形成了表面张力梯度。表面张力梯度不仅能引起表面的强烈运动,还可导致表面的蔓延或收缩,这与填料表面液膜的稳定或破坏及传质速率都有密切关系,从而影响分离效果。

根据热力学分析,为使喷淋液能很好地润湿填料表面,在选择填料的材质时,要使固体的表面张力 σ_{SV} 大于液体的表面张力 σ_{LV}。然而,有时虽已满足上述热力学条件,但液膜仍会破裂形成沟流,这是由于混合液中低沸点组分与高沸点组分表面张力不同,随着塔内传质传热的进行,形成表面张力梯度,造成填料表面液膜的破碎,从而影响分离效果。

根据体系中组分表面张力的大小,可将二元精馏体系分为以下三类:

(1) 正体系:低沸点组分的表面张力 σ_l 较低,即 $\sigma_l<\sigma_h$。当回流液下降时,液体的表面张力 σ_{LV} 值逐渐增大。

(2) 负体系:与正系统相反,低沸点组分的表面张力 σ_l 较高,即 $\sigma_l>\sigma_h$。因而回流液下降过程中表面张力 σ_{LV} 逐渐减小。

(3) 中性体系:系统中低沸点组分的表面张力与高沸点组分的表面张力相近,即 $\sigma_l\approx\sigma_h$,或两组分的挥发度差异甚小,使得回流液的表面张力值随塔中的位置变化并不大。

在精馏操作中,由于传质与传热的结果,导致液膜表面不同区域的浓度或温度不均匀,使表面张力发生局部变化,形成表面张力梯度,从而引起表面层内液体的运动,产生玛兰哥尼(Marangoni)效应。这一效应可引起界面处的不稳定,形成旋涡;也会造成界面的切向和法向脉动,而这些脉动有时又会引起界面的局部破裂,因此由玛兰哥尼效应引起的局部流体运动反过来又影响传热传质。

填料塔内相际接触面积的大小取决于液膜的稳定性,若液膜不稳定,液膜破裂形成沟流,这会使相际接触面积减少。由于液膜不均匀,传质也不均匀,液膜较薄的部分轻组分传出较多,重组分传入也较多,于是液膜薄的地方轻组分含量就比液膜厚的地方小,对正系统而言,如图 5-8 所示,由于轻组分的表面张力小于重组分,液膜薄的地方表面张力较大,而液膜较厚部分的表面张力比较薄处小,表面张力差推动液体从较厚处流向较薄处,这样液膜修复,变得稳定。对于负体系,则情况相反,在液膜较薄部分表面张力比液膜较厚部分的表面张力小,表面张力差使液体从较薄处流向较厚处,这样液膜被撕裂形成沟流。实验证明,正、负体系在填料塔中具有不同的传质效率,负体系的等板高度可比正体系大一倍甚至一倍以上。

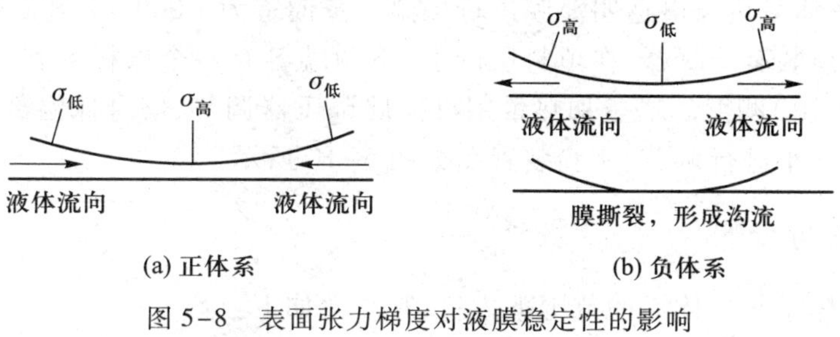

图 5-8 表面张力梯度对液膜稳定性的影响

本实验使用的精馏体系为具有最高共沸点的甲酸-水体系。试剂级的甲酸为质量分数 85%

左右的水溶液，在使用同一体系进行正体系和负体系实验时，必须将其含量配制在正体系与负体系的范围内。甲酸-水体系的共沸组成为：$x_{H_2O}=0.435$，而85%甲酸水溶液中水的摩尔分数为0.304 8，落在共沸点的左边，为正体系范围，水-甲酸体系的 $y-x$ 图如图5-9所示，其气液平衡数据见表5-9。

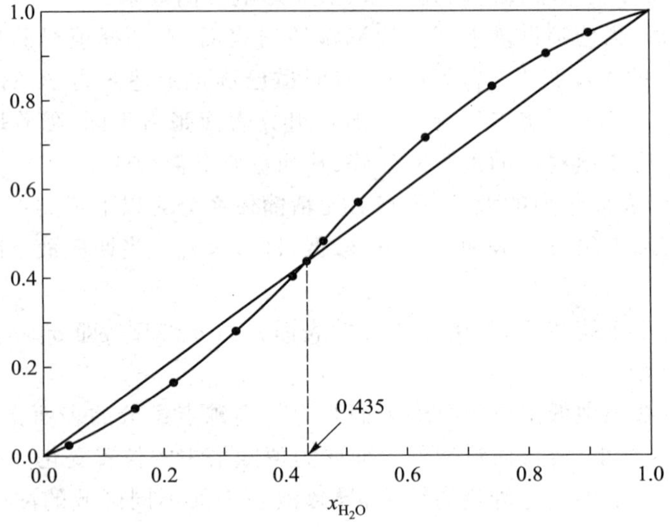

图5-9　水-甲酸体系的 $y-x$ 图

表5-9　水-甲酸体系的气液平衡数据

t/℃	x_{H_2O}	y_{H_2O}	t/℃	x_{H_2O}	y_{H_2O}	t/℃	x_{H_2O}	y_{H_2O}
102.3	0.040 5	0.024 5	107.6	0.411	0.405	104.2	0.740	0.836
104.6	0.155	0.102	107.6	0.464	0.482	102.9	0.829	0.907
105.9	0.218	0.162	107.1	0.522	0.567	101.8	0.900	0.951
107.1	0.321	0.279	106.0	0.632	0.718			

5.6.3　实验装置及流程

本实验所用的玻璃填料塔内径为31 mm，填料层高度为540 mm，内装；4 mm×4 mm×1 mm 磁拉西环填料，整个塔体采用导电透明薄膜进行保温。蒸馏釜为1 000 mL圆底烧瓶，用功率350 W的电热碗加热。塔顶装有冷凝器，在填料层的上、下两端各有一个取样装置，其上有温度计套管可插温度计（或铜电阻）测温。塔釜加热量用可控硅调压器调节，塔身保温部分亦用可控硅电压调整器对保温电流大小进行调节，实验装置图如图5-10所示。

5.6.4　实验方法与步骤

实验分别在正体系与负体系的范围下进行，其步骤如下：

（1）正体系：取质量分数85%的甲酸-水溶液，略加一些水，使入釜的甲酸-水溶液既处在正体系范围，又更接近共沸组成，使绘制理论塔板时不至于集中于图的左端。

（2）将配制的甲酸-水溶液加入塔釜，并加入沸石。

（3）打开冷却水，合上电源开关，由调压器控制塔釜的加热量与塔身的保温电流。

（4）本实验为全回流操作，待操作稳定后，才可用长针头注射器在上、下两个取样口取样分析。

（5）待正体系实验结束后，按计算再加入一定量的水，使之进入负体系含量范围，但加水量不宜过多，如水的浓度过高，绘制理论塔板时集中于图的右端。

（6）为保持正、负体系在相同的操作条件下进行实验，则应保持塔釜加热电压不变，塔身保温电流不变，以及塔顶冷却水量不变。

（7）同步骤（4），待操作稳定后，取样分析。

（8）实验结束，关闭电源及冷却水，待釜液冷却后倒入废液桶中。

本实验采用 NaOH 标准溶液滴定分析。

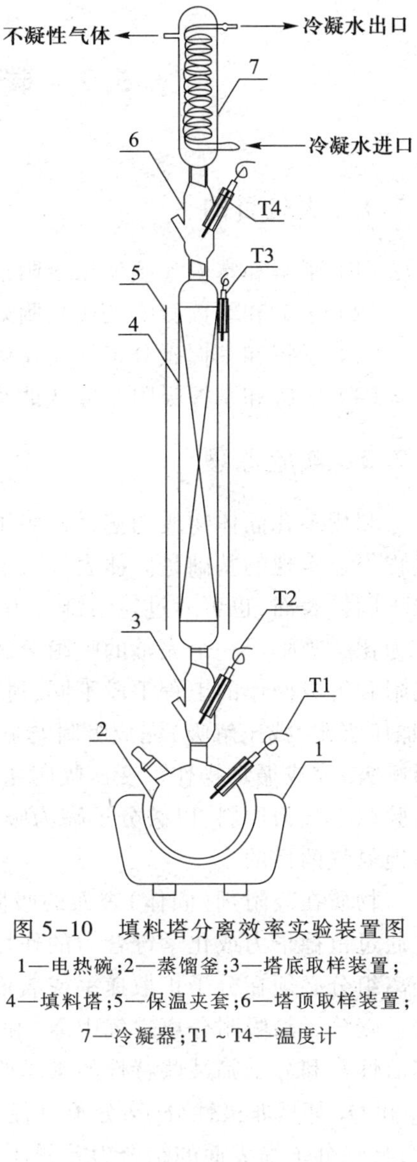

图 5-10 填料塔分离效率实验装置图

1—电热碗；2—蒸馏釜；3—塔底取样装置；4—填料塔；5—保温夹套；6—塔顶取样装置；7—冷凝器；T1～T4—温度计

5.6.5 数据记录及处理

（1）将实验数据及实验结果列表。

（2）根据水-甲酸体系的气液平衡数据，作出水-甲酸体系的 y-x 图；

（3）在图上画出全回流时正、负体系的理论塔板数；

（4）求出正、负体系相应的 *HETP*。

5.6.6 实验结果与讨论

（1）何谓正体系、负体系？正、负体系对填料塔的效率有何影响？

（2）从工程角度出发，讨论研究正、负体系对填料塔效率的影响有何意义？

（3）本实验通过怎样的方法，得出负体系的等板高度大于正系统的等板高度？

思考题

（1）设计一个实验方案，包括如何做正体系与负体系的实验，如何配制溶液（假定质量分数 85% 甲酸水溶液 500 mL，约 610 g）。

（2）为什么水-甲酸体系的 y-x 图中，共沸点的左边为正体系，右边为负体系？

（3）估计一下正、负体系范围内塔顶、塔釜溶液的浓度。

（4）操作中要注意哪些问题？

（5）提出分析试样甲酸含量的方案。

5.7 碳分子筛变压吸附提纯氮气

5.7.1 实验目的

（1）了解和掌握连续变压吸附过程的基本原理和流程。

（2）了解和掌握影响变压吸附效果的主要因素。

（3）了解和掌握碳分子筛变压吸附提纯氮气的基本原理。

（4）了解和掌握吸附床穿透曲线的测定方法和目的。

5.7.2 实验原理

利用多孔固体物质的选择性吸附分离和净化气体或液体混合物的过程称为吸附分离。吸附过程得以实现的基础是固体表面过剩能的存在，这种过剩能可通过范德华力的作用吸引物质附着于固体表面，也可通过化学键合力的作用吸引物质附着于固体表面，前者称为物理吸附，后者称为化学吸附。一个完整的吸附分离过程通常是由吸附与解吸（脱附）循环操作构成，由于实现吸附和解吸操作的工程手段不同，过程分为变压吸附和变温吸附，变压吸附是通过调节操作压力（加压吸附、减压解吸）完成吸附与解吸的操作循环，变温吸附则是通过调节温度（降温吸附、升温解吸）完成循环操作。变压吸附主要用于物理吸附过程，变温吸附主要用于化学吸附过程。本实验以空气为原料，以碳分子筛为吸附剂，通过变压吸附的方法分离空气中的氮气和氧气，达到提纯氮气的目的。

物质在吸附剂（固体）表面的吸附必须经过两个过程：一是通过分子扩散到达固体表面，二是通过范德华力或化学键合力的作用吸附于固体表面。因此，要利用吸附实现混合物的分离，被分离组分必须在分子扩散速率或表面吸附能力上存在明显差异。

碳分子筛吸附分离空气中 N_2 和 O_2 就是基于两者在扩散速率上的差异。碳分子筛是一种兼具活性炭和分子筛某些特性的碳基吸附剂。碳分子筛具有很小的微孔，孔径分布在 0.3 ~ 1 nm。N_2 和 O_2 都是非极性分子，分子直径十分接近（O_2 为 0.28 nm，N_2 为 0.3 nm），由于两者的物性相近，与碳分子筛表面的结合力差异不大，因此，从热力学（吸收平衡）角度看，碳分子筛对 N_2 和 O_2 的吸附并无选择性，难于使两者分离。然而，从动力学角度看，由于碳分子筛是一种速率分离型吸附剂，N_2 和 O_2 在碳分子筛微孔内的扩散速率存在明显差异，如：35℃时，O_2 的扩散速率比 N_2 快 30 倍，因此当空气与碳分子筛接触时，O_2 将优先吸附于碳分子筛而从空气中分离出来，使得 N_2 得以提纯。由于该吸附分离过程是一个速率控制的过程，因此，吸附时间的控制（即吸附-解吸循环速率的控制）非常重要。当吸附剂用量、吸附压力、气体流量一定时，适宜的吸附时间可通过测定吸附柱的穿透曲线来确定。

所谓穿透曲线就是出口流体中被吸附物质（即吸附质）的浓度随时间的变化曲线。恒温固定床吸附器的穿透曲线如图 5-11 所示。由图可见，吸附质的出口浓度变化呈 S 形曲线，在曲线的下拐点（*a* 点）之前，吸附质的浓度基本不变（控制在要求的浓度之下），此时，出口产品是合格的。越过下拐点之后，吸附质的浓度随时间增加，到达上拐点（*b* 点）后趋于进口浓度，此时，床层已趋于饱和,通常将下拐点(a 点)称为穿透点,上拐点(b 点)称为饱和点。通常将出口浓度达到进口浓度的95%的点确定为饱和点,而穿透点的浓度应根据产品质量要求来定,一般略高于目标值。本实验要求 N_2 的含量≥97%,即出口 O_2 含量应≤3%,因此,将穿透点定为 O_2 含量在2.5%~3.0%。

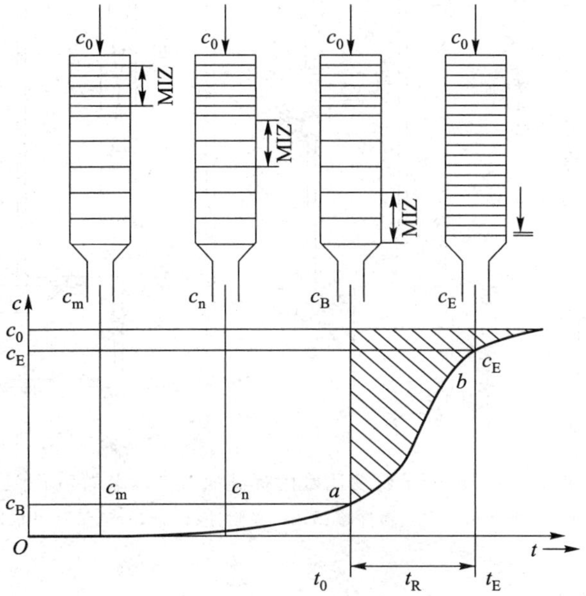

图 5-11 恒温固定床吸附器的穿透曲线

为确保产品质量,在实际生产中吸附柱有效工作区应控制在穿透点之前,因此,穿透点(a 点)的确定是吸附过程研究的重要内容。利用穿透点对应的时间(t_0)可以确定吸附装置的最佳吸附操作时间和吸附剂的动态吸附量,而动态吸附容量是吸附装置设计放大的重要依据。

动态吸附容量的定义为:从吸附开始直至穿透点(a 点)的时段内,单位量的吸附剂对吸附质的吸附量(即吸附质的质量/吸附剂质量或体积)。

5.7.3 实验装置及流程

变压吸附装置由两根可切换操作的吸附柱(A 柱、B 柱)构成,吸附柱尺寸为 ϕ36 mm×450 mm,吸附剂为碳分子筛,各柱碳分子筛的装填量为247 g。

本实验实验装置流程图如图5-12所示,来自空气压缩机的空气原料经脱油器脱油和硅胶脱水后进入吸附柱,气流的切换通过电磁阀由计算机在线自动控制。在计算机控制面板上,有两个可自由设定的时间窗口 $K1$ 和 $K2$,所代表的含义分别为

$K1$——表示吸附和解吸的时间(注:吸附和解吸在两个吸附柱分别进行);

$K2$——表示吸附柱充压和串联吸附操作时间。

解吸过程分为两步,首先是常压解吸,随后进行真空解吸。

气体分析:出口气体中的 O_2 含量通过 CYES-Ⅱ型氧气分析仪测定。

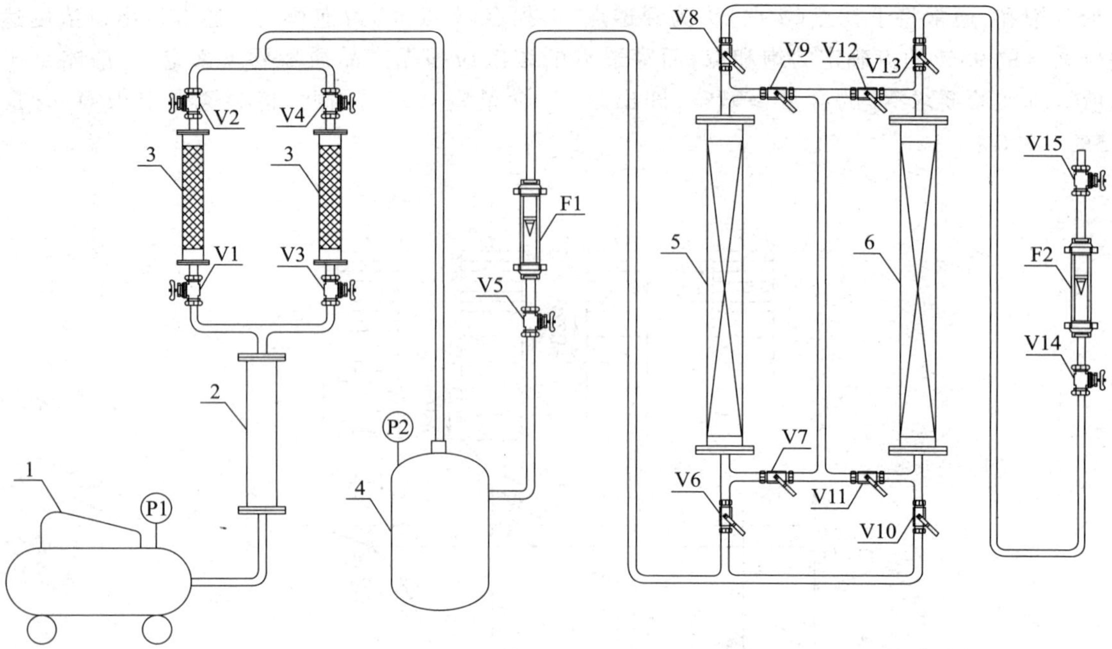

图 5-12　碳分子筛变压吸附提纯氮气实验装置流程图

1—空气压缩机；2—脱油器；3—干燥器；4—空气缓冲罐；5，6—吸附柱；F1，F2—流量计；P1，P2—压力计；V1～V15—阀门

5.7.4　实验方法及步骤

（1）实验准备：检查空气压缩机、真空泵、吸附设备和计算机控制系统之间的连接是否到位，氧气分析仪是否校正，15支取样针筒是否备齐。

（2）接通空气压缩机电源，开启吸附装置上的电源。

（3）开启真空泵上的电源开关，然后在计算机面板上启动真空泵。

（4）调节空气压缩机出口稳压阀，使输出压力稳定在0.5 MPa（表压0.4 MPa）。

（5）调节气体流量阀，将流量控制在3.0 L·h^{-1}左右。

（6）将计算机面板上的时间窗口分别设定为 $K1=600$ s，$K2=5$ s，启动设定框下方的开始按钮，系统运行30 min后，开始测定穿透曲线。

（7）穿透曲线测定方法：系统运行30 min后，观察计算机操作屏幕，从操作状态进入 $K1$ 的瞬间开始，迅速按下面板上的计时按钮，然后，每隔1 min用针筒在取样口处取样分析一次（若 $K1=600$ s，取10个样），记录取样时间与试样氧含量的关系，同时记录吸附压力、温度和气体流量。

（8）改变气体流量，将流量提高到6.0 L·h^{-1}，然后重复步骤（6）和（7）。

（9）调节空气压缩机出口气体减压阀，将气体压力升至0.7 MPa（表压0.6 MPa），重复步骤（5）～（7）。

（10）停车。

① 先按下 $K1$，$K2$ 设定框下方的停止操作按钮，将时间参数重新设定为 $K1=120$ s，$K2=5$ s，然后启动设定框下方的开始按钮，让系统运行10～15 min。

② 系统运行 10 ~ 15 min 后，按下计算机面板上停止操作按钮，停止吸附操作。

③ 在计算机控制面板上关闭真空泵，然后关闭真空泵上的电源。

④ 关闭空气压缩机电源。

注意事项

(1) 每次取样 8 ~ 10 mL，将针筒对准取样口，取样阀旋钮可调节气体流量大小。

(2) 取样后将针筒拔下，迅速用橡胶套封住针筒的开口处，以免空气渗入，影响分析结果。

5.7.5 数据记录及处理

1. 实验数据记录

吸附温度 T:________℃，压力 p:________ MPa，气体流量 q_V:________ $L \cdot h^{-1}$。

本实验测定数据可参考表 5-10 进行记录。

表 5-10 穿透曲线测定数据

序号	压力 p=0.5 MPa				序号	压力 p=0.7 MPa			
	气体流量=3.0 $L \cdot h^{-1}$		气体流量=6.0 $L \cdot h^{-1}$			气体流量=3.0 $L \cdot h^{-1}$		气体流量=6.0 $L \cdot h^{-1}$	
	吸附时间/s	出口氧含量/%	吸附时间/s	出口氧含量/%		吸附时间/s	出口氧含量/%	吸附时间/s	出口氧含量/%
1					1				
2					2				
⋮					⋮				
10					10				

2. 实验数据处理

(1) 根据实验数据，在同一张图上标绘两种气体流量下的吸附穿透曲线。

(2) 若将出口氧含量为 3.0% 的点确定为穿透点，请根据穿透曲线确定不同操作条件下穿透点出现的时间 t_0，并由下式计算不同条件下的动态吸附容量，记录于表 5-11。

$$G=\frac{q_{V,N}\times\frac{29}{22.4}\times t_0\times(y_0-y_B)}{m} \tag{5-37}$$

$$q_{V,N}=\frac{T_0\times p}{T\times p_0}\times q_V \tag{5-38}$$

式中：G——动态吸附容量(氧气质量/吸附剂质量)，$g \cdot g^{-1}$；

$q_{V,N}$——标准状态下的气体流量，$L \cdot min^{-1}$；

t_0——达到穿透点的时间，s；

y_0——空气中氧气的含量(质量分数)；

y_B——穿透点处，氧气的出口含量(质量分数)；

m——碳分子筛吸附剂的质量，g；

T——实际操作温度，K；

T_0——标准状态下的温度,K;

p——实际操作压力,MPa;

p_0——标准状态下的压力,MPa;

q_V——实际气体流量,$L \cdot min^{-1}$。

表 5-11　不同条件下的动态吸附容量

序号	吸附压力 MPa	吸附温度 ℃	实际气体流量 $L \cdot min^{-1}$	穿透时间 min	动态吸附容量 $g \cdot g^{-1}$
1					
2					
⋮					

5.7.6　实验结果与讨论

(1) 在本实验装置中,一个完整的吸附循环包括哪些操作步骤?

(2) 气体的流量对吸附剂的穿透时间和动态吸附容量有何影响?为什么?

(3) 吸附压力对吸附剂的穿透时间和动态吸附容量有何影响?为什么?

(4) 根据实验结果,你认为本实验装置的吸附时间应该控制在多少合适?

(5) 该吸附装置在提纯 N_2 的同时,还具有富集 O_2 的作用,如果实验目的是为了获得富集的 O_2,实验装置及操作方案应做哪些改动?

思考题

(1) 碳分子筛变压吸附提纯氮气的原理什么?

(2) 本实验为什么采用变压吸附而非变温吸附?

(3) 如何通过实验来确定本实验装置的最佳吸附时间?

(4) 吸附剂的动态吸附容量是如何确定的?必须通过实验测定哪些参数?

(5) 本实验为什么不考虑吸附过程的热效应?哪些吸附过程必须考虑热效应?

5.8　一氧化碳中温-低温串联变换反应

5.8.1　实验目的

(1) 进一步理解多相催化反应有关知识,初步接触工艺设计思想。

(2) 掌握气固相催化反应动力学实验研究方法及催化剂活性的评比方法。

(3) 获得两种催化剂上变换反应的速率常数 k_T 与活化能 E_a。

5.8.2　实验原理

一氧化碳变换是煤化工工艺中的重要工序,在合成氨、甲醇生产中有很重要的作用。合成氨或者甲醇生产的主要原料是氢气，一氧化碳正是通过变换系统提供制造氢气的原料。本实验模拟一氧化碳中温-低温串联变换反应过程，用直流流动法同时测定中温变换铁基催化剂与低温变换铜基催化剂的相对活性。

一氧化碳的变换反应为

$$CO+H_2O \rightleftharpoons CO_2+H_2$$

反应必须在催化剂存在的条件下进行。中温变换采用铁基催化剂，反应温度为 350 ~ 500℃；低温变换采用铜基催化剂，反应温度为 220 ~ 320 ℃。

设反应前气体混合物中各组分干基摩尔分数为 $y^0_{CO,d}$，$y^0_{CO_2,d}$，$y^0_{H_2,d}$，$y^0_{N_2,d}$；初始水汽比为 R_0；反应后气体混合物中各组分干基摩尔分数为 $y_{CO,d}$，$y_{CO_2,d}$，$y_{H_2,d}$，$y_{N_2,d}$，一氧化碳的转化率为

$$\alpha=\frac{y^0_{CO,d}-y_{CO,d}}{y^0_{CO,d}(1+y_{CO,d})}=\frac{y_{CO_2,d}-y^0_{CO_2,d}}{y^0_{CO,d}(1-y_{CO_2,d})} \tag{5-39}$$

式中：α——一氧化碳的转化率；

$y^0_{CO,d}$——反应前气体混合物中一氧化碳干基摩尔分数；

$y_{CO,d}$——反应后气体混合物中一氧化碳干基摩尔分数；

$y^0_{CO_2,d}$——反应前气体混合物中二氧化碳干基摩尔分数；

$y_{CO_2,d}$——反应后气体混合物中二氧化碳干基摩尔分数。

根据研究，铁基催化剂上一氧化碳中温变换反应本征动力学方程可表示为

$$r_1=-\frac{dq_{n,CO}}{dm}=k_{T_1}p_{CO}p_{CO_2}^{-0.5}\left(1-\frac{p_{CO_2}p_{H_2}}{K_p p_{CO}p_{H_2O}}\right)=k_{T_1}f_1(p_i) \tag{5-40}$$

式中：r_1——反应速率，$mol \cdot g^{-1} \cdot h^{-1}$；

$q_{n,CO}$——CO 的摩尔流量，$mol \cdot h^{-1}$；

m——催化剂质量，g；

k_{T_1}——反应速率常数，$mol \cdot g^{-1} \cdot h^{-1} \cdot Pa^{-0.5}$；

p_i——各组分的分压，Pa；

K_p——以分压表示的平衡常数。

铜基催化剂上一氧化碳低温变换反应本征动力学方程可表示为

$$r_2=-\frac{dq_{n,CO}}{dm}=\frac{dq_{m,CO_2}}{dm}=k_{T_2}p_{CO}p_{H_2O}^{0.2}p_{CO_2}^{-0.5}p_{H_2}^{-0.2}\left(1-\frac{p_{CO_2}p_{H_2}}{K_p p_{CO}p_{H_2O}}\right)$$

$$=k_{T_2}f_2(p_i) \tag{5-41}$$

$$K_p=\exp\left[2.3026\times\left(\frac{2185}{T}-\frac{0.1102}{2.3026}\ln T+0.6218\times10^{-3}T-1.0604\times10^{-7}T_2-2.218\right)\right] \tag{5-42}$$

式中：r_2——反应速率，$mol \cdot g^{-1} \cdot h^{-1}$；

$q_{n,CO}$，q_{m,CO_2}——CO，CO_2 的摩尔流量，$mol \cdot h^{-1}$；

m——催化剂质量，g；

k_{T_2}——反应速率常数，$mol \cdot g^{-1} \cdot h^{-1} \cdot Pa^{-0.5}$；

p_i——各组分的分压，Pa；

K_p——以分压表示的平衡常数；

T——反应温度，K。

在恒温下，由积分反应器的实验数据，可按下式计算反应速率常数 k_{T_i}：

$$k_{T_i}=\frac{q_{V,0,i}y_{CO}^0}{22.4m}\int_0^{\alpha_{i出}}\frac{d\alpha_i}{f_i(p_i)} \tag{5-43}$$

式中：k_{T_i}——反应速率常数，$mol \cdot g^{-1} \cdot h^{-1} \cdot Pa^{-0.5}$；

$q_{V,0,i}$——反应器入口湿基标准态体积流量，$L \cdot h^{-1}$；

y_{CO}^0——反应器入口 CO 湿基摩尔分数；

m——催化剂质量，g；

$\alpha_{i出}$——中变或低变反应器出口一氧化碳的转化率。

采用图解法或编制程序计算，就可由式(5-43)得某一温度下的反应速率常数值。测得多个温度的反应速率常数值，根据阿累尼乌斯方程 $k_T=k_0e^{-\frac{E_a}{RT}}$即可求得指前因子 k_0 和活化能 E。

由于中变以后引出部分气体分析，故低变气体的流量需重新计量，低变气体的入口组成需由中变气体经物料衡算得到，即等于中变气体的出口组成：

$$y_{1H_2O}=y_{H_2O}^0-y_{CO}^0\alpha_1 \tag{5-44}$$

$$y_{1CO}=y_{CO}^0(1-\alpha_1) \tag{5-45}$$

$$y_{1CO_2}=y_{CO_2}^0+y_{CO}^0\alpha_1 \tag{5-46}$$

$$y_{1H_2}=y_{H_2}^0+y_{CO}^0\alpha_1 \tag{5-47}$$

$$q_{V,2}=q_{V,1}-q_{V,分}=q_{V,0}-q_{V,分} \tag{5-48}$$

$$q_{V,分}=q_{V,分,d}(1+R_1)=q_{V,分,d}\frac{1}{1-(y_{H_2O}^0-y_{CO}^0\alpha_1)} \tag{5-49}$$

式中：y_{1i}——i 组分中变出口湿基摩尔分数；

y_i^0——i 组分中变入口湿基摩尔分数；

α_1——中变反应器中一氧化碳的转化率；

$q_{V,0}$——中变反应器入口气体湿基体积流量，$L \cdot h^{-1}$；

$q_{V,1}$——中变反应器中湿基气体的体积流量，$L \cdot h^{-1}$；

$q_{V,分}$——中变后引出分析气体的湿基体积流量，$L \cdot h^{-1}$；

$q_{V,2}$——低变反应器中湿基气体的体积流量，$L \cdot h^{-1}$；

$q_{V,分,d}$——中变后引出分析气体的干基体积流量，$L \cdot h^{-1}$。

转子流量计计量的 $q_{V,分,d}$，需进行分子量换算，从而需求出中变出口各组分干基摩尔分数 $y_{1i,d}$：

$$y_{1CO,d}=\frac{y_{CO,d}^0(1-\alpha_1)}{1+y_{CO,d}^0\alpha_1} \tag{5-50}$$

$$y_{1CO_2,d}=\frac{y_{CO_2,d}^0+y_{CO,d}^0\alpha_1}{1+y_{CO,d}^0\alpha_1} \tag{5-51}$$

$$y_{1H_2,d}=\frac{y_{H_2,d}^0+y_{CO,d}^0\alpha_1}{1+y_{CO,d}^0\alpha_1} \tag{5-52}$$

$$y_1 = \frac{y_{N_2,d}^0}{1+y_{CO,d}^0\alpha_1} \tag{5-53}$$

与中变计算方法相同,可得到低变反应速率常数及活化能数据。

5.8.3 实验装置及流程

本实验实验装置流程图见图 5-13。实验用原料气 N_2,H_2,CO_2,CO 取自钢瓶,四种气体分别经过净化后,由稳压器稳定压力,经过各自的流量计计量后,汇成一股,放空部分多余气体。所需流量的气体进脱氧槽脱除微量氧,经总流量计计量,进入水饱和器,定量加入水汽,再由保温管进入中变反应器。反应后的少量气体引出冷却、分离水分后进行计量、分析,大量气体再送入低变反应器,反应后的气体冷却分离水分,经分析后排放。

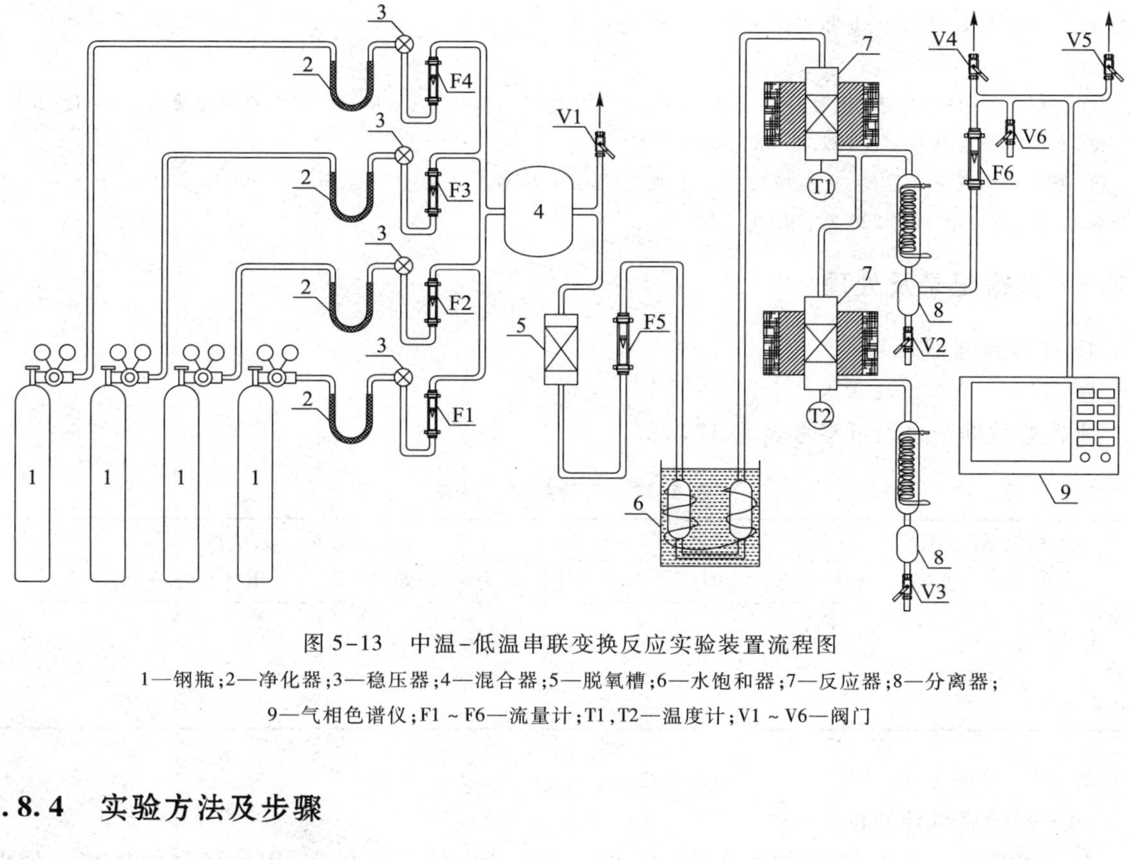

图 5-13 中温-低温串联变换反应实验装置流程图

1—钢瓶;2—净化器;3—稳压器;4—混合器;5—脱氧槽;6—水饱和器;7—反应器;8—分离器;9—气相色谱仪;F1 ~ F6—流量计;T1,T2—温度计;V1 ~ V6—阀门

5.8.4 实验方法及步骤

1. 开车

(1) 检查系统是否处于正常状态。

(2) 开启氮气钢瓶,置换系统约 5 min。

(3) 接通电源,使反应器温度缓慢上升,同时把脱氧槽缓慢升温至 200 ℃,恒定。

(4) 中、低变反应床层温度升至 100 ℃时,开启管道保温控制仪,开启水饱和器,同时打开冷却水,管道保温,水饱和器温度恒定在实验温度下。

(5) 调节中、低变反应器温度到实验条件后,切换成原料气,稳定 20 min 左右,随后进行分析，记录实验条件和分析数据。

2. 停车

(1) 关闭原料气钢瓶，切换成氮气，关闭反应器控温仪。

(2) 稍后关闭水饱和器加热电源，置换水浴热水。

(3) 关闭管道保温，待反应床层温度低于200℃，关闭脱氧槽加热电源，关闭冷却水，关闭氮气钢瓶，关闭各仪表电源及总电源。

注意事项

(1) 由于实验过程有水蒸气加入，为避免水蒸气在反应器内冷凝使催化剂结块，必须在反应床层温度升至150 ℃以后才能启用水饱和器，而停车时，在反应床层温度降到150 ℃以前关闭饱和器。

(2) 在无水条件下，原料气会将催化剂过度还原而使之失活，故在原料气通入系统前要先加入水蒸气；停车时相反，必须先切断原料气，后切断水蒸气。

(3) 实验条件：

① 控制 CO，CO_2，H_2，N_2 流量分别为 2～4 L·h^{-1}，总流量为 8～15 L·h^{-1}，中变出口分流量为 2～4 L·h^{-1}。

② 水饱和器温度控制在(72.8～80.0)±0.1 ℃。

③ 催化剂反应床层温度：反应器内中变催化剂反应床层温度先后控制在360℃，390℃，420℃，低变催化剂反应床层温度先后控制在220 ℃，240 ℃，260 ℃。

5.8.5　数据记录及处理

1. 实验数据记录

室温：________，大气压：________。

本实验数据记录表可参考表5-12。

表5-12　实验数据记录表

序号	反应温度/℃		体积流量/(L·h^{-1})						水饱和器温度/℃	系统静压/Pa	CO_2 分析值/%	
	中变	低变	CO	CO_2	H_2	N_2	总	分			中变	低变
1												
2												
⋮												

2. 实验数据处理

(1) 转子流量计的校正

转子流量计直接用20 ℃的水或20 ℃，0.1 MPa的空气进行标定，因此各气体体积流量需校正。

$$\rho_i=\frac{pM_i}{RT},\quad q_{V,i}=q_{V,i,\text{读}}\sqrt{\frac{\rho_f-\rho_i}{\rho_f-\rho_0}\cdot\frac{\rho_0}{\rho_i}} \tag{5-54}$$

式中：ρ_i——i 组分气体密度，kg·m^{-3}；

M_i——i 组分气体摩尔质量，kg·mol^{-1}；

$q_{V,i}$——i 组分气体的校正体积流量，L·h^{-1}；

$q_{V,i,读}$——i 组分气体的转子流量计读数，$L \cdot h^{-1}$；

ρ_f——转子密度，$kg \cdot m^{-3}$；

ρ_0——标定流体的密度，$kg \cdot m^{-3}$。

（2）水汽比的计算

$$R_0 = \frac{p_{H_2O}}{p_a + p_g - p_{H_2O}} \tag{5-55}$$

式中：水的饱和蒸气压 p_{H_2O} 用安托因公式计算，即

$$\ln p_{H_2O} = A - \frac{B}{C+t} \tag{5-56}$$

式中：$A=7.074\ 06$；$B=1\ 657.16$；$C=227.02$（10～168℃）。

5.8.6 实验结果与讨论

（1）在进行本征动力学测定时，应用哪些原则选择实验条件？

（2）分析本实验中的误差来源与影响程度。

思考题

（1）实验系统中气体如何净化？

（2）氮气在实验中的作用？

（3）水饱和器的作用和原理是什么？

（4）反应器采用哪种形式？

（5）本实验反应后为什么只分析一个量？

（6）试分析实验操作过程中应注意哪些事项？

5.9 催化反应精馏法制甲缩醛

5.9.1 实验目的

（1）了解反应精馏工艺过程的特点，增强工艺与工程相结合的观念。

（2）掌握采用反应精馏技术进行工艺技术开发的基本方法。

（3）熟悉反应精馏过程的基本原理及进行工艺条件试验的基本思路和方法。

（4）学会用正交设计的方法，设计合理的实验方案，并进行工艺条件的优选。

（5）了解采用反应精馏技术进行甲缩醛制备的实验原理及方法。

（6）了解反应精馏塔的结构、塔中温度和各组分浓度分布规律。

（7）掌握气相色谱仪的使用方法。

5.9.2 实验原理

化工过程一般由反应、分离等单元过程组合而成。对于可逆反应，反应的转化率受到平衡转化率的限制；而以中间产物为目的产物的串联反应，为了追求反应的高选择性，反应转化率需要

人为控制。如果在反应的同时将产物与反应物进行及时分离,即可打破可逆反应的化学平衡,避免串联反应的深度进行,从而得到反应的高转化率。

反应精馏法是一种集反应与分离为一体的特殊精馏技术,该工艺技术将反应过程与分离设备的工程特性有机结合在一起,既能利用精馏的分离作用提高反应的平衡转化率、抑制串联副反应的发生,又能利用放热反应的热效应降低精馏的能耗,强化传质。因此,这是典型的工程与工艺结合的工艺,在化工生产中得到越来越广泛的应用。

本实验以甲醛与甲醇缩合生产甲缩醛的反应为对象进行反应精馏工艺的研究。合成甲缩醛的反应为

$$2CH_3OH+CH_2O \xlongequal{} C_3H_6O+2H_2O$$

该反应是在酸催化(硫酸、分子筛、离子交换树脂等)条件下进行的可逆放热反应,受平衡转化率的限制,具有如下特点:

(1) 可逆放热;

(2) 反应物系中各组分相对挥发度的大小次序为

$$\alpha_{甲缩醛}>\alpha_{甲醇}>\alpha_{甲醛}>\alpha_{水}$$

由于此反应为可逆过程,受平衡转化率的限制,若采用传统的制备方法,存在如下问题:

(1) 转化率低,只能达到60%左右。

(2) 必须使用高浓度的甲醛为原料,即质量分数大于38%的甲醛溶液。

(3) 未反应的稀甲醛溶液回收困难,且设备腐蚀问题严重。

为解决这些问题,根据甲缩醛合成反应的第二个特点,利用反应物与主、副产物之间相对挥发度的差异,开发了反应精馏法制备甲缩醛的新工艺,利用精馏的作用,将产物及时移出反应区,提高反应的平衡转化率,同时,在塔顶获得高纯度的甲缩醛产品。此外,采用反应精馏法还有如下优点:

(1) 在合理的工艺及设备条件下,可从塔顶直接获得合格的甲缩醛产品。

(2) 反应和分离在同一设备中进行,可节省设备费用和操作费用。

(3) 未反应热直接用于精馏过程,可降低能耗。

(4) 由于精馏的提浓作用,对原料甲醛的含量要求降低,质量分数为7%～38%的甲醛溶液均可直接使用。

本实验采用的反应精馏塔为填料塔,该塔分为上、下两段。将含有硫酸催化剂,按一定配比配制的甲醇、甲醛溶液从塔的中部加入塔内。在催化剂作用下,甲醇、甲醛发生缩合反应,生成甲缩醛和水。由于精馏作用的存在,甲缩醛向上移动,而水则向下移动,使甲醇、甲醛反应区域内的产物浓度降低,保证反应以较快的速率向正反应方向进行。

实验采用连续操作的反应精馏装置,考察原料甲醛的含量、甲醛与甲醇的配比、催化剂含量、回流比等因素对塔顶产物甲缩醛的纯度和生成速率的影响,从中优选出最佳的工艺条件。实验中,各因素水平变化的范围是:甲醛溶液质量分数12%～38%,$n_{甲醛}:n_{甲醇}$(物质的量之比)1∶8～1∶2,催化剂质量分数1%～3%,回流比5～15。由于实验涉及多因子、多水平的优选,故采用正交实验设计的方法组织实验,通过数据处理、方差分析,确定主要因素和优化条件。

5.9.3　实验装置及流程

本实验采用用气相色谱热导池检测法分析产物含量。实验中使用蠕动计量泵恒定进料,调

压电热碗加热,通过时间分配器和磁铁摆针调节回流比,提高实验可靠性。

本实验装置流程图如图5-14所示。实验装置由以下几个部分组成:

反应精馏塔:从上而下依次是精馏段、反应段、提馏段,全塔为带夹套玻璃塔,塔内径为25 mm,塔高约2.4 m,内装 $\phi 3$ mm的玻璃弹簧填料;

塔釜:1 000 mL的四颈烧瓶;

冷凝头:蛇形玻璃冷凝器;

电热碗:功率为1 000 W;

调压器:调节输出电压,控制塔釜加热量;

温度显示仪:用5台热电偶温度显示仪依次显示塔顶、精馏段、反应段、提馏段、塔釜的真实温度;

蠕动计量泵:2台,通过调节电动机转速来控制原料的加入量,使用前需进行流量校正;

时间分配器:通过时间分配器设定回流与采出的时间,控制回流比;

磁铁摆针:受时间分配器控制,摆针受磁力作用左右摆动,实现塔顶冷凝液的采出与回流。

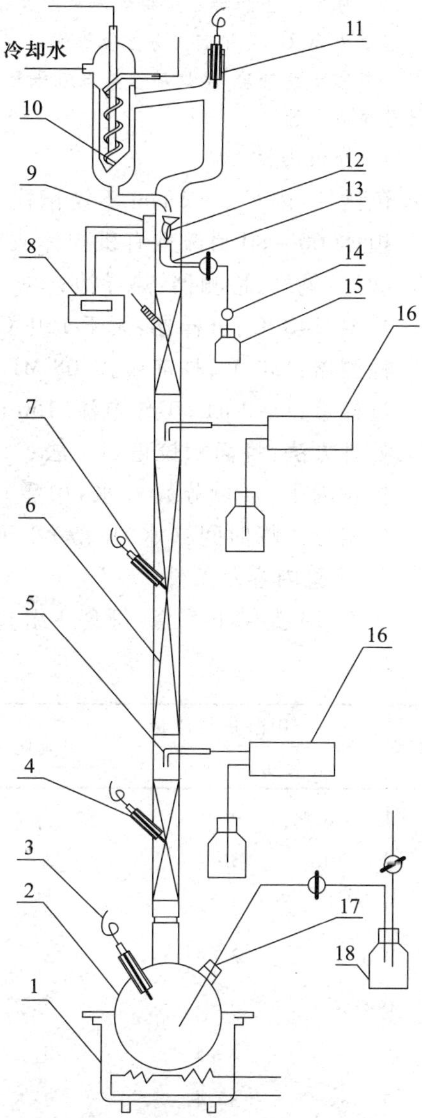

图5-14 催化精馏实验装置流程图

1—电热碗;2—塔釜;3,4,7,11—温度计;5—进料口;6—填料;8—时间继电器;9—电磁铁;10—冷凝器;12—回流摆体;13—计量杯;14—数滴滴球;15—产品槽;16—蠕动计量泵;17—塔釜出料口;18—釜液储瓶

5.9.4 实验方法及步骤

1. 原料准备

(1) 在甲醛水溶液中分别加入质量分数1%,2%,3%的浓硫酸作为催化剂。

(2) 甲醇选用化学纯或工业甲醇。

2. 操作准备

检查精馏塔进、出料系统各管线上的阀门开闭状态是否正常。向塔釜加入400 mL,约10%的甲醇溶液。调节计量泵,分别标定原料甲醛和甲醇的进料流量,甲醇的体积流量控制在4 ~5 mL · min^{-1}。

3. 实验操作

(1) 先开启塔顶冷却水,再开启塔釜加热器,加热量要逐步增加,不宜过猛。当塔头有凝液后,全回流操作约20 min。

(2) 按选定的实验条件,开始进料,同时将回流比控制器设置到给定的数值。进料后,仔细观察并跟踪记录塔内各点的温度变化,测定并记录塔顶与塔釜的出料速度,调节出料量,使系统物料平衡。待塔顶温度稳定后,每隔15 min取一次塔顶、塔釜试样,分析其组成,共取样2 ~3 次,取其平均值作为实验结果。

(3) 依正交实验计划表,改变实验条件,重复步骤

(2),可获得不同条件下的实验结果。

(4) 实验完成后,切断进、出料,停止加热,待塔顶不再有凝液回流时,关闭冷却水。

注意事项

(1) 设定时间分配器时,为减小摆针晃动的影响,要求采出时间≥3 s。

(2) 每次停止加料后应将塔内甲缩醛排尽,以免影响下一次实验,将回流比调为1∶1,继续塔顶采出,直至塔顶温度为60℃,关闭回流分配器开关。

(3) 实验结束后,将蠕动计量泵管卡松开,卸下胶管,同时将管内原料倒回瓶中,以免胶管变形或破裂,使蠕动计量泵头腐蚀。

4. 分析方法

色谱柱:内径2~3 mm不锈钢柱,柱长:2 m;

担体:60~80目改性有机担体或上试402、401有机担体;

载气:氢气;检测器:热导池;

柱温:140 ℃;进样器:大于150 ℃;

检测器:150 ℃;柱前压:0.08 MPa左右;

进样量:1~2 μL;工作电流:150 mA;

处理方法:峰面积校正归一法;

校正因子(质量分数)(水+甲醇)为1,甲缩醛为1.85;

各组分出峰时间:(水+甲醇)小于0.5min,甲缩醛约为1min。

5. 实验内容及条件

表5-13提供了5套(每套2组)实验条件,请任选一套实验,并根据规定的条件开展实验。

表5-13　实验安排表

实验方案	甲醛进料流量 / $mL\cdot min^{-1}$	回流比	催化剂质量分数/%	甲醛质量分数/%	$n_{醇}:n_{醛}$	塔顶采出/g
1	3~4	3	1	19	3∶1	1.0~1.5
2	3~4	3	1	38	3∶1	1.0~1.5
3	3~4	3	1	38	3∶1	1.0~1.5
4	3~4	3	2	38	3∶1	1.0~1.5
5	3~4	3	1	38	2∶1	1.0~1.5
6	3~4	3	2	38	4∶1	1.0~1.5
7	3~4	2	1	38	3∶1	1.0~1.5
8	3~4	4	2	38	3∶1	1.0~1.5
9	3~4	3	1	38	3∶1	1.0~1.5
10	3~4	3	1	38	3∶1	1.5~2.0

6. 设备运行数据记录

流量校正可参考表5-14、表5-15。

表 5-14 甲醇进料

序号	刻度	时间/s	体积/mL	流量/(mL·min^{-1})
1				
2				
⋮				

表 5-15 甲醛进料

序号	刻度	时间/s	体积/mL	流量/(mL·min^{-1})
1				
2				
⋮				

温度记录参考表 5-16。

表 5-16 温度记录

序号	时间/min	塔顶/℃	精馏段/℃	反应段/℃	提馏段/℃	塔釜/℃
1						
2						
⋮						

取样记录参考表 5-17。

表 5-17 取样记录

序号	时间/mim	预定采出率/(g·min^{-1})	实际采出率/(g·min^{-1})	甲缩醛质量分数/%
1				
2				
⋮				

5.9.5 数据记录及处理

(1) 列出实验原始数据记录表,计算甲缩醛的收率。

甲缩醛收率计算式:

$$\eta=\frac{q_{m,d}w_d+q_{m,f}w_f}{q_{m,w}w_w}\frac{M_1}{M_0}\times100\% \tag{5-57}$$

式中:η——甲缩醛的收率;

w_d——塔顶馏出液中甲缩醛的质量分数;

w_w——塔釜出料中甲缩醛的质量分数;

w_f——进料中甲醛的质量分数;

$q_{m,d}$——塔顶馏出液的质量流量,g·min^{-1};

$q_{m,f}$——进料甲醛水溶液的质量流量，$g \cdot min^{-1}$；

$q_{m,w}$——塔釜出料的质量流量，$g \cdot min^{-1}$；

M_1，M_0——甲醛、甲缩醛的相对分子质量。

（2）绘制全塔温度分布图，绘制甲缩醛收率和纯度与回流比的关系图。

（3）以甲缩醛收率为实验指标，列出正交实验结果表，运用方差分析确定最佳工艺条件。

5.9.6　实验结果与讨论

（1）反应精馏塔内的温度分布有什么特点？随原料甲醛质量分数和催化剂质量分数的变化，反应段温度如何变化？这个变化说明了什么？

（2）根据塔顶产品纯度与回流比的关系，以及塔内温度分布的特点，讨论反应精馏与普通精馏有何异同。

（3）本实验在制订正交实验计划表时没有考虑各因素间的交互影响，你认为是否合理？若不合理，应该考虑哪些因素间的交互作用？

（4）要提高甲缩醛的收率可采取哪些措施？

思考题

（1）采用反应精馏工艺制备甲缩醛，从哪些方面体现了工艺与工程相结合所带来的优势？

（2）是不是所有的可逆反应都可以采用反应精馏工艺来提高平衡转化率？为什么？

（3）在反应精馏塔中，塔内各段的温度分布主要由哪些因素决定？

（4）反应精馏塔操作中，甲醛和甲醇加料位置的确定根据什么原则？为什么催化剂硫酸要与甲醛而不是甲醇一同加入？实验中，甲醛原料的进料体积流量如何确定？

（5）若以产品甲缩醛的收率为实验指标，实验中应采集和测定哪些数据？请设计一张实验原始数据记录表。

（6）若不考虑甲醛质量分数、原料配比、催化剂质量分数、回流比这四个因素间的交互作用，请设计一张三水平的正交实验计划表。

5.10　交流阻抗技术测量聚合物电解质膜的离子电导率

5.10.1　实验目的

（1）了解交流阻抗技术测试聚合物电解质膜的离子电导率的基本原理，并掌握测量方法。

（2）测试不同温度下聚合物电解质膜的离子电导率，根据电导率与温度的关系研究其导电机理。

5.10.2　实验原理

交流阻抗技术是一种以小振幅的正弦波电位（或电流）为扰动信号，叠加在外加直流电压上，作用于被测电化学体系，通过测量体系在较宽频率范围的阻抗谱，获得研究体系相关动力学信息及电极/电解质界面结构信息的电化学测量方法。例如，可从阻抗谱中含有时间常数个数及其大小推测影响电极过程的状态变化情况,可以从阻抗谱观察电极过程中有无传质过程的影响等。

本实验采用交流阻抗技术测试聚合物电解质膜的离子电导率。测试体系的等效电路示于图 5-15。其中 C_{dl}是双电层电容,由电极/电解质界面等量的异性电荷形成,C_g 是两个平行电极构成的几何电容,它的数值较双电层电容 C_{dl}小。R_b 为电解质膜的本体电阻。

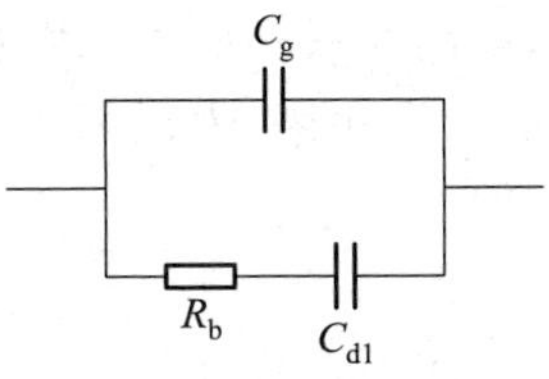

图 5-15 测试体系的等效电路

由图 5-15 所示等效电路计算得相应的阻抗值:

$$Z=\frac{C_{dl}^2R_b}{(C_g+C_{dl})^2+\omega^2C_{dl}^2C_g^2R_b^2}-j\frac{C_g+C_{dl}+\omega^2C_{dl}^2C_g^2R_b^2}{\omega(C_g+C_{dl})^2+\omega^3C_{dl}^2C_g^2R_b^2} \tag{5-58}$$

其中,实部:

$$Z'=\frac{C_{dl}^2R_b}{(C_g+C_{dl})^2+\omega^2C_{dl}^2C_g^2R_b^2} \tag{5-59}$$

虚部:

$$-Z''=\frac{C_g+C_{dl}+\omega^2C_{dl}^2C_g^2R_b^2}{\omega(C_g+C_{dl})^2+\omega^3C_{dl}^2C_g^2R_b^2} \tag{5-60}$$

在低频区 $\omega\to0$,式(5-59)简化为

$$Z'=\frac{C_{dl}^2R_b}{(C_g+C_{dl})^2} \tag{5-61}$$

当 $C_{dl}\gg C_g$ 时,则 $C_g/C_{dl}\to0$,得

$$Z'=R_b \tag{5-62}$$

此时,图 5-15 简化成纯电阻 R_b,在复平面图上是一条垂直于实轴并与实轴交于 R_b 的直线。在高频区 $\omega\to\infty$,当 $C_{dl}\gg C_g$ 时,式(5-59)简化为

$$Z'=\frac{R_b}{1+\omega^2C_g^2R_b^2} \tag{5-63}$$

而式(5-60)简化为

$$-Z''=\frac{\omega C_g^2R_b^2}{1+\omega^2C_g^2R_b^2} \tag{5-64}$$

将式(5-63)与式(5-64)中的 ω 消去,可得

$$(Z'-R_b/2)^2+(-Z'')^2=R_b^2/4 \tag{5-65}$$

式(5-65)表示的是一个以(R_b/2,0)为圆心,R_b/2 为半径的圆方程。在复平面图上表现为一个半圆。

综合式(5-62)和式(5-65),与图 5-15 对应的阻抗图如图 5-16 所示。该阻抗图是一个标准的半圆(高频部分),外加一条垂直于实轴 Z'的直线(低频部分)。

由图 5-16 中直线与实轴的交点,可求出电解质膜的本体电阻值 R_b。通过测定测试电池的电极面积 A 与聚合物电解质膜的厚度 d,即可求的该导电聚合物膜的电导率:$\sigma=\frac{d}{R_bA}(\mathrm{s\cdot cm^{-1}})$。

在实际聚合物电解质膜离子电导率的测试中,通常得到的是由压扁的半圆和倾斜的尾线组成，如图5-17所示。因此，仅用电阻和电容组成的等效电路不能很好地解释电极/电解质界面双电层。近年来，人们采用固定相元cpe作为等效元件来解释阻抗数据。

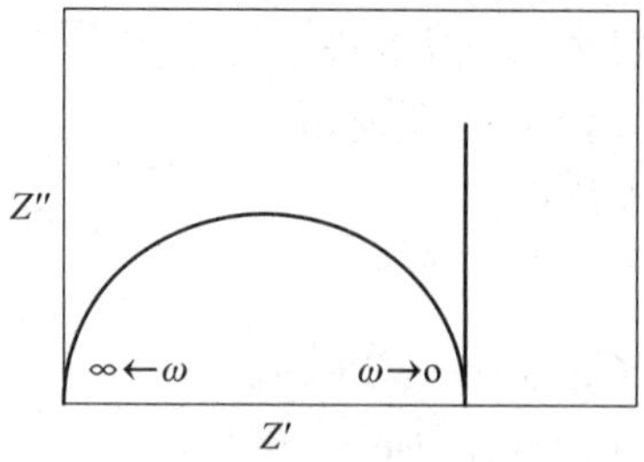

图5-16　与图5-15对应的阻抗图

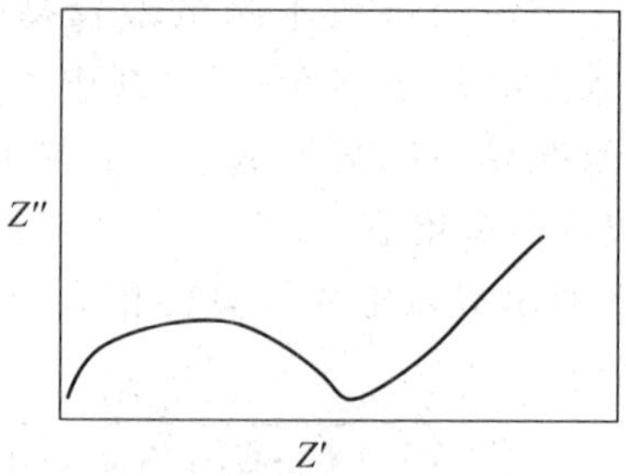

图5-17　聚合物电解质膜的阻抗图

所谓固定相元cpe，可想象为一个漏电容，其性质介于电阻与电容之间，其阻抗表达式为

$$Zcpe = K(j\omega)^{-p} = K\omega^{-p}[\cos(p\pi/2) - j\sin(p\pi/2)] \tag{5-66}$$

其中，$0 \leqslant p \leqslant 1$，$K$为常数。

将固定相元cpe引入聚合物电解质膜测定的等效电路中能较好地解释图5-16与图5-17阻抗图的不同（具体推导过程略）。在低频区阻抗图上，这是一条与实轴相交于点$(R_b, 0)$并与实轴呈$p\pi/2$角度的直线，在高频区则为一半圆。

5.10.3　仪器和试剂

仪器：不锈钢片（2个，作为阻塞电极）、镊子、CHI660电化学工作站。

试剂：无水乙醇（分析纯）、制备好的聚合物电解质膜。

5.10.4　实验方法及步骤

（1）用无水乙醇将电极及镊子擦拭消毒。从聚合物电解质膜（GPE）上裁剪一个小圆片，平铺在不锈钢电极（SS）上，放上另一电极夹紧，即在两个不锈钢电极之间夹入制备好的聚合物电解膜，构成聚合物电解质阻塞电极体系（SS/GPE/SS）。测量聚合物电解质膜的厚度d和膜与电极之间的接触面积A。

（2）将聚合物电解质阻塞电极体系与CHI660电化学工作站测量线路连接好，打开电化学工作站软件，选择交流阻抗测试技术，输入开路电压值，振幅0.01 V，频率范围从10^5 Hz到1 Hz，绘制出交流阻抗谱图。

（3）测定不同温度下的离子电导率，每次测试前对阻塞电极体系加热30 min。分别绘制出聚合物电解质膜在不同温度下的交流阻抗谱图。

注意事项

（1）夹片与薄膜之间要完全贴合，压力不能过高避免膜厚度发生变化，影响测量数据。

（2）离子电导率测试过程中勿触动电极片和导线，否则会导致测得的交流阻抗不准确，最后所得的离子电导率也会与实际数值偏差较大。

5.10.5　数据记录及处理

（1）由交流阻抗图谱中尾线与实轴的交点，读取聚合物电解质膜的本体电阻。计算该聚合物电解质膜的室温离子电导率。

(2) 测试聚合物电解质膜在不同温度下的离子电导率。

5.10.6 实验结果与讨论

(1) 绘制聚合物电解质膜的离子电导率与温度的曲线;根据电导率与温度的关系研究离子导电机理。

(2) 根据 Arrhenius 方程,计算聚合物电解质膜的离子传输活化能。

思考题

(1) 与液体电解液相比,聚合物电解质的优缺点是什么?

(2) 如何提高聚合物电解质膜的离子电导率?

5.11 循环伏安法测定铁氰化钾的电极反应过程

5.11.1 实验目的

(1) 学习循环伏安法测定电极反应参数的基本原理及方法。

(2) 熟悉伏安仪使用技巧。

5.11.2 实验原理

循环伏安法(CV)是最重要的电分析化学研究方法之一,在电化学、无机化学、有机化学、生物化学等研究领域得到了广泛应用。由于其设备价廉、操作简便、图谱解析直观,因而循环伏安法一般是电分析化学的首选方法。

循环伏安法是将循环变化的电压施加于工作电极和参比电极之间,记录工作电极上得到的电流与施加电压的关系曲线。这种方法也常称为三角波线性电位扫描方法。图 5-18 表明了施加电压的变化方式:起扫电位为+0.8 V,终止电位为-0.2 V,终点又回扫到+0.8 V,扫描速度可从斜率反映出来,其值为 50 mV · s^{-1}。虚线表示的是第二次循环。一台现代伏安仪具有多种功能,可方便地进行一次或多次循环,任意变换扫描电压范围和扫描速度。

当工作电极被施加的扫描电压激发时,其上将产生响应电流。以该电流(纵坐标)对电位(横坐标)作图,称为循环伏安图(图 5-19)。该图是在 1.0 mol · L^{-1} KCl 溶液中,5×10^{-2} mol · L^{-1} $K_3Fe(CN)_6$ 溶液在 Pt 工作电极上反应得到的结果。

从图 5-19 可见,起始电位 E_i 为+0.8 V(a 点),电位比较正的目的是为了避免电极接通后 $[Fe(CN)_6]^{3-}$ 发生电解。然后沿负的电位扫描(如箭头所指方向),当电位至 $[Fe(CN)_6]^{3-}$ 可还原时,将产生阴极电流(b 点)。其电极反应为

$$[Fe(CN)_6]^{3-}+e^- \longrightarrow [Fe(CN)_6]^{4-} \quad (5-67)$$

随着电位的变负,阴极电流迅速增加(bcd),直至电极表面的 $[Fe(CN)_6]^{3-}$ 浓度趋近零,电流在 d 点达到最高峰。然后迅速衰减(def),这是因为电极表面附近溶液中的 $[Fe(CN)_6]^{3-}$ 几乎全

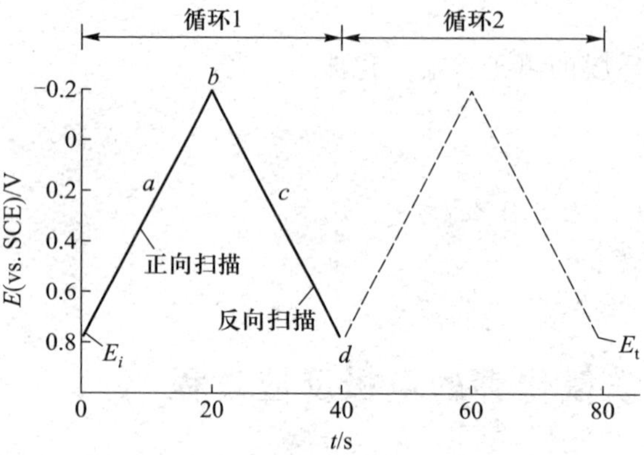

图 5-18　循环伏安法的典型激发三角波电位信号
[转换电位为 0.8 V 和-0.2 V(vs. SCE)]

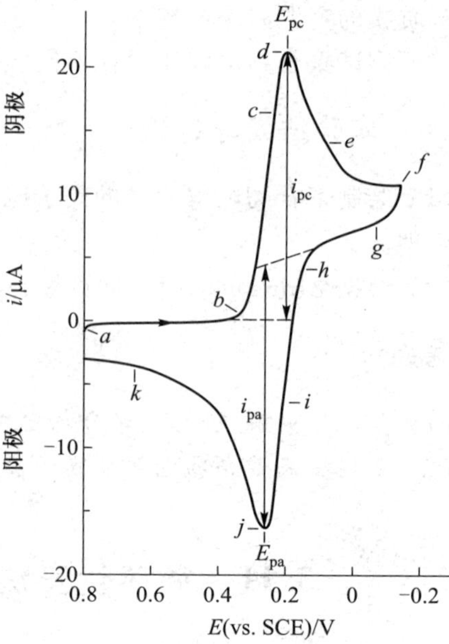

图 5-19　在 1.0 mol · L^{-1} KCl 溶液中，5×10^{-2} mol · L^{-1} $K_3Fe(CN)_6$ 溶液在 Pt 工作电极上的循环伏安图(扫描速度为 50 mV · s^{-1})

部变为$[Fe(CN)_6]^{4-}$而耗尽，即所谓的贫乏效应。当电压扫至-0.15V(*f* 点)处，虽然已经转向开始阳极化扫描，但这时的电极电位仍相当的负，扩散至电极表面的$[Fe(CN)_6]^{3-}$仍在不断还原，故仍呈现阴极电流，而不是阳极电流。当电极电位继续正向变化至$[Fe(CN)_6]^{3-}$的生成电位时，聚集在电极表面附近的还原产物$[Fe(CN)_6]^{4-}$被氧化，其反应为

$$[Fe(CN)_6]^{4-}-e^- \longrightarrow [Fe(CN)_6]^{3-} \tag{5-68}$$

这时产生阳极电流(*hij*)。阳极电流随着扫描电位正移迅速增加，当电极表面的$[Fe(CN)_6]^{4-}$浓度趋于零时，阳极化电流达到峰值(*j* 点)。扫描电位继续正移，电极表面附近的$[Fe(CN)_6]^{4-}$耗尽，阳极电流衰减至最小(*k* 点)。当电位扫至+0.8V 时，完成第一次循环，获得了循环伏安图。

简而言之，在正向扫描(电位变负)时，$[Fe(CN)_6]^{3-}$在电极上还原，产生的阴极电流大小指示出电极表面$[Fe(CN)_6]^{3-}$的浓度变化。在反向扫描(电位变正)时，产生的$[Fe(CN)_6]^{4-}$重新氧化，产生的阳极电流大小指示出$[Fe(CN)_6]^{4-}$的浓度变化。因此，循环伏安法能迅速提供电活性物质电极反应过程的可逆性、化学反应历程、电极表面吸附等许多信息。

循环伏安图中可得到的几个重要参数：阳极峰电流(i_{pa})、阴极峰电流(i_{pc})、阳极峰电位(E_{pa})和阴极峰电位(E_{pc})。测量确定 i_p 的方法是：沿基线作切线外推至峰下，从峰顶作垂线至切线，其间高度即为 i_p(见图 5-19)。E_p 可直接从横轴与峰顶对应处而读取。

对可逆氧化还原电对的式量电位 E^0 与 E_{pa}和 E_{pc}的关系可表示为

$$E^0=(E_{pa}+E_{pc})/2 \tag{5-69}$$

而两峰之间的电位差值为

$$\Delta E_p = E_{pa} - E_{pc} \approx \frac{0.059}{n} \tag{5-70}$$

对可逆体系的正向峰电流，由 Randles-Savcik 方程可表示为

$$i_p = 2.69\times10^5 n^{3/2} A D^{1/2} v^{1/2} c \tag{5-71}$$

式中：i_p——峰电流（A）；
n——电子转移数；
A——电极面积（cm^2）；
D——扩散系数（$cm^2 \cdot s^{-1}$）；
v——扫描速度（$V \cdot s^{-1}$）；
c——浓度（$mol \cdot L^{-1}$）。

根据式（5-71），i_p 与 $v^{1/2}$ 和 c 都是直线关系，对研究电极反应过程具有重要意义。在可逆电极反应过程中：

$$\frac{i_{pa}}{i_{pc}} \approx 1 \tag{5-72}$$

对一个简单的电极反应过程，式（5-70）和式（5-72）是判别电极反应是否为可逆体系的重要依据。

5.11.3 仪器和试剂

仪器：CHI 660 电化学工作站、三电极系统（工作电极：铂盘电极；辅助电极：铂片电极；参比电极：饱和甘汞电极）、10 mL 烧杯、1.0 mL 和 2.0 mL 移液管各一支。

试剂：5.0×10^{-2} $mol \cdot L^{-1}$ 铁氰化钾标准溶液、1.0 $mol \cdot L^{-1}$ 氯化钾溶液、Al_2O_3 抛光粉。

5.11.4 实验方法及步骤

1. 工作电极的预处理

用 Al_2O_3 抛光粉将铂盘工作电极表面抛光，然后用蒸馏水清洗干净，待用。

2. 铁氰化钾试液的配置

准确移取 0 mL，0.25 mL，0.50 mL，1.0 mL 和 2.0 mL 的 5.0×10^{-2} $mol \cdot L^{-1}$ 铁氰化钾标准溶液于 10 mL 烧杯中，加入 1.0 $mol \cdot L^{-1}$ 氯化钾溶液 1.0 mL，再加蒸溜水稀释至 10 mL。

3. 实验步骤

（1）在待测电解液的 10 mL 烧杯中，放入新处理的铂盘工作电极、铂片辅助电极、饱和甘汞参比电极。将三电极分别与 CHI 660 电化学工作站的相应导线相连。

（2）打开 CHI 660 电化学工作站和计算机的电源。屏幕显示清晰后，再打开 CHI 660 电化学工作站的测量窗口。

（3）打开 CHI 660 电化学工作站的【setup】下拉菜单，在 Technique 项中选择 Cyclic Voltammetry 方法，在 parameters 项内进行参数选择，起始电位为−0.2 V，终止电位为 0.8 V。扫描速度分别设为 25 $mV \cdot s^{-1}$，50 $mV \cdot s^{-1}$，100 $mV \cdot s^{-1}$ 和 200 $mV \cdot s^{-1}$。

（4）完成上述各项，再仔细检查一遍无误后，点击"▶"进行测量。完成后，命名存储。需强调的是：每种浓度的试液要测量扫描速度为 25 $mV \cdot s^{-1}$，50 $mV \cdot s^{-1}$，100 $mV \cdot s^{-1}$ 和 200 $mV \cdot s^{-1}$

的伏安图,共4种浓度,至少测量16次(铁氰化钾浓度为0除外)。

注意事项

(1) 实验前电极表面要处理干净。
(2) 准确移取溶液,避免造成误差。

5.11.5　数据记录及处理

(1) 绘制同一扫描速度下的铁氰化钾溶液浓度(c)与 i_{pa} 与 i_{pc} 的关系曲线图。
(2) 绘制同一铁氰化钾浓度下 i_{pa} 和 i_{pc} 与相应的 $v^{1/2}$ 的关系曲线图。

5.11.6　实验结果与讨论

(1) 根据实验结果说明铁氰化钾电极反应过程的可逆性。
(2) 实验过程中什么因素会影响铁氰化钾电极反应过程的可逆性?

思考题

(1) 铁氰化钾浓度(c)与峰电流(i_p)是什么关系?而峰电流(i_p)与扫描速度(v)又是什么关系?

(2) 峰电位(E_p)与半波电位($E_{1/2}$)和半峰电位($E_{p/2}$)相互是什么关系?

5.12　极化曲线的测定及应用

5.12.1　实验目的

(1) 掌握恒电位法测定电极极化曲线的原理和实验技术。通过测定金属铁在 H_2SO_4 溶液中的阴极极化和阳极极化曲线求算铁的自腐蚀电位、自腐蚀电流和钝化电位范围、钝化电流等参数。

(2) 了解 pH、Cl^- 浓度、缓蚀剂等因素对铁电极极化的影响。

(3) 讨论极化曲线在金属腐蚀与防护中的应用。

5.12.2　实验原理

Fe 在 H_2SO_4 溶液中会不断溶解,同时产生 H_2。Fe 溶解:$Fe-2e^- = Fe^{2+}$。H_2 析出:$2H^+ + 2e^- = H_2$。Fe 电极和 H_2 电极及溶液构成了腐蚀原电池。其腐蚀反应为:$Fe+2H^+ = Fe^{2+}+H_2$。这是 Fe 在酸性溶液中腐蚀的原因。当电极不与外电路接通时,阳极反应速率和阴极反应速率相等,Fe 溶解的阳极电流 I_{Fe} 与 H_2 析出的阴极电流 I_H 在数值上相等但方向相反,此时其净电流为零。$I_{净}=I_{Fe}+I_H=0$。$I_{corr}=I_{Fe}=-I_H\neq0$。$I_{corr}$ 值的大小反映了 Fe 在 H_2SO_4 溶液中的腐蚀速率,所以称 I_{corr} 为 Fe 在 H_2SO_4 溶液中的自腐蚀电流。其对应的电位称为 Fe 在 H_2SO_4 溶液中的自腐蚀电位 E_{corr},此电位不是平衡电位。虽然,阳极反应放出的电子全部被阴极还原所消耗,在电极与溶液界面上无净电荷存在，电荷是平衡的，但电极反应不断向一个方向进行，$I_{corr} \neq 0$，电极处于极化状态，腐蚀产物不断生成，物质是不平衡的，这种状态称为稳态极化，它是热力学的不稳定状态。

自腐蚀电流 I_{corr} 和自腐蚀电位 E_{corr} 可以通过测定极化曲线获得。极化曲线是指电极上流过的电流与电位之间的关系曲线，即 $I=f(E)$。

图5-20是用电化学工作站测定的Fe在1.0 mol·L^{-1} H_2SO_4 溶液中的阴极极化和阳极极化曲线图。*ar* 为阴极极化曲线，当对电极进行阴极极化时，阳极反应被抑制，阴极反应加速，电化学过程以 H_2 析出为主。*ab* 为阳极极化曲线，当对电极进行阳极极化时，阴极反应被抑制，阳极反应加速，电化学过程以Fe溶解为主。在一定的极化电位范围内，阳极极化和阴极极化过程以活化极化为主，因此，电极的过电位与电流之间的关系均符合塔菲尔方程。作两条塔菲尔直线 *is* 和 *hs*，其交点 *s* 对应的纵坐标为自腐蚀电流的对数值，可求得自腐蚀电流 I_{corr}，横坐标即为自腐蚀电位 E_{corr}。

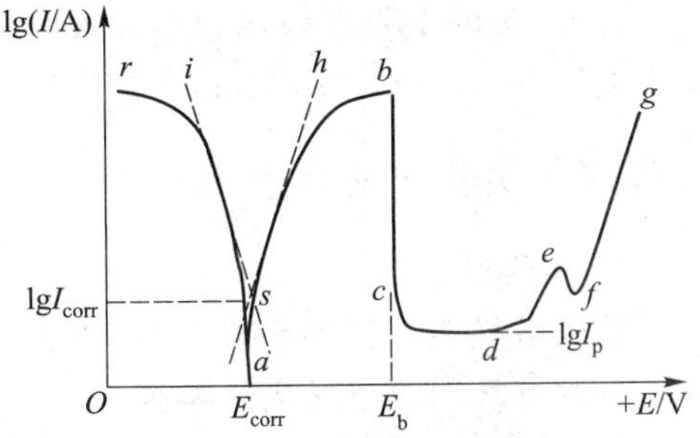

图5-20 用电化学工作站测定的Fe在1.0 mol·L^{-1} H_2SO_4 溶液中的阴极极化和阳极极化曲线图

当阳极极化进一步加强，即电位继续增大时，Fe阳极极化电流缓慢增大至 *b* 点对应的电流。此时，只要极化电位稍超过 E_b，电流直线下降；此后电位增加，电流几乎不变，此电流称为钝化电流 I_b，E_b 称为致钝电位。图中 *a* 到 *b* 的范围称为活化区，是Fe的正常溶解；*b* 到 *c* 的范围称为活化钝化过渡区；*c* 到 *d* 的范围称为钝化区；*d* 到 *g* 的范围称为过钝化区，其中 *d* 到 *e* 的范围是 Fe^{2+} 转变成了 Fe^{3+}，*f* 到 *g* 的范围有氧气析出。

处在钝化状态金属的溶解速率很小，这种现象称为金属的钝化。这在金属防腐蚀及作为电镀的不溶性阳极时，正是人们所需要的。而在其他情况下，如化学电源、电冶金和电镀中的可溶性阳极，金属的钝化就非常有害。金属的钝化与金属本身性质及腐蚀介质有关。如Fe在硫酸溶液中易于钝化，若存在 Cl^-，不但不钝化，反而促进腐蚀。另一些物质，少量加入起到减缓腐蚀的作用，常称缓蚀剂。

同理，当阴极极化进一步加强时，即电位变得更小，Fe阴极极化电流缓慢增大。在电镀工业中，为了保证镀层的质量，必须创造条件保持较大的极化度。电镀的实质是电结晶过程，为获得细致、紧密的镀层，必须控制晶核生成速率大于晶核成长速率。而形成小晶体比大晶体具有更高的表面能，因而从阴极析出小晶体就需要较高的过电位。但只考虑增加电流密度，即增加电极反应速率，就会形成疏松的镀层。因此，应控制小的电极反应速率、增加电化学极化。如在电镀液中加入合适的配位剂和表面活性剂，就能增加阴极的电化学极化，使金属镀层的表面状态致密光滑，美观且防腐效果好。

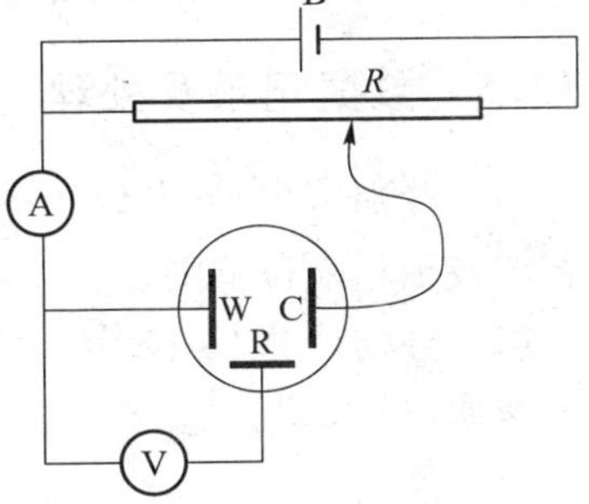

图5-21 恒电位法原理

控制电流测电位的方法称为恒电流法，即 $E=f(I)$，将电流作为自变量，电位作为应变量，若用恒电流法 *bcde* 段就作不出来。所以需要用恒电位法测定完整的阳极极化曲线。恒电位法原理见图5-21。图中W表示研究电极，C表示辅助电极，R

表示参比电极。参比电极与研究电极组成的回路，可确定研究电极的电位；辅助电极与研究电极组成的回路，使研究电极处于极化状态。

5.12.3　仪器和试剂

仪器：CHI 660 电化学工作站、电解池。

试剂：硫酸亚汞电极或饱和甘汞电极（参比电极）、铁电极（研究电极）、铂片电极（辅助电极）各 1 支；1.0 $mol \cdot L^{-1}$ 及 0.1 $mol \cdot L^{-1}$ H_2SO_4 溶液、1.0 $mol \cdot L^{-1}$ HCl 溶液、六次甲基四胺（缓蚀剂）。

5.12.4　实验方法及步骤

1. 实验准备

将铁电极表面打磨平整光亮，依次用蒸馏水和丙酮清洗，每次测量前都需要重复此步骤。电极处理的好坏对测量结果影响很大。

2. 测量极化曲线操作步骤

（1）将三电极分别插入电极夹的三个小孔中，然后调节电极夹的位置使电极浸入盛电解液的烧杯中。将 CHI 660 电化学工作站的接线中绿色夹头夹铁电极、红色夹头夹铂片电极、白色夹头夹参比电极。

（2）先打开电源，然后依次打开 CHI 660 电化学工作站、计算机、显示器电源，用鼠标双击桌面上的 CHI 660 图标。

（3）测定开路电位，点击“T”（Technique），选中对话框中“Open Circuit Potential-Time”实验技术，点击“OK”。点击“▩”（parameters）选择参数，可用仪器默认值，点击“OK”。点击“▶”，开始实验。

（4）开路电位稳定后测 Tafel 图，方法同步骤（3）。为使 Fe 的阴极极化、阳极极化、钝化、过钝化全都表示出来，初始电位（Init E）设为“-1.0 V”，终止电位（Final E）设为“2.0 V”，扫描速度（Scan Rate）设为“0.01 V/s”，灵敏度（Sensitivity）设为“自动”，其他可用仪器默认值。极化曲线自动画出。极化曲线实验装置示意图见图 5-22。

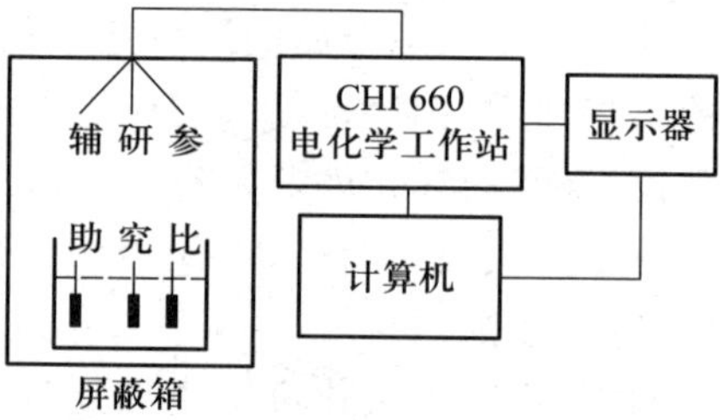

图 5-22　极化曲线实验装置示意图

3. 测量极化曲线

分别测定 Fe 电极在 0.1 $mol \cdot L^{-1}$ H_2SO_4 溶液、1.0 $mol \cdot L^{-1}$ HCl 溶液及含 1% 六次甲基四胺的 1.0 $mol \cdot L^{-1}$ HCl 溶液中的极化曲线。

5.12.5　数据记录及处理

（1）分别求出 Fe 电极在不同浓度的 H_2SO_4 溶液中的自腐蚀电流密度、自腐蚀电位、钝化电流密度及钝化电位范围。

（2）分别计算 Fe 在 HCl 溶液及含缓蚀剂的 HCl 溶液中的自腐蚀电流密度，并按下式换算成腐蚀速率（v）。

$$v = 3\ 600\ Mi/nF \tag{5-73}$$

式中：v——腐蚀速率，$g \cdot m^{-2} \cdot h^{-1}$；

M——Fe 的摩尔质量，$g \cdot mol^{-1}$；
i——钝化电流密度，$A \cdot m^{-2}$；
n——发生 1 mol 电极反应得失电子的物质的量；
F——法拉第常数，$C \cdot mol^{-1}$。

实验结果要求设计成表格形式给出。

注意事项

（1）测定前仔细阅读仪器说明书，了解仪器的使用方法。

（2）电极表面一定要处理平整、光亮、干净，不能有点蚀孔。这是本实验成败的关键。

5.12.6　实验结果与讨论

（1）通过极化曲线测定获得自腐蚀电位、自腐蚀电流、钝化电位、过钝化电位、钝化电流等电化学参数。

（2）写出作阴极极化曲线时 Fe 表面和铂片表面发生的反应；作阳极极化曲线时 Fe 表面各极化电位范围内可能的电极反应。

思考题

（1）平衡电极电位、自腐蚀电位有何不同？

（2）分析 H_2SO_4 溶液浓度对 Fe 钝化的影响。比较 HCl 溶液中加和不加六次甲基四胺对于 Fe 电极上自腐蚀电流大小的影响。Fe 在 HCl 溶液中能否钝化？为什么？

5.13　锂离子扣式电池制作及其电化学容量充放电曲线的测定

5.13.1　实验目的

（1）制作锂离子扣式电池，并测定其电化学容量。

（2）掌握电化学容量测量的实验方法及在实际中的应用。

5.13.2　实验原理

由于锂离子电池具有比能量高、比功率大、循环寿命长、无记忆效应及清洁无污染等特性，它是继铅蓄电池、镍镉电池、镍氢电池之后的新一代电池产品，在近十年来得到了飞速的发展。锂离子电池主要由正极、负极、隔膜和电解质四部分组成。正极的活性物质一般采用钴酸锂（$LiCoO_2$）、镍酸锂（$LiNiO_2$）、锰酸锂（$LiMn_2O_4$）和磷酸铁锂（$LiFePO_4$）等；负极一般采用特殊的碳素材料，如石墨（G）、中间相碳微球（MCMB）或石油焦炭（PC）等；隔膜通常使用微孔聚丙烯（PP）和聚乙烯（PE）或两者的复合膜（PE-PP-PE）；电解质主要包括液态电解液和聚合物电解质两种，电解质的主要作用就是为锂离子（Li^+）的通过提供通道。液态电解液中含有锂盐和有机溶剂，常用的锂盐有 $LiPF_6$，$LiBF_4$，$LiClO_4$ 等，有机溶剂有碳酸丙烯酯（PC）、碳酸乙烯酯（EC）、二甲基碳酸酯（DMC）、二乙基碳酸酯（DEC）等。

锂离子电池的工作原理如图5-23所示。电池充电时,正极活性物质中的部分Li^+脱离钴酸锂晶格经由电解质嵌入或插入到负极活性物质碳的晶格之中,生成Li_xC化合物。放电时,Li_xC化合物中的Li^+脱嵌,再充电时,又重复上述过程,利用Li^+在正、负极材料中的嵌入与脱嵌从而完成充放电的过程。充放电反应可表示如下:

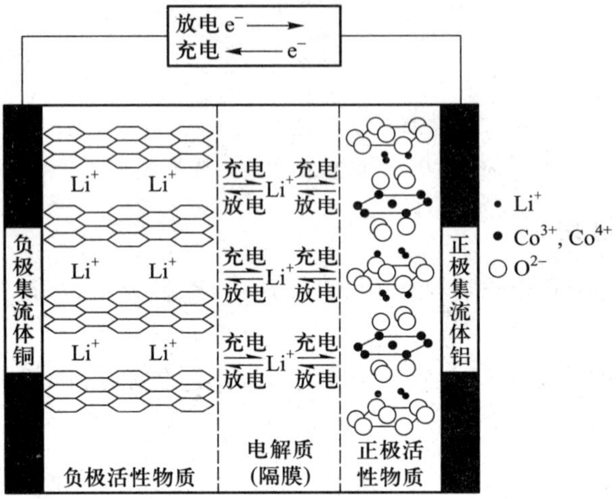

图5-23 锂离子电池的工作原理

正极 $$LiCoO_2 \underset{放电}{\overset{充电}{\rightleftharpoons}} Li_{1-x}CoO_2 + xLi^+ + xe^-$$

负极 $$6C + xLi^+ + xe^- \underset{放电}{\overset{充电}{\rightleftharpoons}} Li_xC_6$$

总的反应 $$6C + LiCoO_2 \underset{放电}{\overset{充电}{\rightleftharpoons}} Li_{1-x}CoO_2 + Li_xC_6$$

5.13.3 仪器和试剂

仪器:氩气手套箱、电池性能测试仪。

试剂:$LiCoO_2$粉末、石墨粉末、乙炔黑、电池用聚偏氟乙烯(PVDF)粉末、*N*-甲基吡咯烷酮(NMP)、1 mol·L^{-1} $LiPF_6$/EC+DMC(体积比1:1)电解液、电池用聚丙烯隔膜。

5.13.4 实验方法及步骤

1. $LiCoO_2$正极片的制备

将$LiCoO_2$粉末、乙炔黑、PVDF(为配好的0.02 g·mL^{-1} PVDF/NMP溶液)按85:10:5(质量比)混合搅拌4 h,并辅以超声波分散制成均匀的浆料,将浆料涂于铝箔上,放入温度为60~80 ℃的烘箱中烘干后,用ϕ12.5~16 mm的冲头冲成极片,在压力为2~4 MPa的压力下压片后,放入100~120 ℃的真空烘箱中干燥3~5 h,转移到氩气手套箱中,待用。

2. 石墨负极片的制备

将石墨粉末、PVDF(为配好的0.02 g·mL^{-1} PVDF/NMP溶液)按90:10(质量比)混合搅拌4 h,并辅以超声波分散制成均匀的浆料,将浆料涂于铜箔上,放入温度为60~80℃的烘箱中烘干后,用 ϕ12.5 ~ 16 mm 的冲头冲成极片,在 2 ~ 4 MPa 的压力下压片后,放入 100 ~ 120 ℃的真空烘箱中干燥 3 ~ 5 h,转移到氩气手套箱中,待用。按面密度计算负极极片中活性物质含量是正极极片中活性物质含量的 1.1 倍。

3. 锂离子扣式电池制作

在氩气手套箱中组装扣式电池,将正极壳、正极片、隔膜、负极片、负极壳按照顺序依次组装好;将电解液分别滴加在隔膜和正负极极片上。为防止扣式电池内部接触不良,在负极端加入支持体(如发泡镍片或不锈钢弹片)作填充物保持正、负极片接触紧密。放入封口机中进行封口,即得锂离子扣式电池。将封口的锂离子扣式电池静置一定时间,用于进行电化学性能测试。

注意事项

(1) 负极极片的尺寸等于正极极片的尺寸,组装时负极极片与正极极片对齐。

(2) 滴加的电解液含量适中,过少影响正、负极极片浸润性,过多造成浪费也易使电池短路。

(3) 控制极片制作过程中的压力,压力过大、压得太实使电解液很难浸润,压力太小,使电解液润湿后容易散架。

5.13.5 数据记录及处理

将电池正极朝上负极朝下夹在电池夹上,与电池性能测试仪相连。设置充放电制度,测试出 $V-f(t)$ 曲线及电池的充放电容量。

5.13.6 实验结果与讨论

(1) 电池充放电容量及放电曲线的含义是什么?

(2) 充放电过程中,充电电流过大或过小会产生什么现象?

思考题

(1) 锂离子扣式电池中为什么碳负极活性物质的用量要稍高于正极活性物质的用量?

(2) 简述正、负极极片的厚度会对电池性能造成的影响。

6 第6章 综合实验

6.1 CO_2 在氨基功能化离子液体中的吸收/解吸实验

6.1.1 实验目的

(1) 了解功能化离子液体(Functionalized-RTILs)的含义、种类、性质及应用。

(2) 了解氨基功能化离子液体的合成方法及其吸收 CO_2 的基本原理。

(3) 掌握双釜静态吸收法测定气体饱和吸收量的原理和操作方法。

(4) 掌握功能化离子液体-CO_2 吸收液的解吸操作及其再生性能的评价方法。

6.1.2 实验原理

室温离子液体(room temperature ionic liquids,简称 RTILs)是指由离子组成的在室温或低温下呈液态的熔融盐。由于室温离子液体(目前该领域研究多针对此类物质,习惯上将其简称为"离子液体")具有较好的热稳定性、较宽的电化学窗口、不易挥发、蒸气压近似为零等优点,使其近些年来受到广泛的重视与研究。离子液体的结构具有较强的可调性,研究者可以选择性地引入具有某些指定官能团的阳离子或阴离子,经合成得到具有特定作用的功能化离子液体。

自 Bates 等人首次报道了含氨基官能团的离子液体对 CO_2 具有较高的吸收性能后,对氨基功能化离子液体吸收固定 CO_2 的研究悄然兴起。由于氨基具有弱碱性,有利于对 CO_2 的吸收,其吸收效率甚至能够与有机胺吸收剂相媲美。而与有机胺吸收剂相比,离子液体的蒸气压近似为零,能够避免解吸过程中因溶剂挥发引起的"二次污染"问题,因而被认为是最有可能替代有机胺用于工业吸收 CO_2 的"绿色"吸收剂。

但是,由于离子液体具有较高的黏度导致其流动性差,这影响了 CO_2 在其中的传质过程及其在工业吸收元件上的分布与流动,一定程度上限制了它的工业应用。研究者提出了两种可行的解决思路:其一是直接使用离子液体水溶液以增加其流动性;其二是将离子液体与有机胺复配并制成水溶液,利用两者的促进作用提高对 CO_2 的吸收性能。但无论采用哪种方法,最有效的解决途径仍是寻找到高吸收性能、低黏度的氨基功能化离子液体。其中,由低碳数季铵盐阳离子与氨基酸阴离子构成的氨基功能化离子液体是最为典型的代表。

以四甲基铵甘氨酸(tetramethylammonium glycinate,[N_{1111}][Gly])为例。氨基酸类离子液体相较于其他离子液体,其黏度较低,且水溶性好,合成方法简单,一般由季铵碱与氨基酸通过酸碱中和即可得到：

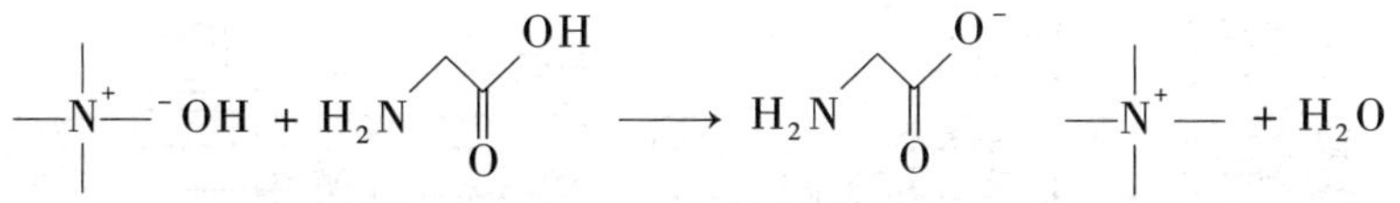

对于纯四甲基铵甘氨酸，吸收过程中表现为两分子离子液体吸收一分子 CO_2，即理论摩尔吸收率$\frac{n_{CO_2}}{n_{IL}}=0.5\text{mol}\cdot\text{mol}^{-1}$，其反应机理为

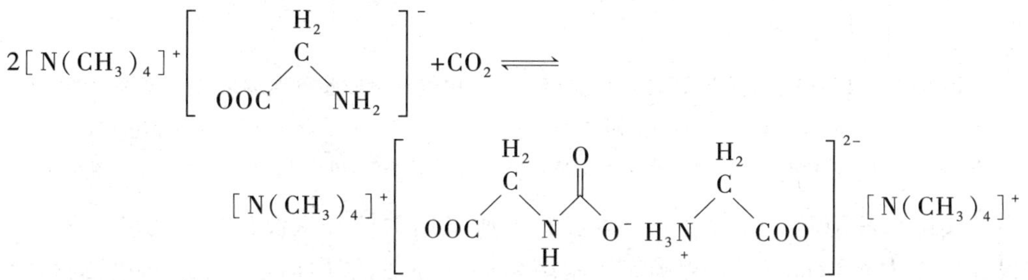

测定气体在吸收剂中的饱和吸收量，通常可选择动态法或静态法，由于静态法数据更为准确，受环境影响相对较小，且吸收剂用量少，是目前常用的研究方法，其中最典型的实验装置是由一个储气室和一个吸收室串联而成的双釜吸收设备，通过记录体系吸收气体前后压力的变化，再根据气体状态方程即可求得气体在吸收剂中的饱和吸收量，进而计算其吸收效率。如果采用在线软件实时记录体系压力的变化，还能够进一步计算离子液体对 CO_2 的表观吸收速率等参数。

虽然离子液体几乎不会造成大气污染，但由于其潜在的毒性和不可生物降解性，有可能会引起水体污染，而且目前绝大部分离子液体价格昂贵，因此要实现其工业化应用，节约成本，则必须对离子液体进行回收再利用。与工业吸收类似，实验中吸收过程尽可能在室温、常压下进行，因此解吸则是在高温、减压下进行，解吸完成后重复吸收实验，可以考察离子液体的再生效率。

6.1.3 实验装置及流程

图 6-1 为双釜静态吸收法测定 CO_2 在离子液体中饱和吸收量的实验装置工艺流程图。该装置主要由储气室、吸收室、精密恒温水浴槽及各类阀门、传感器等构成。吸收剂预先置于吸收室内的试样池中，实验开始时先将系统抽至真空，然后将 CO_2 由钢瓶通入储气室，使其达到一定的压力值。将整套装置置于精密恒温水浴槽中，待温度恒定后，打开储气室与吸收室间的阀门，因压力差导致 CO_2 迅速向吸收室扩散并被吸收剂吸收，造成吸收室压力不断降低直至稳定，当吸收室压力不再发生变化时，表示吸收完成，可停止实验。改变操作温度和操作压力，可以进行解吸操作。

双釜静态吸收法对实验系统的密闭性要求较高，所有管件、阀门、传感器及连接件均为不锈钢材质，采用密封螺丝、密封压环及压帽进行紧固，以确保装置的气密性。在实验开始前应将整套设备按图 6-1 连接后，分别在加压和真空条件下进行气密性检验。储气室和吸收室采用螺纹密封，内衬聚四氟乙烯垫圈，在安装时应注意避免错位而造成螺纹损坏。在储气室和吸收室的顶盖上一般开有四个接口，其中三个分别为进气接口、出气接口和压力/温度传感器接口，另有一个为备用接口，如不使用则应用不锈钢堵头进行封堵。双釜静态吸收法的优点在于吸收过程稳定，数据精确性高，而且吸收液用量少，同时为保证吸收过程中双釜的压力变化较明显，要求储气室

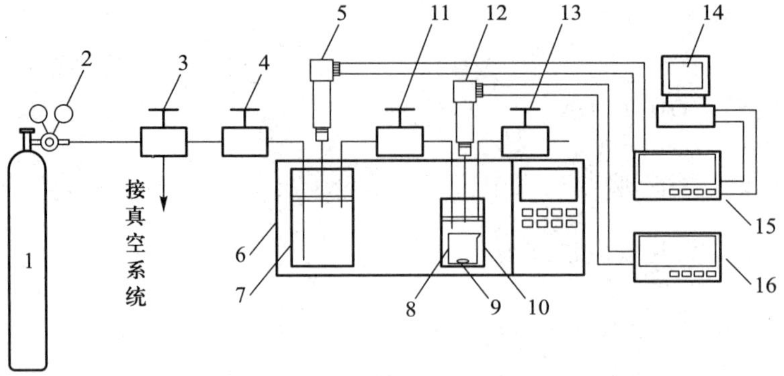

图 6-1　双釜静态吸收法测定 CO_2 在离子液体中饱和吸收量的实验装置工艺流程图

1—CO_2 钢瓶;2—减压阀;3—三通阀;4,11,13—阀门;5—压力传感器;6—精密恒温水浴槽;7—储气室;8—试样池;9—搅拌磁子;10—吸收室;12—温度传感器;14—计算机;15,16—数字显示仪

和吸收室的实际体积应具有较大差异。本实验中所采用的储气室设计尺寸为 $\phi 3.5\ cm\times 11\ cm$,吸收室设计尺寸为 $\phi 3\ cm\times 7\ cm$,为确保实验结果的准确性,实验时应该先对储气室和吸收室的实际有效体积进行标定。

6.1.4　实验方法及步骤

1. 双釜体积的测定

由于实验通过状态方程求解 CO_2 的溶解度,因此准确测定储气室和吸收室的实际有效体积是决定实验结果精确性与可靠性的关键之一。储气室体积 V_c 和吸收室体积 V_x 可按以下步骤测定:

(1) 将吸收室置于精密恒温水浴槽中,关闭所有阀门,仅打开阀门 11,使两釜压力相同并稳定 5 ~ 10 min 后,记录此时压力传感器的读数 p_a。

(2) 关闭阀门 11,打开 CO_2 钢瓶及阀门 3 和 4,向储气室内通入一定量的 CO_2,完成后关闭阀门 3 和 4,并记录压力 p_b。

(3) 打开阀门 11,使吸收室和储气室相通,待数字显示仪读数稳定后,记录压力 p_c。

(4) 放空,打开吸收室。

(5) 量取体积为 V_w 的蒸馏水置于吸收室内,重复步骤(1) ~ (3),并记录压力 p_a',p_b'和 p_c'。

2. 吸收实验

(1) 在样品池中准确称取一定质量的吸收液并置于吸收室内,打开所有阀门使装置各部分连通,对系统抽真空并维持 5 ~ 10 min,记录系统的压力 p_0。

(2) 调节三通阀 3,断开真空系统。关闭阀门 11,打开 CO_2 钢瓶向储气室内通入 CO_2 至一定压力 p_1,关闭阀门 3。

(3) 打开搅拌器并稳定 5 ~ 8 min,打开阀门 11 使吸收室与储气室相通,点击在线工作站开始自动采集数据。

(4) 观察在线工作站的记录数据,若 20 min 内记录的压力数值维持不变,可认为吸收已经达到平衡,记录此时的系统压力 p_2。

(5) 停止在线工作站的数据采集,并将数据保存为 Excel 格式。

(6) 打开三通阀 3 对系统放空。

3. 解吸实验及离子液体再生评价

(1) 调节精密恒温水浴温度至 60 ~ 80 ℃,待温度稳定并维持 15 ~ 20 min。

(2) 将三通阀 3 与真空系统相连,打开所有阀门并对系统抽真空,进行解吸操作 3 ~ 4 h。

(3) 断开真空系统,打开装置,取出吸收室内的样品池,称量并与初始质量比较,向其中补加蒸馏水。

(4) 将再生后并补充水分的吸收液置于吸收室内,重复上述的吸收实验,计算再生液的饱和吸收量和再生效率。

注意事项

(1) 实验前,预先开启精密恒温水浴,水浴温度视环境温度而定,建议比环境温度高 5 ℃ 为宜,维持运行 40 ~ 50 min 使水浴温度恒定。

(2) 实验前应将装置连接好,并将系统抽真空,观察数字显示仪上压力的读数在 30 min 内的变化情况,检验装置的气密性。

(3) 吸收初始阶段数据采集时间间隔建议设置为 5 ~ 10s,随着吸收的进行可适当增大数据采集时间间隔,如 20 ~ 30s。

6.1.5 数据记录及处理

1. 实验基本参数

实验装置:第________套,室温:________℃;

吸收液质量 m:________ g,吸收液中离子液体浓度:________ mol · L^{-1};

抽真空后系统压力 p_0:________ kPa,冲压后储气室压力 p_1:________ kPa;

平衡时系统压力 p_2:________ kPa,吸收室温度 t:________℃。

2. 实验数据

本实验数据记录表可参考表 6-1、表 6-2。

表 6-1 双釜体积测定实验数据记录表

时间点	储气室体积 V_c/mL	加水体积 V_w/mL	储气室初始压力 p_a/kPa	通入 CO_2 后储气室压力 p_b/kPa	平衡后储气室压力 p_c/kPa
加水前		—			
加水后					

表 6-2 离子液体吸收 CO_2 实验数据记录表

序号	时间/min	系统压力/kPa	CO_2 吸收量/mol	摩尔吸收率/(mol · mol^{-1})
1				
2				
⋮				

3. 数据处理

（1）储气室和吸收室体积计算：根据加水前、后两次操作的记录，可采用以下两个方程联立求解储气室和吸收室体积，即

$$p_a V_c + p_b V_x = p_c(V_c + V_x) \tag{6-1}$$

$$p_a' V_c + p_b'(V_x - V_w) = p_c'(V_c + V_x - V_w) \tag{6-2}$$

（2）任意时刻 CO_2 的吸收量：

$$(n_{CO_2})_t = \frac{[p_0 \times V_x + p_1 \times V_c - p_t \times (V_x + V_c)] \times 273.15\ \mathrm{K}}{22.4 \times 1\,000 \times T \times 100} \tag{6-3}$$

式(6-3)中，若 $p_t = p_2$，计算得到的结果即为实验条件下的饱和吸收量。

（3）离子液体的再生效率则是再生液与原吸收液的饱和吸收量的比值。

6.1.6　实验结果与讨论

（1）根据测定结果计算储气室和吸收室的体积。

（2）根据在线记录结果查找系统吸收初和达到平衡时的压力值，计算实验条件下各时刻 CO_2 在[N_{1111}][Gly]中的吸收量和摩尔吸收率，指出饱和吸收量。

（3）根据在线记录数据和计算结果，采用 Excel 或 Origin 软件绘制体系压力随时间变化关系曲线，以及摩尔吸收率随时间变化关系曲线。

（4）绘制再生液的压力随时间变化关系曲线，以及摩尔吸收率随时间变化关系曲线，计算再生效率。

思考题

（1）影响离子液体吸收 CO_2 的因素有哪些？

（2）为何纯离子液体吸收 CO_2 过程中往往无法达到理论摩尔吸收率？

（3）为何离子液体水溶液对 CO_2 的摩尔吸收率高于纯离子液体摩尔吸收率的理论值？

6.2　超滤–纳滤–反渗透组合膜处理大豆乳清废水实验

6.2.1　实验目的

（1）学习和掌握超滤、纳滤和反渗透膜分离技术的基本原理。

（2）了解组合膜处理大豆乳清废水的流程、设备组成和结构特点。

（3）通过测定超滤、纳滤和反渗透膜分离产物的关键物质浓度，评价各过程的分离性能。

6.2.2　实验原理

超滤(UF)：是以压力为推动力，利用超滤膜不同孔径对液体进行物理筛分的过程。其分子切割量(CWCO)一般为 $6\times10^3 \sim 5\times10^5$，孔径约为 100 nm，详见图 6-2。

超滤是利用多孔材料的拦截能力，以物理截留的方式去除水中一定大小的杂质颗粒。在压力驱动下，溶液中水、有机低分子、无机离子等尺寸较小的物质可通过纤维壁上的微孔到达膜的

另一侧,溶液中菌体、胶体、颗粒物、有机大分子等尺寸较大的物质则不能通过纤维壁而被截留,从而达到筛分溶液中不同组分的目的。该过程为常温操作,无相转变,不产生二次污染。

超滤	纳滤	反渗透
0.001~0.1 μm	<0.02 μm	<1 nm

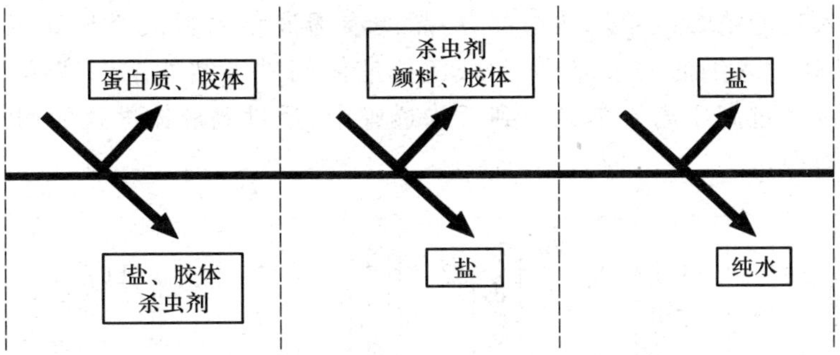

图 6-2　超滤、纳滤和反渗透过程的分离原理图

从操作形式上,超滤可分为内压和外压。运行方式分为全流过滤和错流过滤两种。当进水悬浮物较高时,采用错流过滤可减缓污堵,但相应增加能耗。

纳滤(NF):纳滤膜分离过程无任何化学反应,透过物大小在 1 ~ 10 nm,详见图 6-2。其无需加热,无相转变,不会破坏生物活性,不会改变风味、香味,因而被越来越广泛地应用于饮用水的制备及食品、医药、生物工程、污染治理等行业中各种分离和浓缩提纯过程。纳滤膜在其分离应用中表现出两个显著特征:一个是其截留相对分子质量介于反渗透膜和超滤膜之间,为 200 ~ 2 000;另一个是纳滤膜对无机盐有一定的截留率,因为它的表面分离层由聚电解质构成,对离子有静电相互作用。

反渗透(RO):在一定压力下水分子由盐水端透过反渗透膜向纯水端迁移,详见图 6-2。液剂分子在压力作用下由稀溶液向浓溶液迁移的现象称为反渗透现象。如果将盐水加入反渗透设备的一端,并在该端施加超过该盐水渗透压的压力,就可以在另一端得到纯水。这就是反渗透净水的原理。反渗透设备生产纯水的关键有两个:一是有选择性的膜,称为半透膜;二是一定的压力。简单地说,反渗透半透膜上有众多的孔,这些孔的大小与水分子的大小相当,由于细菌、病毒、大部分有机污染物和水合离子均比水分子大得多,因此不能透过反渗透半透膜,故可与透过反渗透膜的水相分离。在水中众多种杂质中,溶解性盐类是最难清除的。因此,经常根据除盐率的高低来确定反渗透的净水效果。反渗透除盐率的高低主要取决于反渗透半透膜的选择性。目前,较高选择性的反渗透半透膜除盐率可高达 99.7%。

超滤-纳滤-反渗透组合膜处理大豆乳清废水的工艺流程如图 6-3 所示。大豆乳清废水首先需经过预处理以除去其中所含的大分子球蛋白及部分杂质,以保护超滤膜的良好运行。超滤主要用于浓缩乳清蛋白,纳滤用于浓缩低聚糖和异黄酮,反渗透以除盐为主,透过的回用水可以达到纯净水的程度,从而可以实现环境效益和经济效益的统一。

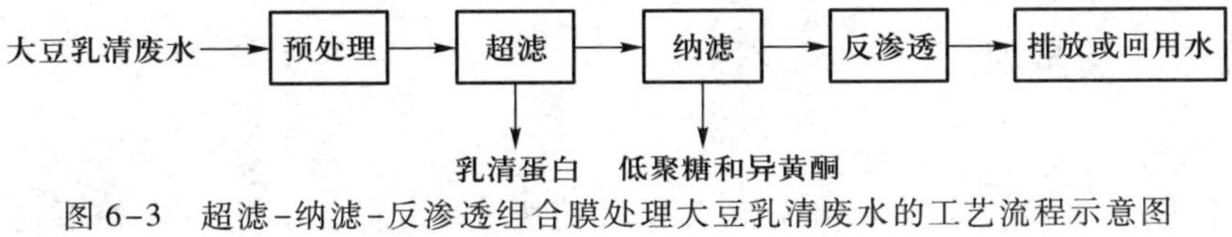

图 6-3　超滤-纳滤-反渗透组合膜处理大豆乳清废水的工艺流程示意图

6.2.3　实验装置及流程

本实验装置由1支石英砂滤罐、2支超滤膜、1支纳滤膜、1支反渗透膜和高、低压离心泵、7个料液箱、若干转子流量计等组成(见图6-4)。超滤部分:原料箱内大豆乳清废水经过低压离心泵后通过转子流量计计量进入到两个并联的超滤膜中,透过侧液体进入超滤渗透液箱,而截留侧液体则进入超滤浓缩液箱。纳滤部分:超滤渗透液箱内料液经过高压离心泵进入到纳滤膜中,透过侧液体进入纳滤渗透液箱,而截留侧液体则进入纳滤浓缩液箱。反渗透部分:纳滤渗透液箱内料液经过高压离心泵进入到反渗透膜中,透过侧液体进入回用水箱,而截留侧液体则进入浓盐水箱内。

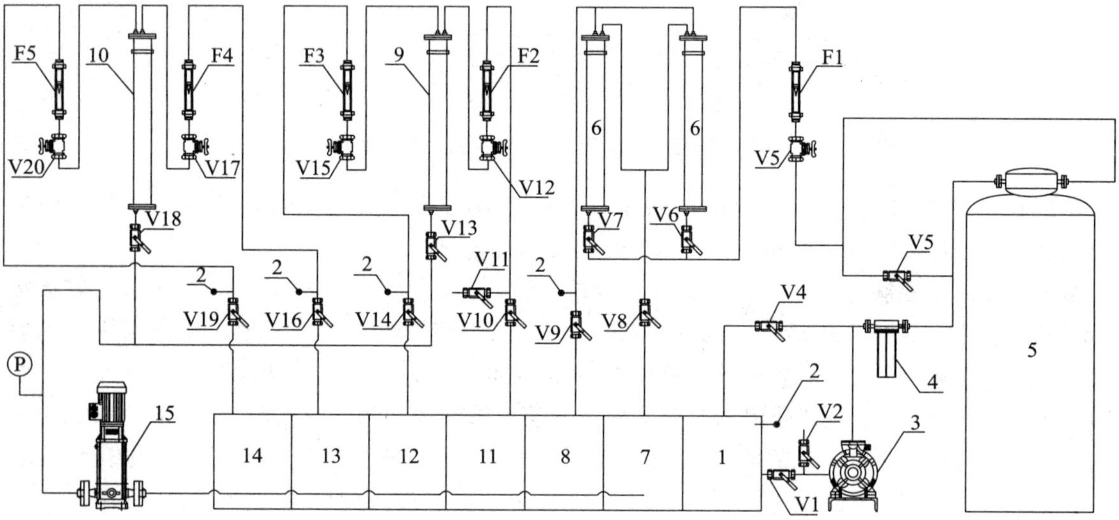

图6-4　超滤-纳滤-反渗透组合膜处理大豆乳清废水实验装置工艺流程图

1—原料箱;2—电导率仪接入口;3—低压泵;4—精滤器;5—沙滤罐;6—超滤膜;7—超滤浓液箱;8—超滤清液箱;9—纳滤膜;10—反渗透膜;11—纳滤浓液箱;12—纳滤清液箱;13—反渗透浓液箱;14—反渗透清液箱;15—高压泵;F1～F5—转子流量计;P—压力表;V1～V20—阀门

图6-5所示为经常使用的螺旋卷式膜组件示意图。其结构是由中间为多孔支撑材料、两边为膜的“双层结构”装配组成的。其中三个边沿被密封而黏结成膜袋状,另一个开放的边沿与一根多孔中心产品水收集管(透过液芯柱)连接,在膜袋外部的原水侧再垫一层网眼型间隔材料(隔膜网),也就是把膜-多孔支撑体-原水侧隔膜网依次叠合,绕中心集水管紧密地卷在一起,形成一个膜卷,再装进圆柱形压力容器里,形成一个螺旋卷式膜组件。在实际应用中,通常是把几个膜组件的中心管密封串联起来,再安装到压力容器中,组成一个单元。原料液及浓缩液沿着与中心管平行的方向在隔网中流动,浓缩液由压力容器的另一端引出。透过液(产品)则沿着螺旋方向在两层膜间(膜袋内)的多孔支撑体中流动,最后汇总到中心集水管中而被导出。

6.2.4　实验方法及步骤

1. 超滤膜操作

(1) 原料液制备　实验原料采用模拟大豆乳清废水,其制备工艺参数如下:在50℃将大豆

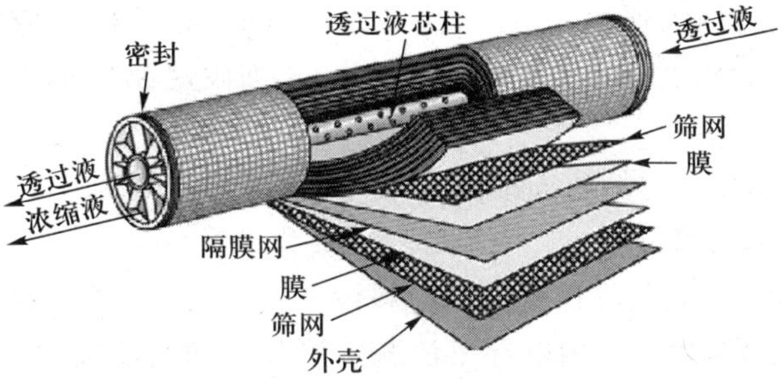

图 6-5 螺旋卷式膜组件示意图

蛋白胨与去离子水以 1 ∶ 10(质量比)均匀混合;用质量分数为 40% 的 NaOH 溶液调节 pH = 8.5,恒温搅拌 40 min 后降温至 40 ℃;用质量分数为 30% 的 HCl 溶液调节 pH = 4.5,静止 20 min;以转速 3 000 $r \cdot min^{-1}$ 离心分离 5 min 得到上清液,然后加入 2 $g \cdot L^{-1}$ NaCl 溶液。

(2) 实验操作(并联操作) 本装置有超滤膜组件两个,从流程安装上既可以并联操作,也可以交替单独操作。具体操作如下:

① 连接好设备电源(为 380V 电源,三相五线,良好接地)。

② 将原料箱注入大豆乳清废水到达 3/4 水位,首先关闭所有阀门,然后启动低压离心泵,打开旁路阀进行混料。

③ 关闭旁路阀后,打开进入两组超滤膜的阀门。原料箱内大豆乳清废水经过微型过滤器,再经过沙滤筒,进入超滤膜,膜出口分成两部分,透过侧液体进入超滤渗透液箱,而截留侧液体则进入超滤浓缩液箱。打开转子流量计调节流量,同时控制浓缩液和超滤液的阀门开度来控制超滤膜内压力,30 min 后取原料液、超滤液和浓缩液进行分析。

④ 分别测定原料液和超滤液的乳清蛋白浓度、低聚糖浓度、异黄酮浓度和含盐量。

⑤ 系统停机前应用纯净水循环冲洗 3 min。

⑥ 超滤如需长期放置,可用 1% ~3% 亚硫酸氢钠溶液浸泡封存。

⑦ 设备存放实验室应有合适的防冻措施,严禁结冰。

⑧ 系统停机,必须切断电源。

(3) 分析操作 用半微量凯氏法测定原料液和超滤液的乳清蛋白浓度,用蒽酮-硫酸成色法测定原料液和超滤液的低聚糖浓度,用紫外分光光度法测定原料液和超滤液的异黄酮浓度,用电导率法测定原料液和超滤液的含盐量,分析方法详见数字课程网站。

2. 纳滤膜操作

(1) 实验操作 纳滤膜操作步骤如下:

① 连接好设备电源(为 380V 电源,三相五线,良好接地)。

② 将通往反渗透膜内的所有阀门全部关闭,全开纳滤膜实验系统截留侧出口阀门,启动高压离心泵,超滤渗透液箱内料液进入纳滤膜,待管路充满料液后根据转子流量计逐渐调整截留侧出口阀门到合适位置。纳滤膜出口分成两部分,透过侧液体进入纳滤渗透液箱,而截留侧液体则进入纳滤浓缩液箱,30 min 后取原料液、纳滤液和浓缩液进行分析。

③ 测定原料液和纳滤液的低聚糖、异黄酮浓度和含盐量。

④ 系统停机前应用纯净水循环冲洗 3 min。

⑤ 纳滤短期停机，应每两天通水一次，每次通水 30 min；长期停机应采用 1% 亚硫酸氢钠溶液或甲醛溶液注入组件内，然后关闭所有阀门封闭，防止细菌侵蚀膜元件。每三个月应更换保护液一次。

⑥ 设备存放实验室应有合适的防冻措施，严禁结冰。

⑦ 系统停机，必须切断电源。

（2）分析操作 用蒽酮-硫酸成色法测定原料液和纳滤液的低聚糖浓度，用紫外分光光度法测定原料液和纳滤液的异黄酮浓度，用电导率法测定原料液和纳滤液的含盐量，分析方法详见数字课程网站。

3. 反渗透膜操作

（1）实验操作 反渗透膜操作步骤如下：

① 连接好设备电源（为 380V 电源，三相五线，良好接地）。

② 将通往纳滤膜内的所有阀门全部关闭，全开反渗透膜实验系统截留侧出口阀门，启动高压离心泵，纳滤渗透液箱内料液进入反渗透膜，待管路充满料液后根据转子流量计逐渐调整截留侧出口阀门到合适位置。反渗透膜出口分成两部分，透过侧液体进入回用水箱，而截留侧液体则进入浓盐水箱，30 min 后取原料液、回用水和浓盐水进行分析。

③ 测定原料液和回用水的含盐量。

④ 系统停机前应用纯净水循环冲洗 3 min。

⑤ 反渗透短期停机，应每两天通水一次，每次通水 30 min；长期停机应采用 1% 亚硫酸氢钠溶液或甲醛溶液注入组件内，然后关闭所有阀门封闭，防止细菌侵蚀膜元件。每三个月应更换保护液一次。

⑥ 设备存放实验室应有合适防冻措施，严禁结冰。

⑦ 系统停机，必须切断电源。

（2）分析操作 用电导率法测定原料液和回用水的含盐量，分析方法详见数字课程网站。

注意事项

（1）反渗透膜和纳滤膜的进水浊度有着严格的要求，所以用作实验材料的浊度严格控制在<1°。并且每次使用前，必须将水箱清洗干净。

（2）启动泵前一定要灌泵。

（3）开始实验后不要打开排水阀门。

（4）调节阀门时不要速度太快，以防损坏转子流量计。

（5）操作室先看清阀门上标明的方向，防止误操作甚至损坏阀门。

（6）每次取样前应注意先将取样口中积存的液体放掉。

6.2.5 数据记录及处理

1. 超滤实验

废水原料中乳清蛋白质量分数 w_0 = ________ g·(100 g)$^{-1}$，

超滤渗透液中乳清蛋白质量分数 w_1 = ________ g·(100 g)$^{-1}$，

乳清蛋白截留率 = $(w_0-w_1)/w_0\times100\%$ = ________%；

废水原料中低聚糖质量分数 w_0 =________ $g\cdot(100\ g)^{-1}$，
超滤渗透液中低聚糖质量分数 w_1 =________ $g\cdot(100\ g)^{-1}$，
低聚糖截留率 $=(w_0-w_1)/w_0\times100\%$ =________%；
废水原料中异黄酮质量分数 w_0 =________ $g\cdot(100\ g)^{-1}$，
超滤渗透液中异黄酮质量分数 w_1 =________ $g\cdot(100\ g)^{-1}$，
异黄酮截留率 $=(w_0-w_1)/w_0\times100\%$ =________%；
废水原料中电导率 κ_0 =________ $\mu S\cdot cm^{-1}$，
超滤渗透液中电导率 κ_1 =________ $\mu S\cdot cm^{-1}$，
盐截留率 $=(\kappa_0-\kappa_1)/\kappa_0\times100\%$ =________%。

2. 纳滤实验

超滤渗透液中低聚糖质量分数 w_0 =________ $g\cdot(100\ g)^{-1}$，
纳滤渗透液中低聚糖质量分数 w_1 =________ $g\cdot(100\ g)^{-1}$，
低聚糖截留率 $=(w_0-w_1)/w_0\times100\%$ =________%；
超滤渗透液中异黄酮质量分数 w_0 =________ $g\cdot(100\ g)^{-1}$，
纳滤渗透液中异黄酮质量分数 w_1 =________ $g\cdot(100\ g)^{-1}$，
异黄酮截留率 $=(w_0-w_1)/w_0\times100\%$ =________%；
超滤渗透液中电导率 κ_0 =________ $\mu S\cdot cm^{-1}$，
纳滤渗透液中电导率 κ_1 =________ $\mu S\cdot cm^{-1}$，
盐截留率 $=(\kappa_0-\kappa_1)/\kappa_0\times100\%$ =________%。

3. 反渗透实验

纳滤渗透液中电导率 κ_0 =________ $\mu S\cdot cm^{-1}$，
回用水中电导率 κ_1 =________ $\mu S\cdot cm^{-1}$，
盐截留率 $=(\kappa_0-\kappa_1)/\kappa_0\times100\%$ =________%。

6.2.6 实验结果与讨论

（1）超滤实验可除去几乎所有的蛋白质，而透过液中糖类的保存率则可超过 80%，此外盐的透过率很高。超滤透过液接近无色透明，透射率比超滤前显著提高。浓缩液中蛋白质含量分数超过 2%，可进入分离蛋白质生产工序中回收乳清蛋白。

（2）纳滤实验浓缩过程中低聚糖和异黄酮的截留率高达 90% 以上，可进入分离低聚糖和异黄酮生产工序中回收低聚糖和异黄酮。此外盐的透过率较高。

（3）将纳滤透过液用反渗透实验进一步处理，得到纯水（回用水），收率可达到 90%，电导率为 32 $mS\cdot cm^{-1}$，该水返回分离蛋白质提取过程再利用。浓水中含少量的糖类和无机盐，经处理后排放。

思考题

（1）温度变化对膜分离实验有什么影响？
（2）进出膜组件的压力表读数有差别的原因？

（3）实验中如果压力过大或者流量过小会有什么后果？

6.3 气液循环喷射反应器性能测试实验

6.3.1 实验目的

（1）学习和掌握气液循环喷射反应器的基本工作原理。

（2）通过测定液体在不同条件下气体输送量，对气液循环喷射反应器进行性能评测。

6.3.2 实验原理

根据伯努利方程，当喷射反应器的主动流体通过喷嘴以高速泵入时，由于喷嘴处直径相比来流管道的直径减少较多，在喷嘴外缘形成了相对负压区，被卷吸的流体由于该负压作用进入卷吸室，并与主动流体接触，两股流体随后沿着混合直管段向扩散段流动，流体压力开始逐渐回升，在喷射反应器内两股流体通过湍流作用进行相互混合。其中，主动流体起到两个方面的作用：一是提供动力用以卷吸被动流体；二是提供能量用于两股流体之间的相互扩散和渗透。

一般来讲，喷射反应器的主要部件有喷嘴、接收室、混合室、扩散器，如图6-6所示。

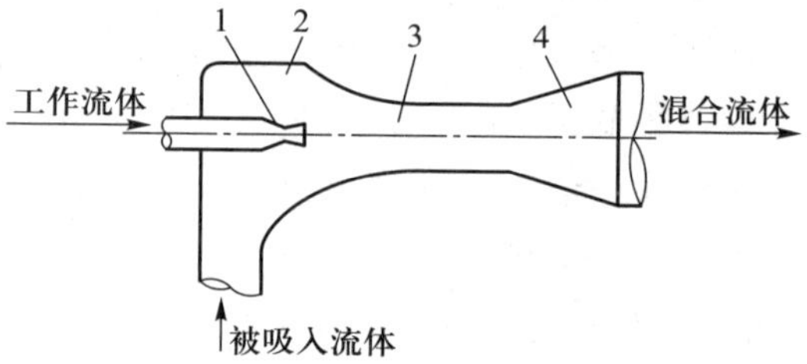

图6-6　喷射反应器原理图

1—工作喷嘴；2—接收室；3—混合室；4—扩散器

6.3.3 实验装置及流程

1. 实验试剂及仪器

试剂：水、空气。

仪器：气体质量流量计、卧式多级离心泵（循环泵）、液体涡轮流量计、智能数字压力表、电子数显游标卡尺（0.01 mm）、卷尺、万用电表、水银温度计。

测量参数：液体循环流量（$m^3 \cdot h^{-1}$）、气体卷吸量（$L \cdot min^{-1}$）、循环泵输入电流（A）。

2. 实验流程及设备主要参数

气液循环喷射反应器性能测试实验装置工艺流程图见图6-7。该实验装置具有结构简单、操作方便、能够很好地反映出喷射反应器的基本特征与性能等特点。该装置主要由进料口、喷嘴、气体卷吸口、扩散管、液体流量计、循环泵、出料口、反应腔及相关的温度、压力测量设备组成。在实验过程中，通过循环泵为液体的循环提供动力，调节循环泵出口阀的大小可使液体以不同的循环流量运行，利用转子流量计、气体质量流量计、卷尺等测量设备，对每一个液体循环流量下的各个参数进行测量记录。

6.3.4 实验方法及步骤

1. 实验步骤

（1）打开泵出口阀，从反应器顶部进料口1向反应器内注入自来水至扩散管的1/2处，打开气体卷吸口3处的阀门。

（2）完成灌泵后关闭泵出口阀，关闭进料口1。在气体卷吸口安装气体流量计，打开各个测量仪器。启动循环泵，通过调节泵出口阀，观察装置运行情况，确定无异常后进行试验。如果出现异常，及时关闭循环泵出口阀，关闭电源进行故障排查。

（3）确认装置运行正常后，调节循环泵出口阀，控制液体循环流量 $q_{V,L}$ 依次为：0.6 $m^3 \cdot h^{-1}$，1.2 $m^3 \cdot h^{-1}$，1.8 $m^3 \cdot h^{-1}$，2.4 $m^3 \cdot h^{-1}$，3.0 $m^3 \cdot h^{-1}$，3.6 $m^3 \cdot h^{-1}$。在每个液体循环流量下，分别测量气体卷吸量（$q_{V,G}$）、循环泵输入电流（I），以及在卷吸口阀门打开时反应器液面高度（H_1）和卷吸口阀门关闭时反应器液面高度（H_2）。

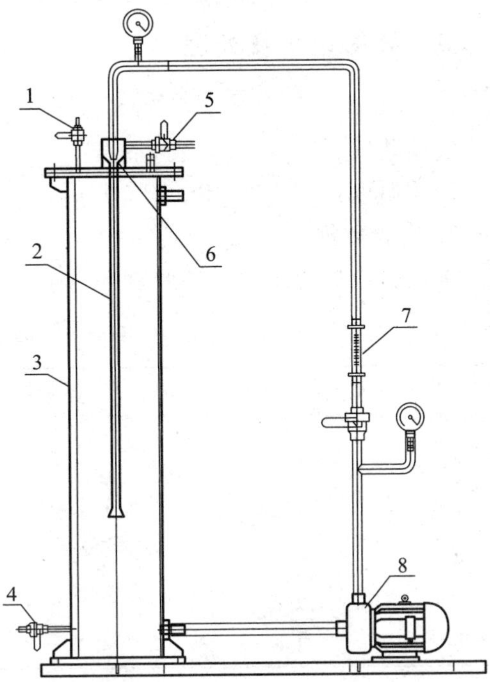

图 6-7 气液循环喷射反应器性能测试实验装置工艺流程图

1—进料口；2—扩散管；3—反应腔；4—出料口；5—气体卷吸口；6—喷嘴；7—液体流量计；8—循环泵

2. 参数计算

（1）气体卷吸因子 ε 其值为气体卷吸量/对应循环液体流量，量纲为 1。气体卷吸因子是表征气液循环喷射反应器性能的主要参数之一，气体卷吸因子 ε 越大，则说明液体卷吸能力越强。

$$\varepsilon=\frac{q_{V,G}}{q_{V,L}} \tag{6-4}$$

（2）气含率 η 反应器内单位体积流体内气体的含有量，在本实验中通过测量气体卷吸口阀门开关前后，反应器液面高度的变化测得。阀门开启时液面高度 H_1，阀门关闭时液面高度 H_2，则气含率 η 可由下式计算：

$$\eta=\frac{H_1-H_2}{H_2} \tag{6-5}$$

（3）单位能耗 E 卷吸单位流量的气体所需要的电能，单位 $kW \cdot h \cdot m^{-3}$。单位能耗是评价一个反应器经济效能的重要的指标，对于实际生产中反应器的设计具有重要的指导意义。泵工作总能耗 $W=UI$，则单位能耗 E 可由下式计算：

$$E=\frac{W}{1\,000\,q_{V,G}} \tag{6-6}$$

注意事项

（1）液体循环流量较大时，反应腔内气液不能有效分离，部分气泡会随液体进入循环泵，造成泵的气蚀。出现气蚀时，应关闭泵的出口阀，停止循环泵。

（2）气液循环喷射反应器运行一段时间后，由于泵的做功及流体摩擦等，液体温度升高，引起液体黏度、表面张力和蒸气压的变化，从而对喷射反应器的性能产生一定影响。

（3）实验开展一段时间后需清洗反应器，更换料液，避免因反应器和喷射管污垢过多而影响实验测量和反应器性能。

6.3.5　数据记录及处理

1. 实验基本参数

实验装置：第________套，室温：________℃；

液体温度：________℃，大气压 p：________MPa。

2. 实验数据

本实验数据记录表可参照表6-3。

表6-3　气液循环喷射反应器性能测试实验数据记录表

序号	$q_{V,L}/(m^3 \cdot h^{-1})$	$q_{V,G}/(m^3 \cdot h^{-1})$	H_1/m	H_2/m	ε	η	$E/(kW \cdot h \cdot m^{-3})$
1	0.6						
2	1.2						
3	1.8						
4	2.4						
5	3.0						
6	3.6						

6.3.6　实验结果与讨论

（1）将实验数据和数据处理结果列在表格中，并以其中一组数据为例写出计算过程。

（2）作图描述液体循环流量对于气体卷吸因子、气含率和单位能耗的影响。

（3）评价喷射反应器的工作性能。

思考题

（1）气液循环喷射反应器的性能主要有哪些影响因素？

（2）试评价温度对于气液循环喷射反应器性能的影响。

（3）气液循环喷射反应器的优点和主要用途是什么？

6.4　方形水槽内流场特性的PIV分析实验

6.4.1　实验目的

（1）掌握PIV（particle image velocimetry）系统的操作过程及其基本原理。

（2）掌握PIV系统的控制及软件处理。

（3）掌握如何测量流场的涡量、流线、速率大小及分布等。

6.4.2　实验原理

在流场中布撒大量示踪粒子（粒径小于10 μm）跟随流场运动（空气中使用空心玻璃微珠或

者液体小颗粒烟雾,水中使用密度接近水的空心玻璃微珠),把激光束经过组合透镜扩束成片光照明流场,使用数字相机拍摄流场照片,得到粒子图像,对大量的图像进行处理,可得流场涡量、流线及等速度线等流场特性参数分布,上述 PIV 系统如图 6-8 所示。

PIV 系统组成:PIV 测速包括图像的拍摄、图像分析及从中获得的速度信息、速度场显示等。

1. 成像系统

(1) 激光源　两台激光器(LDY300)。用外同步控制装置分别触发激光器以产生脉冲,然后再用光学系统将两路脉冲合并到一处。脉冲间隔可调范围很大,满足实验从低速到高速流动的测试。

(2) 片光源光学系统　光学元件包括柱面镜和球面镜,准直了的激光束通过柱面镜后在一个方向内发散,同时球面镜用于控制片光的厚度。

(3) 记录装置　高分辨率数字摄像机。

2. 分析显示系统

PIV 属于高成像密度图像处理,目前采用的是互相关分析(一种统计方法)。经过数据处理后,可得到各类图像信息及速度场的显示。

3. 同步控制系统

同步控制系统(MicroPulse725)是整个 PIV 系统的控制中心,用于图像的捕捉及激光脉冲的控制,以及实验外部触发等功能。在已知的时间间隔 $\Delta\tau$ 内,跟随流体运动的示踪粒子被脉冲激光和透镜组作用的片光照射,粒子的瞬间位置被记录在 CCD(多机外同步型)芯片上。获得在 τ_1 与 τ_2 两个时刻同一颗粒微团的位移变化,从记录所得粒子图像中根据速度的定义式就可以获得粒子群在 τ_1 时刻的运动速度,如图 6-9 所示。

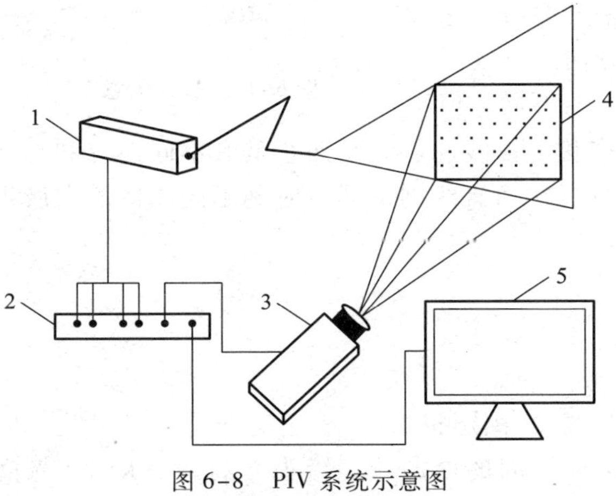

图 6-8　PIV 系统示意图

1—激光发生器;2—同步控制器;3—CCD 相机;4—水槽;5—计算机

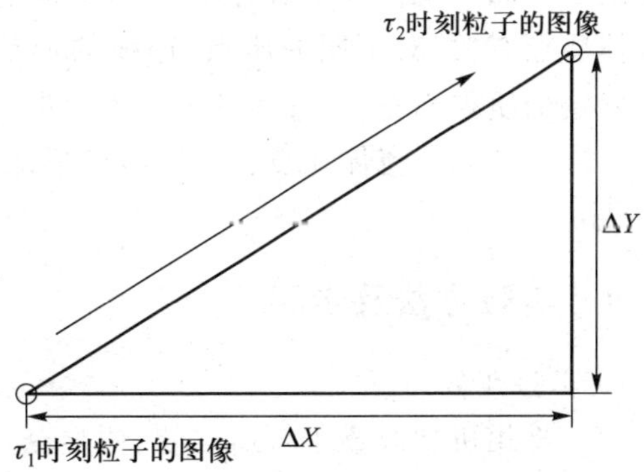

图 6-9　$\tau_1 \sim \tau_2$ 时刻粒子运动图像

速度定义式:

$$u = \lim_{\tau_2 \to \tau_1} \frac{X_2 - X_1}{\tau_2 - \tau_1} \tag{6-7}$$

$$v = \lim_{\tau_2 \to \tau_1} \frac{Y_2 - Y_1}{\tau_2 - \tau_1} \tag{6-8}$$

u,v 分别为水平和竖直方向的速度,粒子实际速度可由 u,v 合成得到。

一般地,在应用 PIV 技术时,有三个假设:

(1) 示踪粒子跟随流体运动。由于 PIV 技术是通过测量示踪粒子的运动速度,从而测量流体运动速度,这就要求示踪粒子相对于流体有很好的跟随性。直径 $d \leqslant 10\ \mu m$ 的示踪粒子的跟随性比较好。

(2) 示踪粒子在流场中均匀分布。如果示踪粒子在流场中没有均匀分布,则在粒子浓度过大或过小处容易产生明显的错误向量。通过实施向量修正可以去除部分错误向量,但如果错误向量过多时,则无法完全去除。

(3) 判读区内具有唯一的速度。

6.4.3　流体参数说明

1. 涡量

涡量是描写旋涡运动最重要的物理量之一,定义为流体速度的旋度,度量了流体微团的旋转程度。涡量的国际标准单位是 s^{-1}。涡量是矢径 r 和时间 τ 的函数,即 $\Omega=\Omega(r,\tau)$,涡量的大小是流体微团绕某点旋转的平均角速度的两倍,方向与微团的瞬时转动轴线重合。涡量越大,流体的旋度越大;涡量越小,流体的旋度越小;涡量为零时,流体处于无旋运动。

2. 流线

在流场中每一点上都与速度矢量相切的曲线称为流线。流线是同一时刻不同流体质点所组成的曲线,它给出该时刻不同流体质点的速度方向,如图 6-10 所示。

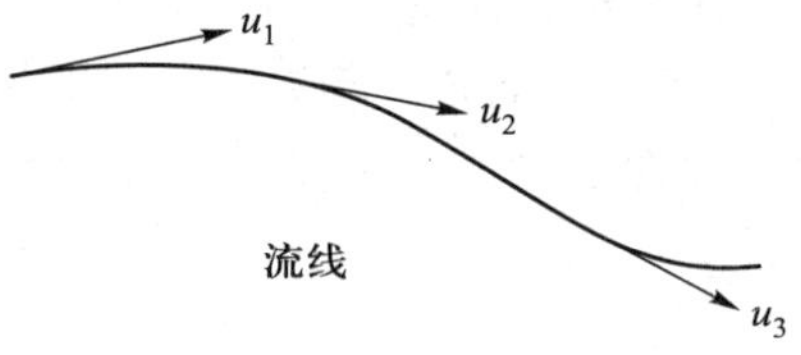

图 6-10　流线示意图

3. 迹线

迹线是流体质点在空间运动时所描绘出来的曲线。它的切线给出同一流体质点在不同时刻的速度方向。迹线只与流体质点有关,对不同的质点,迹线的形状可能不同。但对一确定的质点而言,其迹线的形状不随时间变化。流线和迹线是两个具有不同内容和意义的曲线。迹线是同一流体质点在不同时刻形成的曲线,而流线则是同一时刻不同流体质点所组成的曲线。

6.4.4　实验方法及步骤

1. 实验准备

(1) 将相机架放置于合适位置,调整至合适高度,固定相机。

(2) 连接好相机电源线,以及相机与图像板之间的电源线。镜头光圈调至最小(光圈数最大)。

2. 系统开启

(1) 开启冷却系统。将开关拨到 ON 挡,等待冷却系统正常运行 3 min。

(2) 确保激光头的盖子已盖好,拨动脉冲电源钥匙开关至 I 位置。

(3) 按下控制面板上 INT/EXT 按钮,切换到 EXT 外触发挡。LOW/HIGH 切换到 HIGH 高功率挡。

(4) 按下控制盒面板上 FLASHLAMP 按钮,此按钮指示灯变亮。如果不亮,请关掉电源后重新打开电源开关,按下 FLASHLAMP 按钮。

(5) 依次按下 LASER A 和 LASER B 按钮,如果两个指示灯均亮,则预燃成功;如果有一个指示灯不亮则按照步骤(4)重新预燃。

3. 运行软件

(1) 开机运行软件　调出“硬件控制窗口”,再选中“相机控制”按钮,在相机控制窗口中,通讯端口选择“CamLink”,检测通过后,将“相机控制”窗口中相机“工作模式”选择为“连续模式”。若检测不通过,用户可以通过拔插相机上的电源进行复位,但不可拔相机数据线,然后再重新上述检测工作;若仍然检测不通过,关闭计算机后关闭电源,重新进行 CCD 数据线及电源线的连接。

(2) 测量系统对焦　调出实时显示拍摄图像功能(“图像”菜单“实时显示图像命令”);打开镜头盖,将镜头光圈从小到大调整至合适大小。若光圈调整到最大后粒子图还是很暗,可通过激光器电流调节旋钮提高激光能量,或者在“相机控制”窗口中,将“曝光时间控制”栏目中的值增大。依照片光照射区域中粒子将实时显示图像调节至最清晰的状态。

(3) 图像记录　在“硬件控制”窗口中选择“图像记录按钮”,在“图像缓存”栏目中“开始位置”及“截止位置”中输入存放图像的缓存位置,比如,“开始位置”输入 1,“截止位置”处输入 100,表示所记录图像保存在图像缓存 1 ~ 100 中,一共采集 100 幅图。先点击“记录”按钮,图像会被一次性保存于图像缓存中。

(4) PIV 图像批处理　打开“PIV 批处理”窗口,并设置好需要进行批处理的图像。窗口中“起始”表示开始进行批处理的图像缓存序号,“结束”表示需要进行批处理的最后一个图像缓存号。一般来说,批处理采用默认的计算方法,点击“确认”按钮,软件会对设定图像进行批处理并按照前面设定的修正参数自动修正计算结果。

4. 系统关闭

(1) 弹出 LASER B 放电按钮,弹出 LASER A 放电按钮(弹出后按钮指示灯灭)。

(2) 弹出 FLASHLAMP 按钮。

(3) 旋转钥匙开关至 O 位置。

(4) 电源关闭后,让冷却水继续运行 5 ~ 10 min,再关闭,这样有助于冷却系统将机关头的热量完全带走,延长系统使用寿命。

(5) 关闭冷却系统,将冷却系统的前面板开关拨到 OFF 挡。

注意事项

(1) 实验开始前,摘掉所有金属饰物,包括手表。

(2) 实验进行时要限制人员进入场地。

(3) 使用激光器时,要佩戴护眼镜,以免损伤眼睛。

(4) 光圈的调节一定要从小光圈到大光圈方向调节(镜头上显示的数字越大光圈越小),避免激光太强烧毁相机。

6.4.5 数据记录及处理

将所拍摄图片保存至硬盘,进行 PIV 批处理,处理后图片自动保存在指定目录。

6.4.6 实验结果与讨论

处理后的图片用 Tecplot 打开,观察流场速度分布、速度大小、涡量、流线等。

思考题

(1) 本实验应选择什么样的示踪粒子?为什么?

(2) PIV 技术包括哪几方面的组件?它有什么特点?

(3) 影响 PIV 技术测量精度的因素有哪些?

6.5 管路拆装实训

6.5.1 实训目的

(1) 熟悉化工管路与机泵拆装常用工具的种类及使用方法。

(2) 认识化工管路中管件、阀门的种类、规格及拆装方法;了解并掌握流量计、压力表、真空表的结构及使用方法。

(3) 认识化工管道的安装特点,能够根据管路布置图安装化工管路,并能对安装的管路进行试漏及安全检查等操作。

(4) 熟练掌握离心泵的启动、试车、流量调节、异常现象的处理及停车操作。

(5) 识别化工管路中流体流动出现异常现象,并进行排除操作。

6.5.2 实训内容

管路连接是根据相关标准和图纸要求,将管子与管子或管子与管件、管子与阀门等连接起来,以形成严密整体从而达到使用目的。管路的连接方法有多种,化工管路中最常见的连接方法有螺纹连接和法兰连接。螺纹连接主要适用于镀锌焊接的钢管,它是通过管子上的外螺纹和管件上的内螺纹拧在一起而实现的。焊接钢管采用螺纹连接时,使用 55° 牙形角。管螺纹有圆锥管螺纹和圆柱管螺纹两种,管道多采用圆锥形外螺纹,管箍、阀件、管件等多采用圆柱形内螺纹。此外,管螺纹连接时,一般要加聚四氟乙烯等作为填料。法兰连接是通过连接法兰及紧固螺栓和螺母、压紧法兰中间的垫片而使管道连接起来的一种方法,具有强度高、密封性能好、适用范围广、拆卸安装方便的特点。

1. 管路安装

管路的安装应保证横平竖直,水平管其偏差不大于 15 mm/10 m,但其全长不能大于 50 mm,垂直管偏差不能大于 10 mm。

2. 法兰接合

法兰接合要做到对得正、不反口、不错口、不张口。安装前应对法兰、螺栓、垫片进行外观、尺寸材质等检查。未加垫片前,将法兰密封面清理干净,其表面不得有沟纹。垫片的位置要放正,不能加入双层垫片。紧固法兰时要做到:拧紧螺栓时应对称成十字交叉进行,以保证垫片各处受力均匀;拧紧后的螺栓露出丝扣的长度不应大于螺栓直径的一半,并不应小于 2 mm,即紧好之后螺栓两头应露出 2 ~4 扣。管道安装时,每对法兰的平行度、同心度应符合要求。

法兰与法兰对接连接时,密封面应保持平行,法兰与管子组装时应注意法兰的垂直度。为便于安装和拆卸,法兰平面距支架和墙面的距离不应小于 200 mm。当管道的工作温度高于 100℃时,螺栓表面应涂一层石墨粉和机油的调和物,以便于操作。当管道需要封堵时,可采用法兰盖;法兰盖的类型、结构、尺寸及材料应和所配用的法兰相一致。

3. 螺纹接合

螺纹接合时管路端部应加工外螺纹,利用螺纹与管箍、管件和活管接头配合固定。其密封则主要依靠锥管螺纹的咬合和在螺纹之间加敷的密封材料来达到。常用的密封材料是白漆加麻丝或四氟膜,缠绕在螺纹表面,然后将螺纹配合拧紧。

4. 阀门安装

阀门安装时应把阀门清理干净,关闭好进行安装,单向阀、截止阀及调节阀安装时应注意介质流向,阀的手轮便于操作。

5. 泵的安装

泵的管路安装原则是保证良好的吸入条件与方便检修。泵的吸入管路要短而直,阻力小,避免“气袋”,避免产生积液,泵的安装标高要保证足够的吸入压头,泵的上方不要布置管路以便于泵的检修。

6. 水压试验

管路安装完毕后,应做强度与严密度试验,检查是否有漏气或漏液现象。管路的操作压力不同,输送的物料不同,试验的要求也不同。当管路系统是进行水压试验,试验压力(表压)为 300 kPa,在试验压力下维持 5 min,未发现渗漏现象,则水压试验即为合格。

6.5.3 实训装置及流程

管道拆装实训装置流程示意图如图 6-11 所示。

管道拆装实训装置的主要技术参数如下:

离心泵:型号 IH50-32-125;

流量测量:转子流量计,量程 400 ~4 000 $L \cdot h^{-1}$;

泵入口真空度测量:真空表表盘真径 100 mm,测量范围-0.1 ~0 MPa;

泵出口压力的测量:压力表表盘直径 100 mm,测量范围 0 ~0.6 MPa;

安全阀:型号 A27H-10,额定压力 0.8 MPa。

6.5.4 实训方法及步骤

(1) 实验操作人员进入实训车间后必须佩戴好手套、防护服、安全帽等防护工具。

(2) 识读工艺流程图:主要了解掌握物料介质的工艺流程,设备的数量、名称和设备位号,所有管线的管段号、物料介质、管道规格、管道材料,管件、阀件及控制点(测压点、测温点、流量、分析点)的部位和名称及自动控制系统,与工艺设备有关的物料水、气的使用情况,以便在管路安装和工艺操作实践中,做到心中有数。

(3) 工艺流程图绘制:工艺流程图一般按工艺装置的主项(工段或工序)为单元绘制,流程简单的可以画成一张总工艺流程图,绘制方法可按化工制图要求进行。工艺管道及仪表流程图

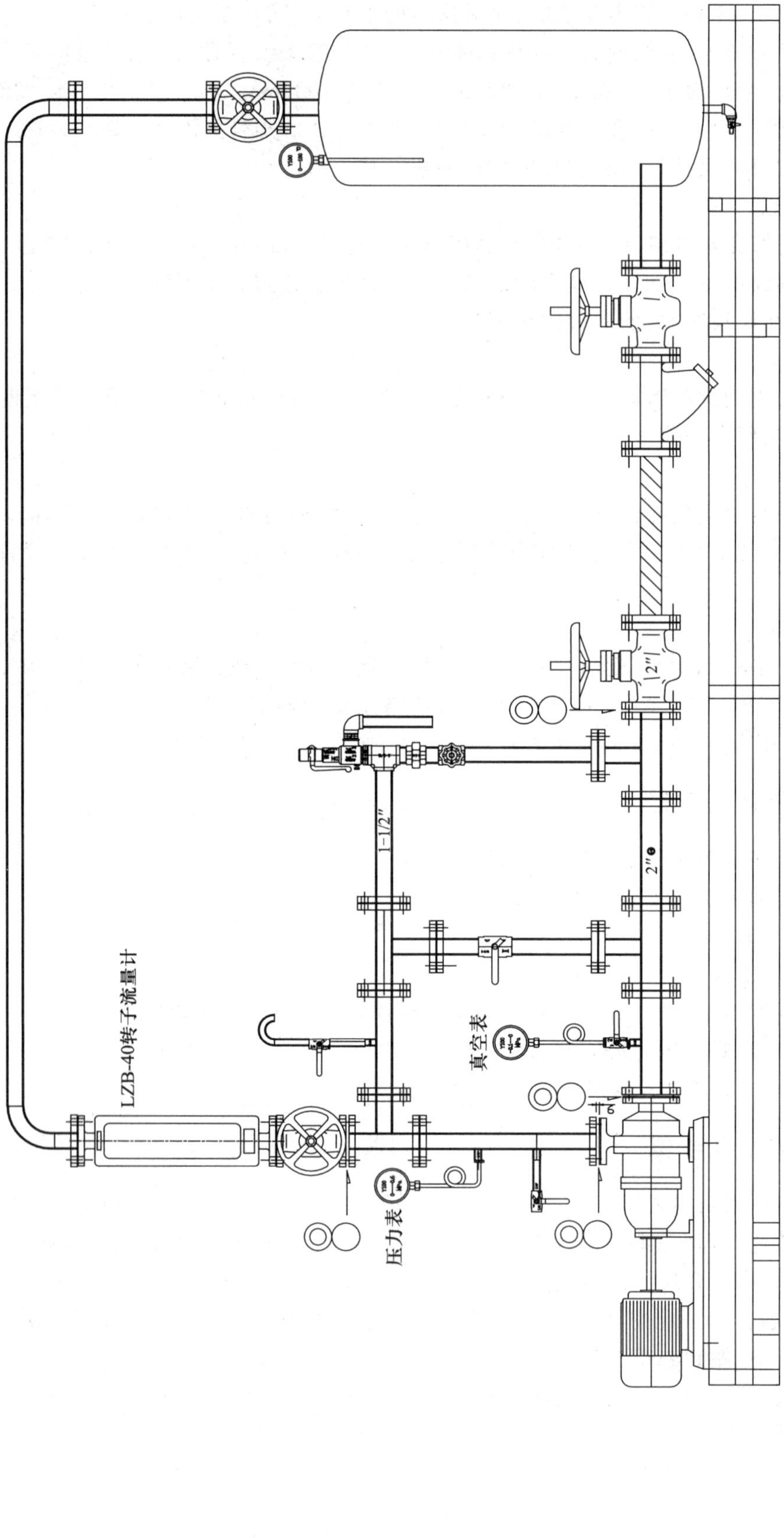

图6-11　管道拆装实训装置流程示意图

包括:①工艺设备一览表的所有设备(机器)。②所有的工艺管道,包括阀门、管件、管道附件等,并标注所有的管段号及管径、管材、保温情况等。③标注所有的检测仪表、调节控制系统。④对成套设备或机组在带控制点工艺流程图中以双点划线框图表示制造厂的供货范围,仅注明外围与之配套的设备、管线的衔接关系。

(4) 根据流体输送流程简图,准备安装管线所需的管件、仪表及所需的工具和易耗品。

(5) 先将拆装管路内水放净,并检查阀门是否处于关闭状态。阀门应处于关闭状态。安装顺序:由下至上,先阀门后仪表,拆装顺序与之相反。拆卸过程注意不要损坏管件和仪表,拆下来的管子、管件、仪表、螺栓要分类放置好,以便后续安装。

(6) 拧紧螺栓时应对称,十字交叉进行,以保证垫片处受力均匀,拧紧后的螺栓露出丝口长度不大于螺栓直径的一半,并且不小于 2 mm。

(7) 安装时应保证法兰用同一规格螺栓安装并保持方向一致,每支螺栓加垫片不超过一个,法兰也同样操作,加装盲板的法兰除外。

(8) 应正确安装使用 8 字盲板。

(9) 安装结束后进行管道或部件水压实验时,升压要缓慢,升压时禁止动法兰螺钉或油刃,避免敲击或站在堵头对面,稳压后方可进行检查,非操作人员不得在盲板、法兰、焊口、丝口处停留。

(10) 学会使用手动加压泵,能按试压程序完成试压操作,在规定压强下和规定时间内管路所有接口无渗漏现象[一般实验压力为 0.350 MPa(表压),稳压时间为 5 min,允许波动范围为 ±20%],试压成功后,将 8 字盲板换位置并紧固好。

(11) 离心泵运行:将储水罐内加满水,打开放气阀门液体灌满水泵。关闭离心泵出口调节阀启动离心泵,逐步打开离心泵出口调节阀门调节流体流量使其稳定。

(12) 完成正常输送任务后,关闭离心泵出口调节阀至零。关闭离心泵电源。

(13) 将管路内的水全部放干净,按照流程图对管路进行拆卸,要求同上。恢复到初始状态。拆下来的管子、管件、仪表、螺栓要分类放置好,以便于后续安装使用。

(14) 实训结束,一切复原。

注意事项

(1) 试压操作前,一定关闭泵进口真空表的阀门,以免损坏真空表。

(2) 本装置所使用压力表为 0~0.6 MPa,加压时不要超过 0.4 MPa,以防损坏压力表。

(3) 不锈钢泵铭牌转速为 $2\,900\ r\cdot min^{-1}$,为泵的额定工况点(泵的额定工况通常是指水泵在高效段的扬程和流量参数)参数的换算值,电机铭牌转数 $2\,850\ r\cdot min^{-1}$ 的为电机的额定转数,电机的实际转数会随着泵的使用参数不同而改变,故两个铭牌的标牌是不同的。

(4) 操作中,安装工具的使用要合适、恰当。法兰安装中要做到对得正、不反口、不错口、不张口。安装和拆卸过程中注意安全防护,避免出现安全事故。

6.5.5 数据记录及处理

1. 实验基本参数

实验装置:第____套,室温:________℃。

2. 实验数据

本实训数据记录参考表 6-4。

表6-4　物件领用/回收单

序号	物件名称	型号	最多领用数量	领用数量	多领数量	少领数量	错领数量	损坏数量	回收数量	回收状况
1										
2										
⋮										

6.5.6　实训结果与讨论

（1）管路安装的水平管路、垂直管路的偏差分别是多少？

（2）讨论管路拆除时应遵循哪些顺序？

思考题

（1）管路常用的连接方法有哪些？

（2）8字盲板的作用？

6.6　筛板塔拆装实训

6.6.1　实训目的

（1）了解板式塔气、液两相流动现象及板式塔的结构、工作原理。

（2）了解板式塔设备拆装的一般程序和过程，熟练掌握拆装的技能。

（3）能准确列出组装塔所需的工具和易耗品等零件清单，并正确领取工具和易耗品。

（4）能做到拆装塔器过程中遵守安全规范，掌握塔设备安全操作常识。

（5）测量气体通过塔板的压力降、雾沫夹带量、漏液量与空塔气速的关系。

（6）研究板式塔负荷性能图的影响因素。

6.6.2　实训原理

板式塔是一类用于气液或液液系统的分级接触传质设备，由圆筒形塔体和按一定间距水平装置在塔内的若干塔板组成。板式塔广泛应用于精馏和吸收，有些类型（如筛板塔）也用于萃取，还可作为反应器用于气液相反应过程。操作时（以气液系统为例），液体在重力作用下，自上而下依次流过各层塔板，至塔底排出；气体在压力差推动下，自下而上依次穿过各层塔板，至塔顶排出。每块塔板上保持着一定深度的液层，气体通过塔板分散到液层中去，进行相际接触传质。

板式塔塔板上气、液接触，塔内气液流动，都与塔板上的流体力学相关。为了研究塔板的流体力学性能，一般用空气-水体系，在塔板的冷模装置上进行实验，观察塔板上气液接触情况。当液体从上层塔板经降液管流下，与气体形成错流通过塔板，由于塔板上装有一定高度的堰，使塔板上保持一定的液层，然后越过堰从降液管流到下层塔板。气体从下层塔板经筛孔或浮阀、泡罩齿缝等上升穿过液层进行气液两相接触,然后与液体分开继续上升到上一层塔板。

板式塔是靠自下而上的气体和自上而下的液体在塔板上流动时进行接触而达到传质和传热目的的。因此,在某种意义上来说,塔板的传质传热性能的好坏主要取决于板上气、液两相的流体力学状态、两相混合物的物性及塔板的结构等因素。

1. 塔板上气、液接触操作状态

(1) 鼓泡接触 当气体的流速较低时,气、液两相呈鼓泡接触状态。塔板上存在明显的清液层,气体以气泡形态分散在清液层中间,气、液两相在气泡表面进行传质。

(2) 泡沫接触 当气体流速较高时,气、液两相呈泡沫接触状态,此时塔板上清液层明显变薄,只有在塔板表面处才能看到清液,清液层随气速增加而减少,塔板上存在大量泡沫,液体主要以不断更新的液膜形态存在于十分密集的泡沫之间,气、液两相通过液膜表面进行传质。

(3) 喷射接触 当气体流速很高时,由于气体动能很大,把液体喷成液滴,向上抛起,直径较大液滴因为重力作用又落到塔板上,直径较小液滴容易被气流带走形成雾沫夹带,这种气、液接触状态称为喷射状态。在喷射接触情况下,气流速度很大,液体分散较好,对传质传热是有利的,但产生过量雾沫夹带会影响和破坏传质过程。

2. 塔板上不正常的流动现象

(1) 当上升的气体流速很低时,气体通过塔板升气孔的动压不足以阻止塔板上液层的重力,液体将从塔板的开孔处往下漏而出现漏液现象。

漏液量可以用称量法进行测量,漏液分数 ε 计算方法为

$$\varepsilon=\frac{60q_{m,\mathrm{L}}}{L\times L_{\mathrm{w}}\times\rho_{\mathrm{L}}}\times100\% \tag{6-9}$$

$$L=\frac{q_{V,\mathrm{L}}}{L_{\mathrm{w}}} \tag{6-10}$$

式中:$q_{m,\mathrm{L}}$——漏液量,$\mathrm{kg\cdot min^{-1}}$;

L——液流强度,$\mathrm{m^3\cdot m^{-1}\cdot h^{-1}}$;

L_{w}——溢流堰堰长,m;

ρ_{L}——液相密度,$\mathrm{kg\cdot m^{-3}}$;

$q_{V,\mathrm{L}}$——液体体积流量,$\mathrm{m^3\cdot h^{-1}}$。

(2) 当上升的气体穿过塔板液层时,将板上的液滴挟裹到上一层塔板引起浓度返混的现象称为雾沫夹带。

雾沫夹带分数 ∂ 可用下式计算:

$$\partial=\frac{e}{u\times A\times60\times\rho_{\mathrm{G}}}\times100\% \tag{6-11}$$

式中:e——被夹带的液体量(雾沫夹带量),$\mathrm{kg\cdot min^{-1}}$,可用称量法测量;

u——空塔气速,$\mathrm{m\cdot s^{-1}}$;

A——塔截面积,$\mathrm{m^2}$;

ρ_{G}——气体密度,$\mathrm{kg\cdot m^{-3}}$。

(3) 当塔板上液体量很大,上升气体流速很高,塔板压降很大时,液体不能顺利地从降液管流下,于是液体在塔板上不断积累,液层不断上升,使塔内整个塔板间都充满积液,这个现象称为

液泛。液泛会完全破坏塔内正常的气液流动,使塔失去分离效果。

实验中可用压差计来测量塔板压降。

塔板的操作性能通常用塔板的负荷性能图来表示。当塔板结构和物系确定后,即可确定塔板的负荷性能图。因此,操作可变因素仅为气体流量和液体流量。只有当气、液流量处于适当的比例范围内,塔板上气、液流动状况良好,才能得到预期的分离效果。

负荷性能图是以气体体积流量为纵坐标,液体体积流量为横坐标标绘而成的,由严重漏液线、过量雾沫夹带线、液体流量下限线、液体流量上限线和降液管液泛线组成。负荷性能图可由公式计算,也可用实验方法确定。

6.6.3 实训装置及流程

塔器拆装实训装置流程图见图6-12,塔结构示意图见图6-13,塔器由塔体、塔板、视镜、封头、法兰等组成,塔内装有筛板、浮阀、泡罩塔板。塔器拆装实训装置装配图见图6-14,其中筛板塔塔板结构示意图见图6-15。

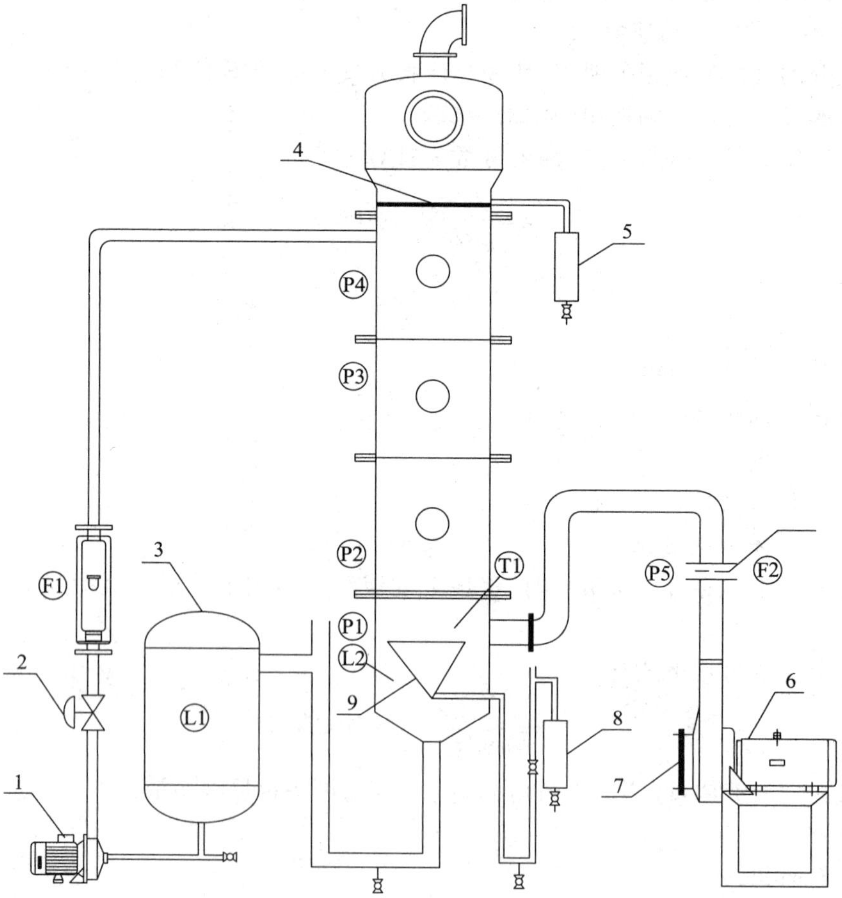

图6-12　塔器拆装实训装置流程图

1—泵;2,7—流量调节阀;3—储水罐;4—扑膜器;5—液体夹带计量瓶;6—中压风机;8—漏液量计量瓶;9—漏斗;F1,F2—流量计;L1,L2—液位计;P1～P5—压力计;T1—温度计

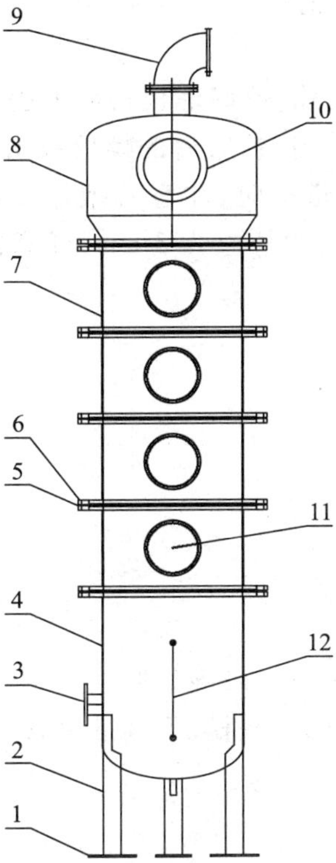

图 6-13 塔结构示意图

1—支架底板;2—板式塔底座;3—进气口;4—板式塔下部;5—板式塔板;6—塔板法兰;7—塔体;8—扩大段;9—出气口;10—扩大段视镜;11—塔体视镜;12—液位计

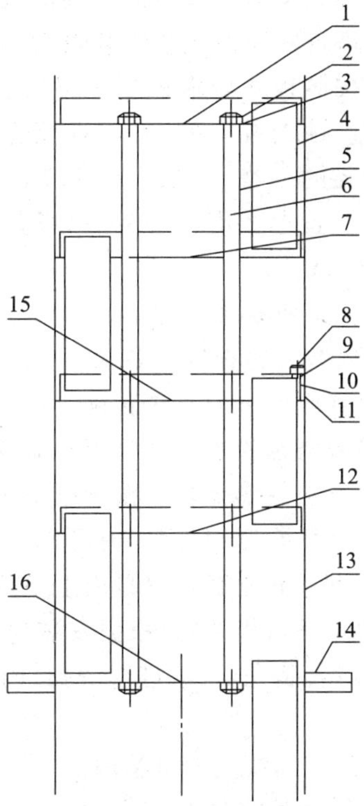

图 6-14 塔器拆装实训装置装配图

1,7,12,15,16—塔板;2,8—螺母;3—垫片;4—降液管;5—定距管;6—拉杆;9—压板;10—压环;11—填料;13—塔壁;14—法兰

筛板塔拆装实训装置的主要技术参数如下:

板式塔:ϕ500 mm×600 mm;塔顶:ϕ500 mm×650 mm;塔底:ϕ500 mm×650 mm;可拆卸整块塔板:ϕ500 mm;弓形降液管;储水罐:ϕ500 mm×600 mm;液体夹带计量瓶:ϕ100 mm×300 mm;漏液量计量瓶:ϕ100 mm×300 mm;玻璃视镜:ϕ 150 mm;温度数显仪:AI-501BS;压力数显仪:AI-501BV24S;电磁流量计显示表:AI-501BV24S;离心泵:WB70/055;变频器:E310-401-H3(380V);引风机:9-19-5(7.5kW)。

塔器用不锈钢型号:304。

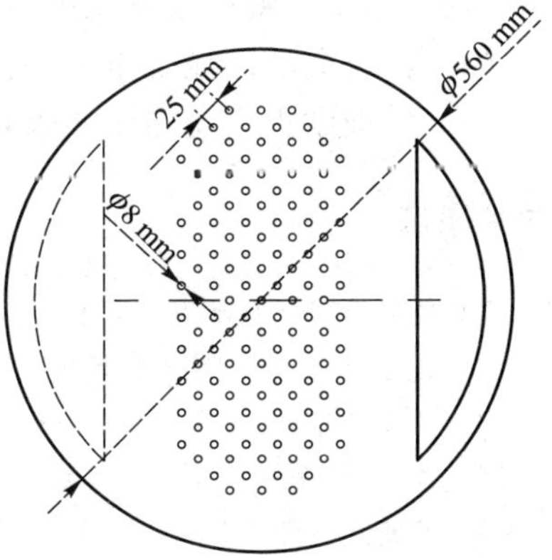

图 6-15 筛板塔塔板结构示意图

6.6.4 实训方法及步骤

1. 板式塔安装实验

(1) 操作前佩戴好手套、安全帽等防护工具。

（2）准确填写拆装所需工具的规格型号及数量的材料清单。

（3）塔盘安装前应清除其表面的油污、铁锈等。

（4）按照板式塔塔板顺序将塔板摆好，先放上密封垫片，放好塔板再放上密封垫。随后把塔段放好。法兰孔对好，并用螺栓连接好。垫片处受力均匀，拧紧后的螺栓露出丝口长度不大于螺栓直径的一半，并且不小于2 mm。安装塔盘板及通道板时，注意必须保证通道板在上下同一垂直位置上。塔盘安装后，塔盘面水平度在整个面上的公差为3 mm，任意两塔板间距离允差为±6 mm。

（5）把紧所有紧固件。

（6）安装完检查以下各项：

① 检查阀的方向是否正确。

② 检查塔盘板水平度是否符合要求。

③ 检查液封盘处是否按图纸要求加入垫片。

④ 检查所有紧固件是否拧紧。

⑤ 检查浮阀是否可以自由上下浮动。

⑥ 清除塔盘板杂物，根据安装要求检查降液板底隙、出口堰高等数值。

（7）塔安装完毕，应进行清扫，内部应无焊渣、木块、泥土、材料、工具等杂物；打扫板式塔周边卫生。

（8）将工具放到工具箱内。

2. 流体力学实验

（1）向水箱内注满水，检查设备是否接好。

（2）开启风机，调节空气流量；开启循环水泵，调节水流量；待塔内气、液两相流动稳定后，分别记录空气流量、水流量。

（3）调节液体流量至某设定值，改变气体流量，由小到大取若干实验点，在每一实验点分别测取塔板压降、漏液量及雾沫夹带量。

（4）再改变液体流量至另一设定值，重复步骤(3)。

（5）实训结束后关闭循环水箱、风机，复原装置。

注意事项

（1）搬运塔段时几个人一同用力，平稳放好。

（2）塔体法兰对正，对角紧螺栓。

（3）安装操作时，注意安全。在平台操作说明注意楼梯位置。

（4）操作中，安装工具的使用要合适、恰当。法兰安装中要做到对得正、不反口、不错口、不张口。

（5）安装和拆卸过程中注意安全防护，避免出现安全事故。

6.6.5 数据记录及处理

本实训数据记录可参照表6-5、表6-6。

表 6-5 原始数据记录

序号	流量计读数		压差	雾沫夹带		漏液	
	液体 $q_{V,L}$ / $m^3 \cdot h^{-1}$	气体 $q_{V,G}$ / $m^3 \cdot h^{-1}$	Δp / kPa	时间 τ / min	液体质量 m / kg	时间 τ / min	液体质量 m / kg
1							
2							
⋮							

表 6-6 实验结果记录

序号	空塔气速	塔板压降	雾沫夹带		漏液		
	u / $m \cdot s^{-1}$	Δp / mmH_2O	雾沫夹带量 e / $kg \cdot min^{-1}$	∂	漏液量 $q_{m,L}$ / $kg \cdot min^{-1}$	液流强度 L / $m^3 \cdot m^{-1} \cdot h^{-1}$	ε
1							
2							
⋮							

6.6.6 实训结果与讨论

在坐标纸上绘出如下曲线：

(1) 塔板压降曲线 Δp-u。

(2) 雾沫夹带曲线 ∂-u。

(3) 漏液分数曲线 ε-u。

思考题

(1) 评价塔板的性能指标是什么？

(2) 在板式塔中气、液两相的传质面积是固定不变的吗？

(3) 由传质理论可知，流动过程中接触的两相湍流程度越大，传质阻力就越小，如何提高两相的湍流程度？

6.7 化工仪表及自动化实训

6.7.1 实训目的

(1) 掌握单容水箱阶跃响应曲线的测试方法，根据实验得到的液位阶跃响应曲线，用相关的方法确定被测对象的特征参数 T 和传递函数。

(2) 掌握双容水箱阶跃响应曲线的测试方法，根据由实际测得的双容液位阶跃响应曲线，确定其传递函数。

(3) 掌握单闭环液位控制系统调节器参数的整定，研究调节器相关参数的变化对系统动态性能的影响。

（4）掌握液位-流量串级控制系统的投运与参数的整定方法，研究主、副调节器参数的改变对系统性能的影响。

6.7.2 实训原理

1. 单容水箱

由图6-16可知，对象的被控制量为水箱的液位 h，控制量（输入量）是流入水箱中液体的流量 q_1，手动阀F04和F06的开度都为定值，q_2 为水箱中液体流出的流量。根据物料平衡关系，在平衡状态时：

$$q_{10}-q_{20}=0 \tag{6-12}$$

动态时，则有

$$q_1-q_2=\frac{dV}{dt} \tag{6-13}$$

式中：V——水箱的储水体积；

$\frac{dV}{dt}$——水储存量的变化率，它与 h 的关系为 $dV=Adh$，即

$$\frac{dV}{dt}=A\frac{dh}{dt} \tag{6-14}$$

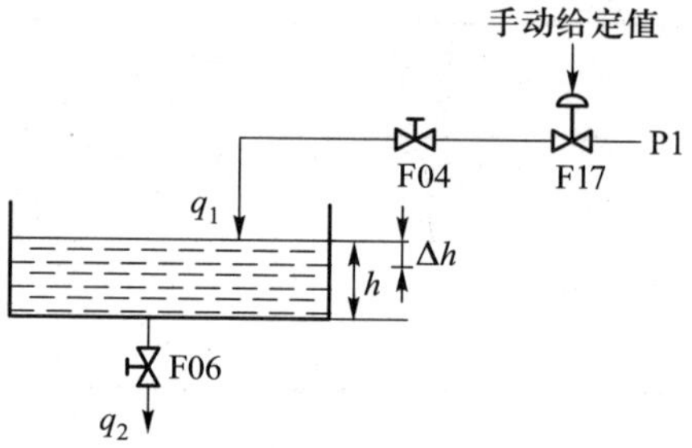

图6-16　单容水箱特性测试结构图

式中：A——水箱的底面积。

将式（6-14）代入式（6-13），得

$$q_1-q_2=A\frac{dh}{dt} \tag{6-15}$$

基于 $q_2=\frac{h}{R_S}$，R_S 为手动阀F06的液阻，则式（6-15）可改写为

$$q_1-\frac{h}{R_S}=A\frac{dh}{dt}$$

即

$$AR_S\frac{dh}{dt}+h=Kq_1$$

或写为

$$\frac{H(S)}{q_1(S)}=\frac{K}{TS+1} \tag{6-16}$$

式中：$T=AR_S$，它与水箱的底面积 A 和 q_2 的 R_S 有关；$K=R_S$。

式（6-16）即为单容水箱的传递函数。

若令 $q_1(s)=\frac{R_0}{S}$，R_0=常数，则式（6-16）可改为

$$H(S)=\frac{K/T}{S+\frac{1}{T}}\times\frac{R_0}{S}=\frac{KR_0}{S}-\frac{KR_0}{S+\frac{1}{T}}$$

对上式取拉氏反变换，得

$$h(t)=KR_0(1-e^{-t/T}) \tag{6-17}$$

当 $t\to\infty$ 时，$h(\infty)=KR_0$，因而有

$$K=h(\infty)/R_0=\text{输出稳态值/阶跃输入}$$

当 $t=T$ 时，则有

$$h(T)=KR_0(1-e^{-1})=0.632KR_0=0.632h(\infty)$$

式(6-17)表示一阶惯性环节的响应曲线是一单调上升的指数函数，如图 6-17 所示。当由实验求得图 6-17 所示的阶跃响应曲线后，该曲线上升到稳态值的 63.2% 所对应的时间，就是水箱的时间常数 T。该时间常数 T 也可以通过坐标原点对响应曲线作切线，切线与稳态值交点所对应的时间就是时间常数 T，由响应曲线求得 K 和 T 后，就能求得单容水箱的传递函数。

2. 双容水箱

由图 6-18 所示，被控对象由两个水箱相串联连接，由于有两个贮水的容器，故称其为双容对象。被控制量是下水箱的液位，当输入量有一阶跃增量变化时，两水箱的液位变化曲线分别如图 6-19、图 6-20 所示。由图 6-19 可见，上水箱液位的响应曲线为一单调的指数函数；而下水箱液位的响应曲线则呈 S 形(图 6-20)。显然，多了一个水箱，液位响应就更加滞后。

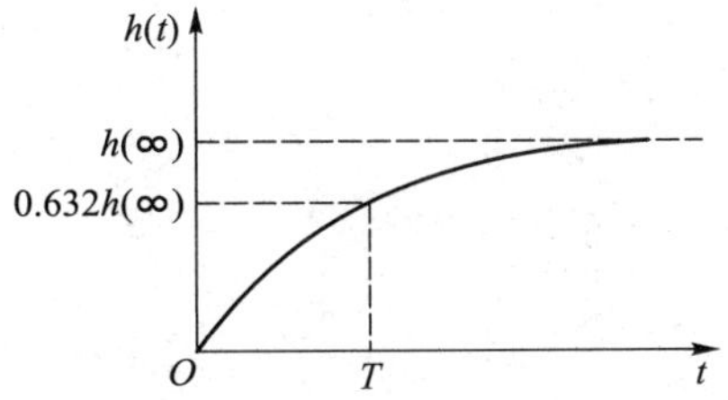

图 6-17　单容水箱的单调上升指数曲线

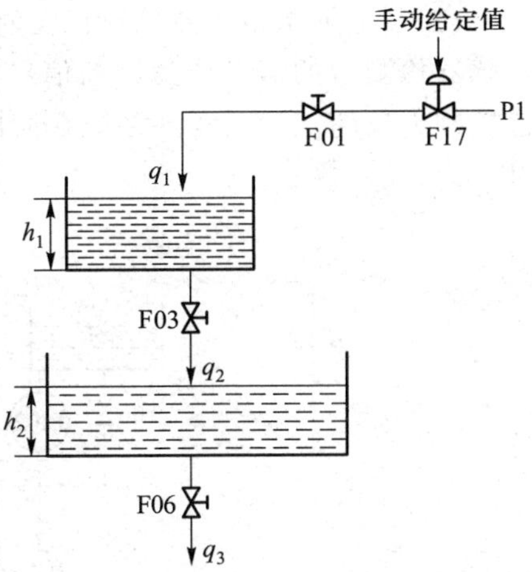

图 6-18　双容水箱对象特性结构图

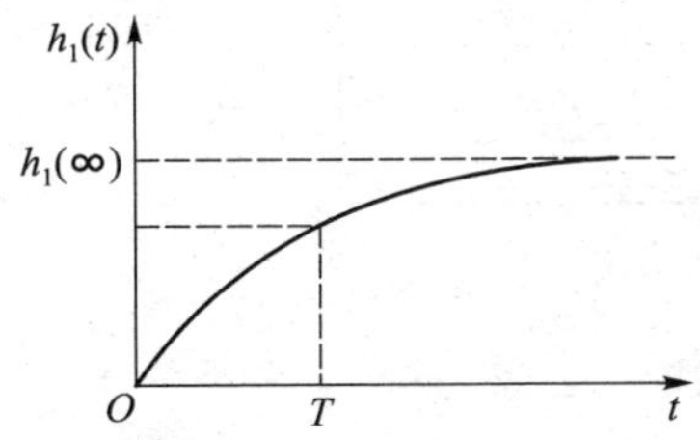

图 6-19　双容液位阶跃响应曲线(上水箱)

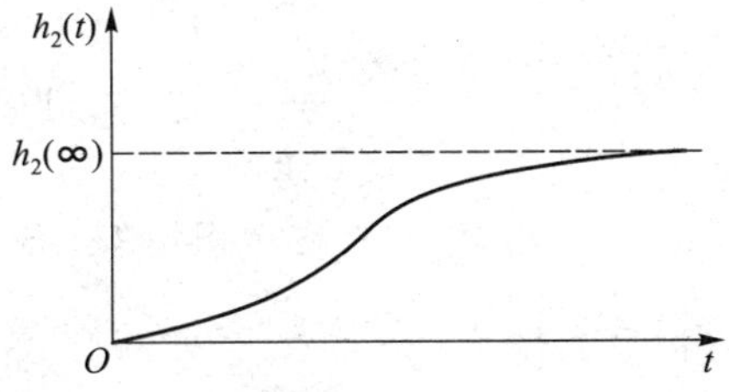

图 6-20　双容液位阶跃响应曲线(下水箱)

如图 6-20 所示，在 S 形曲线的拐点 P 处作一切线，它与时间轴的交点为 A，OA 则表示了对象响应的滞后时间。至于双容对象两个惯性环节的时间常数可按下述方法来确定。

在图 6-21 所示的阶跃响应曲线上求取：

(1) $h_2(t)|_{t=t_1}=0.4h_2(\infty)$ 时曲线上的点 B 和对应的时间 t_1；

（2）$h_2(t)|_{t=t_2}=0.8h_2(\infty)$时曲线上的点 C 和对应的时间 t_2。

然后，利用下面的近似公式：

$$K=\frac{h_2(\infty)}{R_0}=\frac{\text{输入稳态值}}{\text{阶跃输入量}} \tag{6-18}$$

$$T_1+T_2\approx\frac{t_1+t_2}{2.16} \tag{6-19}$$

由上述两式中解出 T_1 和 T_2，于是求得双容（二阶）对象的传递函数为

$$\frac{T_1T_2}{(T_1+T_2)^2}\approx1.74\frac{t_1}{t_2}-0.55 \tag{6-20}$$

式中：$0.32<\frac{t_1}{t_2}<0.46$。

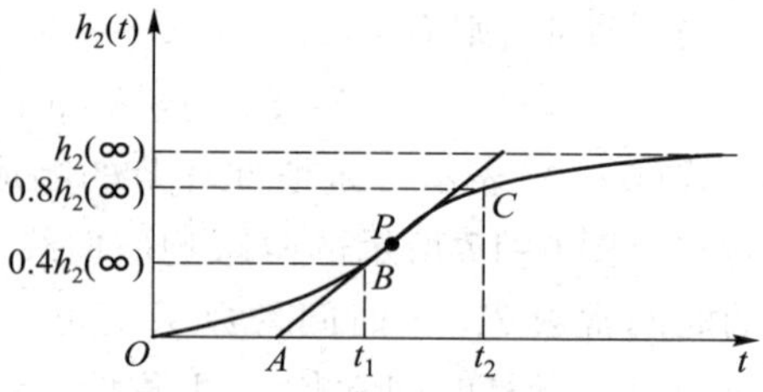

图6-21　双容液位阶跃响应曲线

3. 单回路控制系统

本实验系统的被控对象为下水箱，其液位高度作为系统的被控制量。系统的给定信号为一定值，它要求被控制量下水箱的液位在稳态时等于给定值。由反馈控制的原理可知，应将上水箱的液位经传感器检测后的信号作为反馈信号。图6-22为液位定值控制结构图，图6-23为上水箱液位定值控制方框图。为了实现系统在阶跃给定和阶跃扰动作用下无静差，系统的调节器应为PI或PID。

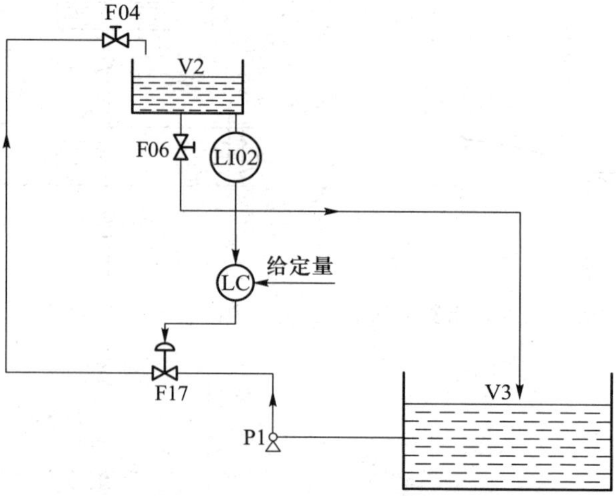

图6-22　液位定值控制结构图

4. 串级控制系统

本实验系统的主控量为下水箱的液位高度 H，副控量为电动调节阀支路流量 q，它是一个辅助的控制变量。系统由主、副两个回路所组成。主回路是一个恒值控制系统，使系统的主控制量 H 等于给定值；副回路是一个随动系统，要求副回路的输出能正确、快速地复现主调节器输出的变化规律，以达到对主控制量 H 的控制目的。

不难看出，由于主对象下水箱的时间常数大于副对象管道的时间常数，因而当主扰动（二次扰动）作用于副回路时，在主对象未受影响前，通过副回路的快速调节作用已消除了扰动的影响。

图 6-24 为液位-流量串级控制系统结构图,图 6-25 为该控制系统方框图。

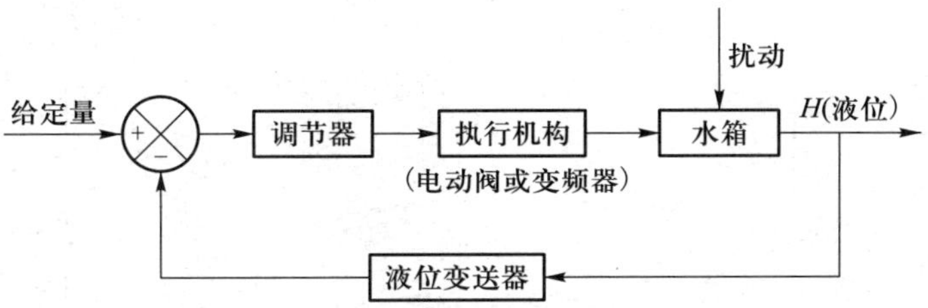

图 6-23 上水箱液位定值控制方框图

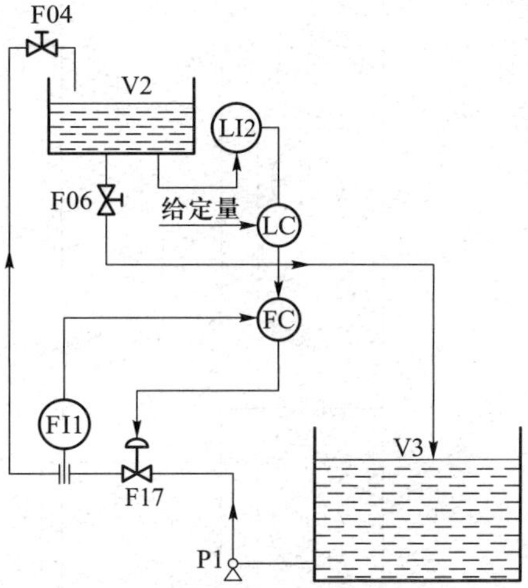

图 6-24 液位-流量串级控制系统结构图

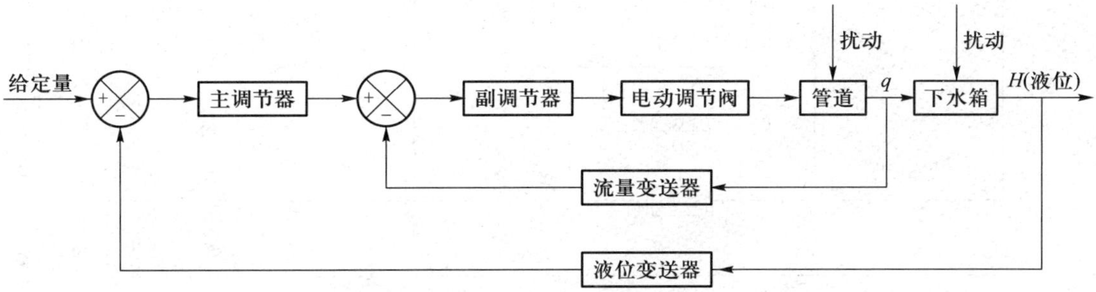

图 6-25 液位-流量串级控制系统方框图

6.7.3 实训装置及流程

化工仪表与控制实训装置是基于工业过程的物理模拟对象,该系统包括流量、温度、液位、压力四种热工参数,可实现系统参数辨识、单回路控制、串级控制、比值控制等多种控制形式。化工仪表及自动化实训装置流程示意图见图 6-26。

化工仪表及自动化实训装置的主要技术参数如下:

冷水泵、热水泵型号:WB 50/025,流量:6 $m^3 \cdot h^{-1}$,扬程:8 m,功率:250 W;

电动调节阀型号:QSBM-16KDN25-dg16,口径:25 mm,工作压力:16 $kgf \cdot cm^{-2}$;

变频器型号:N2-401-H3,功率:0.75 kW;

液位传感器量程:0 ~ 1 000 mm;

压力传感器量程:0 ~ 200 kPa;

涡轮流量计型号:LWY-15,口径:15 mm,量程:0.6 ~ 6 $m^3 \cdot h^{-1}$;

电磁流量计型号:LDTH-15,口径:15 mm,量程:0 ~ 6 $m^3 \cdot h^{-1}$。

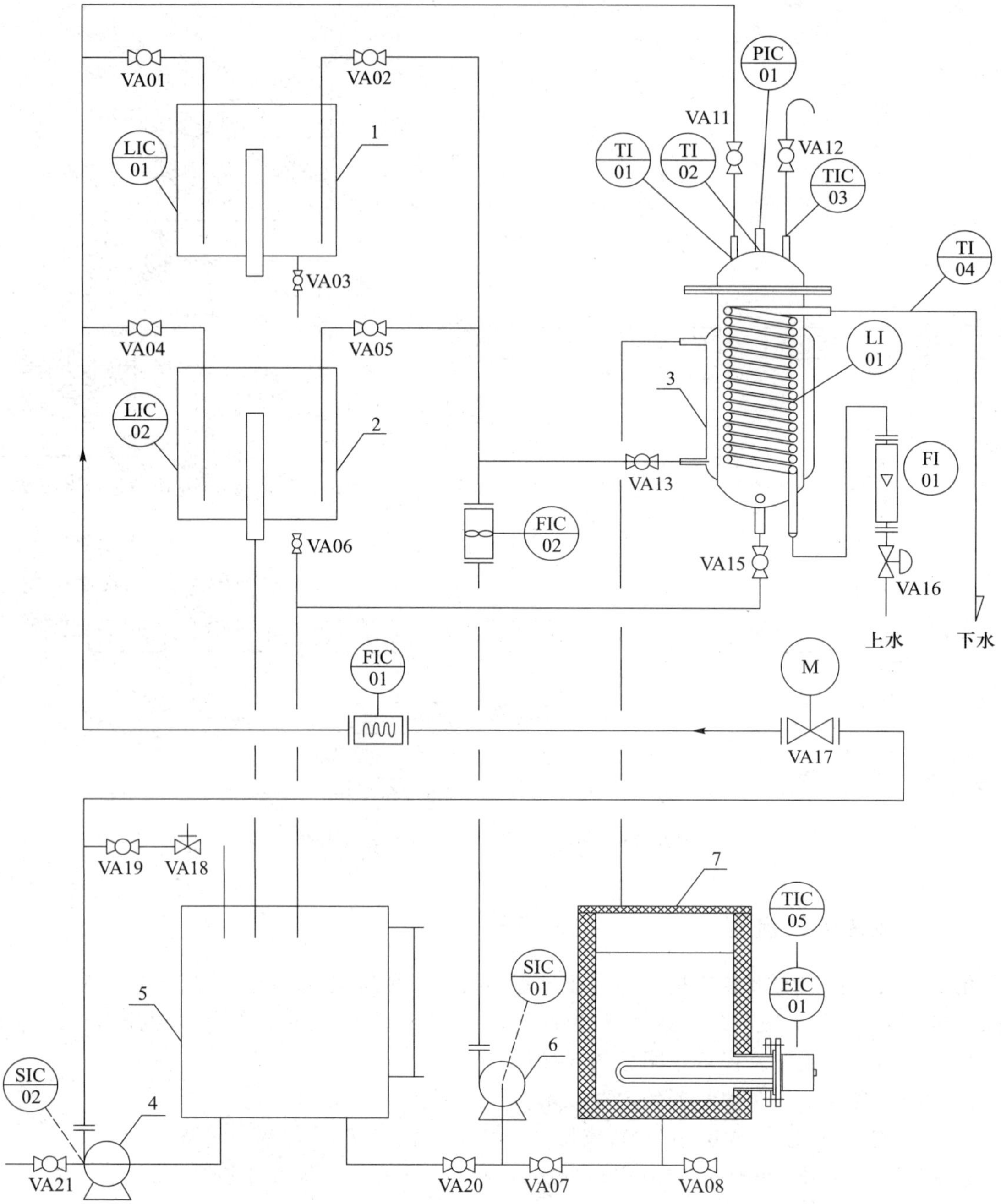

图6-26 化工仪表及自动化实训装置流程示意图

1—高位水槽;2—低位水槽;3—加热釜;4—冷水泵;5—冷水箱;6—热水泵;7—热水箱;
EIC01—电压调节器;FI01—流量计;FIC01,FIC02—流量调节器;LI01—液位指示器;
LIC01,LIC02—液位调节器;PIC01-压力调节器;TI01,TI02,TI04—温度指示器;
TIC03,TIC05—温度调节器;SIC01,SIC02—变频器;VA01~VA21—阀门

6.7.4 实训方法及步骤

1. 单容水箱

(1) 按图 6-16 选择实验线路,并把阀 VA04 和 VA06(图 6-27)开至某一开度(建议全开),其他阀门关闭。

(2) 接通总电源,并启动冷水泵。

(3) 启动计算机记下水箱液位的历史曲线和阶跃响应曲线。

(4) 选择 A 或 B(其中一种)方式进行操作。

A:把调节阀设置于全开位置,通过 P1 频率增/减的操作改变其输出量的大小,使水箱的液位处于某一平衡位置。

B:把频率设置于一定值,通过开度增/减的操作改变其输出量的大小,使水箱的液位处于某一平衡位置。

(5) 手动操作调节器(电动阀开度或离心泵频率),使其输出有一个正(或负)阶跃增量的变化(此增量不宜过大,以免水箱中水溢出),于是水箱的液位便离开原平衡状态,经过一定的调节时间后,水箱的液位进入新的平衡状态。

(6) 关闭离心泵,结束实验。

(7) 根据实验所得图像和数据,写出传递函数。

2. 双容水箱

(1) 按图 6-18 选择实验线路,并把阀 VA01,VA03 和 VA06(图 6-26)开至某一开度(建议全开),其他阀门关闭。

(2) 接通总电源,并启动冷水泵。

(3) 启动计算机记下水箱液位的历史曲线和阶跃响应曲线。

(4) 选择 A 或 B(其中一种)方式进行操作。

A:把调节阀设置于全开位置,通过频率增/减的操作改变其输出量的大小,使水箱的液位处于某一平衡位置。

B:把频率设置于一定值,通过开度增/减的操作改变其输出量的大小,使水箱的液位处于某一平衡位置。

(5) 手动操作调节器(电动阀开度或离心泵频率),使其输出有一个正(或负)阶跃增量的变化(此增量不宜过大,以免水箱中水溢出),于是水箱的液位便离开原平衡状态,经过一定的调节时间后,水箱的液位进入新的平衡状态。

(6) 关闭离心泵,结束实验。

(7) 根据实验所得图像和数据,写出传递函数。

3. 单回路控制系统

(1) 按图 6-22 选择实验线路,打开阀 VA04 和 VA06(图 6-26)。

(2) 接通总电源,启动冷水泵。

(3) 保持 VA17 开度不变或者频率不变。

(4) 选用单回路控制系统实验中所述的某种调节器参数的整定方法整定好调节器的相关参数。

(5) 设置好系统的给定值后,把调节器(电动阀或变频器)切换为自动,使系统投入自动运行状态。

(6) 启动计算机,运行力控组态软件,并进行下列实验:

① 当系统稳定运行后,突加阶跃扰动(将给定量增加5% ~15%),观察并记录系统的输出响应曲线。

② 待系统进入稳态后,适量改变阀VA04的开度,以作为系统的扰动,观察并记录在阶跃扰动作用下液位的变化过程。

适量改变PI的参数,用计算机记录不同参数时系统的响应曲线。

4. 串级控制系统

(1) 按图6-24选择实验线路,打开相关阀门。

(2) 接通总电源,启动冷水泵。

(3) 按经验数据预先设置好副调节器的比例度。

(4) 调节主调节器的比例度,使系统的输出响应呈4∶1的衰减度,记下此时的比例度δS和周期TS。按查表所得的PI参数对主调节器的参数进行整定。

(5) 手动操作主调节器的输出,控制电动调节阀给下水箱打水,待下水箱液位相对稳定且等于给定值时,把主调节器改为自动,系统进入自动运行。

(6) 打开计算机,运行力控组态软件,并进行如下的实验:当系统稳定运行后,设定值加一合适的阶跃扰动,观察并记录系统的输出响应曲线。

(7) 通过反复对主、副调节器参数的调节,使系统具有较满意的动、静态性能。用计算机记录此时系统的动态响应曲线。

6.7.5 数据记录及处理

本实训数据记录可参照表6-7。

表6-7　原始数据记录表

序号	时间 t/s	液位 h/mm
1		
2		
⋮		

6.7.6 实训结果与讨论

(1) 单容水箱实验:由计算机记录$t-h$曲线,打印出$t-h$曲线,求取K,T,τ。

(2) 双容水箱实验:由计算机记录$t-h$曲线,打印出$t-h$曲线,求取K,T_1,T_2,τ。

思考题

(1) PID调节器中比例、积分、微分各自的作用是什么?

(2) 调节器参数的整定方法有哪些?

(3) 控制方式有哪些?

第7章

化工仿真

7.1 CO_2 压缩机工艺3D虚拟现实仿真

7.1.1 实验目的

（1）熟悉 CO_2 压缩机工艺单元操作流程。

（2）了解 CO_2 压缩机工艺单元操作规程。

7.1.2 工艺流程、设备及主要控制元件

1. 工艺流程简介

CO_2 压缩机工艺单元是将合成氨装置的原料气 CO_2 经本单元压缩做功后送往下一工段尿素合成工段，采用的是以汽轮机驱动的四级离心压缩机。其机组主要由压缩机主机、驱动机、润滑油系统、控制油系统和防喘振装置组成。

1）CO_2 流程说明

来自合成氨装置的原料气 CO_2 压力为150 kPa，温度38 ℃，流量由FR8103计量，进入 CO_2 压缩机入口分离器V-111，在此分离掉 CO_2 气相中夹带的液滴后进入 CO_2 压缩机的一段入口，经过一段压缩后，CO_2 压力上升为0.38 MPa，温度194 ℃，进入一段冷却器E-119用循环水冷却到43 ℃。为保证尿素装置防腐所需氧气，在 CO_2 进入E-119前加入适量来自合成氨装置的空气，流量由FRC8101调节控制，CO_2 中氧含量为0.25%～0.35%，在一段分离器V-119中分离掉液滴后进入二段进行压缩，二段出口 CO_2 压力为1.866 MPa，温度227 ℃。然后进入二段冷却器E-120冷却到43 ℃，并经二段分离器V-120分离掉液滴后进入三段。

在三段入口设计有段间放空阀，便于低压缸 CO_2 压力控制和快速泄压，CO_2 经三段压缩后压力升到8.046 MPa，温度214 ℃，进入三段冷却器E-121中冷却。为防止 CO_2 过度冷却而生成干冰，在三段冷却器冷却水回水管线上设计有温度调节阀TIC8111，用此阀来控制四段入口 CO_2 温度在50～55 ℃。冷却后的 CO_2 进入四段压缩后压力升到15.5 MPa，温度121 ℃，进入尿素高压合成系统。为防止 CO_2 压缩机高压缸超压、喘振，在四段出口管线上设计有四回一阀HV-8162（即HIC8162）。

2）蒸汽流程说明

主蒸汽压力 5.882 MPa，温度 450 ℃，流量 82 t/h，进入透平做功，其中一大部分在透平中部被抽出，抽汽压力 2.598 MPa，温度 350 ℃，流量 54.4 t/h，送至框架，另一部分通过中压调节阀进入透平后汽缸继续做功，做完功后的乏汽进入蒸汽冷凝系统。

CO_2 压缩机工艺 3D 虚拟现实仿真 DCS 流程图如图 7-1 所示。

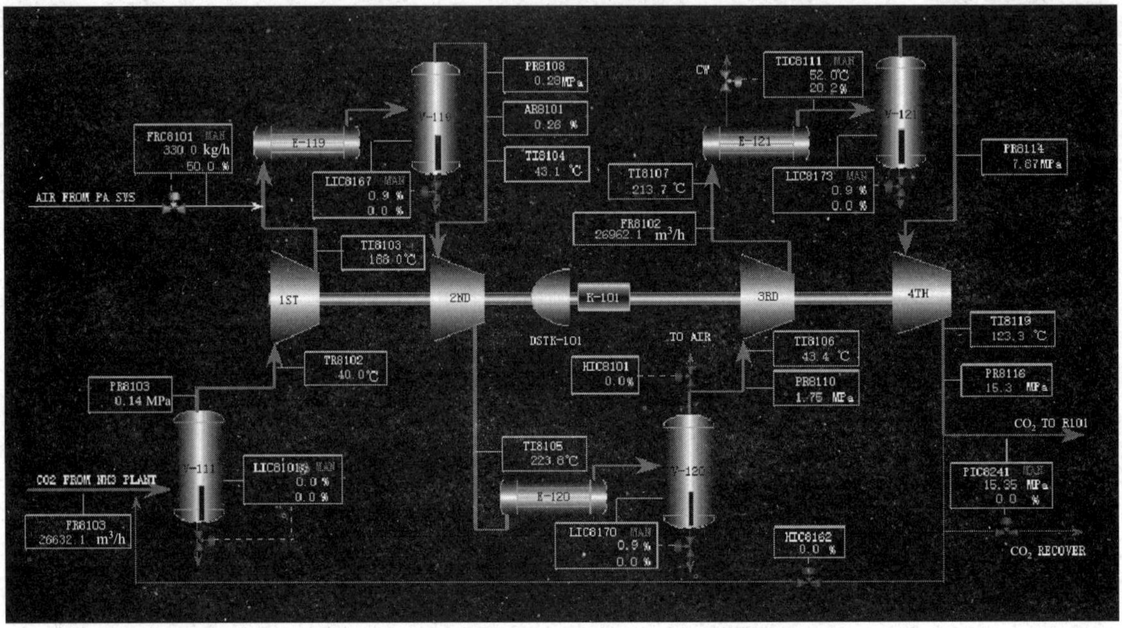

图 7-1　CO_2 压缩机工艺 3D 虚拟现实仿真 DCS 流程图

2. 设备及主要控制元件

1）主要设备

CO_2 压缩机工艺 3D 虚拟现实仿真工艺流程中主要设备见表 7-1。

表 7-1　CO_2 压缩机工艺 3D 虚拟现实仿真工艺流程中主要设备

位号	名称	位号	名称	位号	名称
E-119	CO_2 一段冷却器	V-120	CO_2 二段分离器		油泵
E-120	CO_2 二段冷却器	V-121	CO_2 三段分离器		油冷器
E-121	CO_2 三段冷却器	DSTK-101	CO_2 压缩机组透平		油过滤器
V-119	CO_2 一段分离器		油箱		盘车油泵

E-119，E-120，E-121，V-111，V-119，V-120，V-121，K-101 组成 CO_2 气路系统，DSTK-101、油箱、油温控制器、油泵、油冷器、油过滤器、盘车油泵、稳压器、速关阀、调速器、调压器组成蒸汽透平及油系统。

2）主要控制阀

主要控制阀见表 7-2。

表 7-2　主要控制阀

位号	说明	位号	说明	位号	说明
FR8103	配空气流量控制	LIC8173	V121 液位控制	HS8001	透平蒸汽速关阀
LIC8101	V111 液位控制	HIC8101	段间放空阀	HIC8205	调速阀
LIC8167	V119 液位控制	HIC8162	四回一防喘振阀	PIC8224	抽出中压蒸汽压力控制
LIC8170	V120 液位控制	PIC8241	四段出口压力控制		盘车油泵

CO_2 压缩机控制组画面如图 7-2 所示。

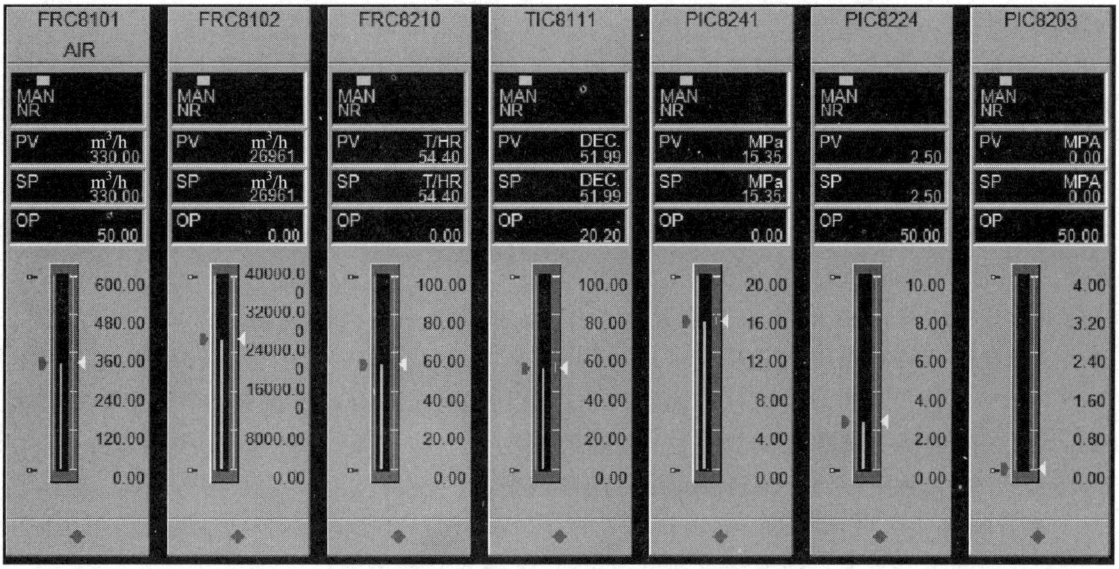

图 7-2　CO_2 压缩机控制组画面

7.1.3　实验方法及步骤

1. 冷态开车

本操作规程仅供参考，详细操作以评分系统为准。

1）准备工作：引循环水

（1）压缩机岗位 E-119 开循环水阀 OMP1001，引入循环水。

（2）压缩机岗位 E-120 开循环水阀 OMP1002，引入循环水。

（3）压缩机岗位 E-121 开循环水阀 TIC8111，引入循环水。

2）CO_2 压缩机油系统开车

（1）在辅助控制盘上启动油箱油温控制器 OMP1045，将油温升到 40 ℃左右。

（2）打开油泵的前切断阀 OMP1026、后切断阀 OMP1048。

（3）从辅助控制盘上开启主油泵 OILPUMP。

（4）调整油泵回路阀 TMPV186，将控制油压力控制在 0.9 MPa 以上。

3）盘车

（1）开启盘车泵的前切断阀 OMP1031、后切断阀 OMP1032。

（2）从辅助控制盘启动盘车泵。

（3）在辅助控制盘上按盘车按钮盘车至转速大于 150 r/min。

（4）检查压缩机有无异常响声，检查振动、轴位移等。

4）停止盘车

（1）在辅助控制盘上按盘车按钮停盘车。

（2）从辅助控制盘停盘车泵。

（3）关闭盘车泵的后切断阀 OMP1032、前切断阀 OMP1031。

5）联锁试验

（1）油泵自启动试验　主油泵启动且将油压控制正常后，在辅助控制盘上将辅助油泵自动启动按钮按下，按一下 RESET 按钮，打开透平蒸汽速关阀 HS8001，再在辅助控制盘上按停主油泵，辅助油泵应该自行启动，联锁不应动作。

（2）低油压联锁试验　主油泵启动且将油压控制正常后，确认在辅助控制盘上没有将辅助油泵设置为自动启动，按一下 RESET 按钮，打开透平蒸汽速关阀 HS8001，关闭四回一阀和段间放空阀，通过油泵回路阀缓慢降低油压，当油压降低到一定值时，仪表盘 PSXL8372 应该报警，按确认后继续开大阀降低油压，检查联锁是否动作，动作后透平蒸汽速关阀 HS8001 应该关闭，关闭四回一阀和段间放空阀应该全开。

（3）停车试验　主油泵启动且将油压控制正常后，按一下 RESET 按钮，打开透平蒸汽速关阀 HS8001，关闭四回一阀和段间放空阀，在辅助控制盘上按一下 STOP 按钮，透平蒸汽速关阀 HS8001 应该关闭，关闭四回一阀和段间放空阀应该全开。

6）暖管暖机

（1）在辅助控制盘上点辅油泵自动启动按钮，将辅油泵设置为自启动。

（2）打开入界区蒸汽副线阀 OMP1006，准备引蒸汽。

（3）打开蒸汽透平主蒸汽管线上的切断阀 OMP1007，压缩机暖管。

（4）打开 CO_2 放空截止阀 TMPV102、调节阀 PIC8241。

（5）透平入口管道内蒸汽压力上升到 5.0 MPa 后，开入界区蒸汽阀 OMP1005。

（6）关副线阀 OMP1006。

（7）打开 CO_2 进料总阀 OMP1004。

（8）全开 CO_2 进口控制阀 TMPV104。

（9）打开透平抽出截止阀 OMP1009。

（10）从辅助控制盘上按一下 RESET 按钮，准备冲转压缩机。

（11）打开透平蒸汽速关阀 HS8001。

（12）逐渐打开阀 HIC8205，将转速 SI8335 提高到 1 000 r/min，进行低速暖机。

（13）控制转速 1 000 r/min，暖机 15 min（模拟为 1 min）。

（14）打开油冷器冷却水阀 TMPV181。

（15）暖机结束，将机组转速缓慢提到 2 000 r/min，检查机组运行情况。

（16）检查压缩机有无异常响声，检查振动、轴位移等。

（17）控制转速 2 000 r/min，停留 15 min（模拟为 1 min）。

7）过临界转速

（1）继续开大 HIC8205，将机组转速缓慢提到 3 000 r/min，准备过临界转速（3 000～3 500 r/min）。

（2）继续开大 HIC8205，用 20～30 s 的时间将机组转速缓慢提到 4 000 r/min，通过临界转速。

（3）逐渐打开 PIC8224 到 50%。

（4）缓慢将段间放空阀 HIC8101 关小到 72%。

（5）将 V-111 液位控制 LIC8101 投自动，设定值在 20% 左右。

（6）将 V-119 液位控制 LIC8167 投自动，设定值在 20% 左右。

（7）将 V-120 液位控制 LIC8170 投自动，设定值在 20% 左右。

（8）将 V-121 液位控制 LIC8173 投自动，设定值在 20% 左右。

（9）将 TIC8111 投自动，设定值在 52 ℃左右。

8）升速升压

（1）继续开大 HIC8205，将机组转速缓慢提到 5 500 r/min。

（2）缓慢将段间放空阀 HIC8101 关小到 50%。

（3）继续开大 HIC8205，将机组转速缓慢提到 6 050 r/min。

（4）缓慢将段间放空阀 HIC8101 关小到 25%。

（5）缓慢将四回一阀 HIC8162 关小到 75%。

（6）继续开大 HIC8205，将机组转速缓慢提到 6 400 r/min。

（7）缓慢将段间放空阀 HIC8101 关闭。

（8）缓慢将四回一阀 HIC8162 关闭。

（9）继续开大 HIC8205，将机组转速缓慢提到 6 935 r/min。

（10）调整 HIC8205，将机组转速 SI8335 稳定在 6 935 r/min。

9）投料

（1）逐渐关小 PIC8241，缓慢将压缩机四段出口压力提升到 14.4 MPa，平衡合成系统压力。

（2）打开 CO_2 出口阀 OMP1003。

（3）继续手动关小 PIC8241，缓慢将压缩机四段出口压力提升到 15.4 MPa，将 CO_2 引入合成系统。

（4）当 PIC8241 控制稳定在 15.4 MPa 左右后，将其设定在 15.4 MPa 投自动。

2. 正常运行

正常工况下主要工艺参数的生产指标见表 7-3。

表 7-3 正常工况下主要工艺参数的生产指标

序号	位号	测量点位置	工艺指标
1	TR8102	CO_2 原料气温度	40 ℃
2	TI8103	CO_2 压缩机一段出口温度	190 ℃
3	PR8108	CO_2 压缩机一段出口压力	0.28 MPa
4	TI8104	CO_2 压缩机一段冷却器出口温度	43 ℃
5	FRC8101	二段空气补加流量	330 kg/h
6	FR8103	CO_2 吸入流量	27 000 m^3/h（标准状况）

续表

序号	位号	测量点位置	工艺指标
7	FR8102	三段出口流量	27 330 m^3/h(标准状况)
8	AR8101	含氧量	0.25% ~0.3%
9	TE8105	CO_2 压缩机二段出口温度	225 ℃
10	PR8110	CO_2 压缩机二段出口压力	1.8 MPa
11	TI8106	CO_2 压缩机二段冷却器出口温度	43 ℃
12	TI8107	CO_2 压缩机三段出口温度	214 ℃
13	PR8114	CO_2 压缩机三段出口压力	8.02 MPa
14	TIC8111	CO_2 压缩机三段冷却器出口温度	52 ℃
15	TI8119	CO_2 压缩机四段出口温度	120 ℃
16	PIC8241	CO_2 压缩机四段出口压力	15.4 MPa
17	PIC8224	出透平中压蒸汽压力	2.5 MPa
18	FR8201	入透平蒸汽流量	82 t/h
19	FR8210	出透平中压蒸汽流量	54.4 t/h
20	TI8213	出透平中压蒸汽温度	350 ℃
21	TI8338	CO_2 压缩机油冷器出口温度	43 ℃
22	PI8357	CO_2 压缩机油滤器出口压力	0.25 MPa
23	PI8361	CO_2 控制油压力	0.95 MPa
24	SI8335	压缩机转速	6 935 r/min
25	XI8001	压缩机振动	0.022 mm
26	GI8001	压缩机轴位移	0.24 mm

3. 正常停车

1) CO_2 压缩机停车

(1) 调节 HIC8205,将转速降至 6 500 r/min。

(2) 调节 HIC8162,将负荷减至 21 000 m^3/h。

(3) 继续调节 HIC8162,抽汽与注汽量,直至 HIC8162 全开。

(4) 手动缓慢打开 PIC8241,将四段出口压力降到 14.5 MPa 以下,CO_2 退出合成系统。

(5) 关闭 CO_2 入合成总阀 OMP1003。

(6) 继续开大 PIC8241 缓慢降低四段出口压力到 8.0 ~10.0 MPa。

(7) 调节 HIC8205,将转速降至 6 403 r/min。

(8) 继续调节 HIC8205,将转速降至 6 052 r/min。

(9) 调节 HIC8101,将四段出口压力降至 4.0 MPa。

(10) 继续调节 HIC8205,将转速降至 3 000 r/min。

(11) 继续调节 HIC8205,将转速降至 2 000 r/min。

(12) 在辅助控制盘上按 STOP 按钮,停压缩机。

(13) 关闭 CO_2 入压缩机控制阀 TMPV104。

(14) 关闭 CO_2 入压缩机总阀 OMP1004。

(15) 关闭蒸汽抽出至 MS 总阀 OMP1009。

(16) 关闭蒸汽至压缩机工段总阀 OMP1005。

（17）关闭压缩机蒸汽入口阀 OMP1007。

2）油系统停车

（1）从辅助控制盘上取消辅油泵自启动。

（2）从辅助控制盘上停运主油泵。

（3）关闭油泵进口阀 OMP1048。

（4）关闭油泵出口阀 OMP1026。

（5）关闭油冷器冷却水阀 TMPV181。

（6）从辅助控制盘上停油温控制。

注意事项

1. 工艺报警及联锁说明

为了保证工艺、设备的正常运行，防止事故发生，在设备重点部位安装检测装置并在辅助控制盘上设有报警灯进行提示，以提前进行处理将事故消除。

工艺联锁是设备处于不正常运行时的自保系统，本单元设计了两个联锁自保措施：

1）压缩机振动超高联锁（发生喘振）

动作：20 s 后自动进行以下操作。

（1）关闭透平蒸汽速关阀 HS8001、调速阀 HIC8205、中压蒸汽调压阀 PIC8224。

（2）全开防喘振阀 HIC8162、段间放空阀 HIC8101。

处理：在辅助控制盘上按 RESET 按钮，按冷态开车中暖管暖机冲转开始重新开车。

2）油压低联锁

动作：自动进行以下操作。

（1）关闭透平蒸汽速关阀 HS8001、调速阀 HIC8205、中压蒸汽调压阀 PIC8224。

（2）全开防喘振阀 HIC8162、段间放空阀 HIC8101

处理：找到并处理造成油压低的原因后，在辅助控制盘上按 RESET 按钮，按冷态开车中油系统开车起重新开车。

2. 工艺报警及联锁触发值

工艺报警及联锁触发值见表 7-4。

表 7-4 工艺报警及联锁触发值

序号	检测点	触发值	序号	检测点	触发值
1	V-111 压力	≤0.09 MPa	10	CO_2 四段出口压力	≥16.5 MPa
2	蒸汽透平背压	≥2.75 MPa	11	CO_2 四段出口压力	≤14.5 MPa
3	V-119 液位	≥85%	12	压缩机轴位移	≥0.3 mm
4	V-120 液位	≥85%	13	压缩机径向振动	≥0.03 mm
5	V-121 液位	≥85%	14	油压联锁	PI8361≤0.6 MPa
6	V-111 液位	≥85%	15	辅油泵自启动联锁	PI8361≤0.8 MPa
7	压缩机转速	≥7 200 r/min	16	振动联锁	XI8001≥0.05 mm 或 GI8001≥0.5 mm（20 s 后触发）
8	控制油油压	≤0.85 MPa			
9	润滑油油压	≤0.2 MPa			

7.1.4　安全应急演练

1. 压缩机动力蒸汽泄露

1）发现事故，启动应急预案

（1）内操发现压缩机动力蒸汽压力降低，向班长报告。

（2）外操跑到压缩机蒸汽入口阀 OMP1007 处，发现事故。

（3）外操立即向班长报告。

（4）班长接到报告后，广播启动应急预案。

（5）班长用中控室岗位电话向调度室报告。

（6）班长命令安全员到 1 号门门口拉警戒绳。

2）紧急救援受伤人员

（1）班长命令内操拨打救护组电话，请求救援。

（2）内操拨打救护组电话，请求救援。

（3）班长命令安全员到 1 号门引导救护车。

（4）班长命令外操立刻到事故现场救人。

（5）外操返回中控室佩戴空气呼吸器，携带 F 形扳手（右边），立即到事故现场。

（6）班长立即佩戴手套、安全帽、空气呼吸器，携带 F 形扳手（右边），立即赶往事故现场。

（7）班长命令内操和外操执行紧急停车操作。

（8）内操使用紧急操作台启动紧急停车按钮。

（9）到达后，班长和外操将受伤人员（双击）移出装置区。

3）紧急停车操作

（1）外操关闭界区至压缩机工段总阀 OMP1005。

（2）外操关闭蒸汽抽出至 MS 总阀 OMP1009。

（3）外操关闭 CO_2 入压缩机总阀 OMP1004。

（4）外操关闭 CO_2 入压缩机入口截止阀 TMPV104。

（5）外操关闭 CO_2 入合成总阀 OMP1003。

4）事故处理完毕

（1）内操操作完毕向班长报告。

（2）外操操作完毕向班长报告。

（3）班长向调度室汇报"压缩机停运转，润滑油运转"。

（4）所有操作完成后，班长广播宣布解除事故应急预案。

（5）结束。

2. 压缩机出口法兰泄漏伤人

1）外操发现事故，进行汇报

（1）外操巡检时，看到压缩机出口法兰疵开有人受伤。

（2）外操立即向班长报告。

（3）班长接到外操报告后，立即启动应急预案。

（4）班长用中控室岗位电话向调度室报告。

(5) 班长命令安全员到 1 号门门口拉警戒绳。

2) 救援受伤人员

(1) 班长命令内操拨打救护组电话,请求救援。

(2) 内操拨打救护组电话,请求救援。

(3) 班长命令安全员到 1 号门引导救护车。

(4) 班长命令外操立刻到事故现场救人。

(5) 外操返回中控室佩戴空气呼吸器,携带 F 形扳手(右边),立即到事故现场。

(6) 班长立即佩戴手套、安全帽、空气呼吸器,携带 F 形扳手(右边),立即赶往事故现场。

(7) 到达后,班长和外操将受伤人员(双击)移出装置区。

3) 紧急停车操作

(1) 班长用扳手紧固螺栓,但泄漏点不能消除。

(2) 班长命令内操和外操执行紧急停车操作。

(3) 内操用紧急操作台启动紧急停车按钮。

(4) 外操关闭 CO_2 入压缩机总阀 OMP1004、CO_2 入合成总阀 OMP1003、CO_2 入压缩机截止阀 TMPV104、蒸汽至压缩机工段总阀 OMP1005、压缩机蒸汽入口阀 OMP1007、蒸汽抽出至 MS 总阀 OMP1009。

(5) 内操操作完毕向班长报告。

(6) 外操操作完毕向班长报告。

4) 事故处理完毕,进行报告

(1) 班长通知安全员,请维修人员进场维修。

(2) 所有操作完成,班长向调度室汇报事故处理完毕。

(3) 班长广播宣布解除事故应急预案。

(4) 结束。

3. 压缩机三段水冷器发生爆炸伤人

1) 外操发现受伤人员,进行报告

(1) 外操发现压缩机三段水冷器发生了爆炸,外操受伤。

(2) 外操立即向班长报告事故。

(3) 班长接到外操报告后,立即启动应急预案。

(4) 班长用中控室岗位电话向调度室报告。

(5) 班长命令安全员到 1 号门门口拉警戒绳。

2) 救援受伤人员

(1) 班长命令内操拨打救护组电话,请求救援。

(2) 内操拨打救护组电话,请求救援。

(3) 班长命令安全员到 1 号门引导救护车。

(4) 班长命令外操立刻到事故现场救人。

(5) 外操返回中控室佩戴空气呼吸器,携带 F 形扳手(右边),立即到事故现场。

(6) 班长立即佩戴手套、安全帽、空气呼吸器,携带 F 形扳手(右边),赶往事故现场。

(7) 到达后,班长命令内操和外操执行紧急停车操作。

（8）内操用紧急操作台启动紧急停车按钮。

（9）到达后，班长带领外操将受伤人员（双击）移出装置区。

3）紧急停车

（1）外操关闭 CO_2 入合成总阀 OMP1003、CO_2 入压缩机总阀 OMP1004、CO_2 入压缩机截止阀 TMPV104、蒸汽抽出至 MS 总阀 OMP1009、蒸汽至压缩机工段总阀 OMP1005、压缩机蒸汽入口阀 OMP1007。

（2）外操从辅助控制盘上取消辅油泵自启动、停运主油泵。

（3）外操关闭油泵进口阀 OMP1048、油泵出口阀 OMP1026、油冷器冷却水阀 TMPV181。

（4）外操从油箱控制盘上停油温控制。

（5）内操操作完毕向班长报告。

（6）外操操作完毕向班长报告。

4）事故处理完毕，进行报告

（1）所有操作完成，班长向调度室汇报事故处理完毕。

（2）班长广播宣布解除事故应急预案。

（3）结束。

7.1.5　实验结果与讨论

（1）结合开车过程、停车过程的趋势组画面中各指标历史曲线，分析讨论最佳开车、停车方案。

（2）影响压缩机排气量的因素主要有哪些？如何计算排气量？

思考题

（1）机组开车前为什么必须进行盘车试验？

（2）往复压缩机在运行过程中，应巡回检查及操作哪些内容？

（3）离心式压缩机工作过程中喘振现象如何产生？有哪些防止措施？

7.2　管式加热炉 3D 虚拟现实仿真

7.2.1　实验目的

（1）熟悉管式加热炉单元操作流程。

（2）了解管式加热炉单元操作规程。

7.2.2　工艺流程、设备及主要控制元件

1. 工艺流程简介

本单元选择的是石油化工生产中最常用的管式加热炉。管式加热炉是一种直接受热式加热设备，主要用于加热液体或气体化工原料，所用燃料通常有燃料油和燃料气。管式加热炉的传热方式以辐射传热为主（占热负荷的 70% ~80%），管式加热炉通常由辐射室、对流室、燃烧器、通风系统构成。

某烃类化工原料在流量调节器 FIC101 的控制下先进入加热炉 F-101 的对流段，经对流的加热升温后，再进入 F-101 的辐射段，被加热至 420 ℃后，送至下一工序，其炉出口温度由调节器 TIC106 通过调节燃料气流量或燃料油压力来控制。

采暖水在调节器 FIC102 控制下，经与 F-101 的烟气换热，回收余热后，返回采暖水系统。

燃料气管网的燃料气在调节器 PIC101 的控制下进入燃料气罐 V-105，燃料气在 V-105 中脱油脱水后，分两路送入加热炉，一路在 PCV01 控制下送入常明线，一路在 TV106 调节阀控制下送入油-气联合燃烧器。

来自燃料油罐 V-108 的燃料油经 P101A/B 升压后，在 PIC109 控制压送至燃烧器火咀前，用于维持火咀前的油压，多余燃料油返回 V-108。来自管网的雾化蒸汽在 PDIC112 的控制压与燃料油保持一定压差情况下送入燃料器。来自管网的吹热蒸汽直接进入炉膛底部。

管式加热炉 3D 虚拟现实仿真 DCS 流程图如图 7-3 所示。

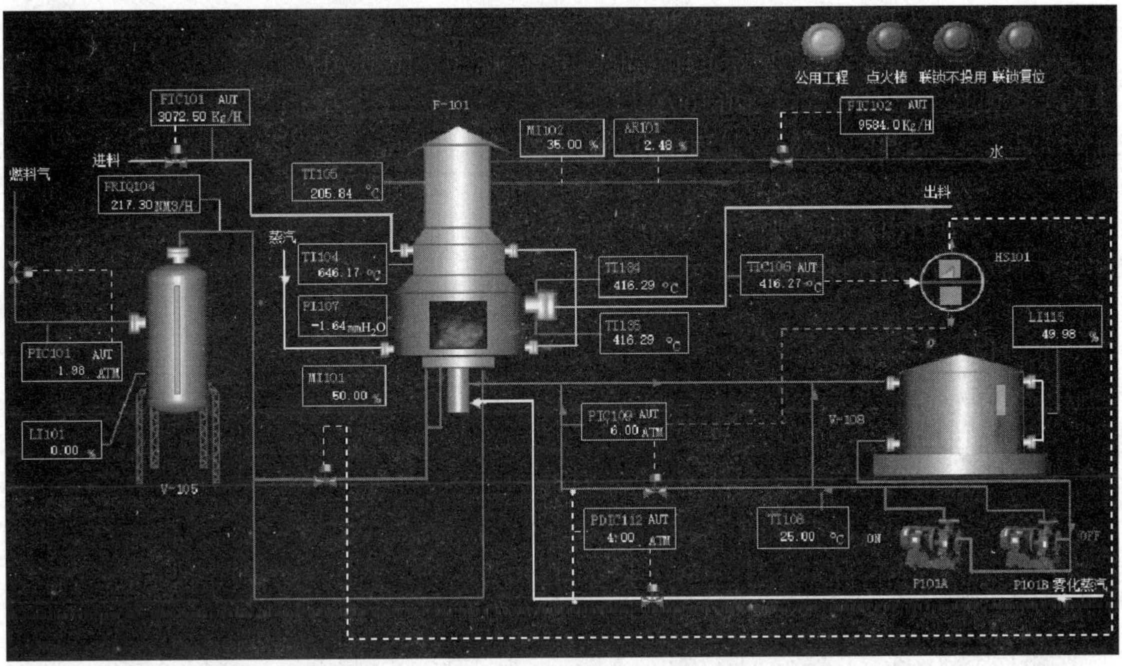

图 7-3 管式加热炉 3D 虚拟现实仿真 DCS 流程图

2. 设备及主要控制元件

1）主要设备

管式加热炉 3D 虚拟现实仿真工艺流程中主要设备见表 7-5。

表 7-5 管式加热炉 3D 虚拟现实仿真工艺流程中主要设备

位号	名称	位号	名称	位号	名称
F-101	管式加热炉	P-101B	燃料油 B 泵	V-108	燃料油贮罐
P-101A	燃料油 A 泵	V-105	燃料气分液罐		

2）主要仪表及控制阀

主要仪表及控制阀见表 7-6。

表 7-6　主要仪表及控制阀

位号	说明	类型	位号	说明	类型
AR101	烟气氧含量	AI	PI107	烟膛负压	AI
COMPG	炉膛内可燃气体的含量	AI	PIC101	V-105 压力	PID
FIC101	工艺物料进料量	PID	PIC109	燃料油压力	PID
FIC102	采暖水进料量	PID	PT101	PIC101 的输入	AI
FRIQ104	燃料气的流量	AI	PT109	PIC109 的输入	AI
FT101	FIC101 的输入	AI	PT112	PDIC112 的输入	AI
FT102	FIC102 的输入	AI	TI104	炉膛温度	AI
HS101	切换开关	SW	TI105	烟气温度	AI
LI101	V-105 液位	AI	TI108	燃料油温度	AI
LI115	V-108 液位	AI	TI134	炉出口温度	AI
MI101	风门开度	AI	TI135	炉出口温度	AI
MI102	挡板开度	AI	TIC106	工艺物料炉	PID
PDIC112	雾化蒸汽压差	PID	TT106	TIC106 的输入	AI

管式加热炉 F-101 控制组画面如图 7-4 所示。

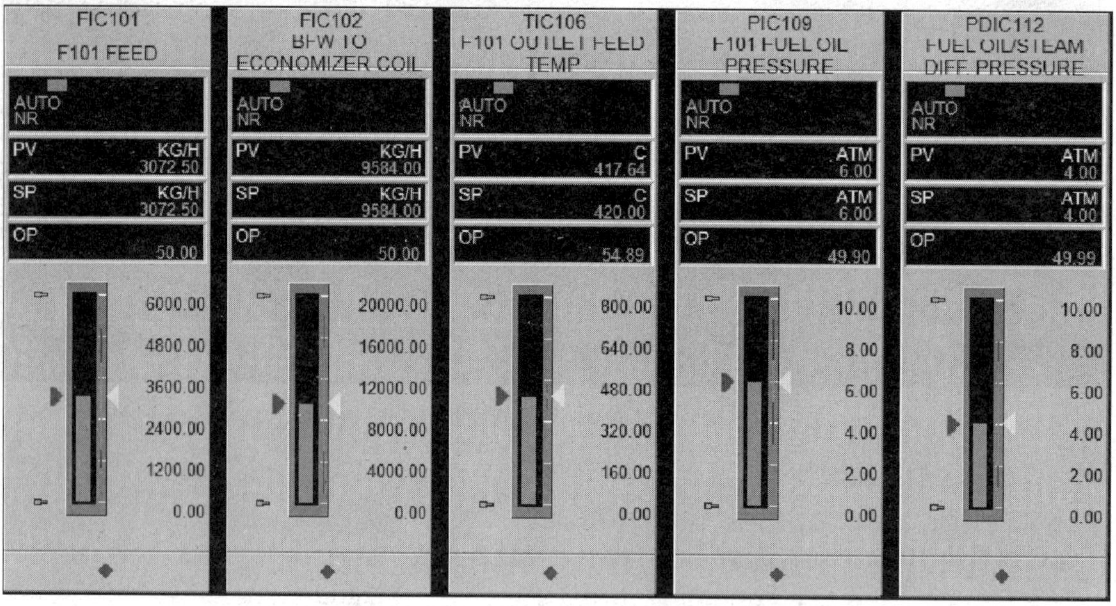

图 7-4　管式加热炉 F-101 控制组画面

7.2.3　实验方法及步骤

1. 冷态开车

本操作规程仅供参考，详细操作以评分系统为准。

装置的开车状态为氮置换的常温常压氮封状态。

1）开车前的准备

（1）公用工程启用（现场图“UTILITY”按钮置“ON”）。

（2）摘除联锁（现场图“BYPASS”按钮置“ON”）。

（3）联锁复位（现场图“RESET”按钮置“ON”）。

2）点火准备工作

（1）全开加热炉的烟道挡板 MI102。

（2）打开吹扫蒸汽阀 D03，吹扫炉膛内的可燃气体（实际约需 10 min）。

（3）待可燃气体的含量低于 0.5% 后，关闭吹扫蒸汽阀 D03。

（4）将 MI101 调节至 30%。

（5）调节 MI102 在一定的开度（30% 左右）。

3）燃料气准备

（1）手动打开 PIC101 的调节阀，向 V-105 充燃料气。

（2）控制 V-105 的压力不超过 2 atm①，在 2 atm 处将 PIC101 投自动。

4）点火操作

（1）当 V-105 压力大于 0.5 atm 后，启动点火棒（“IGNITION”按钮置“ON”），开常明线上的根部阀门 D05。

（2）确认点火成功（火焰显示）。

（3）若点火不成功，需重新进行吹扫和再点火。

5）升温操作

（1）确认点火成功后，先进燃料气线上的调节阀的前后阀（B03，B04），再稍开调节阀（<10%）（TV106），再全开根部阀 D10，引燃料气入加热炉火咀。

（2）用调节阀 TV106 控制燃料气量，来控制升温速度。

（3）当炉膛温度升至 100 ℃时恒温 30 s（实际生产恒温 1 h）烘炉，当炉膛温度升至 180 ℃时恒温 30 s（实际生产恒温 1 h）暖炉。

6）引工艺物料

当炉膛温度升至 180 ℃后，引工艺物料：

（1）先开进料调节阀的前后阀 B01，B02，再稍开调节阀 FV101（<10%），引进工艺物料进加热炉。

（2）先开采暖水线上调节阀的前后阀 B13，B12，再稍开调节阀 FV102（<10%），引采暖水进加热炉。

7）启动燃料油系统

待炉膛温度升至 200 ℃左右时，开启燃料油系统：

（1）开雾化蒸汽调节阀的前后阀 B15，B14，再微开调节阀 PDIC112（<10%）。

---

① 在 SI 单位中，压力单位为 N/m^2 或 Pa，但在工程上有时还沿用其他压力单位，如 atm（标准大气压）、某液体柱高度或 kgf/cm^2 等。

一些常用压力单位间的换算关系为：$1\ atm = 101\ 325\ N/m^2 = 101.325\ kPa = 1.033\ 2 kgf/cm^2 = 10.332\ mH_2O = 760\ mmHg$。

（2）全开雾化蒸汽的根部阀 D09。

（3）开燃料油压力调节阀 PV109 的前后阀 B09，B08。

（4）开燃料油返回 V-108 管线阀 D06。

（5）启动燃料油泵 P101A。

（6）微开燃料油调节阀 PV109（<10%），建立燃料油循环。

（7）全开燃料油根部阀 D12，引燃料油入火咀。

（8）打开 V-108 进料阀 D08，保持贮罐液位为 50%。

（9）按升温需要逐步开大燃料油调节阀，通过控制燃料油升压（最后到 6 atm 左右）来控制进入火咀的燃料油量，同时控制 PDIC112 在 4 atm 左右。

8）调整至正常

（1）逐步升温使炉出口温度至正常（420 ℃）。

（2）在升温过程中，逐步开大工艺物料线的调节阀，使之流量调整至正常。

（3）在升温过程中，逐步采暖水流量调至正常。

（4）在升温过程中，逐步调整风门使烟气氧含量正常。

（5）逐步调节档板开度使炉膛负压正常。

（6）逐步调整其他参数至正常。

（7）将联锁系统投用（“INTERLOCK”按钮置“ON”）。

2. 正常运行

工艺物料的炉出口温度 TIC106 可以通过燃料气和燃料油两种方式进行控制。两种方式的切换由 HS101 切换开关来完成。当 HS101 切入燃料气控制时，TIC106 直接控制燃料气调节阀，燃料油由 PIC109 单回路自行控制；当 HS101 切入燃料油控制时，TIC106 与 PIC109 结成串级控制，通过燃料油压力控制燃料油燃烧量。

正常工况下主要工艺参数见表 7-7。

表 7-7　正常工况下主要工艺参数

序号	位号	工艺指标	序号	位号	工艺指标
1	TIC106	420 ℃	6	FIC101	3 072.5 kg/h
2	TI104	640 ℃	7	FIC102	9 584 kg/h
3	TI105	210 ℃	8	PIC101	2 atm
4	AR101	4%	9	PIC109	6 atm
5	PI107	−2.0 mH_2O	10	PDIC112	4 atm

3. 停车操作规程

1）停车准备

摘除联锁系统（现场图上按下“联锁不投用”）。

2）降量

（1）通过 FIC101 逐步降低工艺物料进料量至正常的 70%。

（2）在 FIC101 降量过程中，逐步通过减少燃料油压力或燃料气流量，来维持炉出口温度 TIC106 稳定在 420 ℃左右。

(3) 在 FIC101 降量过程中,逐步降低采暖水 FIC102 的流量。

(4) 在降量过程中,适当调节风门和挡板,维持烟气氧含量和炉膛负压。

3) 降温及停燃料油系统

(1) 当 FIC101 降至正常量的70%后,逐步开大燃料油的 V-108 返回阀来降低燃料油压力,降温。

(2) 待 V-108 返回阀全开后,可逐步关闭燃料油调节阀,再停燃料油泵(P101A/B)。

(3) 在降低燃料油压力的同时,降低雾化蒸汽流量,最终关闭雾化蒸汽调节阀。

(4) 在以上降温过程中,可适当降低工艺物料进料量,但不可使炉出口温度高于 420 ℃。

4) 停燃料气及工艺物料

(1) 待燃料油系统停完后,关闭 V-105 燃料气入口调节阀(PIC101 调节阀),停止向 V-105 供燃料气。

(2) 待 V-105 压力下降至 0.3 atm 时,关闭燃料气调节阀 TV106。

(3) 待 V-105 压力下降至 0.1 atm 时,关闭长明灯根部阀 D05,灭火。

(4) 待炉膛温度低于 150 ℃时,关闭 FIC101 调节阀停工艺进料,关闭 FIC102 调节阀,停采暖水。

5) 炉膛吹扫

(1) 灭火后,开吹扫蒸汽,吹扫炉膛 5 s(实际 10 min)。

(2) 停吹扫蒸汽后,保持风门、挡板一定开度,使炉膛正常通风。

注意事项

1. 炉出口温度控制

TIC106 工艺物流炉出口温度 TIC106 通过一个切换开关 HS101。实现两种控制方案:其一是直接控制燃料气流量,其二是与燃料压力调节器 PIC109 构成串级控制。

2. 炉出口温度联锁

1) 联锁源

(1) 工艺物料进料量过低(FIC101<正常值的 50%)。

(2) 雾化蒸汽压力过低(低于 7 atm)。

2) 联锁动作

(1) 关闭燃料气入炉电磁阀 S01。

(2) 关闭燃料油入炉电磁阀 S02。

(3) 打开燃料油返回电磁阀 S03。

3. 报警上下限

报警上下限说明见表 7-8。

表 7-8 报警上下限说明

序号	位号	高报	低报	高高报	低低报	工程单位
1	AR101	7.0	1.5	10.0	1.0	%
2	FIC101	4 000.0	1 500.0	5 000.0	1 000.0	kg/h
3	FIC102	15 000.0	5 000.0	18 000.0	1 000.0	kg/h
4	PIC101	3.0	1.0	3.5	0.5	atm
5	PI107	0.0	-4.0	4.0	-8.0	mH_2O

续表

序号	位号	高报	低报	高高报	低低报	工程单位
6	PIC109	7.0	5.0	9.0	3.0	atm
7	PDIC112	7.0	2.0	8.0	1.0	atm
8	TI104	700.0	600.0	750.0	400.0	℃
9	TI105	250.0	100.0	300.0	50.0	℃
10	TIC106	430.0	410.0	460.0	370.0	℃
11	TI134	430.0	400.0	450.0	370.0	℃
12	TI135	430.0	400.0	450.0	370.0	℃
13	TT106	430.0	400	450.0	370.0	℃
14	PT109	7.0	5.0	9.0	3.0	atm
15	FT101	4 000.0	1 500.0	5 000.0	5 00.0	kg/h
16	FT102	11 000.0	5 000.0	15 000.0	1 000.0	kg/h
17	PT101	3.0	1.5	3.5	1.0	atm
18	PT112	300.0	150.0	350.0	100.0	atm
19	FRIQ104	0.0	-4.0	4.0	-8.0	m^3/h(标准状况)
20	COMPG	0.5	0.0	2.0	0.0	%

7.2.4 安全应急演练

1. 加热炉炉管破裂

1）主操发现加热炉出现问题

（1）向班长报告“加热炉出现问题，可能是炉管破裂”。

（2）班长广播宣布启动车间紧急停车应急预案。

（3）班长向调度室报告炉管破裂事故、已启动应急预案。

（4）班长命令安全员拉警戒绳。

2）进行紧急停车操作

（1）班长命令外操立即去事故现场。

（2）外操回中控室佩戴空气呼吸器，携带F形扳手（右边），到事故现场。

（3）班长佩戴手套、空气呼吸器、安全帽，携带F形扳手（右边），到事故现场。

（4）班长命令主操和外操执行紧急停车操作。

（5）主操在桌子上的紧急操作台上按急停按钮、急停长明灯按钮。

（6）主操关闭炉管进料控制阀FIC101、关闭燃料气进料阀PV101、关闭燃料油压力控制阀PIC109、关闭雾化蒸汽调节阀PV112、关闭采暖水入口阀FIC102。

（7）主操向班长报告室内操作完毕。

（8）外操开大烟道挡板MI102、停燃料油泵P-101、关闭燃料油压力控制阀PIC109后手阀B08、关闭长明线截止阀D05、打开炉膛蒸汽吹扫阀D03、关闭主燃料气流量控制阀TV106后阀

D10、关闭炉管进料控制阀 FIC101 前手阀 B01、关闭炉管进料控制阀 FIC101 后手阀 B02。

(9) 外操向班长报告现场操作完毕。

3) 紧急停车完毕向调度室报告

(1) 班长向调度室报告事故处理完毕。

(2) 班长宣布解除事故应急预案。

(3) 结束。

2. 燃料油泵出口法兰泄露着火

1) 外操发现火情向班长报告

(1) 向班长汇报火情。

(2) 取灭火器(用完后在装备栏右键取下)。

(3) 外操尝试灭火(到达着火地点,若及时,将火灭掉)。

(4) 班长接到报告后,用广播立即启动应急预案。

(5) 班长向调度室报告。

(6) 班长命令安全员到1号门门口拉警戒绳。

2) 外操灭火成功

(1) 向班长汇报火已扑灭。

(2) 班长收到通知,佩戴手套、安全帽、空气呼吸器,携带F形扳手(右边),立即去事故现场。

(3) 班长到达后发现有泄露现象,通知主操监视生产状况。

(4) 班长命令外操切换 P-101A 泵备用泵。

(5) 外操打开备用泵 P-101B 进口阀 VD4。

(6) 外操启动备用泵 P-101B。

(7) 外操打开备用泵 P-101B 出口阀 VD5。

(8) 外操停事故泵 P-101A。

(9) 外操关闭事故泵 P-101A 出口阀 VD3、P-101A 进口阀 VD2。

(10) 外操向班长报告操作完毕。

(11) 班长命令安全员请维修人员进场。

(12) 班长回中控室向调度室汇报事故处理完毕。

(13) 班长广播宣布解除应急预案。

(14) 结束。

3) 外操灭火失败

(1) 班长向班长汇报“尝试灭火,但没有扑灭”。

(2) 班长命令主操拨打消防队电话请求支援。

(3) 班长拨打消防队电话请求支援。

(4) 班长命令安全员到1号门门口引导消防车。

(5) 班长命令外操去事故现场。

(6) 外操回中控室佩戴空气呼吸器,携带F形扳手(右边),立即到事故现场。

(7) 班长佩戴安全帽、手套、空气呼吸器,携带F形扳手(右边),立即去事故现场。

(8) 班长命令主操及外操执行紧急停车操作。

(9) 主操在桌子上的紧急操作台上按急停按钮、紧急停长明灯按钮。

(10) 主操关闭炉管进料控制阀 FIC101、燃料气进料阀 PIC101、关闭燃料油压力控制阀 PIC109、关闭采暖水入口阀 FIC102。

(11) 主操向班长报告室内操作完毕。

(12) 外操停燃料油泵 P-101A。

(13) 外操关闭燃料油罐出口管线阀门 VD1、燃料油压力控制阀 PIC109 前手阀 B09、燃料油入罐总阀 D08、长明线截止阀 D05,打开炉膛蒸汽吹扫阀 D03。

(14) 外操关闭主燃料气流量控制阀 TV106 后阀 D10、炉管进料控制阀 FIC101 前手阀 B01、关闭炉管进料控制阀 FIC101 后手阀 B02。

(15) 外操向班长报告现场操作完毕。

(16) 班长回中控室向调度室汇报,广播宣布解除事故应急预案。

(17) 结束。

3. 燃料气分液罐安全阀法兰泄露着火

1) 外操发现火情,立即向班长报告

(1) 外操向班长汇报火情。

(2) 班长广播启动车间泄漏着火应急预案,用电话向调度室报告发生泄漏。

(3) 班长命令安全员到1号门门口拉警戒绳。

2) 班长到事故现场查看情况,请求消防队支援

(1) 班长命令外操立即去事故现场。

(2) 外操回中控室佩戴空气呼吸器,携带F形扳手(右边),立即到事故现场。

(3) 班长佩戴装备安全帽、手套、空气呼吸器,携带F形扳手(右边),赶往事故现场。

(4) 班长命令外操启动消防炮控制燃料罐温度。

(5) 外操启动消防炮给燃料气缓冲罐降温。

(6) 班长命令主操打电话给消防队,请求支援。

(7) 主操拨打消防队电话请求支援。

(8) 班长命令安全员到1号门引导消防车。

3) 进行紧急停车操作

(1) 班长命令主操及外操执行紧急停车操作。

(2) 主操用桌子上的紧急操作台按紧急停炉按钮、紧急停长明灯按钮。

(3) 主操关闭原料进料阀 FV101、采暖水入口阀 FIC102。

(4) 主操向班长报告,室内操作完毕。

(5) 外操关闭 TV106 前手阀 B03、TV106 后手阀 B04、关闭长明灯管线阀门 D05。

(6) 外操打开事故蒸汽进行吹扫 D03。

(7) 外操向班长报告,现场操作完毕。

4) 事故处理完毕,进行报告

(1) 班长向调度室汇报事故处理完毕。

(2) 班长用广播宣布解除事故应急预案。

(3) 结束。

7.2.5 实验结果与讨论

(1) 结合开车过程、停车过程的趋势组画面中各指标历史曲线，分析讨论最佳开车、停车方案。

(2) 加热炉温度单回路常规控制方案有什么缺点？试提出两种复杂调节方案。

思考题

(1) 开车正常后炉膛为什么必须保持负压？负压的大小与哪些因素有关？

(2) 加热炉最危险的状态是什么？如何处理？

(3) 影响加热炉热效率的设备和操作因素主要有哪些？

7.3 精馏塔3D虚拟现实仿真

7.3.1 实验目的

(1) 熟悉精馏单元操作工艺流程。

(2) 了解精馏单元操作工艺操作规程。

7.3.2 工艺流程、设备及主要控制元件

1. 工艺流程简介

本装置中将脱丙烷塔釜混合物部分汽化，由于丁烷的沸点较低，即其挥发度较高，故丁烷易于从液相中汽化出来，再将汽化的蒸气冷凝，可得到丁烷组成高于原料的混合物，经过多次汽化冷凝，即可达到分离混合物中丁烷的目的。

原料为67.8 ℃脱丙烷塔的釜液（主要有C_4，C_5，C_6，C_7等），由脱丁烷塔（DA-405）的第16块板进料（全塔共32块板），进料量由流量控制器FIC101控制。由调节器TC101通过调节再沸器加热蒸气的流量来控制提馏段灵敏板温度，从而控制丁烷的分离质量。

脱丁烷塔塔釜液（主要为C_5以上馏分）一部分作为产品采出，一部分经再沸器（EA-408A，B）部分汽化为蒸气从塔底上升。塔釜的液位和塔釜产品采出量由LC101和FC102组成的串级控制器控制。再沸器采用低压蒸汽加热，塔釜蒸汽缓冲罐（FA-414）液位由液位控制器LC102调节底部采出量控制。

塔顶的上升蒸气（C_4馏分和少量C_5馏分）经塔顶冷凝器（EA-419）全部冷凝成液体，该冷凝液靠位差流入塔顶回流罐（FA-408）。塔顶压力PC102采用分程控制：在正常的压力波动下，通过调节塔顶冷凝器的冷却水量来调节压力，当压力超高时，压力报警系统发出报警信号，PC102调节塔顶至回流罐的排气量来控制塔顶压力调节气相出料。操作压力4.25 atm（表压），高压控制器PC101将调节回流罐的气相排放量，来控制塔内压力稳定。冷凝器以冷却水为载热体。回流罐液位由液位控制器LC103调节塔顶产品采出量来维持恒定。回流罐中的液体一部分作为塔顶产品送下一工序，另一部分液体由回流泵（GA-412A/B）送回塔顶作为回流，回流量由流量控制器FC104控制。

精馏塔3D虚拟现实仿真DCS流程图如图7-5所示。

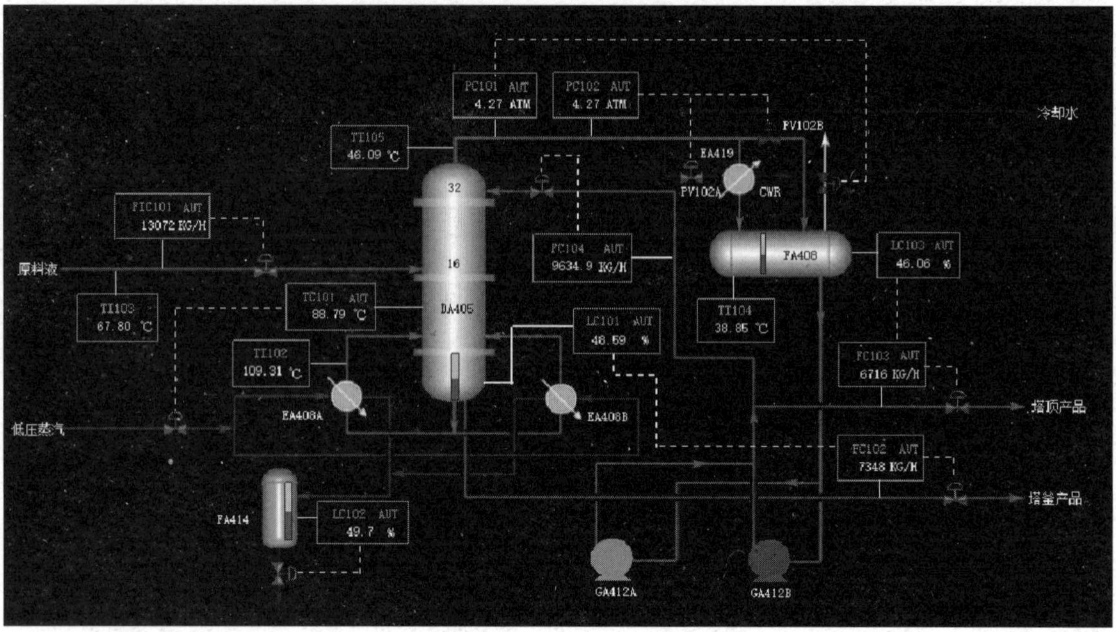

图7-5　精馏塔3D虚拟现实仿真DCS流程图

2. 设备及主要控制元件

1）主要设备

精馏塔3D虚拟现实仿真工艺流程中主要设备见表7-9。

表7-9　精馏塔3D虚拟现实仿真工艺流程中主要设备

位号	名称	位号	名称
DA-405	脱丁烷塔	GA-412B	回流泵
EA-419	塔顶冷凝器	EA-408A	塔釜再沸器
FA-408	塔顶回流罐	EA-408B	塔釜再沸器
GA-412A	回流泵	FA-414	塔釜蒸汽缓冲罐

2）控制组画面

精馏塔D405控制组画面如图7-6所示。

7.3.3　实验方法及步骤

1. 冷态开车

本操作规程仅供参考，详细操作以评分系统为准。

装置冷态开工状态为精馏塔单元处于常温、常压氮吹扫完毕后的氮封状态，所有阀门、机泵处于关停状态。

1）进料

（1）开FA-408顶放空阀PC101排放不凝气，稍开FIC101调节阀（不超过20%），向精馏塔进料。

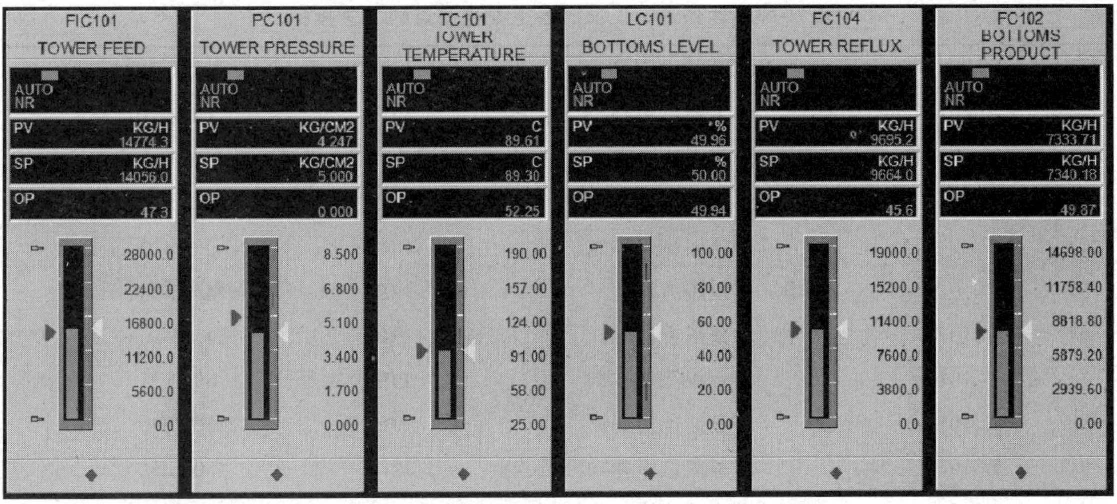

图 7-6　精馏塔 D405 控制组画面

（2）进料后，塔内温度略升，压力升高。当压力 PC101 升至 0.5 atm 时，关闭 PC101 调节阀投自动，并控制塔压不超过 4.25 atm（如果塔内压力大幅波动，改回手动调节稳定压力）。

2）启动再沸器

（1）当压力 PC101 升至 0.5 atm 时，打开冷凝水 PC102 调节阀至 50%；塔压基本稳定在 4.25 atm 后，可加大塔进料（FIC101 开至 50% 左右）。

（2）待塔釜液位 LC101 升至 20% 以上时，开加热蒸汽入口阀 V13，再稍开 TC101 调节阀，给再沸器缓慢加热，并调节 TC101 阀开度使塔釜液位 LC101 维持在 40% ~60% 。待 FA-414 液位 LC102 升至 50% 时，并投自动，设定值为 50% 。

3）建立回流

随着塔进料增加和再沸器、冷凝器投用，塔压会有所升高。回流罐逐渐积液。

（1）塔压升高时，通过开大 PC102 的输出，改变塔顶冷凝器冷却水量和旁路量来控制塔压稳定。

（2）当回流罐液位 LC103 升至 20% 以上时，先开回流泵 GA412A/B 的入口阀 V19，再启动泵，再开出口阀 V17，启动回流泵。

（3）通过 FC104 的阀开度控制回流量，维持回流罐液位不超高，同时逐渐关闭进料，全回流操作。

4）调整至正常工况

（1）当各项操作指标趋近正常值时，打开进料阀 FIC101。

（2）逐步调整进料量 FIC101 至正常值。

（3）通过 TC101 调节再沸器加热量使灵敏板温度 TC101 达到正常值。

（4）逐步调整回流量 FC104 至正常值。

（5）打开 FC103 和 FC102 出料，注意塔釜、回流罐液位。

（6）将各控制回路投自动，各参数稳定并与工艺设计值吻合后，投产品采出串级。

2. 正常运行

达到正常工况时各主要检测点的工艺指标见表 7-10。

表7-10　达到正常工况时各主要检测点的工艺指标

序号	位号	说明	类型	工艺指标
1	FIC101	塔进料量控制	PID	14 056.0 kg/h
2	FC102	塔釜采出量控制	PID	7 349.0 kg/h
3	FC103	塔顶采出量控制	PID	6 707.0 kg/h
4	FC104	塔顶回流量控制	PID	9 664.0 kg/h
5	PC101	塔顶压力控制	PID	4.25 atm
6	PC102	塔顶压力控制	PID	4.25 atm
7	TC101	灵敏板温度控制	PID	89.3 ℃
8	LC101	塔釜液位控制	PID	50.0%
9	LC102	塔釜蒸汽缓冲罐液位控制	PID	50.0%
10	LC103	塔顶回流罐液位控制	PID	50.0%
11	TI102	塔釜温度	AI	109.3 ℃
12	TI103	进料温度	AI	67.8 ℃
13	TI104	回流温度	AI	39.1 ℃
14	TI105	塔顶气温度	AI	46.5 ℃

3. 停车操作规程

1）降负荷

（1）逐步关小 FIC101 调节阀，降低进料至正常进料量的 70%。

（2）在降负荷过程中，保持灵敏板温度 TC101 的稳定性和塔压 PC102 的稳定，使精馏塔分离出合格产品。

（3）在降负荷过程中，尽量通过 FC103 排出回流罐中的液体产品，至回流罐液位 LC104 在 20%左右。

（4）在降负荷过程中，尽量通过 FC102 排出塔釜产品，使 LC101 降至 30%左右。

2）停进料和再沸器

在负荷降至正常的 70%，且产品已大部采出后，停进料和再沸器。

（1）关闭 FIC101 调节阀，停精馏塔进料。

（2）关闭 TC101 调节阀和 V13 或 V16 阀，停再沸器的加热蒸汽。

（3）关闭 FC102 调节阀和 FC103 调节阀，停止产品采出。

（4）打开塔釜泄液阀 V10，排不合格产品，并控制塔釜降低液位。

（5）手动打开 LC102 调节阀，对 FA-414 泄液。

3）停回流

（1）停进料和再沸器后，回流罐中的液体全部通过回流泵打入塔，以降低塔内温度。

（2）当回流罐液位至 0 时，关闭 FC104 调节阀，关闭泵出口阀 V17（或 V18），停泵 GA412A（或 GA412B），关闭入口阀 V19（或 V20），停回流。

（3）打开泄液阀 V10，排净塔内液体。

4）降压、降温

（1）打开 PC101 调节阀，将塔压降至接近常压后，关闭 PC101 调节阀。

（2）全塔温度降至 50℃左右时，关闭塔顶冷凝器的冷却水（PC102 的输出至 0）。

注意事项

1. 主要工艺生产指标的调整方法

（1）质量调节　本系统的质量调节采用以提馏段灵敏板温度作为主参数，以再沸器和加热蒸汽流量的调节系统，以实现对塔的分离质量控制。

（2）压力控制　在正常的压力情况下，由塔顶冷凝器的冷却水量来调节压力，当压力高于操作压力 4.25 atm（表压）时，压力报警系统发出报警信号，同时调节器 PC101 将调节回流罐的气相出料，为了保持同气相出料的相对平衡，该系统采用压力分程调节。

（3）液位调节　塔釜液位由调节塔釜的产品采出量来维持恒定，设有高、低液位报警。回流罐液位由调节塔顶产品采出量来维持恒定，设有高、低液位报警。

（4）流量调节　进料量和回流量都采用单回路的流量控制；再沸器加热介质流量，由灵敏板温度调节。

2. 报警上下限

报警上下限说明见表 7-11。

表 7-11　报警上下限说明

序号	位号	上限/下限	序号	位号	上限/下限	序号	位号	上限/下限
1	AIC103	>3.0%	3	LIC108	<30%	5	AIC105	<0.8%
2	LIC108	>80%	4	AIC105	>3%	6	FIC109	<10 t/h

7.3.4 安全应急演练

1. 精馏塔切水阀泄露

1）发现火情，做好准备

（1）外操向班长报告火情（10 min 内火不灭就会爆炸）。

（2）外操取灭火器（用完后在装备栏右键取下）。

（3）外操尝试灭火（可能无法用灭火器灭掉，必须试一试）。

（4）班长接到报告，广播启动应急预案。

（5）班长向调度室报告发生泄漏着火。

（6）班长命令安全员拉警戒绳。

（7）外操向班长汇报“尝试灭火，但火没有灭掉”。

（8）外操回中控室佩戴空气呼吸器，携带 F 形扳手（右边）。

（9）班长佩戴空气呼吸器、安全帽、手套，携带 F 形扳手（右边）。

2）执行应急预案

（1）班长命令外操“启动消防炮”，控制着火点温度。

（2）外操启动消防炮，控制回流罐温度（火灭了也不要关）。

（3）班长拨打消防队电话汇报情况并请求支援。

（4）班长通知安全员“请组织人员到门口引导消防车”。

（5）班长通知主操及外操“执行紧急停车操作”。

（6）外操打开塔顶不合格产品罐截止阀 V57、塔釜去不合格产品罐截止阀 V55；关闭塔顶去合格产品罐截止阀 V56、塔釜去合格产品罐截止阀 V54。

（7）主操关闭进料阀 FIC101、塔釜加热阀 TC101。

（8）主操加大塔顶回流量（FC104，开到最大）、塔顶采出量（FC103，开到最大）、塔釜采出量（FC102，开到最大）。

（9）主操开 PC101 到最大，且可打开 V47，压力降至 0.05 MPa。

（10）主操通知外操停泵。

（11）主操操作完毕后向班长汇报“室内操作完毕”。

（12）外操现场停 GA412A 泵、关闭泵 GA412A 出口阀 V17、关闭泵 GA412A 入口阀 V19。

（13）外操操作完毕后向班长汇报“现场操作完毕”。

3）报修

（1）班长向调度室汇报事故处理完毕。

（2）班长广播宣布解除应急预案。

2. 回流泵机械密封泄露着火

1）发现火情，做好准备

（1）外操用对讲机向班长报告火情。

（2）外操取灭火器（用完后在装备栏右键取下）。

（3）外操尝试灭火（如果操作够快，火可以扑灭）。

（4）班长接到报告后，广播宣布启动应急预案。

（5）班长用电话向调度室报告发生泄漏着火。

（6）班长命令安全员拉警戒绳。

2）外操灭火成功，切换备用泵

（1）外操汇报班长“火已扑灭”。

（2）班长通知主操“请监视装置生产状况”。

（3）班长命令外操启动 GA412B 泵。

（4）外操打开 GA412B 泵入口阀 V20、启动 GA412B 泵。

（5）外操打开 GA412B 泵出口阀 V18。

（6）外操迅速停 GA412A 泵、关闭 GA412A 泵出口阀 V17、关闭 GA412A 泵入口阀 V19。

（7）外操操作完毕后向班长汇报。

3）外操灭火失败，执行事故应急预案

（1）外操向班长汇报“尝试灭火，但火没有灭掉”。

（2）外操回中控室佩戴空气呼吸器，携带 F 形扳手（右边）。

（3）班长佩戴空气呼吸器、安全帽、手套，携带 F 形扳手（右边）。

（4）班长命令外操“启动消防炮”，控制着火点温度。

（5）外操启动消防炮，控制事故泵温度（火灭了也不要关）。

（6）班长拨打消防队电话汇报事故情况并请求支援。

（7）班长通知安全员到门口引导消防车。

(8) 班长通知主操及外操“执行紧急停车操作”。

(9) 主操关闭进料阀 FIC101、塔釜加热阀 TC101。

(10) 外操现场停 GA412A 泵。

(11) 外操关闭 GA412A 泵出口阀 V17、入口阀 V19。

(12) 外操打开塔顶去不合格产品罐截止阀 V57、关闭塔顶去合格产品罐截止阀 V56。

(13) 外操打开塔釜去不合格产品罐截止阀 V55、关闭塔釜去合格产品罐截止阀 V54。

(14) 主操关闭塔顶出料控制阀(FC103)、后手阀(V42)。

(15) 主操关闭塔釜出料控制阀(FC102)、后手阀(V40)。

(16) 主操关闭塔顶回流控制阀(FC104)、后手阀(V44)。

(17) 主操操作完毕后向班长汇报。

(18) 外操操作完毕后向班长汇报。

4) 报修

(1) 班长向调度室汇报。

(2) 班长广播宣布解除应急预案。

3. 精馏塔塔釜出料阀法兰泄露

1) 发现火情,做好准备

(1) 外操用对讲机向班长报告火情。

(2) 外操取灭火器(用完后在装备栏右键取下)。

(3) 外操尝试灭火(无法用灭火器灭掉,但必须试一试)。

(4) 班长接到报告后广播宣布启动应急预案,向调度室报告发生泄漏着火。

(5) 班长命令安全员拉警戒绳。

(6) 外操汇报班长“尝试灭火,但火没有灭掉”。

(7) 外操回中控室佩戴空气呼吸器,携带 F 形扳手(右边)。

(8) 班长佩戴空气呼吸器、安全帽、手套,携带 F 形扳手(右边)。

2) 执行应急预案

(1) 班长命令外操“启动消防炮”,控制着火点温度。

(2) 外操启动消防炮(火灭了也不要关),控制塔釜温度。

(3) 班长拨打消防队电话并汇报事故情况请求支援。

(4) 班长通知安全员到门口引导消防车。

(5) 班长通知主操及外操“执行紧急停车操作”。

(6) 外操打开塔顶去不合格产品罐截止阀 V57、关闭塔顶去合格产品罐截止阀 V56。

(7) 外操打开塔釜去不合格产品罐截止阀 V55、关闭塔釜去合格产品罐截止阀 V54。

(8) 主操关闭进料阀 FIC101、塔釜加热阀 TC101。

(9) 主操开大塔釜采出控制阀 FC102(外操可开 V12 加速)、打开 PC101 使压力降至 0.05 MPa(外操可开 V47 加速)。

(10) 外操保证塔顶不超温,停泵 GA412。

(11) 外操关闭泵出口阀 V17、入口阀 V19。

(12) 主操关闭塔顶出料控制阀(FC103)。

(13) 外操关闭塔顶出料控制阀后手阀 V42。

(14) 外操打开阀 VA10,加快排空速率,使塔釜排空。

(15) 塔釜排空后,主操关闭塔釜出料控制阀(FC102)。

(16) 外操关闭塔釜出料控制阀后手阀(V40)。

(17) 主操关闭塔顶回流控制阀(FC104)。

(18) 主操操作完毕后向班长汇报。

(19) 外操关闭塔顶回流控制阀后手阀(V44)、PV102B(即图 7-5 中的 PC102)的前截阀 V51、PV102B 的后截阀 V52。

(20) 外操操作完毕后向班长汇报。

3) 报修

(1) 事故处理完毕,班长向调度室汇报。

(2) 班长广播宣布解除应急预案。

7.3.5 实验结果与讨论

(1) 结合开车过程、停车过程的趋势组画面中各指标历史曲线,分析讨论最佳开车、停车方案。

(2) 影响塔顶采出合格标准的主要因素是什么?如何达到精馏塔运行的优化操作和节能?

思考题

(1) 监测塔压差对了解全塔工况有何重要意义?

(2) 如果塔釜加热量超高会导致什么现象?

(3) 为什么本塔开车时进料负荷必须缓慢提升?进料负荷提升对全塔有何影响?如何调整?

7.4 吸收-解吸工艺 3D 虚拟现实仿真

7.4.1 实验目的

(1) 熟悉吸收-解吸工艺单元操作流程。

(2) 了解吸收-解吸工艺单元操作规程。

7.4.2 工艺流程、设备及主要控制元件

1. 工艺流程简介

吸收-解吸是石油化工生产过程中较常用的重要单元操作过程。吸收过程是利用气体混合物中各个组分在液体(吸收剂)中的溶解度不同,来分离气体混合物。被溶解的组分称为溶质或吸收质,含有溶质的气体称为富气,不被溶解的气体称为贫气或惰性气体。

该单元以 C_6 油为吸收剂,分离气体混合物(其中 C_4:25.13%,CO 和 CO_2:6.26%,N_2:64.58%,H_2:3.5%,O_2:0.53%)中的 C_4 组分(吸收质)。

从界区外来的富气从底部进入吸收塔 T-101。界区外来的纯 C_6 油吸收剂贮存于 C_6 油贮罐 D-101 中，由 C_6 油供给泵 P-101A/B 送入吸收塔 T-101 的顶部，C_6 流量由 FRC103 控制。吸收剂 C_6 油在吸收塔 T-101 中自上而下与富气逆向接触，富气中 C_4 组分被溶解在 C_6 油中。不溶解的贫气自 T-101 顶部排出，经盐水冷却器 E-101 被-4 ℃的盐水冷却至 2 ℃进入尾气气液分离罐 D-102。吸收了 C_4 组分的富油（C_4:8.2%，C_6:91.8%）从吸收塔底部排出，经贫富油换热器 E-103 预热至 80 ℃进入解吸塔 T-102。吸收塔塔釜液位由 LIC101 和 FIC104 通过调节塔釜富油采出量串级控制。

来自吸收塔顶部的贫气在尾气气液分离罐 D-102 中回收冷凝的 C_4，C_6 后，不凝气在 D-102 压力控制器 PIC103（1.2 MPa）控制下排入放空总管进入大气。回收的冷凝液与吸收塔釜排出的富油一起进入解吸塔 T-102。预热后的富油进入解吸塔 T-102 进行解吸分离。塔顶气相出料（C_4:95%）经解吸塔顶冷凝器 E-104 换热降温至 40 ℃全部冷凝进入塔顶回流罐 D-103，其中一部分冷凝液由 P-102A/B 泵打回流至解吸塔顶部，回流量 8.0 t/h，由 FIC106 控制，其他部分作为 C_4 产品在液位控制（LIC105）下由 P-102A/B 泵抽出。塔釜 C_6 油在液位控制（LIC104）下，经贫富油换热器 E-103 和循环油冷却器 E-102 降温至 5 ℃返回至 C_6 油贮罐 D-101 再利用，返回温度由温度控制器 TIC103 通过调节 E-102 循环冷却水流量控制。

T-102 塔釜温度由 TIC104 和 FIC108 通过调节塔釜再沸器 E-105 的蒸汽流量串级控制，控制温度 102 ℃。塔顶压力由 PIC105 通过调节塔顶冷凝器 E-104 的冷却水流量控制，另有一塔顶压力保护控制器 PIC104，在塔顶有凝气压力高时通过调节 D-103 放空量降压。

因为塔顶 C_4 产品中含有部分 C_6 油及其他 C_6 油损失，所以随着生产的进行，要定期观察 C_6 油贮罐 D-101 的液位，补充新鲜 C_6 油。

吸收-解吸工艺 3D 虚拟现实仿真 DCS 流程图如图 7-7、图 7-8 所示。

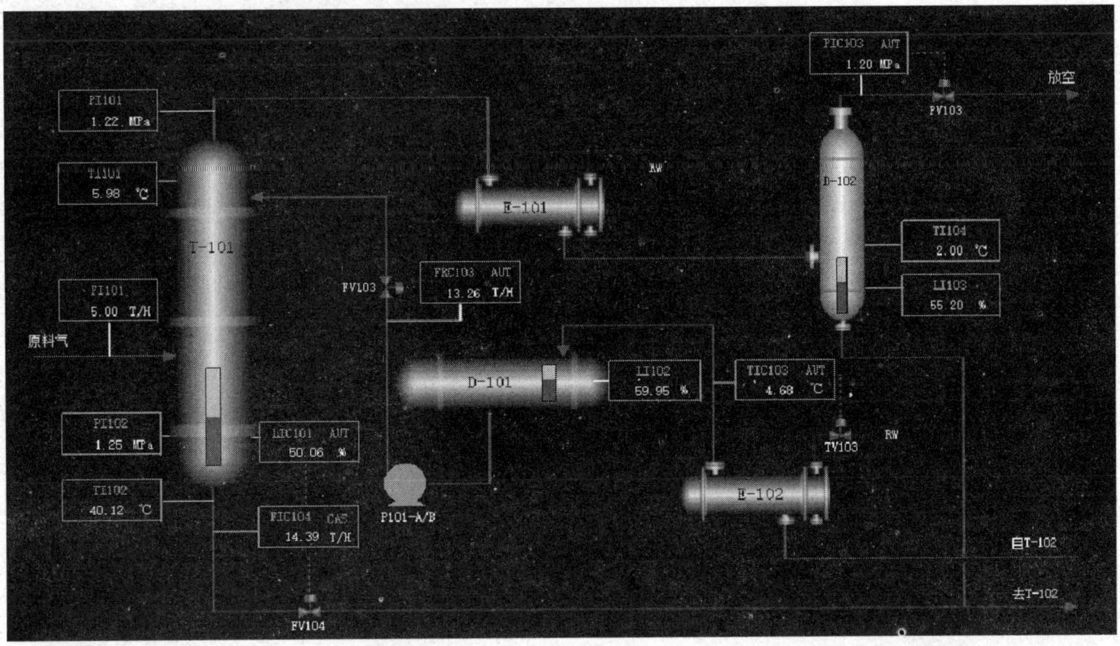

图 7-7 吸收-解吸工艺 3D 虚拟现实仿真 DCS 流程图（一）

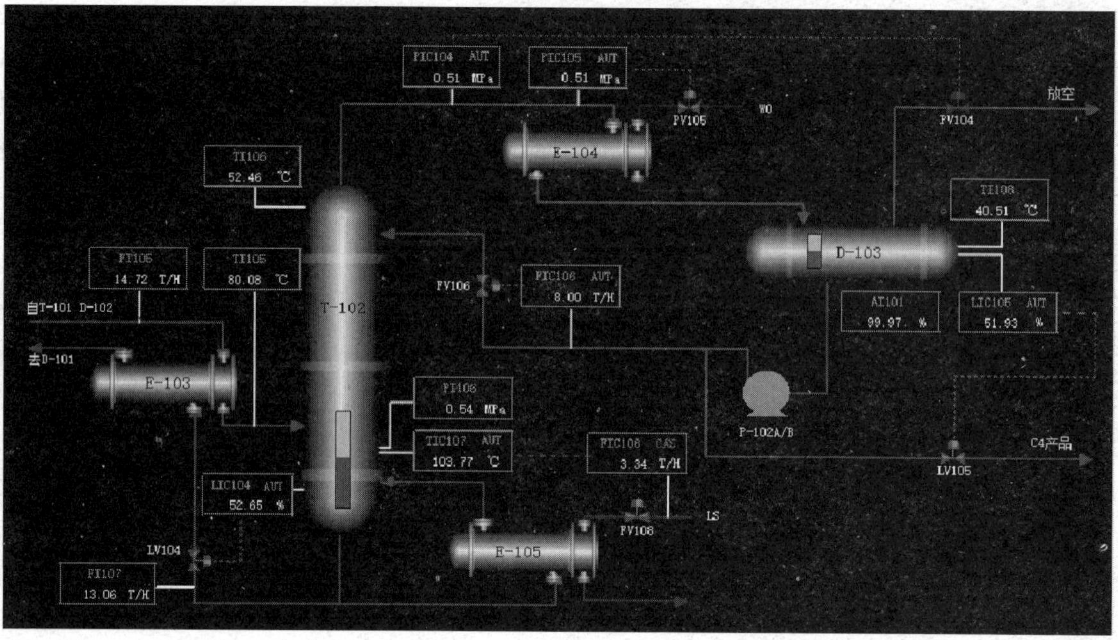

图 7-8　吸收-解吸工艺 3D 虚拟现实仿真 DCS 流程图(二)

2. 设备及主要控制元件

1）主要设备

吸收-解吸工艺 3D 虚拟现实仿真工艺流程中主要设备见表 7-12。

表 7-12　吸收-解吸工艺 3D 虚拟现实仿真工艺流程中主要设备

位号	名称	位号	名称
T-101	吸收塔	T-102	解吸塔
D-101	C_6 油贮罐	D-103	解吸塔顶回流罐
D-102	气液分离罐	E-103	贫富油换热器
E-101	吸收塔顶冷却器	E-104	解吸塔顶冷凝器
E-102	循环油冷却器	E-105	解吸塔釜再沸器
P-101A/B	C_6 油供给泵	P-102A/B	解吸塔顶回流、塔顶产品采出泵

2）控制组画面

吸收塔 T-101 控制组画面如图 7-9 所示，解吸塔 T-102 控制组画面如图 7-10 所示。

7.4.3　实验方法及步骤

1. 冷态开车

本操作规程仅供参考，详细操作以评分系统为准。

装置的开工状态为吸收塔、解吸塔系统均处于常温常压下，各调节阀处于手动关闭状态，各手阀处于关闭状态，氮气置换已完毕，公用工程已具备条件，可以直接进行氮气充压。

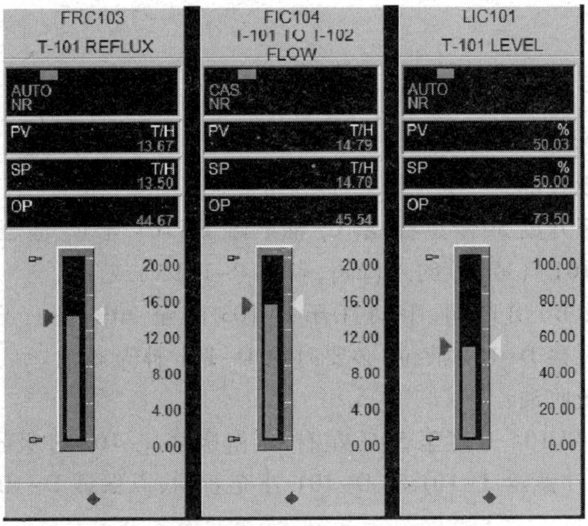

图7-9　吸收塔T-101控制组画面

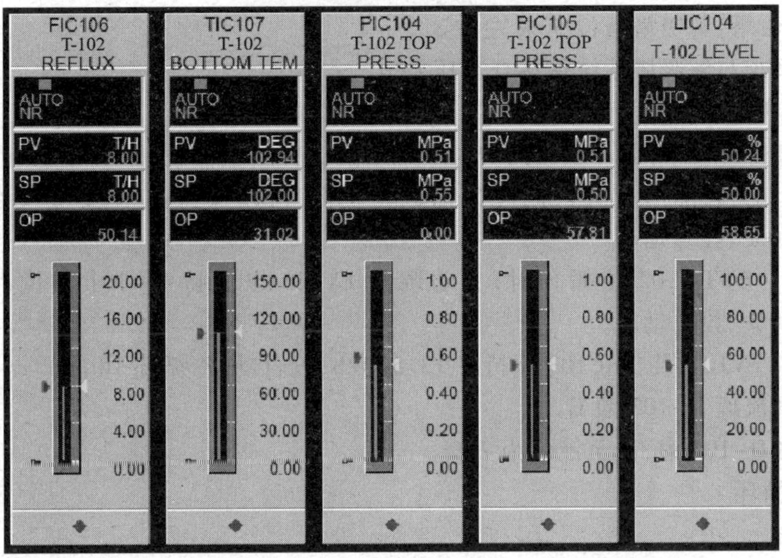

图7-10　解吸塔T-102控制组画面

1）氮气充压

（1）确认所有手阀处于关状态。

（2）氮气充压，步骤为

① 打开氮气充压阀，给吸收塔系统充压。

② 当吸收塔系统压力升至1.0 MPa(g)左右时，关闭N_2充压阀。

③ 打开氮气充压阀，给解吸塔系统充压。

④ 当吸收塔系统压力升至0.5 MPa(g)左右时，关闭N_2充压阀。

2）进吸收油

（1）确认：

① 系统充压已结束。

② 所有手阀处于关状态。

（2）吸收塔系统进吸收油：

① 打开引油阀 V9 至开度 50% 左右，给 C_6 油贮罐 D-101 充 C_6 油至液位 70%。

② 打开 C_6 油泵 P-101A（或 B）的入口阀，启动 P-101A（或 B）。

③ 打开 P-101A（或 B）出口阀，手动打开 FV103 阀至 30% 左右给吸收塔 T-101 充液至 50%。充油过程中注意观察 D-101 液位，必要时给 D-101 补充新油。

（3）解吸塔系统进吸收油：

① 手动打开调节阀 FV104 开度至 50% 左右，给解吸塔 T-102 进吸收油至液位 50%。

② 给 T-102 进油时注意给 T-101 和 D-101 补充新油，以保证 D-101 和 T-101 的液位均不低于 50%。

3）C_6 油冷循环

（1）确认：

① 贮罐、吸收塔、解吸塔液位 50% 左右。

② 吸收塔系统与解吸塔系统保持合适压差。

（2）建立冷循环：

① 手动逐渐打开调节阀 LV104，向 D-101 添加 C_6 油。

② 当向 D-101 添加 C_6 油时，同时逐渐调整 FV104，以保持 T-102 液位在 50% 左右，将 LIC104 设定在 50%，投自动。

③ 由 T-101 至 T-102 油循环时，手动调节 FV103 以保持 T-101 液位在 50% 左右，将 LIC101 设定在 50%，投自动。

④ 手动调节 FV103，使 FRC103 保持在 13.50 t/h，投自动，冷循环 10 min。

4）T-102 回流罐 D-103 灌 C_4

打开 V21 向 D-103 灌 C_4 至液位为 20%。

5）C_6 油热循环

（1）确认：

① 冷循环过程已经结束。

② D-103 液位已建立。

（2）T-102 再沸器投用：

① 设定 TIC103 于 5 ℃，投自动。

② 手动打开 PV105 至 70%。

③ 手动控制 PIC105 于 0.5 MPa，待回流稳定后再投自动。

④ 手动打开 FV108 至 50%，开始给 T-102 加热。

（3）建立 T-102 回流：

① 随着 T-102 塔釜温度 TIC107 逐渐升高，C_6 油开始汽化，并在 E-104 中冷凝至回流罐 D-103。

② 当塔顶温度高于50 ℃时，打开P-102A/B泵的入出口阀VI25/27，VI26/28，打开FV106的前后阀，手动打开FV106至合适开度，维持塔顶温度高于51 ℃。

③ 当TIC107温度指示达到102 ℃时，将TIC107设定在102 ℃投自动，TIC107和FIC108投串级。

④ 热循环10 min。

6）进富气

(1) 确认C_6油热循环已经建立。

(2) 进富气：

① 逐渐打开富气进料阀V1，开始富气进料。

② 随着T-101富气进料，塔压升高，手动调节PIC103使压力恒定在1.2 MPa（表压）。当富气进料达到正常值后，设定PIC103于1.2 MPa（表压），投自动。

③ 当吸收了C_4的富油进入解吸塔后，塔压将逐渐升高，手动调节PIC105，维持PIC105在0.5 MPa（表压），稳定后投自动。

④ 当T-102温度，压力控制稳定后，手动调节FIC106使回流量达到正常值8.0 t/h，投自动。

⑤ 观察D-103液位，液位高于50%时，打开LIV105的前后阀，手动调节LIC105维持液位在50%，投自动。

⑥ 将所有操作指标逐渐调整到正常状态。

2. 正常运行

1）达到正常工况时各主要检测点的工艺指标见表7-13。

表7-13 达到正常工况时各主要检测点的工艺指标

序号	位号	说明	类型	工艺指标
1	AI101	回流罐C_4组分	AI	>95.0%
2	FI101	T-101进料	AI	5.0 t/h
3	FI102	T-101塔顶气量	AI	3.8 t/h
4	FRC103	吸收油流量控制	PID	13.50 t/h
5	FIC104	富油流量控制	PID	14.70 t/h
6	FI105	T-102进料	AI	14.70 t/h
7	FIC106	回流量控制	PID	8.0 t/h
8	FI107	T-101塔底贫油采出	AI	13.41 t/h
9	FIC108	加热蒸汽量控制	PID	2.963 t/h
10	LIC101	吸收塔液位控制	PID	50%
11	LI102	D-101液位	AI	60%
12	LI103	D-102液位	AI	50%
13	LIC104	解吸塔釜液位控制	PID	50%
14	LIC105	回流罐液位控制	PID	50%

续表

序号	位号	说明	类型	工艺指标
15	PI101	吸收塔顶压力显示	AI	1.22 MPa
16	PI102	吸收塔底压力显示	AI	1.25 MPa
17	PIC103	吸收塔顶压力控制	PID	1.2 MPa
18	PIC104	解吸塔顶压力控制	PID	0.55 MPa
19	PIC105	解吸塔顶压力控制	PID	0.50 MPa
20	PI106	解吸塔底压力显示	AI	0.53 MPa
21	TI101	吸收塔塔顶温度	AI	6 ℃
22	TI102	吸收塔塔底温度	AI	40 ℃
23	TIC103	循环油温度控制	PID	5.0 ℃
24	TI104	C_4 回收罐温度显示	AI	2.0 ℃
25	TI105	预热后温度显示	AI	80.0 ℃
26	TI106	吸收塔顶温度显示	AI	6.0 ℃
27	TIC107	解吸塔釜温度控制	PID	102.0 ℃
28	TI108	回流罐温度显示	AI	40.0 ℃

2）补充新油

因为塔顶 C_4 产品中含有部分 C_6 油及其他 C_6 油损失，所以随着生产的进行，要定期观察 C_6 油贮罐 D-101 的液位，当液位低于 30% 时，打开阀 V9 补充新鲜的 C_6 油。

3）D-102 排液

生产过程中贫气中的少量 C_4 和 C_6 组分积累于尾气分离罐 D-102 中，定期观察 D-102 的液位，当液位高于 70% 时，打开阀 V7 将凝液排放至解吸塔 T-102 中。

4）T-102 塔压控制

正常情况下 T-102 的压力由 PIC-105 通过调节 E-104 的冷却水流量控制。生产过程中会有少量不凝气积累于回流罐 D-103 中使解吸塔系统压力升高，这时 T-102 顶部压力超高保护控制器 PIC-104 会自动控制排放不凝气，维持压力不会超高。必要时可手动打开 PV104 至开度 1% ~3% 来调节压力。

3. 停车操作规程

1）停富气进料

（1）关富气进料阀 V1，停富气进料。

（2）富气进料中断后，T-101 塔压会降低，手动调节 PIC103，维持 T-101 压力 >1.0 MPa（表压）。

（3）手动调节 PIC105 维持 T-102 塔压力在 0.20 MPa（表压）左右。

（4）维持 T-101→T-102→D-101 的 C_6 油循环。

2）停吸收塔系统

（1）停 C_6 油进料：

① 停 C_6 油泵 P-101A/B。

② 关闭 P-101A/B 入出口阀。

③ FRC103 置手动,关闭 FV103 前后阀。

④ 手动关闭 FV103 阀,停 T-101 油进料。

此时应注意保持 T-101 的压力,压力低时可用 N_2 充压,否则 T-101 塔釜 C_6 油无法排出。

(2) 吸收塔系统泄油:

① LIC101 和 FIC104 置手动,FV104 开度保持 50%,向 T-102 泄油。

② 当 LIC101 液位降至 0 时,关闭 FV108。

③ 打开 V7 阀,将 D-102 中的凝液排至 T-102 中。

④ 当 D-102 液位指示降至 0 时,关闭 V7 阀。

⑤ 关闭 V4 阀,中断盐水停 E-101。

⑥ 手动打开 PV103,吸收塔系统泄压至常压,关闭 PV103。

3) 停解吸塔系统

(1) 停 C_4 产品出料:

富气进料中断后,将 LIC105 置手动,关阀 LV105 及其前后阀。

(2) T-102 塔降温:

① TIC107 和 FIC108 置手动,关闭 E-105 蒸汽阀 FV108,停再沸器 E-105。

② 停止 T-102 加热的同时,手动关闭 PIC105 和 PIC104,保持解吸系统的压力。

(3) 停 T-102 回流:

① 再沸器停用,温度下降至泡点以下后,油不再汽化,当 D-103 液位 LIC105 指示<10%时,停回流泵 P-102A/B,关闭 P-102A/B 的入出口阀。

② 手动关闭 FV106 及其前后阀,停 T-102 回流。

③ 打开 D-103 泄液阀 V19。

④ 当 D-103 液位指示下降至 0% 时,关闭 V19 阀。

(4) T-102 泄油:

① 手动置 LV104 于 50%,将 T-102 中的油倒入 D-101。

② 当 T-102 液位 LIC104 指示下降至 10% 时,关闭 LV104。

③ 手动关闭 TV103,停 E-102。

④ 打开 T-102 泄油阀 V18,当 T-102 液位 LIC104 下降至 0% 时,关闭 V18。

(5) T-102 泄压:

① 手动打开 PV104 至开度 50%,开始 T-102 系统泄压。

② 当 T-102 系统压力降至常压时,关闭 PV104。

4) 吸收油贮罐 D-101 排油:

(1) 当停 T-101 吸收油进料后,D-101 液位必然上升,此时打开 D-101 排油阀 V10 排污油。

(2) 直至 T-102 中油倒空,D-101 液位下降至 0,关闭 V10。

注意事项

1. 本单元复杂控制方案说明

吸收-解吸单元复杂控制回路主要是串级回路的使用,在吸收塔、解吸塔和产品罐中都使用了液位与流量串级回路。

串级回路是在简单调节系统基础上发展起来的。在结构上，串级回路调节系统有两个闭合回路。主、副调节器串联，主调节器的输出为副调节器的给定值，系统通过副调节器的输出操纵调节阀动作，实现对主参数的定值调节。所以，在串级回路调节系统中，主回路是定值调节系统，副回路是随动系统。

举例：在吸收塔T101中，为了保证液位的稳定，有一塔釜液位与塔釜出料组成的串级回路。液位调节器的输出同时是流量调节器的给定值，即流量调节器FIC104的SP值由液位调节器LIC101的输出OP值控制，LIC101. OP的变化使FIC104. SP产生相应的变化。

2. 报警上下限

报警上下限说明见表7-14。

表7-14 报警上下限说明

序号	位号	高报值	低报值	序号	位号	高报值	低报值
1	FRC103	16.0 t/h	4.0 t/h	7	LIC104	85%	15%
2	FIC104	16.0 t/h	4.0 t/h	8	LIC105	85%	15%
3	FIC106	11.2 t/h	2.8 t/h	9	PI101	1.7 MPa	0.3 MPa
4	LIC101	85%	15%	10	PIC103	1.7 MPa	0.3 MPa
5	LI102	85%	15%	11	TIC103	10.0 ℃	2.5 ℃
6	LI103	65%	5%				

7.4.4 安全应急演练

1. 吸收剂进吸收塔控制阀前法兰泄露着火

1）发现事故

（1）外操去现场巡检。

（2）外操向班长报告“吸收塔贫液进料阀FV103阀前法兰泄漏着火”。

2）应急处理

（1）外操拿上灭火器。

（2）外操点击喷射按钮进行灭火。

（3）班长广播宣布启动车间泄漏着火应急预案。

（4）班长向调度室报告发生泄漏着火，已启动应急预案。

（5）班长命令安全员拉警戒绳。

（6）外操向班长汇报灭火失败。

（7）班长命令外操回中控室佩戴空气呼吸器。

（8）班长佩戴手套、空气呼吸器、安全帽，携带F形扳手，到事故现场。

（9）外操回中控室佩戴空气呼吸器，携带F形扳手，到事故现场。

3）工艺应急处理

（1）班长命令主操和外操执行紧急停车操作。

（2）班长命令主操呼叫消防车。

（3）主操拨打电话，呼叫消防车。

（4）班长命令安全员到门口引导消防车。

(5) 外操关闭贫油供给泵 P-101A 出口阀 VI10、停贫油供给泵 P-101A。

(6) 主操关闭吸收塔原料进料调节阀 FRC103、解吸塔塔底再沸器调节阀 FV108。

(7) 外操关闭吸收塔原料进料阀 FV103 的前阀 VI1、新鲜溶剂补充阀 V9。

(8) 吸收塔釜液排净后,主操关闭 FV104。

(9) 主操打开吸收塔压力控制阀 PV103,吸收塔进行泄压。

(10) 吸收塔釜排净后,外操关闭 VI4。

4) 处理结束

(1) 外操向班长汇报"现场按紧急停车处理完毕"。

(2) 主操向班长汇报"室内按紧急停车处理完毕"。

(3) 班长通知安全员,派维修人员进场检修。

(4) 班长向调度汇报"火已熄灭,事故处理完毕"。

(5) 班长广播宣布解除事故预案,紧急停车应急预案结束。

2. 原料进吸收塔法兰泄露着火

1) 巡检发现异常

(1) 外操发现 T-101 原料进口法兰泄漏着火。

(2) 外操向班长汇报 T-101 进料法兰泄露。

(3) 班长广播启动车间泄露着火应急预案。

(4) 班长向调度室汇报情况。

2) 应急处理准备

(1) 外操打开消防水炮 F1,给 T-101 降温。

(2) 班长令安全员到门口拉好警戒绳。

(3) 班长佩戴正压式空气呼吸器、安全帽、手套,携带 F 形扳手,立即前往现场。

(4) 外操返回中控室,佩戴空气呼吸器,携带 F 形扳手,返回现场。

3) 工艺处理

(1) 班长令主操及外操执行紧急停车。

(2) 主操拨打电话,通知消防队。

(3) 班长通知安全员到 1 号门门口引导消防车。

(4) 外操关闭吸收塔原料进料调节阀 V1、吸收塔贫油入口调节阀前阀 VI1、贫油供给泵 P-101A 出口阀 VI10,停贫油供给泵 P-101A。

(5) 外操关闭新鲜溶剂补充阀 V9。

(6) 主操将吸收塔贫液进料阀 FV103 投手动并关闭、关闭解吸塔塔底再沸器调节阀 FV108。

(7) 主操当吸收塔塔釜液体排净后,关闭控制阀 FV104。

(8) 主操打开吸收塔压力控制阀 PV103,吸收塔进行泄压。

(9) 外操关闭吸收塔塔釜液位控制阀后阀 VI4。

4) 事故处理结束

(1) 外操向班长汇报"现场按紧急停车处理完成"。

(2) 主操向班长汇报"室内按紧急停车处理完成"。

(3) 班长通知安全员派维修人员进场检修。

（4）班长向调度汇报火焰熄灭，泄漏点移交维修工处理。

（5）班长广播宣布解除事故预案。

3. 原料进吸收塔法兰泄露有人中毒

1）发现事故

（1）外操巡检至 T-101 附近，发现有人中毒。

（2）外操向班长汇报现场情况。

2）事故紧急处理（人员救治）

（1）班长立即广播启动车间泄漏有人中毒昏倒应急预案。

（2）班长用中控室岗位电话向调度室报告。

（3）班长命令主操叫救护车，监视好 DCS 的数据情况。

（4）主操拨打医疗救护组电话。

（5）班长通知安全员准备引导救护车进场。

（6）班长佩戴安全帽、手套、空气呼吸器，携带 F 形扳手。

（7）外操返回中控室，佩戴好空气呼吸器，携带 F 形扳手。

（8）班长令外操立即前往事故现场。

（9）班长令安全员前往 1 号门拉警戒线。

（10）班长前往中毒人员身旁。

（11）外操前往中毒人员身旁。

（12）班长和外操运送中毒人员至救护车处（双击中毒人员）。

（13）班长令外操打开消防栓为 T-101 降温。

（14）外操打开消防栓 F1。

3）事故紧急处理（工艺处理）

（1）班长令外操和主操进行停车操作。

（2）主操关闭吸收塔原料进料阀 FIC103。

（3）外操关闭贫油供给泵 P-101A 出口阀 VI10、停泵 P-101A。

（4）外操关闭原料进料调节阀 FV103，前阀 VI1、新鲜液补充阀 V9。

（5）主操关闭解析塔塔底 FV108。

（6）主操全开 FV104，吸收塔釜液体排净后关闭塔釜液位控制阀 FV104。

（7）主操打开吸收塔压力控制阀 PV103，吸收塔进行泄压。

（8）外操关闭吸收塔塔釜液位控制阀前阀 VI3。

（9）外操向班长汇报“现场按紧急停车处理完毕”。

（10）主操向班长汇报“室内按紧急停车处理完毕”。

4）事故处理结束

（1）班长通知安全员派维修员进场。

（2）班长向调度汇报现场处理完毕。

（3）班长广播宣布解除应急预案。

7.4.5　实验结果与讨论

（1）结合开车过程、停车过程的趋势组画面中各指标历史曲线，分析讨论最佳开车、停车方案。

(2) 如何调整及协调吸收塔釜、解吸塔釜和贫油贮罐三液位?

思考题

(1) 温度和压力对吸收效率有何重要影响?本系统设置了哪些设备和控制系统以便提高吸收效率?

(2) 本吸收过程处于正常工况时为什么吸收塔下部温度比塔顶高?

(3) 本吸收过程的常见故障有哪些?如何排除?

8 第8章 化工模拟

8.1 基于 Aspen Plus 的乙腈-水共沸体系的精馏模拟与优化

8.1.1 实验目的

（1）了解变压精馏的基本原理及其在共沸体系分离中的应用。

（2）了解 Aspen Plus 模型库中的主要模型类别，掌握流程图的绘制方法。

（3）掌握 Aspen Plus 中气液平衡数据的计算及平衡相图的绘制方法。

（4）掌握灵敏度分析的操作方法，分析理论塔板数、回流比对分离效果的影响。

8.1.2 实验原理

化工、医药等行业的有机废水通常可采用萃取或精馏等单元操作方法处理，以回收其中的有机化合物，实现资源化治理。相较于精馏操作，萃取操作一般不需要加热，但必须向体系引入新的有机溶剂作为萃取剂，易造成二次污染，且萃取分离后的产物还必须借助于精馏等操作来回收萃取剂，随着近年来能量集成工艺的发展，萃取操作逐步被精馏操作所取代。

对于组分沸点相差较大的二元理想溶液，采用常规精馏操作较容易实现二者的分离，在塔顶和塔釜分别获得两种纯度较高的产品。但是，许多常见的有机废水及工业生产过程中的液体混合物，溶液性质往往偏离理想溶液，其中较多的二元液相混合物如乙醇-水、乙腈-水等，在精馏过程中往往会形成具有恒定沸点和一定组成关系的混合物，也被称为共沸物。在这种情况下，采用普通精馏方法往往无法将二者完全分离。

化合物的沸点往往随体系压力的变化而发生改变，共沸物的恒沸点及共沸组成同样随体系压力而改变。若共沸物组成随压力变化不明显，对于混合物分离提纯意义不大，此时需向体系引入第三组分，通过萃取精馏、共沸精馏或加盐精馏等方式来实现原混合物的分离。但对于类似乙腈-水的二元体系，其共沸组成随压力变化较为显著（一定压力变化范围内共沸物中某组分的摩尔分数变化高于 5%），则可以通过双塔串联、变压精馏的方式实现混合物的分离提纯。精馏过程中，两座精馏塔采用不同的操作压力，利用混合物从一座精馏塔进入另一座精馏塔时，因压力改变造成共沸组成发生改变，使其跨过原有的共沸组成而实现组分间的分离。

在进行变压精馏分离工艺设计时，可以通过分析混合物在不同压力条件下的气液平衡相图来选择合适的操作压力。一方面要求待分离物系的共沸组成随压力变化达到一定的要求，另一方面还必须考虑选择合适的操作压力，对于加压操作应考虑设备的材质和耐压能力，而对于真空操作则要考虑系统所需达到的真空度，在实现分离的同时尽可能节约投资，降低生产成本。

8.1.3 实验流程及设备主要参数

乙腈-水共沸体系的精馏模拟工艺流程图如图 8-1 所示。

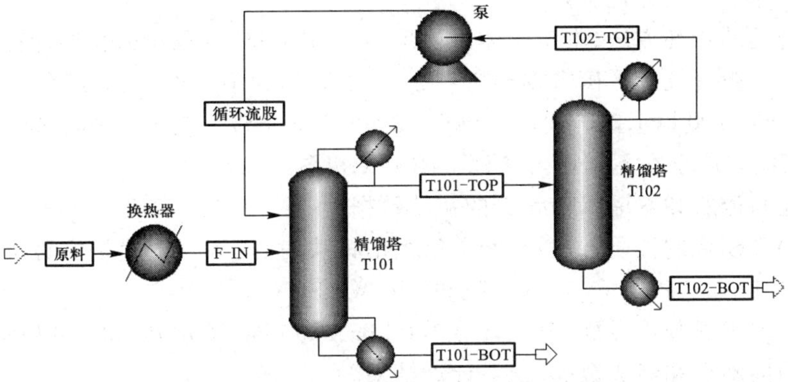

图 8-1 乙腈-水共沸体系的精馏模拟工艺流程图

本实验采用双塔串联变压精馏工艺。原料(FEED)经换热器(HEAT)加压预热后送入精馏塔 T101，采用高压操作，T101 塔釜获得较纯的乙腈产品，塔顶为乙腈-水共沸物，该共沸物送入精馏塔 T102，T102 为低压精馏塔，由于压力变化导致乙腈-水共沸物组成发生改变，T102 塔底获得含微量乙腈的废水，可送去废水处理，而含较多乙腈的塔顶共沸物则经过泵(PUMP)加压后作为循环流股送回 T101 与原料混合，以回收其中的乙腈。

本实验的进料流股数据与产品要求见表 8-1，初始操作参数见表 8-2。

表 8-1 乙腈-水共沸体系变压精馏分离模拟的进料流股数据与产品要求

项目	数值	项目	数值
进料温度	25 ℃	进料压强	0.1 MPa
进料组成：$w_{乙腈}$	0.8	进料组成：$w_{水}$	0.2
进料流量	7 500 kg · h^{-1}	产品组成：$w_{乙腈}$	≥0.95

表 8-2 乙腈-水共沸体系变压精馏分离模拟的初始操作参数

T101 初始操作参数		T102 初始操作参数	
理论塔板数	45	理论塔板数	40
进料板位置	12	进料板位置	10
回流比	2.0	回流比	1.5
操作压强	400 kPa	操作压强	100 kPa
冷凝器型式	全凝器	冷凝器型式	全凝器

8.1.4　实验方法及步骤

(1) 启动 Aspen Plus 用户界面程序，从“米制单位通用模板”新建一个流程模拟。

(2) 绘制工艺流程图。

(3) 定义全局信息，要求结果输出报告中物料参数分别采用质量流量、摩尔流量表示，物料组成分别采用质量分数、摩尔分数表示。

(4) 查找并添加各组分化合物。

(5) 选择合适的物性方法，本实验体系可采用 UNIQUAC 方程作为物性计算方法。

(6) 进入二元组分气液平衡数据分析界面，以乙腈作为第一组分(轻组分)，采用“List of values”赋值，分别计算 100 kPa，200 kPa，300 kPa 和 400 kPa 条件下的气液相平衡组成数据，并采用“Plot Wizard”绘制本体系在不同压力条件下的 $y-x$ 相图。

(7) 输入进料流股和双塔操作参数的初始数据。

(8) 定义局部模块的性质方法：在定义精馏塔模块时，进入对应模块文件夹下的“Block Options”目录，并将其中的“Property method”选择为“WILSON”。

(9) 进入共沸组成分析界面，分别计算 100 kPa，200 kPa，300 kPa 和 400 kPa 条件下，纯组分的沸点及共沸物的沸点和组成数据，记录计算结果。

(10) 运行流程模拟，查看运行结果并记录。

(11) 进入灵敏度分析界面，以 T101 进料位置为自变量，T101 塔底产品中乙腈的质量分数为应变量，考察进料位置对塔底乙腈质量分数的影响，确定合适的进料位置。

(12) 选择优化后的进料板位置替代初始赋值，并以 T102 进料位置为自变量，T102 塔底产品中水的质量分数为应变量，对 T102 进料位置进行灵敏度分析，优化操作条件。

(13) 分别以 T101 操作回流比为自变量，T101 塔底产品中乙腈的质量分数为应变量；以及 T102 操作回流比为自变量，T102 塔底产品中水的质量分数为应变量，对各塔操作回流比进行灵敏度分析。

(14) 采用优化后的操作参数重新运行流程模拟，计算、查看结果并记录。

(15) 进入精馏塔模块计算结果查看页面，绘制各塔板上气液相质量分数分布图。

(16) 保存文件，退出模拟。完成电子版实验报告，对计算结果进行分析与讨论。

8.1.5　数据记录及处理

(1) 本实验数据记录可参照表 8-3、表 8-4、表 8-5。

表 8-3　不同压力条件下乙腈-水体系纯组分的沸点模拟值

序号	操作压力/kPa	纯乙腈的沸点/℃	纯水的沸点/℃
1			
2			
⋮			

表 8-4 不同压力条件下乙腈-水体系的共沸组成

序号	操作压力/kPa	共沸物沸点/℃	共沸物组成	
			$x_{乙腈}$/%	$x_{水}$/%
1				
2				
⋮				

表 8-5 模拟结果记录表

流股	进料	T101 塔顶		T101 塔釜		T102 塔顶		T102 塔釜	
		初始	优化	初始	优化	初始	优化	初始	优化
温度/℃									
压力/MPa									
质量流量/($kg \cdot h^{-1}$)									
体积流量/($m^3 \cdot h^{-1}$)									
热负荷/($kJ \cdot h^{-1}$)									
密度/($kg \cdot m^{-3}$)									
$w_{乙腈}$/%									
$w_{水}$/%									

(2) 气液平衡数据计算结果，优化前、后流程模拟计算的详细结果，T101 和 T102 的 TPFQ、板上流股组成数据、水力学数据等结果则列于 Excel 表格中并整理。

8.1.6 实验结果与讨论

(1) 将不同压力条件下乙腈-水体系的气液平衡计算结果列于 Excel 表格中，并将 Aspen Plus 绘制得到的 $y-x$ 相图粘贴至实验报告电子文档中。

(2) 将不同压力条件下计算得到的纯组分沸点、共沸物沸点与组成等计算结果列于表格中。并结合实验结果(1)中数据，分析压力变化对体系共沸组成的影响。

(3) 将初始条件下和优化条件下计算得到的主要流股结果数据列于实验记录表中，并分别将详细的模拟结果列于 Excel 表格中。

(4) 将优化条件下两座精馏塔计算结果中的 TPFQ、板上气液相组成分布及板上水力学数据分别列于 Excel 表格中。绘制板上气液相组成分布随塔板数变化关系曲线，并将结果粘贴至实验报告电子文档中。

(5) 将灵敏度分析结果列于 Excel 表格中。分别绘制进料板位置、操作回流比对各塔分离效果的影响关系曲线，并对结果进行分析讨论，确定优化的操作条件。

(6) 将上述结果整理汇总，形成完整的实验报告电子文档和结果数据电子表格，与 Aspen Plus 模拟文件置于同一压缩包中提交。

思考题

(1) 除采用本实验所述的双塔串联变压精馏的方法来分离乙腈-水共沸体系外,还可以用什么精馏方法来破除乙腈-水体系的共沸组成? 试论述其基本原理。

(2) 从节能降耗的角度出发,试分析本实验中的能量利用是否合理? 如何操作能够进一步提高能量的综合利用?

8.2　冷热水在 T 形管内的混合过程模拟

8.2.1　实验目的

(1) 熟悉 **Fluent** 软件的界面与操作过程。

(2) 初步了解 **Fluent** 软件中模型的选择及参数设定。

(3) 通过 **Fluent** 仿真确定流体混合程度及压力降。

(4) 掌握 **Fluent** 软件的一般操作过程。

8.2.2　实验原理

在石油化工生产中,流体输送过程是最常见的,甚至是不可缺少的单元操作。管道是流体输送过程中必备的设备。在流体输送过程中,T 形管比较常见,如采油工程中使用的采油树就是典型的 T 形管。流体在 T 形管的流动情况与直管、弯管有何不同,不同温度的流体经过 T 形管是否会造成流场突变和管道振动,这些都是工程中需要密切关注的问题。

如图 8-2 所示,T 形管的内径均为 55 mm,横向管段长为 800 mm,在其中部连接的纵向管段长 500 mm,不同的温度和速度的自来水分别从左端的进口 1 和下端的进口 2 流入,交汇后从右端的出口流出。

基于 Fluent 仿真计算的流场可分析冷热水在不同流速、不同温度下经过 T 形管交汇后的混合程度及 T 形管的压降,进一步可形象直观地得到流程中物理量的分布情况,进而确定管道是否存在振动等问题。

8.2.3　实验方法及步骤

(1) T 形管网格模型如图 8-3 所示。启动 **Fluent** 用户界面程序,选择计算维度为 3D,选择工作目录为网格文件在的文件夹(注意:路径中不能有中文字符)。**Fluent** 启动后,执行 **File Read Mesh**,选择文件名为 7.3. msh 的网格文件,点击 **OK** 按钮确认选择。

(2) 在图形显示窗口中,单击右键 **Display Mesh**,选择所有面,点击 **Display** 确认选择,如图 8-4 所示。

(3) 网格的缩放及检查。在导入并显示计算网格后,需检查导入的网格有效性及网格质量。选择而模型树节点 **General**,在右侧面板中点选按钮 **Check**,TUI 窗口反馈信息如图 8-5 所示(注意:主要检查两个参数,一个是 **Domain Extents**,查看计算域尺寸是否与实际尺寸相符,若不相符

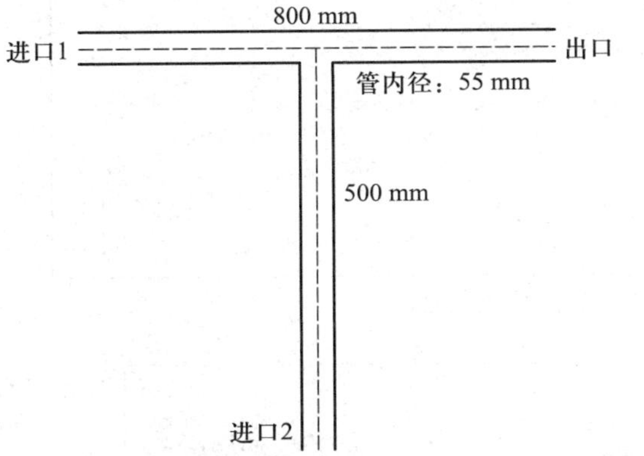

图 8-2 T形管的尺寸示意图

图 8-3 T形管网格模型

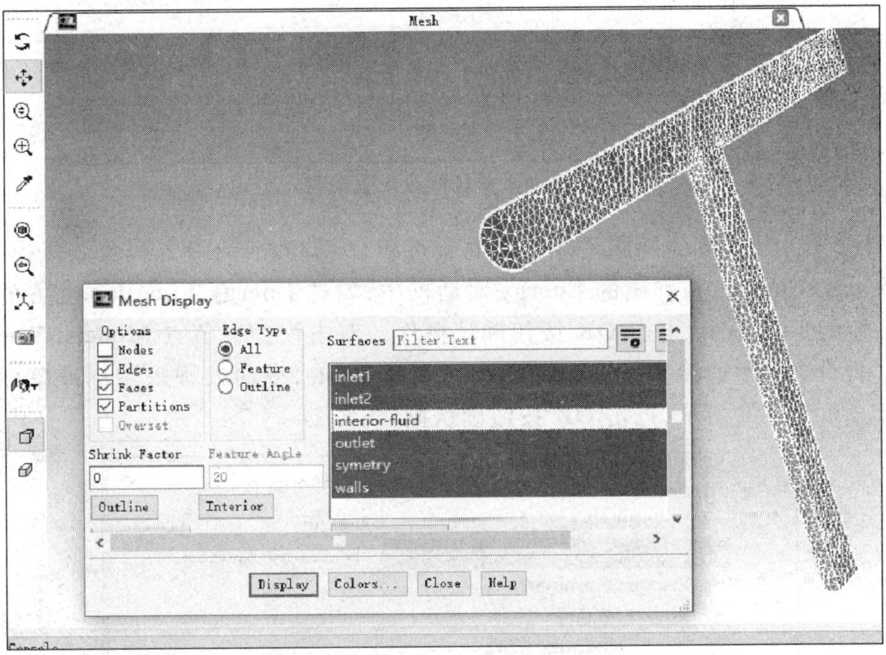

图 8-4 T形管网格的显示设置

则需要对计算域进行缩放；另一个为 **mimimum volume**，必须确保最小体积大于0）。选择面板中的 **Report Quality** 按钮，查看网格质量[TUI 窗口中给出了三种网格质量：**Minimum Orthogonal Quality**、**Maximum Ortho Skew** 及 **Maximum Aspect Ratio**，其中 **Minimum Orthogonal Quality** 的范围为 0～1（1 为理想网格），**Maximum Ortho Skew** 的范围为 0～1（0 为理想网格），**Maximum Aspect Ratio** 越小越好]。

（4）修改单位。修改温度的单位为摄氏度。点击 **General** 设置面板中的 **Units** 按钮弹出单位设置窗口，如图 8-6 所示，设置 **temperature** 的单位为 c（表示℃）。

```
Surface group = symetry, Surface-id = 1, Surface-name = symetry, Zone-id = 8, Zone-name = symetry

 Domain Extents:
   x-coordinate: min (m) = -4.000000e-01, max (m) = 4.000000e-01
   y-coordinate: min (m) = -2.750000e-02, max (m) = 5.000000e-01
   z-coordinate: min (m) = 0.000000e+00, max (m) = 2.750000e-02
 Volume statistics:
   minimum volume (m3): 1.587089e-09
   maximum volume (m3): 3.049968e-07
     total volume (m3): 1.496807e-03
 Face area statistics:
   minimum face area (m2): 6.308146e-07
   maximum face area (m2): 9.807660e-05
 Checking mesh...........................
Done.
```

图 8-5 TUI 窗口反馈信息

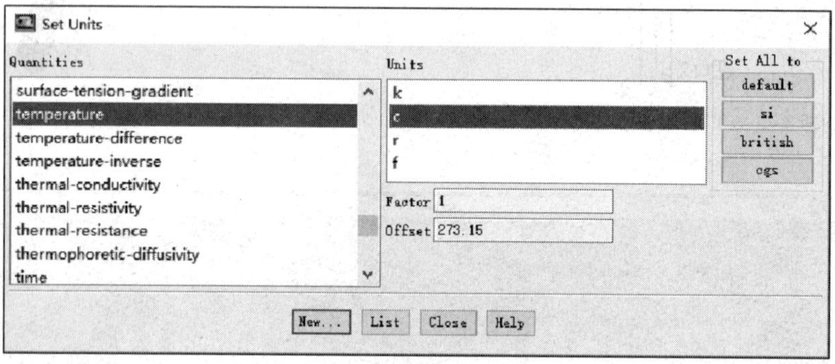

图 8-6 单位修改设置窗口

（5）设置模型。所计算的问题是冷热的混合过程，故需激活能量方程及湍流模型。双击模型树节点 **Models>Energy**，在弹出的 **Energy** 对话框中，勾选 **Energy Equation** 前方的复选框，激活能量方程，如图 8-7 所示，点击 **OK** 按钮确认操作。双击模型树节点 **Models>Viscous**（**Laminar**），在弹出的对话框中选择 **k-epsilon**（**2 eqn**），**Realizable**，壁面处理采用标准壁面函数，其他参数保持默认，如图 8-8 所示，点击 **OK** 按钮确认操作。

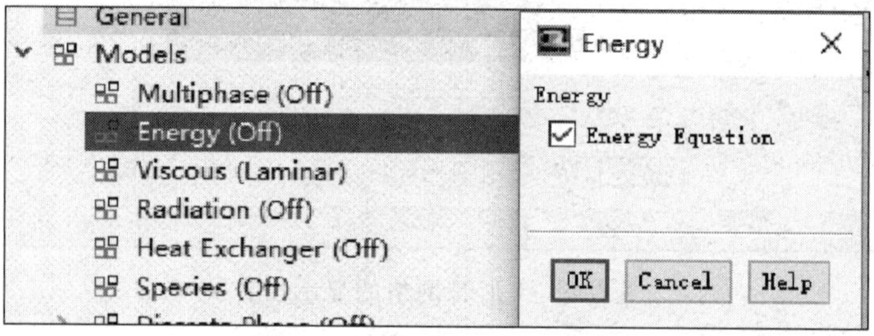

图 8-7 激活能量方程窗口

（6）定义流体介质。Fluent 软件默认采用的材料为 Air，将其改为液态水。右键点击模型树节点 **Material>Fluid**，选择弹出菜单 New。在弹出的对话框中，选择 **Fluent Database**，弹出材料库对话框，在材料库中选择材料 **water-liquid**（**h2o**），点击 **Copy** 按钮，并点击 **Close** 按钮关闭对话框，如图 8-9 所示。点击 **Close** 按钮关闭材料新建对话框。

（7）计算域的设置。鼠标双击模型树节点 **Cell zone Conditions>fluid**（**fluid**），弹出参数设置面板，在参数面板中设置 **Material Name** 为上一步创建的材料 **water-liquid**，如图 8-10 所示，点

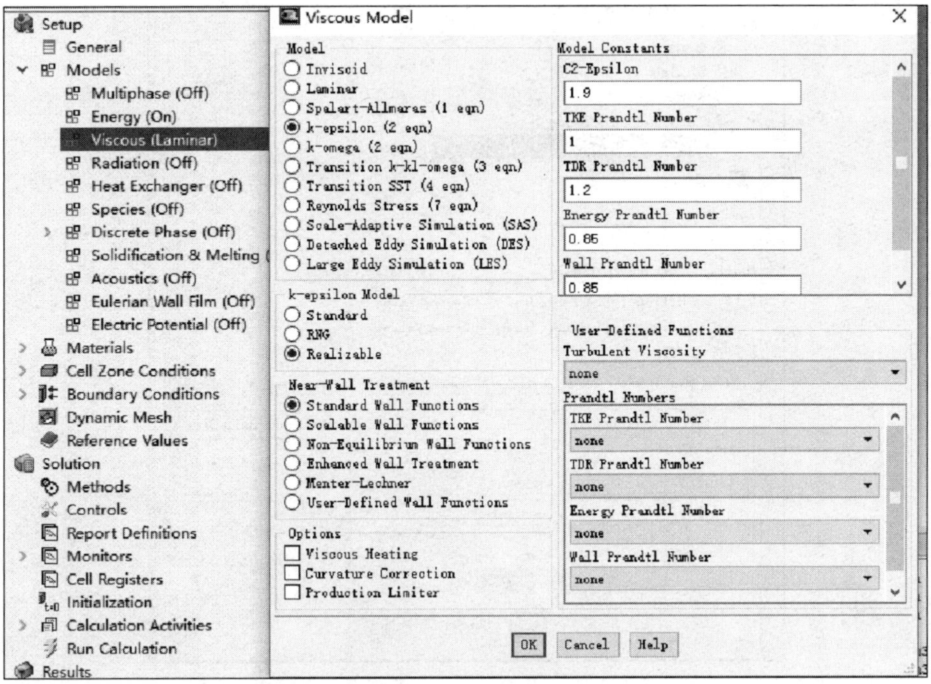

图 8-8 湍流模型的设置

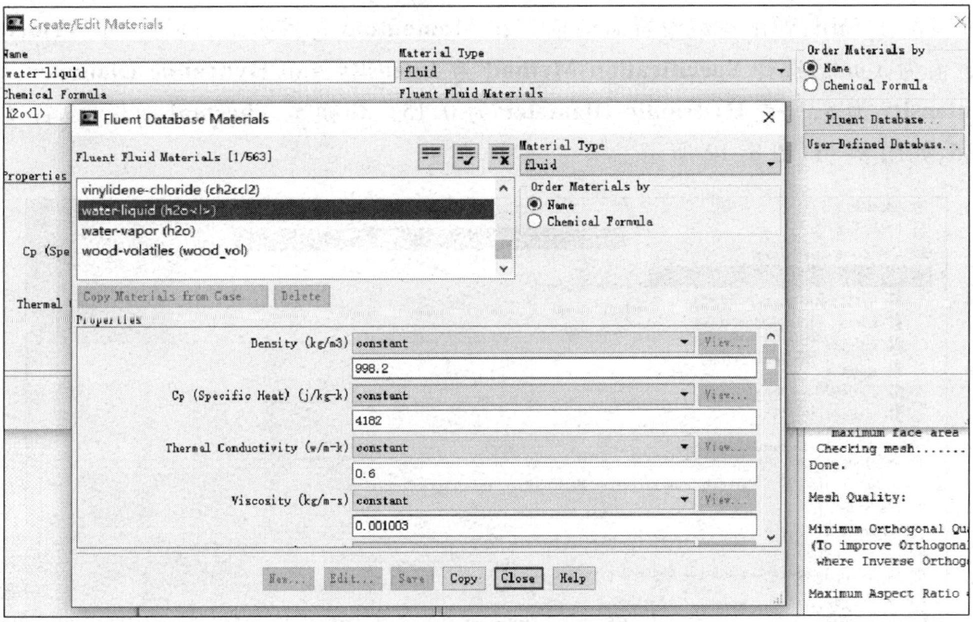

图 8-9 流体介质的设置

击 **OK** 按钮关闭对话框。

（8）边界条件的设置。inlet1 为冷水入口，inlet2 为热水入口。在模型树节点 **Boundary Conditions** 中可以设置计算模型的边界条件界面元素与 **Cell Zone Conditions** 设置面板类似。

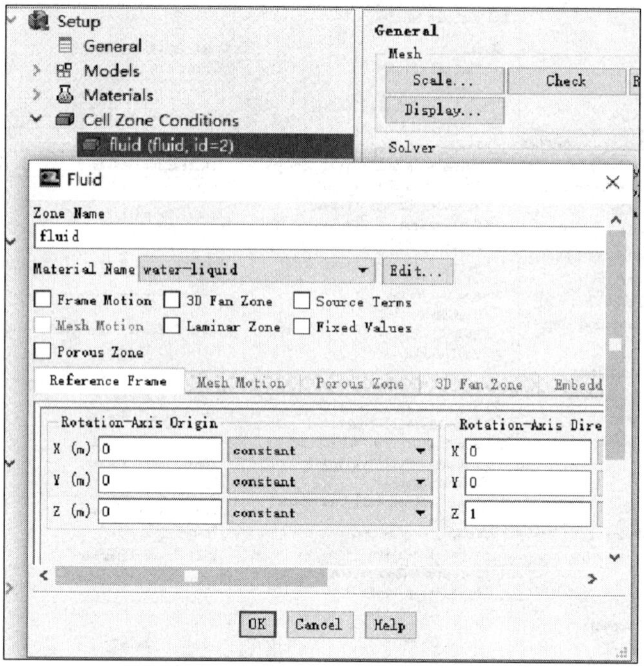

图 8-10　计算域的设置

inlet1 边界条件设置:在 **Zone** 列表框中选择边界 **inlet1**,选择 **Type** 下拉框选项 **Velocity-inlet**,鼠标点击面板按钮 **Edit**,弹出参数设置对话框。在 **Momentum** 标签页下,设置冷水 **Velocity Manitude** 参数值为 3 m/s;选择 **Specification Method** 为 **Intensity and Hydraulic Diameter**,设置 **Tubulent Intensity** 为 5,设置 **Hydraulic Diameter** 为 0.15。切换至 **Thermal** 面板,设置 **Temperature** 为 15,如图 8-11、图 8-12 所示。

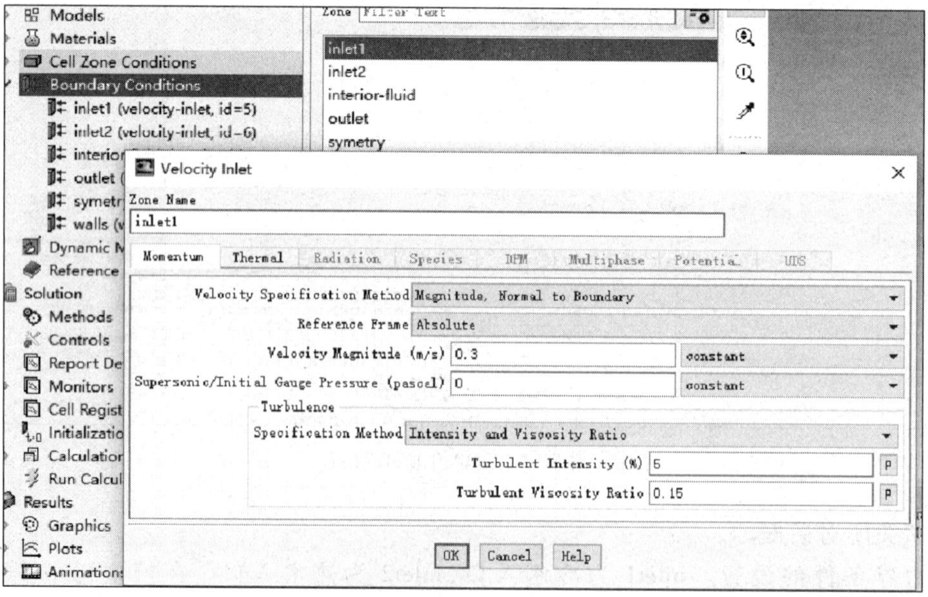

图 8-11　冷水入口(inlet1)边界条件动量的设置

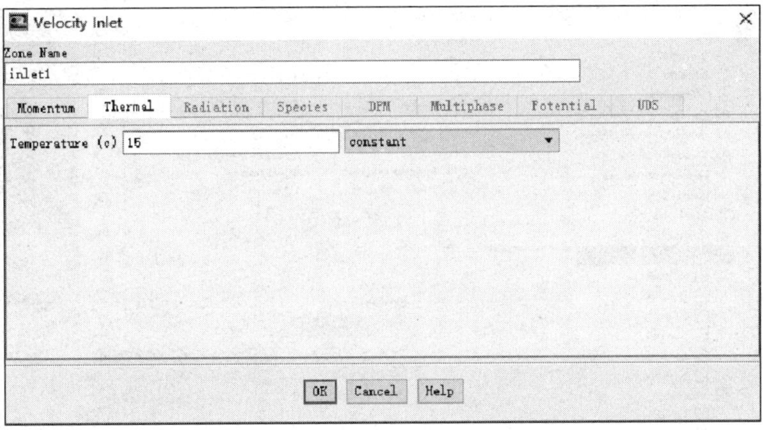

图 8-12 冷水入口(inlet1)边界条件温度的设置

inlet2 边界条件设置:热水入口 inlet2 的设置与 inlet1 类似,所不同的是设置热水流速 **Velocity Manitude** 参数值为 1 m/s;设置 **Hydraulic Diameter** 为 0.1;设置 **Temperature** 为 25。出口 **outlet** 的边界条件设置:选择 **Type** 下拉框选项 **pressure-outlet**,点击 **Edit** 按钮。在弹出的对话框 **Momentum** 标签页下,设置 **Gauge Pressure** 为 0,设置 **Specification Method** 为 **Intensity and Hydraulic Diameter**,设置 **Backflow Turbulent Intensity** 为 5,设置 **Backflow Hydraulic Diameter** 为 0.15。切换至 **Thermal** 面板,设置 **Temperature** 为 20[注意:在计算的过程中,有可能会出现介质从出口边界进入流体域的情况(回流),这种情况有可能是真实的流动特征(在计算收敛时仍然存在回流),或者仅仅只是收敛过程中的短暂状态,随计算进行回流消失。不管是何种情况,FLUENT 需要知道边界上的真实来流信息。若在出口位置没有回流,则这些回流参数值在计算过程中不会被使用。在选择计算边界位置时,通常将出口位置选择在没有回流的地方]。

(9) 设置离散格式。如图 8-13 所示,模型树节点 **Solution Methods** 主要设置模型的离散算法,选择 **Pressure-Velocity Coupling scheme** 为 **Coupled**,激活选项 **Pseudo Transient**,激活选项 **Warped-Face Gradient Correction**(注:离散格式定义了梯度及变量插值的计算方法。默认选项适用于大多数的计算问题)。

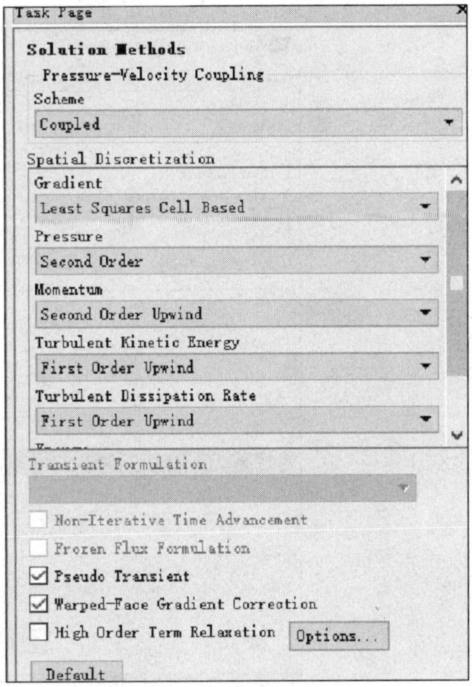

图 8-13 设置离散格式窗口

(10) 监视器及报告设置。利用模型树节点 **Monitors** 可以在计算过程中监测一些物理量的变化。如图 8-14、图 8-15 所示,定义需要监测入口及出口温度和压力,在模型树节点 **Report Definitions** 处点击右键,选择 **New>Surface Report>Area-weighted Average**,弹出物理量定义对话窗口,设置 **Name** 为 **t-inlet1**,即入口 1 的平均温度,**Report Type** 设

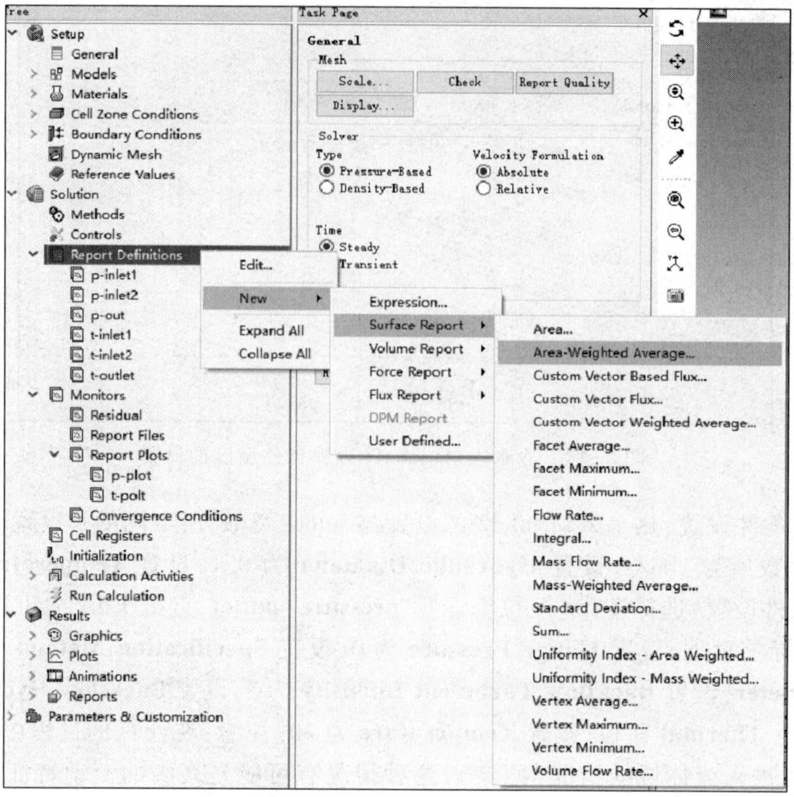

图 8-14　新建监测的物理量

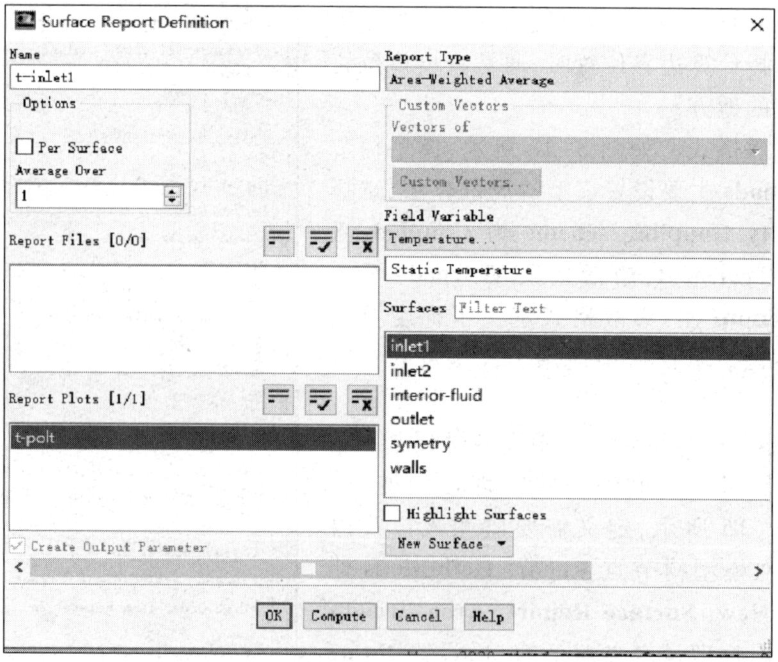

图 8-15　新建监测的物理量参数设置

置为 **Area-Weighted Average**,**Field Variable** 设置为 **Temperature** 及 **Static Temperature**,**Surfaces** 选择 **inlet1**。类似地,建立 inlet2 及 outlet 的温度物理量 t-inlet2 和 t-outlet。同理,建立压力监测 p-inlet1,p-inlet2,p-out,它们的 **Field Variable** 设置为 **Pressure** 及 **Static Pressure**,所属的面分别为 inlet1,inlet2,outlet。

需监测的物理量建立完毕后,在模型树节点 **Monitors>Report plots** 下建立压力和温度的监控曲线(p-plot 和 t-plot),如图 8-16 所示,压力曲线的设置是将压力物理量均添加到右侧窗口,**Plot window** 设置为 2,**plot Title** 注释为 P。类似地,温度曲线的设置只需将温度物理量添加到右侧,**Plot window** 设置为 3,**plot Title** 注释为 T。

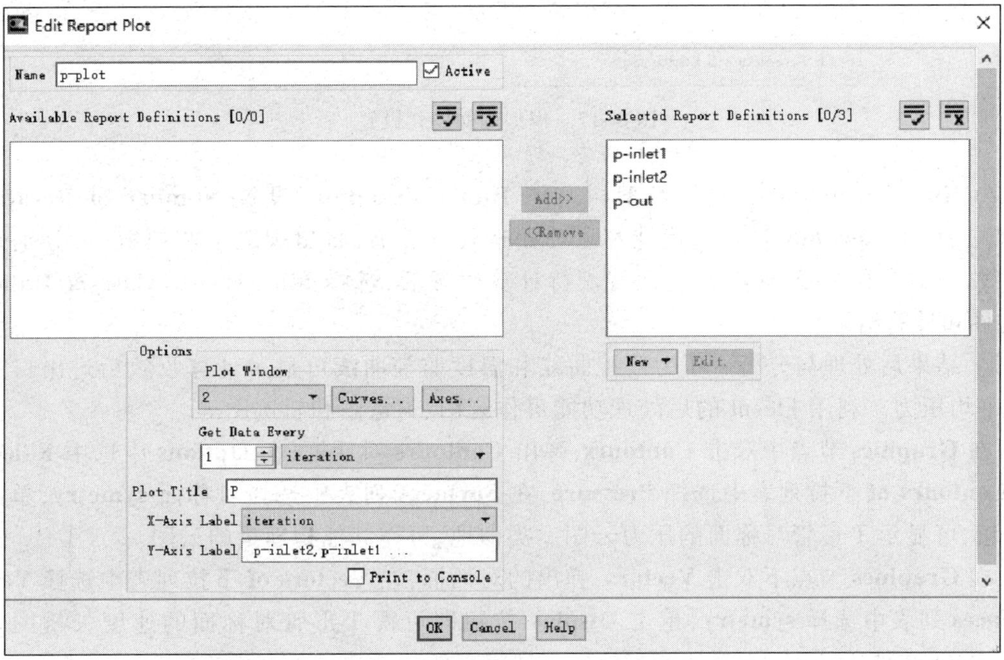

图 8-16 监控曲线的参数设置

模型树节点 **Monitors>Residual** 可设置迭代计算的收敛标准,本实验采用 Fluent 默认的收敛标准(能量的残差值的收敛标准为低于 10^{-6},其他所有变量的残差值低于 10^{-3})。

(11) 模型的初始化。利用模型树节点 Solution Initialization 可对计算域进行初始化。FLUENT 提供了两种初始化方法:Hybird Initialization 通过各种不同的插值方式获得计算域中的初始值,如利用求解拉普拉斯方程的方式获取初始速度场与压力场;Standard Initialization 直接定义各未知物理量的初始值。如图 8-17 所示,本实验采用 Hybird Initialization 方式进行初始化,选择 **Initialize** 按钮进行初始化(此时在图形窗口中可能会出现警告信息,不过这仅仅只是提示拉普拉斯方程没有收敛,大可以忽略)。

需要说明的是,对于稳态计算,初始值不会影响最终计算结果,但是会影响收敛过程,严重偏离实际的初始值可能会导致计算收敛缓慢甚至发散。对于瞬态计算,初始值会影响后续的计算结果。

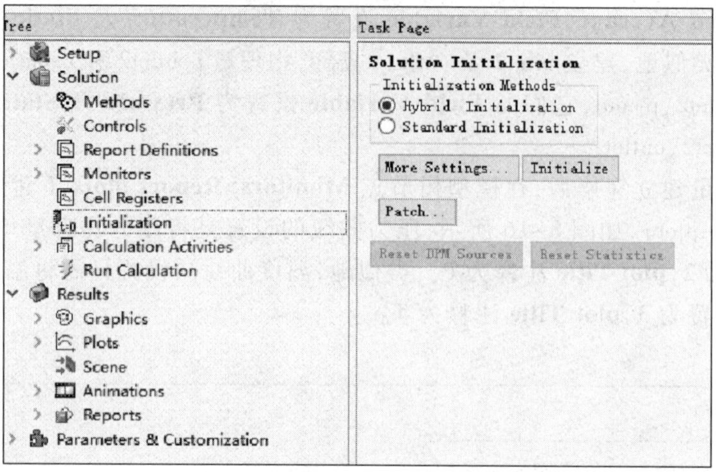

图 8-17 模型的初始化设置

（12）**Run Calculation**。选择模型树节点 **Run Calculation**，设置 **Number of Iterations** 为 1 000，点击按钮 **Calculate** 进行迭代计算。开始迭代计算后，将出现三个监控窗口，分别是残差监控曲线、压力监控曲线、温度监控曲线。待计算收敛后，选择 **File>Write>Case & Data**，保存 **Case** 文件和计算结果。

（13）结果后处理与分析。压力监控曲线和温度监控曲线可显示计算收敛后进出口的平均温度和平均压力。利用 Fluent 的后处理功能可作云图、矢量图和轨迹图等。

① 在 **Graphics** 节点中双击 **Contours**，弹出 **Contours** 对话框，在 **Options** 中选中 **Filled** 复选框，在 **Contours of** 下拉列表中选择 **Pressure**，在 **Surfaces** 列表中选择对称面 **symetry**，单击 **Display** 按钮，可显示 T 形管对称面的压力云图。类似地，可作其他物理量的云图。

② 在 **Graphics** 节点下双击 **Vectors**，弹出的对话框，在 **Vectors of** 下拉列表中选择 **Velocity**，在 **Surfaces** 列表中选择 **symetry**，单击 **Display** 按钮即可得 T 形管对称面的速度矢量图。保存 **Case** 和 **Data** 文件。

8.2.4 数据记录及处理

（1）改变冷热水进口处的速度和温度，重新初始化和迭代计算，待计算收敛后记录冷水进口、热水进口平均压力及出口的平均温度。进口边界条件设置和计算结果记录可参考表 8-6。

表 8-6 进口边界条件设置及计算结果记录

序号	冷水		热水		仿真计算结果		
	流速	温度	流速	温度	冷水进口压力	热水进口压力	出口温度
	$m \cdot s^{-1}$	℃	$m \cdot s^{-1}$	℃	kPa	℃	℃
1	3	10	2	60			
2	3	10	2	60			
3	3	10	2	60			
4	3	10	4	60			

续表

序号	冷水		热水		仿真计算结果		
	流速	温度	流速	温度	冷水进口压力	热水进口压力	出口温度
	$m \cdot s^{-1}$	℃	$m \cdot s^{-1}$	℃	kPa	℃	℃
5	3	10	6	60			
6	6	10	2	60			
7	3	30	2	60			
8	3	10	2	20			
9	3	10	2	40			
10	3	10	2	80			

（2）在不同边界条件下，查看计算收敛后速度、压力等物理量的云度、矢量图，比较它们的不同。

8.2.5 实验结果与讨论

（1）将不同边界条件下仿真计算的进口压力和出口温度结果列表于列于Excel表格中，并将Fluent绘制的残差曲线、压力曲线、温度曲线粘贴至实验报告电子文档中。

（2）将不同边界条件下仿真计算后的压力云图、温度云图、速度矢量图粘贴至电子文档中，并分析和比较不同边界条件下物理量分布的差异。

（3）将上述结果整理汇总，形成完整的实验报告电子文档，与Fluent的Case文件、Data文件置于同一压缩包中提交。

思考题

（1）Fluent的仿真计算的精确度与哪些因素有关？

（2）为什么仿真计算需要划分网格？网格的意义是什么？

（3）在显示网格的状态下，观察到T形管壁面的网格相对与管中心要致密得多，这是什么原因？

（4）Fluent软件湍流模型有很多，为什么？它们分别用于哪些场合？

附 录

附录 1　3D 虚拟现实化工仿真软件操作说明

虚拟现实技术是近年来出现的高新技术，是利用计算机模拟产生一个三维空间的虚拟世界，提供使用者关于视觉、听觉等感官的模拟，让使用者如同身临其境一般，可以及时、没有限制地观察三维空间内的事物。

虚拟现实技术的应用正对操作人员培训进行着一场前所未有的革命。虚拟现实技术应用于培训领域是教育技术发展的一个飞跃。它营造了“自主学习”的环境，将传统的“以教促学”学习方式转变为学习者通过自身与信息环境的相互作用来得到知识、技能的新型学习方式。这对企业及学校提高培训效率，提供员工及学生分析、处理问题能力，减少决策失误，降低企业及学校风险起到了重要的作用。

利用虚拟现实技术建立起来的虚拟实训基地，其“设备”与“部件”大多是虚拟的，可以随时生成新的设备。培训内容不断更新，使实践训练及时跟上技术的发展。同时，虚拟现实的交互性使学员能够在虚拟的学习环境中扮演一个角色，全身心地投入到学习环境中。由于虚拟的训练系统无任何危险，学员可以反复练习，直至掌握操作技能为止。

一、3D 虚拟现实仿真软件登录

用户可从东方仿真获取账号，登录易思在线后，即可在线学习。登录后点击“课程学习”，进入课程学习页面。

在课程学习页面，选择学习的课程，点击“开始学习”，进入课程详情页。在课程详情页面，可查看课程详细内容，启动仿真软件学习界面，如附图-1 所示。

点击“培训工艺”和“培训项目”，根据需要点选某一培训项目，然后点击“启动项目”启动软件，3D 虚拟现实场景化工仿真系统运行界面如附图-2 所示。

二、3D 虚拟现实化工仿真软件基础操作

1. 角色移动

按住 W，S，A，D 键可控制当前角色分别向前、后、左、右移动。

点击 R 键或功能钮中“走跑切换”按钮可控制角色进行走、跑切换；鼠标右键点击一个地点，当前角色可瞬移至该位置。

2. 视野调整（摄像机位置的调整）

操作者在操作软件过程中，所能看到的场景都是由摄像机来拍摄，摄像机跟随当前控制角色

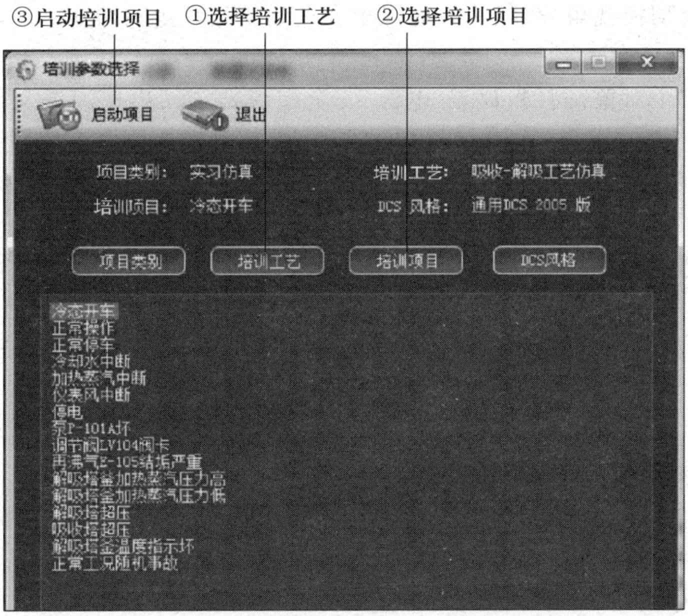

附图-1　3D 虚拟现实化工仿真软件学习界面

附图-2　3D 虚拟现实场景化工仿真系统运行界面

（如操作员 1）。按住鼠标左键在屏幕上向左或向右拖动，可调整操作者视野即摄像机位置向左转或向右转，但当前角色并不跟随场景转动。按住鼠标左键在屏幕上向上或向下拖动，可调整操作者视野即摄像机位置向上转或向下，相当于抬头或低头的动作。

滑动鼠标滚轮向前或向后转动，可调整摄像机与角色之间的距离变化。

点击空格键即可切换视角，在默认人物视角和全局俯瞰视角间切换。

3. 交互操作

当鼠标悬停在某个对象(阀门、仪表、电源、安全帽等)上时，出现闪烁文字或高亮提示，左键双击该对象，可以进行交互操作，如开关阀门、穿戴劳保用具和启停电源等操作。

查看仪表：控制角色移动到仪表附近，鼠标悬停在仪表上，此仪表会闪烁，说明可以查看仪表；如果距离较远，即使将鼠标悬停在仪表位置，仪表也不会闪烁，说明距离太远，不可进行交互操作。左键双击闪烁仪表，可进入操作界面，切换到仪表界面，上面显示有相应的实时数据，如温度、液位、流量和压力等。

操作阀门：控制角色移动到阀门附近，鼠标悬停在阀门上，该阀门位号会闪烁，双击打开阀门操作界面，调节开度。

鼠标双击可装备的劳保用具，如安全帽、手套等，则该劳保用具直接装备到角色身上。

三、3D 虚拟现实化工仿真软件中常用的辅助功能

3D 虚拟现实化工仿真软件中常用的辅助功能列于窗口的右下角的按钮列表中，依次为视角、工艺简介、查找、操作帮助、地图、对讲机。

视角：点击按钮中的“一”或“三”后可以进行一、三视角切换。

工艺简介：点击后会有工艺简介的界面，以便了解工艺内容与参数。

查找：当找不到阀门时可以点击查找弹出查找窗口，输入阀门位号后，从列表中选择相应的位号，点击开始查找人物上方会有红箭头和距离显示，根据提示进行移动会发现现场有高亮的阀门即我们要查找的阀门，查找结束后，通过 ESC 退出。

操作帮助：点击后会弹出操作说明界面，介绍软件中的基本操作，如附图-3 所示。

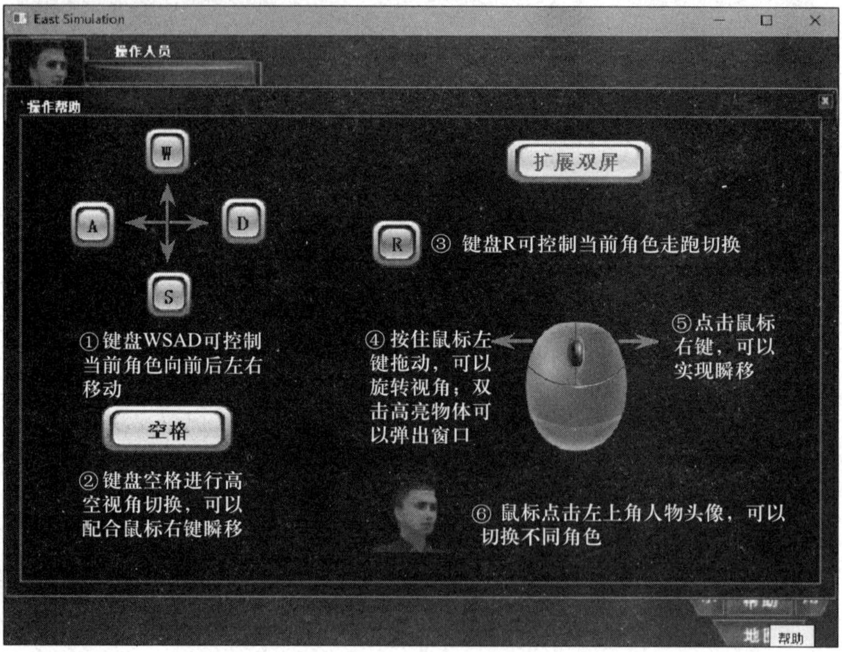

附图-3 操作帮助画面

地图:点击地图按钮后显示出车间地图,地图上会显示出人物与知识点的位置,同时标注出当前操作人的面相。打开生产区示意图界面,可以快速移动到某个生产区域。

对讲机:点击对讲机后会弹出对讲机界面,界面主要有两部分组成,右侧部分为对讲能发送的内容,左侧部分为人物列表选择要将内容发送给谁,如:将“请组织人员到 1 号门门口拉警戒绳”发送给“班长”。

注意事项

启动仿真课程前,必须先下载客户端文件 EsstWebPispSetupFull. rar,点击解压后文件夹中的 setup. exe(附图-4),并且在本机安装,然后才能正常启动仿真软件。

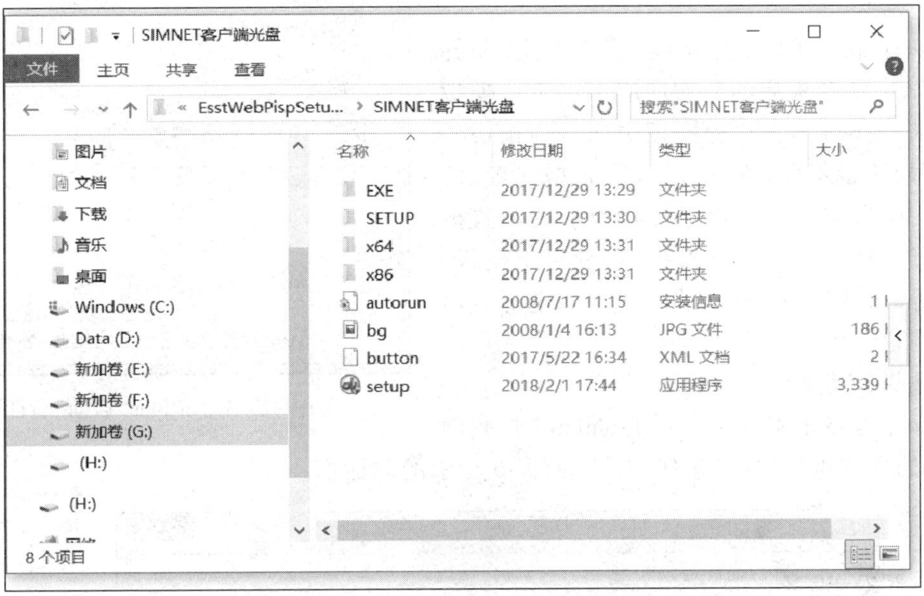

附图-4　客户端安装文件

附录 2　Aspen Plus 软件的简易操作方法

Aspen Plus 软件是 20 世纪 70 年代,由麻省理工学院等组织和机构基于计算机处理平台,共同开发并逐步市场化的第三代流程模拟软件,是现今使用最为广泛的通用流程模拟软件之一。它具有丰富的物性数据库,大量的设备模块,适用于多种不同体系和工艺过程的模拟计算,同时在软件中还设置有一系列重要而实用的分析工具,包括物性估算与分析、参数回归、灵敏度分析、节能分析,以及工艺设备如塔板或填料水力学分析等,同时采用计算机进行计算分析能够大大节约工业设计所耗的时间、人力和财力,因而它在化工、环保、石化、制药等众多领域均有着广泛的应用,发挥着日益重要的作用。以化工行业为例,Aspen Plus 已成为工艺流程设计、设备估算与校核、工艺改造、流程优化、能量集成及故障分析等过程中最常用的一种分析工具。这里将以 Aspen Plus 2006 为例,重点介绍 Aspen Plus 的主要操作界面及其在工艺流程设计中进行模拟计算和工艺分析时的操作方法。

一、Aspen Plus 用户界面

（1）启动程序

进入 Aspen Plus 安装文件夹中，或在 Windows“开始”菜单中选择“Aspen Plus User Interface”启动用户界面，进入含“启动”对话框的 Aspen Plus 工作界面。

如附图-5 所示，启动界面中共有三个选项，分别为

Blank Simulation：新建空白模拟文件

Template：从模板中新建模拟文件

Open an Existing Simulation：打开已有的模拟文件

对于一个新建的工艺流程，通常可以选择“Template”，即从模板启动。为适应不同工业模拟过程的需求，Aspen Plus 启动模板中通常会预设一定的参数，如计量单位、物性方法、报告格式等；此外还包括一些适用于特定化工过程模拟的内置模板，如电解质模板、空气分离模板、石油化工模板、医药模板等，以便于用户根据自己的需求选择合适的模板来创建文档。

附图-5　Aspen Plus“启动”对话框

（2）选择创建文件的方式

用鼠标左键点击附图-5 中“Template”左侧圆圈，选中该选项并点击“OK”按钮，弹出附图-6 所示的对话框。

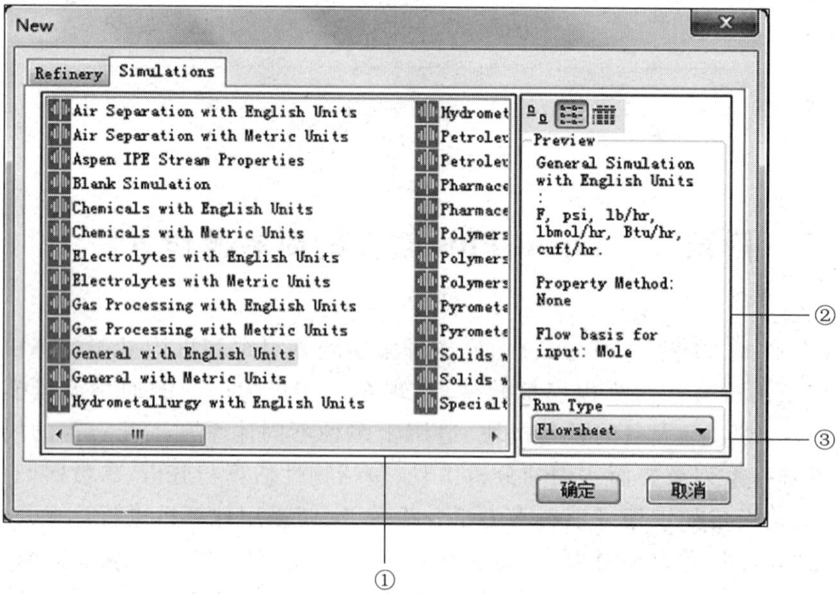

附图-6　从模板中新建模拟文件对话框

如附图-6 所示，区域①是 Aspen Plus 中提供的模板文件，区域②则是对用户在区域①所选

模板的相应说明，包括单位、物性方法、计算基准及流股报告格式等，而区域③则是用户将要进行的模拟运行类型，通过下拉菜单，用户可以根据需求选择“试验数据分析（Assay data analysis）”“数据回归（Data regression）”“流程模拟（Flowsheet）”“性质分析（Properties analysis）”等共六种类型，通常系统默认为流程模拟。

（3）选择模拟模板和运行类型

在模板区域①中选择“General with Metric Units”，即米制单位的通用模板，确认运行类型为流程模拟，然后点击“确定”，即进入附图-7 所示的 Aspen Plus 用户界面的主窗口。米制单位通用模板中常见物理量所用单位见附表-1。

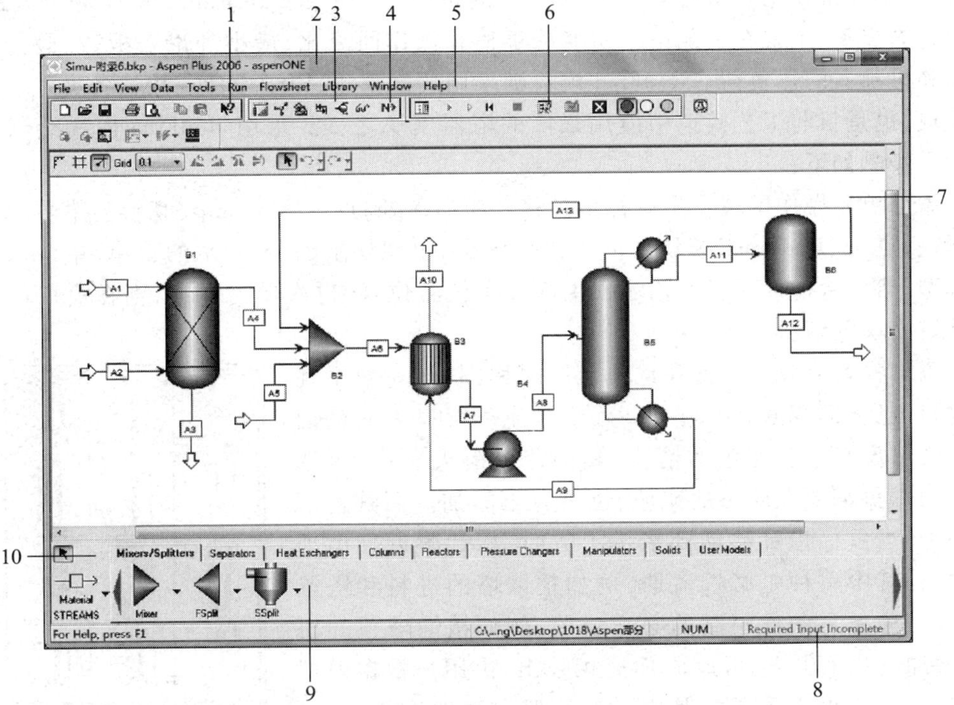

附图-7　Aspen Plus 用户界面主窗口

1—标准工具栏；2—标题栏；3—数据浏览工具栏；4—“下一步”按钮；5—菜单栏；6—模拟运行工具栏；7—工艺流程主窗口；8—状态栏；9—模型库；10—流股模块

附表-1　米制单位模板中常见物理量单位

物理量	单位	单位符号（Aspen Plus 中）
温度	摄氏度	℃
压力	巴	Bar
质量流量	千克/小时	kg/h
体积流量	千摩尔/小时	kmol/h
摩尔流量	立方米/小时	m^3/h
热焓流量	千焦/小时	kJ/h

注：1 Bar = 0.1 MPa。

二、基本流程的建立与模拟

要进行工艺流程模拟，首先必须根据工艺任务绘制合适的工艺流程图，绘图工作区位于工艺流程主窗口（附图-7 中 7），通过使用流股模块（附图-7 中 10）和模型库（附图-7 中 9）中的各种单元操作模块来完成。

本章节以正丙醇-异丙醇二元体系分离为例，令原混合物质量流量为 18 000 kg/h，其中正丙醇质量分数为 70%，原料液温度为 25 ℃，冷液进料，经查阅相关手册可知，正丙醇和异丙醇的沸点分别为 97.1 ℃和 82.5 ℃，要求采用常压精馏方式对二者进行分离。

在 Aspen Plus 的单元操作模型库中，“塔器（Columns）”一栏中提供了多种不同的塔器单元操作模块，其中在常规工艺流程设计中最常用的是 DSTWU 模块和 RadFrac 模块。DSTWU 模块属于简捷计算模型，主要在工艺设计初期用于估算操作回流比、最小理论塔板数、最佳进料位置及冷凝器和再沸器的热负荷。RadFrac 模块则采用严格算法，用于设计或校核各类气液分离工艺的操作模块，也是目前工艺模拟中应用最广的塔器模块之一。采用 RadFrac 模块绘制流程操作曲线的简易步骤如下：

（1）添加单元操作模块　将鼠标指针移至模型库处，点击“Columns”切换至塔器单元操作模块页面，然后点击“RadFrac”模块旁的下箭头图标，出现如附图-8 所示的菜单，单击选择左上方第二个模型，然后将指针移至工艺流程主窗口中任意位置，再次单击左键，则在窗口区会显示相应的精馏塔模块图例。

（2）添加物料流股　点击并选中流股模块图标（一般系统默认为物料流股，即 Material streams），此时流程窗口中的精馏塔图例上会出现红色和蓝色的箭头，其中蓝色箭头表示“可选择”，用户可根据需要在此添加流股，也可以不添加。而红色箭头分为两种，当鼠标指针移动到箭头上方时，指针附近会出现相应的说明，其中一种是必选流股，例如精馏塔的进料和塔釜出料；还有一种是有条件限制的必选流股，例如精馏塔顶的出料，可以添加气相采出，也可以添加液相采出，由用户根据模拟需要来确定，但至少必须添加其中一股流股。添加流股时，只需将鼠标指针放在需要添加流股的箭头处，点击并拖动即可。在本实验中，分别添加进料流股、塔顶液相采出流股和塔釜采出流股，完成后点击鼠标右键退出添加流股模式。

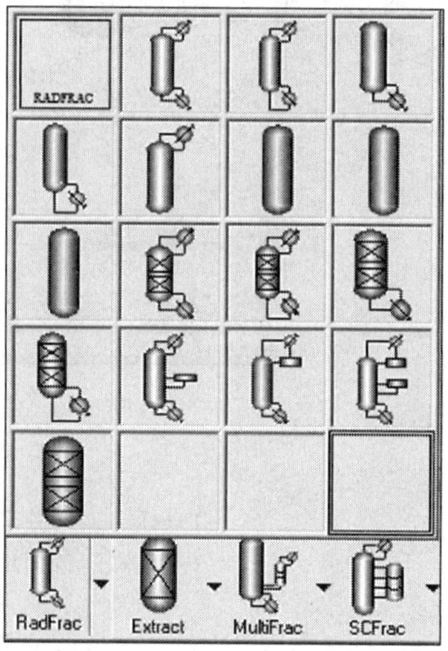

附图-8　RadFrac 模块中模型

（3）修改流股和模块名称　为了便于与客户或他人进行文件共享与交流，需要采用统一的名称，此时则要对流程图进行修改。一般在添加模块或流股时，系统会弹出对话框要求用户输入其名称；如果没有，则可用鼠标右键点击相应的模块或流股，在弹出菜单中选择“Rename Block”或“Rename Stream”来进行修改。

流程图绘制完成后，用户界面右下角的状态栏中文字由“Flowsheet Not Complete”变为“Required Input Incomplete”，则表示用户可以进行下一步操作。

三、主要参数设定

完成流程绘制后，则需输入相应的数据对模拟计算所涉及的物料组成、操作条件及结果报告等参数进行规定。在流程图绘制界面下，可以直接点击数据浏览工具栏中的下一步按钮的图标“N>”或数据浏览器图标“”，进入数据浏览器页面，如附图-9 所示。数据浏览器左侧是文件夹菜单树，在不同的文件夹下可以录入不同的规定信息或数据，右侧则会显示相应的文件夹内容及其注释。从文件夹菜单树中，用户还可以发现，其中部分文件夹上有蓝色的“√”的符号，表明该文件夹内的内容已经输入完成（一般为系统默认）；而文件夹上若显示红色的“◒”，则表明该文件夹内必须输入规定内容但尚未输入完成。

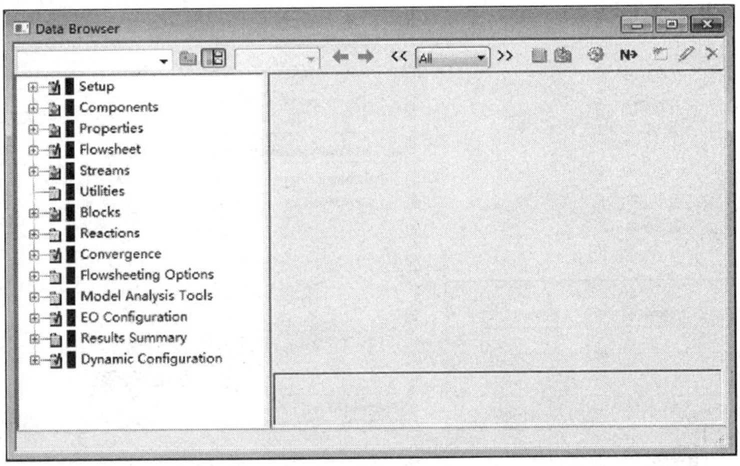

附图-9　数据浏览器

（1）规定全局信息　全局信息（Setup）文件夹下主要针对整个流程模拟进行设定，包括标题、单位制、流量基准、输出报告选项等，其中大部分可接受系统默认值。但 Aspen Plus 的结果输出报告中，流股的信息默认规定是输出组分的摩尔流量（Mole Flow），为方便数据处理与分析，还需要增加组分的质量流量（Mass Flow），以及组分的摩尔组成（Mole Fraction）和质量组成（Mass Fraction）信息，其操作方法为：展开“Setup”文件夹，点击“Report Options”选项，显示编辑页面，选择“Stream”对流股输出报告选项进行设置，如附图-10 所示，单击将“Flow basis”下的“Mass”及“Fraction basis”下的“Mole”和“Mass”选项全部选中即可。

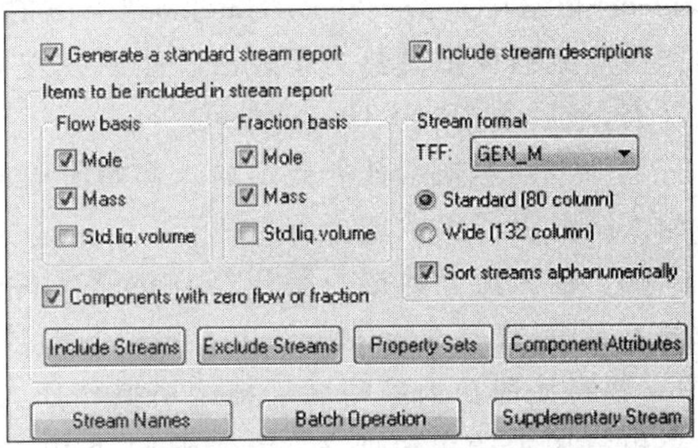

附图-10　流股输出报告选项设置界面

（2）输入组分　Aspen Plus 程序集成了非常丰富的物性数据库，对于常见组分可以通过输入“化合物名称或分子式”或“CAS 号”来查找，由于 CAS 号与化合物一一对应，采用 CAS 号查找更为快速和准确，其操作方法为：展开“Components”文件夹，点击“Specifications”选项进入附图-11 组分定义界面，点击下方的“Find”弹出查找对话框，点击对话框上方的“Advanced”（附图-12），在“CAS number”一栏中输入正丙醇的 CAS 号 71-23-8，回车或点击“Find now”，则在下方化合物列表中将显示正丙醇的相关信息，将鼠标移至列表栏并选中正丙醇的英文名称，然后点击下方的“Add”导出正丙醇信息。按相同的方法添加异丙醇，然后点击查找对话框右侧的“Close”退出对话框，此时组分定义界面中“定义化合物”下方的表格显示如附图-13 所示。

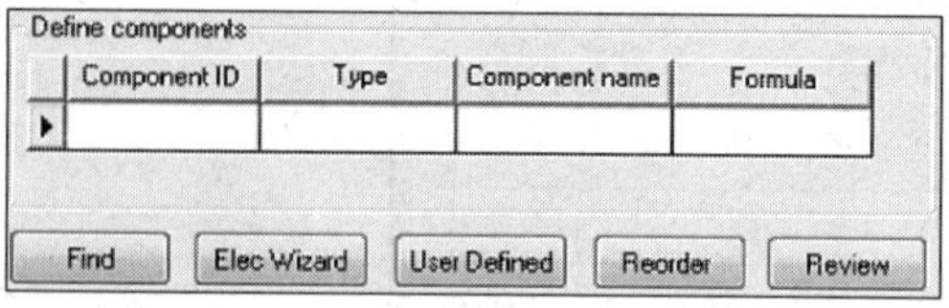

附图-11　组分定义界面

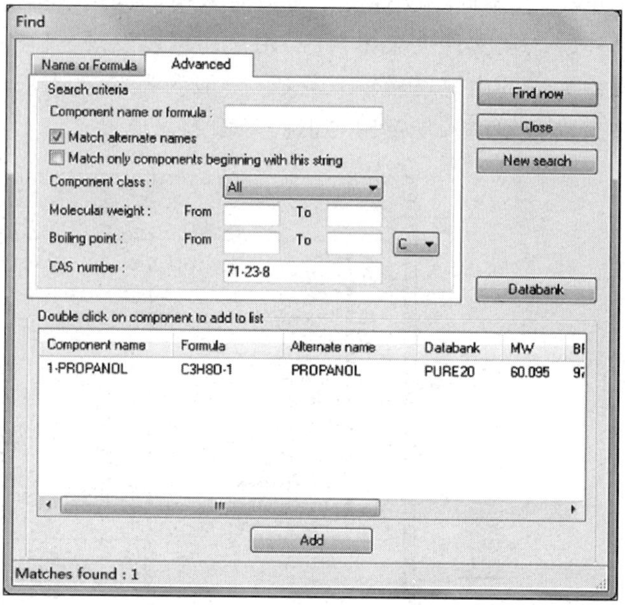

附图-12　高级查找化合物

(3) 选择物性方法　选择合适的物性方法(Property method)是决定流程模拟结果是否可靠的核心问题之一。简单来说，物性方法是指用于计算物料的各种理化性质和热力学性质的方法或模型。本实验模拟的物系是正丙醇和异丙醇的单液相混合物分离，两种组分属于典型的极性物质，因此热力学方程可以选择 Wilson 方程、NRTL 方程或 Uniquac 方程。

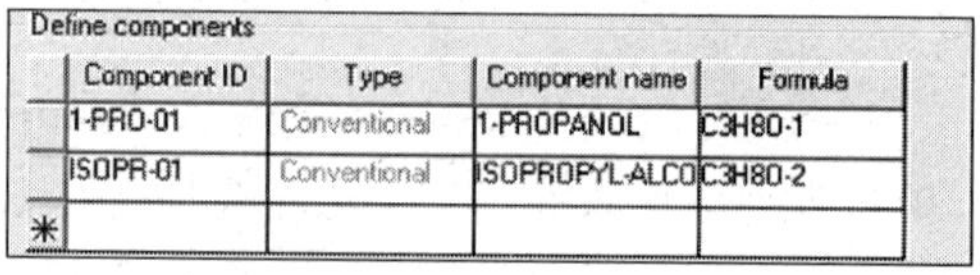

附图-13　定义化合物列表

选择物性方法的操作为：展开“Properties”文件夹，点击“Specifications”选项，然后在右侧“Global”目录中点击“Property method”下方的下拉箭头，在其中选择“NRTL”，表示采用 NRTL 方程作为本流程模拟的热力学方法。然后在左侧依次点击展开“Parameters”和“Binary Interaction”文件夹，最后选中“NRTL-1”即可。

下一步则是根据任务规定输入初始流股的组成、温度和压力等参数，在本精馏模拟中，只需要输入进料流股参数即可。

(4) 输入流股数据　展开“Streams”文件夹后点击“FEED”，进入如附图-14 所示的流股数据输入界面，根据给定的条件填入相应的参数数据。首先填入温度和压力的数值，分别为 25 和 1.02(物料流股压力应略高于精馏塔操作压力，以确保物料能够顺利进入精馏塔中)，并通过下拉菜单将压力的单位改为 atm。通过下拉菜单将流量基准由“Mole”改为“Mass”，单位改为“kg/h”，将 Composition 下的选项改为“Mass-Frac”即质量分数，并在下方表格中输入相应的数值，其中正丙醇(1-PRO-01)为 0.7，异丙醇(ISOPR-01)为 0.3，此时可发现页面下方“Total”栏的数值变为 1。

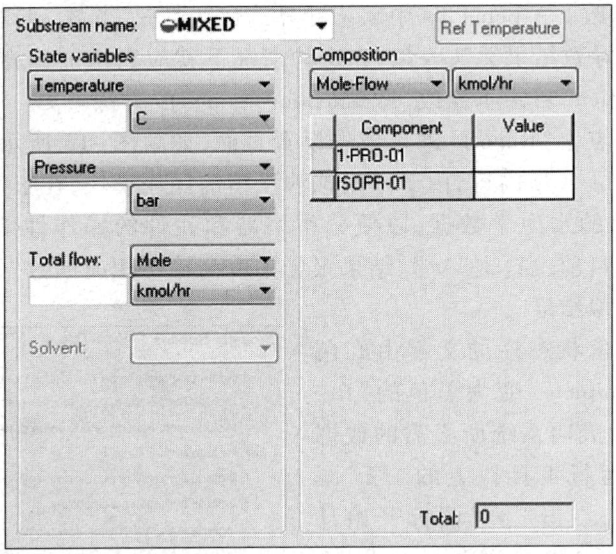

附图-14　流股数据输入界面

（5）输入模块数据　流股数据录入完成后，则要对单元操作模块进行规定，其相关参数一般根据业主及实际分离要求来确定，在本模拟中主要要求规定精馏塔的基本操作参数，包括回流比、理论塔板数、进料位置及操作压力等。在尚未分析各参数对物料分离效果的影响前，可以根据经验预估一些数值作为单元操作模块的初始赋值。例如根据物料衡算可知，原料中含有的异丙醇的最大流量是 5 400 kg/h，则可以将该值作为塔顶采出量的上限，继续提高该数值，塔顶产品中正丙醇的含量必然会随之增加。

① 输入基本设置：依次展开“Blocks”和“T1”（流程图中精馏塔模块的名称）文件夹，点击下方的“Setup”进入输入界面，如附图-15 所示，在“Number of stages”后的文字框中输入理论塔板数，预设为 30，点击“冷凝器（Condenser）”右侧下拉箭头选择“全凝器（Total）”选项，在“操作规定（Operating specification）”中将“馏出液（Distillate rate）”和“回流比（Reflux ratio）”的基准均改为“Mass”，并输入相应的数值，分别为 5 400 和 5。

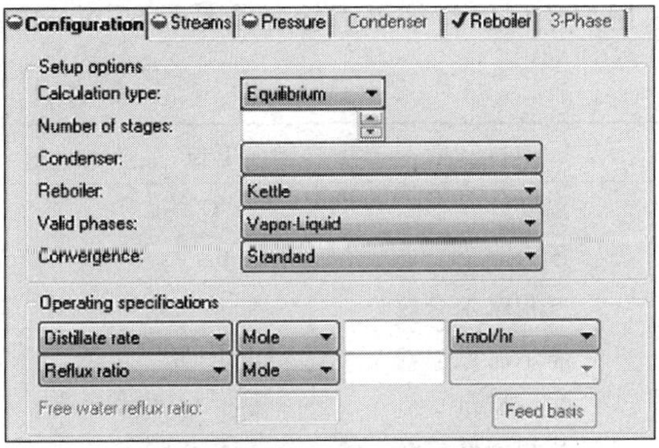

附图-15　精馏模块参数输入界面

② 输入进料板位置：模块“配置（Configuration）”输入完成后，点击附图-15 上方的页面标题“Streams”进入流股信息规定页面，在此只需要输入进料板位置即可，在“Stage”下方输入 18，表示自塔顶向下第 18 块塔板为进料板。

③ 输入操作压力：点击“Pressure”进入压力设定页面，点击“View”旁边的下拉工具选择“压力分布（Pressure profile）”选项，在下方表格中将压力单位改为 atm，输入塔板数 1，其压力值为 1.0；在下一行输入塔板数 30，压力为 1.02；分别表示塔顶和塔底的压力值。

④ 修改迭代次数：点击“Convergence”进入收敛方法修改界面，可以对“最大迭代数（Maximum iterations)”进行修改。Aspen Plus 中默认计算迭代次数是 25 次，但对于一些复杂的流程模拟来说，25 次计算可能导致结果无法收敛，在这种情况下就应当增加计算的迭代次数，甚至需要在“Setup”的“Configuration”目录下修改“收敛(Convergence)”方法。

⑤ 修改结果报告：点击“Report”进入报告设置页面，如附图-16 所示，通常 Aspen Plus 程序默认输出的报告中包含了 4 项内容，由于本模拟涉及精馏操作模块，在工艺设计过程中通常需要获得精馏塔内流体流动的水力学数据，以便分析塔器和元件的操作性能，因此需要将“Include hydraulic parameters”条目前也打上“√”，结果报告中就会输出相应的数据。

四、计算并查看模拟结果

运行计算：当右下角状态栏的文字由红色的“Required Input Incomplete”变为黑色的“Required Input Complete”，表明系统所必需的数据输入完成。点击模拟运行工具栏上的“ ”图标，进入运行控制面板，点击“ ”图标开始计算，当下方运行控制面板上显示“Simulation calculations completed…”且状态栏中显示“Results Available”表明计算完成且结果可用，模拟运行工具栏中的“ ”图标由暗灰色变为亮蓝色，点击该图标，进入结果页查看。

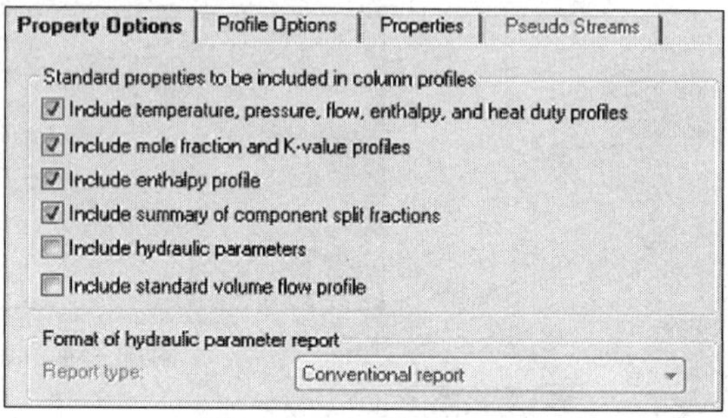

附图-16 报告设置页面

在结果浏览界面，用户可以分别查看流股(Streams)、模块(Blocks)和结果一览(Results Summary)三种模拟结果，其中流股计算结果也可以直接在结果一览中进行查询。选择结果一览目录下的“Streams”菜单，可以看到整个工艺流股的模拟计算结果，如附表-2 所示，其中包括各流股的温度、压力，流量、焓值及组成等结果，并且可以了解各流股的物料组成和产品纯度，考察分离效果，用户还可以将结果直接复制粘贴到 Word 或 Excel 中。

附表-2 流股模拟结果

项目	单位	进料	塔顶采出	塔釜采出
温度	℃	25	82.7	97.4
压力	bar	1.034	1.013	1.034
气相摩尔分数		0	0	0
摩尔流量	$kmol \cdot h^{-1}$	299.521	89.856	209.665
质量流量	$kg \cdot h^{-1}$	18 000	5 400	12 600
体积流量	$m^3 \cdot h^{-1}$	22.468	7.483	17.417
焓变	$kJ \cdot h^{-1}$	-5.256×10^9	-1.570×10^9	-3.473×10^9
质量流量	$kg \cdot h^{-1}$			
正丙醇		12 600	145.587	12 454.41
异丙醇		5 400	5 254.413	145.587
质量分数				
正丙醇		0.7	0.027	0.988
异丙醇		0.3	0.973	0.012
摩尔流量	$kmol \cdot h^{-1}$			

续表

项目	单位	进料	塔顶采出	塔釜采出
正丙醇		209.665	2.423	207.242
异丙醇		89.856	87.434	2.423
摩尔分数				
正丙醇		0.7	0.027	0.988
异丙醇		0.3	0.973	0.012

五、精馏模块结果分析

模块模拟结果是 Aspen Plus 结果文件中较重要的一部分，从中可以了解相关单元操作的基本参数，进而能够用于进一步的工艺设计或校核。例如，换热器模块的结果文件中主要列出了流股进出换热器的温度、压力及换热器的热负荷等，为换热器的计算和选型提供了参考。对于精馏单元操作模块，则主要关注每一块理论塔板上各个参数的变化数据。

（1）查看模块模拟结果　在结果查看页面依次点击“Blocks”和“T1”文件夹，然后选择“Profiles”进入附图-17 所示的精馏模块结果页面。

精馏塔模块的模拟结果中，主要需关注“TPFQ”“Compositions”“K-Values”和“Hydraulics”四个目录下的结果。其中如附图-17 所示为“TPFQ”下的结果页面，其中内容主要包括精馏塔内每一块塔板上的气液相的温度（t）、压力（p）、流量（F）及塔顶冷凝器和塔底换热器的热负荷（Q），根据热负荷数据等参数可以估算换热器的换热面积。而“Compositions”目录下则是各塔板上的气液相组分的质量组成或摩尔组成数据，如附图-18 所示。利用图表中的数据，可以直接使用 Aspen Plus 自带的绘图程序或 Origin 等绘图软件，绘制塔板上组分变化关系曲线，用于分析塔内组分在精馏过程中的变化趋势。Origin 或 Excel 绘图的方法在本书中其他章节均有介绍，这里主要介绍使用 Aspen Plus 自带的绘图程序绘制关系曲线的主要方法。

附图-17　精馏模块结果页面

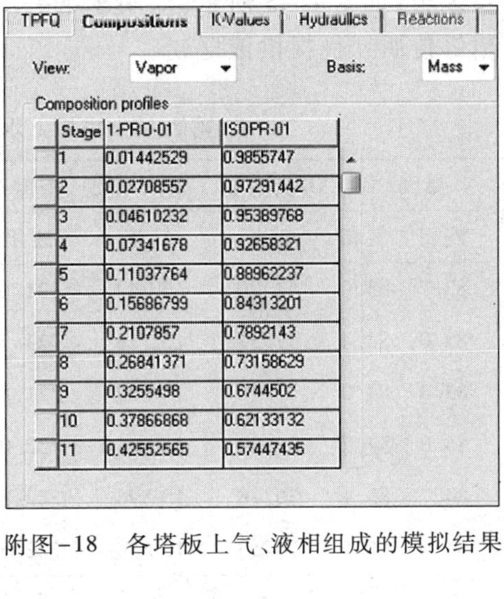

附图-18　各塔板上气、液相组成的模拟结果

(2) 绘制组成关系随塔板变化曲线　将鼠标指针移至"Stage"上方并单击,选中该列,然后在菜单栏中点击"Plot",在弹出菜单中选择"X-Axis Variable",即将该列定义为 X 轴变量,同理点击选中"1-PRO-01"和"ISOPR-01"两列,并在"Plot"弹出菜单中选择"Y-Axis Variable",将它们作为 Y 轴变量,完成后点击"Plot"菜单下的"Display Plot"即可生成附图-19 的曲线关系,从图中很容易判断各变量的变化趋势。点击图中空白处会弹出如附图-20 所示对话框,可以通过该对话框修改图标、文字、坐标轴等参数。

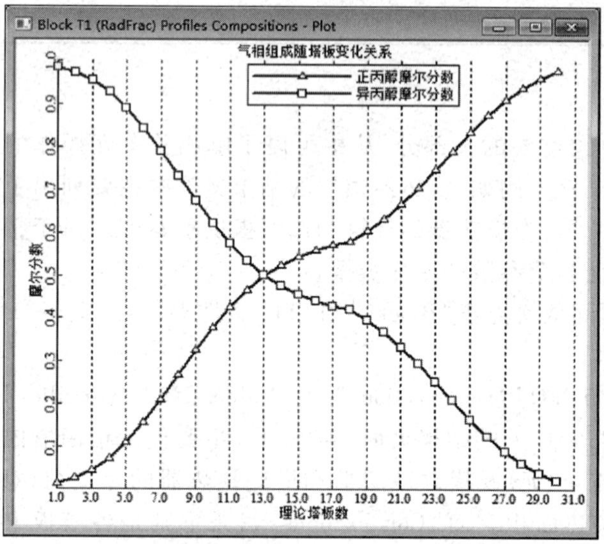

附图-19　气相组成随塔板变化关系图

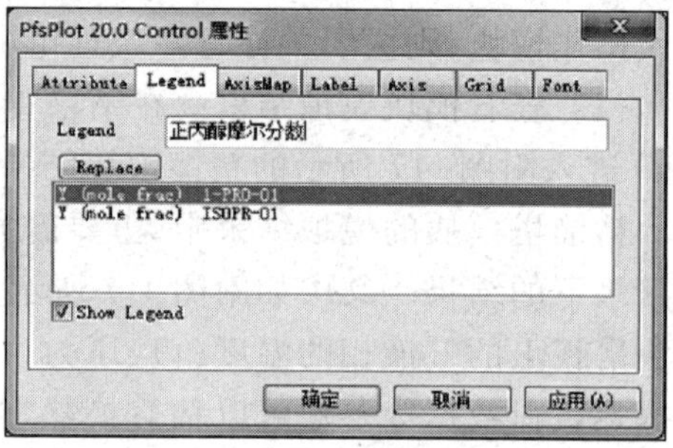

附图-20　修改图标属性对话框

在精馏模块结果页面中,"K-Values"为各层塔板上组分的平衡常数。而"Hydraulics"页面下主要列出了各塔板上经计算得到的水力学数据,包括气液相的质量流量、体积流量、密度、黏度、表面张力等理化性质,以及流动参数、发泡因子等数据,可以直接复制、粘贴至 Word(或 Excel)中并进行编辑,如附表-3 所示,以用于下一步精馏塔的设计与校核工作,为选择合适的塔径、塔板或填料等传质元件提供依据。

附表-3　塔板上水力学数据计算结果示例(部分)

理论板	温度/℃		体积流量/($m^3 \cdot h^{-1}$)		密度/($kg \cdot m^{-3}$)		黏度/($mPa \cdot s$)		表面张力	发泡因子
	液相	气相	液相	气相	液相	气相	液相	气相	10^{-5} N·cm^{-1}	10^{-5} N·cm^{-1}
1	82.7	83.0	44.90	15 744	721.6	2.058	0.501 7	0.009 310	16.42	
2	83.0	83.4	37.31	15 716	721.7	2.057	0.500 5	0.009 320	16.45	0.031 15
3	83.4	84.0	37.16	15 682	721.8	2.055	0.498 9	0.009 334	16.50	0.045 25
4	84.0	84.7	36.98	15 641	722.0	2.052	0.496 9	0.009 351	16.56	0.061 39
5	84.7	85.6	36.76	15 596	722.3	2.049	0.494 3	0.009 371	16.63	0.077 16
6	85.6	86.5	36.53	15 550	722.5	2.045	0.491 4	0.009 392	16.72	0.089 34

续表

理论板	温度/℃		体积流量/($m^3 \cdot h^{-1}$)		密度/($kg \cdot m^{-3}$)		黏度/($mPa \cdot s$)		表面张力	发泡因子
	液相	气相	液相	气相	液相	气相	液相	气相	10^{-5} $N \cdot cm^{-1}$	10^{-5} $N \cdot cm^{-1}$
7	86.5	87.4	36.32	15 508	722.8	2.041	0.488 4	0.009 413	16.82	0.095 42
8	87.4	88.3	36.13	15 473	723.1	2.037	0.485 5	0.009 433	16.91	0.094 62
9	88.3	89.1	35.97	15 443	723.3	2.034	0.482 8	0.009 450	17.00	0.087 93
10	89.1	89.8	35.84	15 420	723.5	2.032	0.480 6	0.009 465	17.08	0.077 37
11	89.8	90.3	35.74	15 402	723.7	2.030	0.478 6	0.009 477	17.14	0.065 04
12	90.3	90.8	35.67	15 387	723.9	2.029	0.477 0	0.009 487	17.20	0.052 64
13	90.8	91.1	35.63	15 376	724.0	2.028	0.475 7	0.009 495	17.24	0.041 08
14	91.1	91.4	35.59	15 365	724.0	2.028	0.474 6	0.009 501	17.27	0.031 77
15	91.4	91.6	35.56	15 356	724.1	2.028	0.473 7	0.009 506	17.29	0.023 60
16	91.6	91.8	35.54	15 345	724.1	2.029	0.473 0	0.009 510	17.31	0.017 31
17	91.8	91.9	35.53	15 336	724.1	2.030	0.472 4	0.009 513	17.32	0.012 45
18	91.9	92.3	67.57	17 905	724.1	2.029	0.471 9	0.009 520	17.33	-2.111
19	92.3	92.7	67.52	17 895	724.1	2.028	0.470 9	0.009 529	17.36	0.026 95
20	92.7	93.1	67.47	17 887	724.2	2.027	0.469 6	0.009 539	17.39	0.031 03
21	93.1	93.6	67.41	17 882	724.2	2.026	0.468 1	0.009 550	17.42	0.034 38
22	93.6	94.2	67.36	17 880	724.2	2.024	0.466 4	0.009 563	17.46	0.036 28
23	94.2	94.8	67.32	17 881	724.2	2.022	0.464 3	0.009 576	17.50	0.036 01
24	94.8	95.4	67.29	17 885	724.2	2.020	0.462 1	0.009 589	17.53	0.033 13
25	95.4	96.0	67.27	17 892	724.1	2.018	0.459 7	0.009 601	17.56	0.027 86
26	96.0	96.4	67.26	17 893	724.0	2.017	0.457 4	0.009 612	17.58	0.021 20
27	96.4	96.9	67.28	17 904	723.8	2.016	0.455 2	0.009 621	17.59	0.014 55
28	96.9	97.2	67.30	17 912	723.7	2.016	0.453 2	0.009 629	17.60	0.009 04
29	97.2	97.4	67.33	17 916	723.6	2.016	0.451 7	0.009 634	17.61	0.004 97
30	97.4	97.4	17.42	17 916	723.5	2.016	0.450 5	0.009 634	17.61	0.002 56

六、气液平衡相图的绘制

气液平衡相图包括温度-组成(T-y-x)图和 y-x 组成图两种，主要反映了不同温度不同组成条件下二元组分间的相对挥发度的大小。气液平衡相图是精馏操作最直接、最可靠的理论依据，能够判断体系采用精馏操作分离的可行性及难易程度，考察体系是否存在共沸组成，根据 $y-x$ 曲线和操作参数，还可以采用图解法求解达到规定分离要求所需的理论塔板数。一般气液平衡相图有两种方式获得，一种是通过已有的文献或手册进行查询，但对于一些较新或较特殊的体系往往无法直接从文献、手册等获得相关数据；另一种则是通过实验测定规定条件下指定物系的气液平衡数据，一般常采用气液平衡釜法，通过实验测定的数据可靠性高，也是工业设计时获取气液平衡数据常用的方法之一。

Aspen Plus 自身集成了相当丰富的化合物数据库，因此也可以利用 Aspen Plus 程序中的二元体系分析来获得气液平衡相图。以正丙醇和异丙醇的气液平衡数据的获得为例：

（1）进入二元组分分析界面　打开 Aspen Plus 程序进入用户界面，建立流程图，输入组分信息并选定热力学方法；点击菜单栏中的“Tools”，在下拉菜单中依次点击“Analysis”→“Property”→“Binary…”，在弹出对话框中点击“OK”进入气液平衡相图绘制数据输入界面，如附图-21 所示。

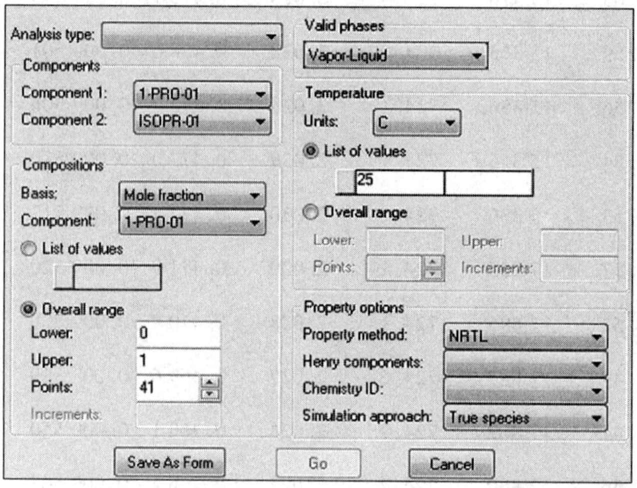

附图-21　气液平衡相图绘制数据输入界面

（2）输入运行参数　在“分析类型（Analysis type）”中选择 Txy，此时界面右侧的温度栏将变成压力栏，单位变为“bar”，下方指定数值（List of values）为“1.013 25”。因为异丙醇沸点较正丙醇低，为轻组分，故将异丙醇定义为组分 1，需将“组分（Components）”下的两个化合物选项对调，同时将“组成（Compositions）”中的组分也改为异丙醇。组成基准采用系统默认的摩尔分数。

气液平衡相图模拟时的输出数据类型有两种，一种是按指定数值输出，即在“List of values”中输入选定化合物（即异丙醇）的某一个或几个组成数据，运行后程序仅输出这些组成下的气液平衡数据并绘制成曲线，但不能得到完整的气液平衡相图。而全局范围输出（Overall range）则能够用于绘制完整的气液平衡曲线。其轻组分的组成下限值和上限值分别为 0 和 1，用户可根据需要定义生成的数据点（Points）的个数，默认为 41 个。右侧有效相态（Valid Phases）保持为默认的气-液相，物性方法仍旧采用“NRTL”方程，全部输入完成后，点击下方的“Go”按钮运行模拟，完成后自动显示如附图-22 所示的气液平衡相图。缩小气液平衡相图窗口，则会显示出后台的二元分析结果（Binary analysis results），见附表-4，其中列出了压力、温度及异丙醇和正丙醇的相平衡常数、液相活度系数、气相和液相摩尔分数。

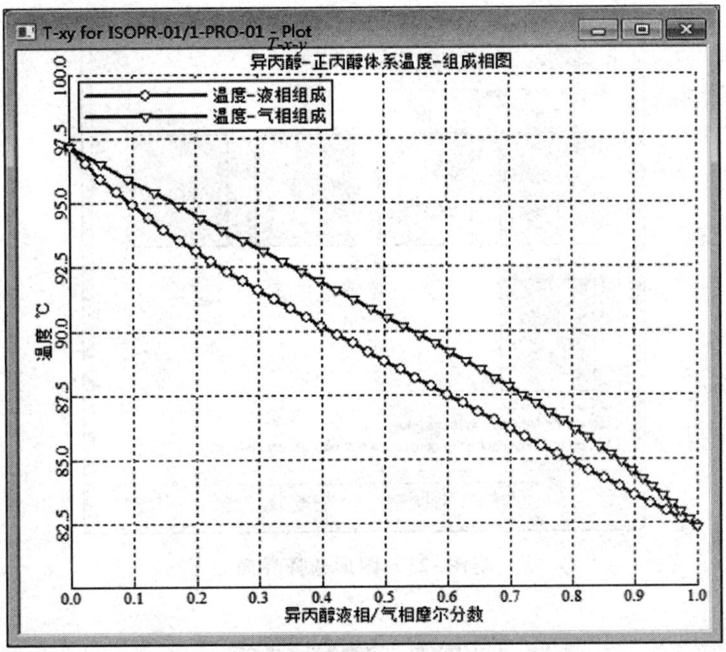

附图-22　模拟的异丙醇-正丙醇的 t-y-x 相图

附表-4　异丙醇-正丙醇二元分析结果表

压力	摩尔分数	温度	总平衡常数		液相活度系数		气相摩尔分数		液相摩尔分数	
bar	x_1	℃	K_1	K_2	γ_1	γ_2	x_1	x_2	y_1	y_2
1.013 25	0.000	97.19	2.037 0	1.000 0	1.166 9	1.000 0	0.000 0	1.000 0	0.000	1.000
1.013 25	0.025	96.54	1.939 3	0.975 9	1.137 2	1.000 3	0.048 5	0.951 5	0.025	0.975
⋮	⋮	⋮	⋮	⋮	⋮	⋮	⋮	⋮	⋮	⋮
1.013 25	0.975	82.65	1.012 0	0.531 6	0.999 9	0.947 3	0.986 7	0.013 3	0.975	0.025
1.013 25	1.000	82.35	1.000 0	0.520 8	1.000 0	0.939 9	1.000 0	0.000 0	1.000	0.000

为了估算给定操作条件下的理论塔板数，通常多采用 y-x 相图，除了采用前文所述的自定义 X 轴和 Y 轴数据作图法外，用户还可以使用 Aspen Plus 程序的作图向导（Wizard）进行绘图。

（3）使用向导绘制 y-x 相图　点击二元分析结果界面下方的“绘图向导（Plot Wizard）”，弹出引导对话框。点击下一步，进入如附图-23 所示的图形选择界面。选中“YX”图并点击下一步，对于组分、温度和压力等数据均采用默认值，直接点击下一步，进入图形设置界面，在该界面可以修改图的标题，X 轴和 Y 轴标题及其他参数。点击“Select line type”下方的箭头选中“Line & Marker”，然后点击对话框右下角的“Finish”，即生成如附图-24 所示的 y-x 相图，双击相图空白处可以对图线的颜色等设置进行更改。

如果数据库中的结果与实际存在较大偏差，用户可以通过 Aspen Plus 提供的化工数据库“Dechema”的入口，从该数据库中获得相关信息。还可以将实验数据录入 Aspen Plus 进行数据回归，用以修正原数据库中的模型参数或方程，进而提高模拟的准确性。

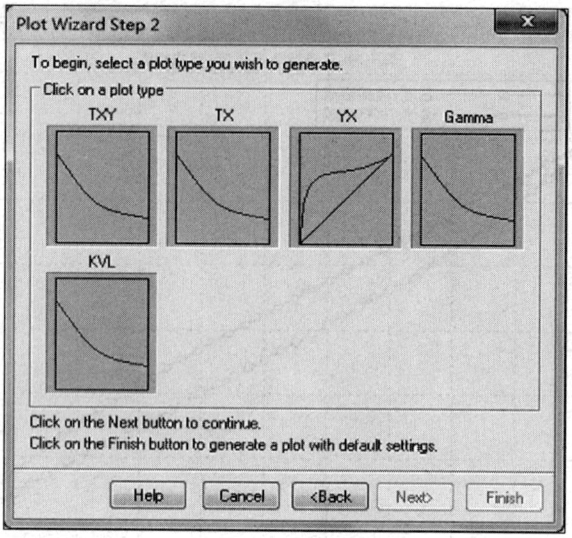

附图-23 图形选择界面

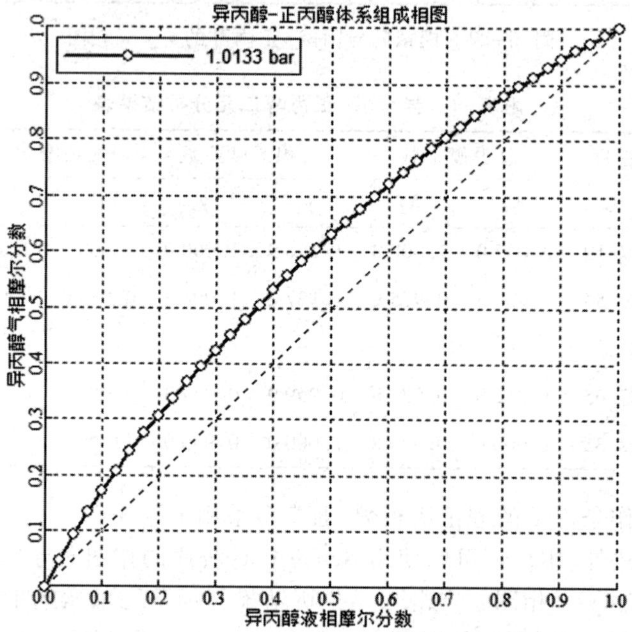

附图-24 异丙醇-正丙醇的 $y-x$ 相图

七、灵敏度分析

灵敏度分析是 Aspen Plus 众多工具中最为重要的分析工具之一，主要用于考察流股或模块中某一规定变量（如精馏塔的理论塔板数、操作回流比等）对流程中某一关键控制指标（如精馏塔顶部流股中轻组分的含量）的影响趋势，以选择合适的模拟参数，优化工艺流程。以考察回流比对塔顶产品中异丙醇的质量分数的影响为例，进行灵敏度分析的具体操作如下：

(1) 进入灵敏度分析　打开上述已保存的模拟文件，在数据浏览器页面左侧点击展开“Model Analysis Tools”文件夹，点击下方菜单中的“Sensitivity”进入编辑页面。

(2) 新建一个灵敏度分析　点击编辑页面下方的“New…”，在弹出的对话框中新建一个灵敏度分析，可自行给定文件名，也可采用默认名，完成后点击“OK”，进入该灵敏度分析的具体变量定义页面。

(3) 定义流程模拟变量(应变量)　点击“New…”新定义一个流程变量，在弹出对话框中，输入变量名称，如“HUILIU”，点击“OK”，弹出如附图-25 所示的变量定义对话框，因预设的应变量是塔顶气相流股中异丙醇的质量分数，分析可知，该变量是流股中的控制指标，因此在对话框左侧将“类别(Category)”选为“流股”，然后点击右边“Type”的下箭头，在下拉菜单中选择“Mass-Frac”，然后在下方出现的“Stream”栏中选择“TOP”，再在下方“Component”栏中选择“ISOPR-01”，输入完成，点击“N>”退出。

(4) 定义自变量　在输入界面上点击“Vary”进入自变量设置页面，见附图-26。本模拟中只考察回流比一个变量，故变量数“Variable no”为 1，因为回流比是精馏塔模块的操作参数，属于模块变量，所以在“Manipulated variable”中的“Type”中选择“Block-Var”，在出现的“Block”中选择“T1”模块，然后在“变量(Variable)”下拉菜单中找到并选择“Mass-RR”即质量回流比，在右侧选择“Overall range”，依次在“Lower”“Upper”和“Incr”栏中输入 3、21 和 2，即分析回流比的下限为 3，上限为 21，相隔数据点间增幅为 2。

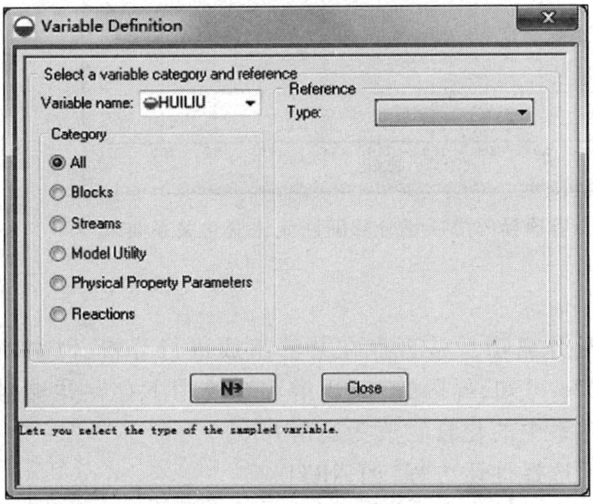

附图-25　变量定义对话框

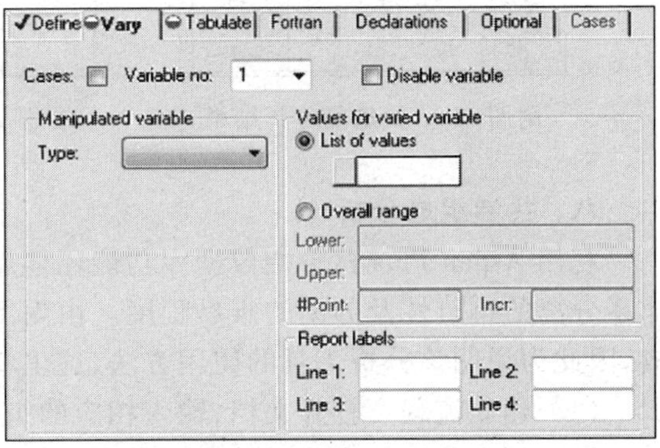

附图-26　自变量设置页面

(5) 设置输出结果格式　在输入界面上点击“Tabulate”进入输出结果设置页面，可以直接点击页面下方的“Fill variable”按钮，程序会自动完成参数添加；用户也可以手动在“Column No.”中输入 1，表示该变量分析结果位于结果报告中的第 1 列，然后在“Tabulated variable or expression”下方空白栏中点击鼠标右键，在弹出对话框中选择“Variable List”弹出定义变量列表，缩小该页面窗口，然后用鼠标点击已定义变量的名称“HUILIU”并拖动到原“Tabulated variable or expression”下方空白栏中，松开鼠标即可。

(6) 运行灵敏度分析　点击模拟运行工具栏上的“▦”图标，进入运行控制面板，点击“▶”

图标开始计算。

（7）查看结果　运行完成后进入结果查看页面，展开左侧“Model Analysis Tools”文件夹及下级的“Sensitivity”文件夹，点击选择“S-1”，得到如附图-27 所示的回流比对塔顶异丙醇纯度影响的结果。定义回流比列为 *X* 轴数据，“HUILIU”列为 *Y* 轴数据，作图得到塔顶异丙醇质量分数随回流比变化关系曲线，见附图-28。

从附图-29 能够发现，随着回流比的增加，塔顶产品中异丙醇的质量分数随之增大，但当回流比高于 7 之后，其变化趋势趋于平坦，考虑到回流比增大会增加换热器热负荷，所以控制回流比为 7 即可，由此根据回流比的灵敏度分析即获得了优化的操作回流比数据。

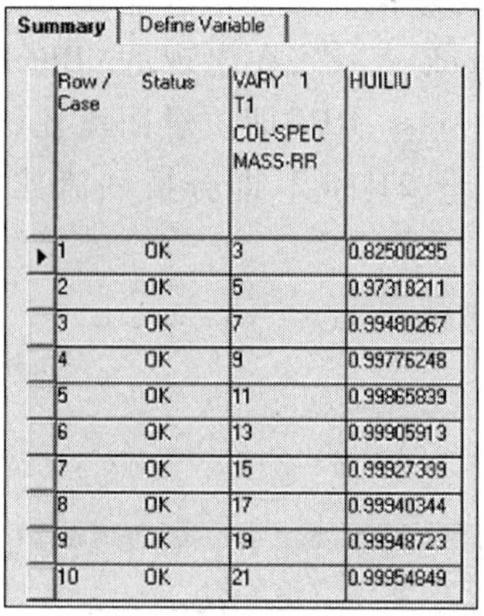
Summary | Define Variable

Row / Case	Status	VARY 1 T1 COL-SPEC MASS-RR	HUILIU
1	OK	3	0.82500295
2	OK	5	0.97318211
3	OK	7	0.99480267
4	OK	9	0.99776248
5	OK	11	0.99865839
6	OK	13	0.99905913
7	OK	15	0.99927339
8	OK	17	0.99940344
9	OK	19	0.99948723
10	OK	21	0.99954849

附图-27　灵敏度分析结果

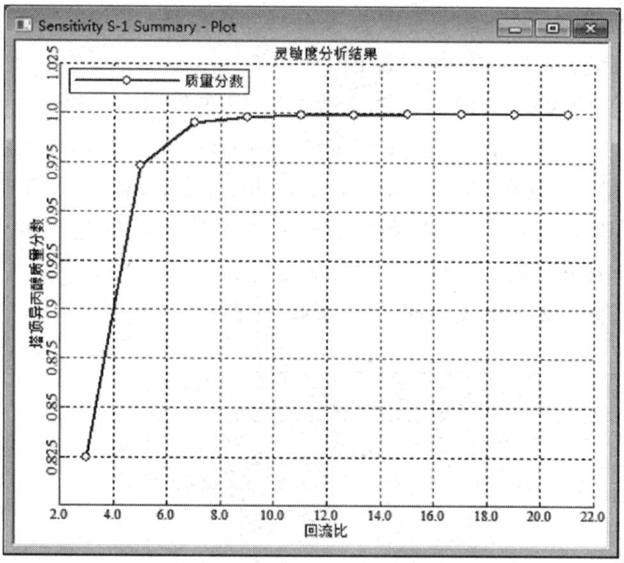

附图-28　塔顶异丙醇质量分数随回流比变化关系曲线

八、共沸组成分析

利用 Aspen Plus 自带的数据库功能还能够对分离物系是否存在共沸组成进行分析，以判断体系分离的可行性及分离的难易程度。由附图-24 可知，异丙醇-正丙醇混合物中不存在共沸组成，因此为说明该分析工具的使用方法，这里将体系中的化合物改为乙醇-水。

（1）建立流程　打开文档，输入相应的组分，选择性质方程，如 NRTL。

（2）打开共沸组成分析界面　在菜单栏上点击“Tools”，在下级菜单中依次选择“Conceptual Design…”→“Azeotrope Search…”，进入共沸组成分析界面，见附图-29。

（3）查看结果并生成报告　将界面中央的乙醇和水前面的“□”中均打上“√”，选中这两个组分，然后在界面左侧点击“Output”文件夹下的“Pure Components”，查看纯组分在指定压力下的沸点数据。点击“Azeotropes”则可查看体系是否存在共沸及具体的共沸组成，如附图-30 所示，表明在当前操作压力下，乙醇和水体系存在共沸，共沸物的沸点是 78.15 ℃，其中乙醇的摩尔分数为 0.895 2，水的摩尔分数为 0.104 8。点击“Report”会生成一份共沸组成结果报告，点击报告上方的保存按钮可将报告另存为网页格式，或直接进行打印。报告中会同时列出纯组分的沸点和共沸组成的相关参数，且采用质量组成和摩尔组成两种表示方法。

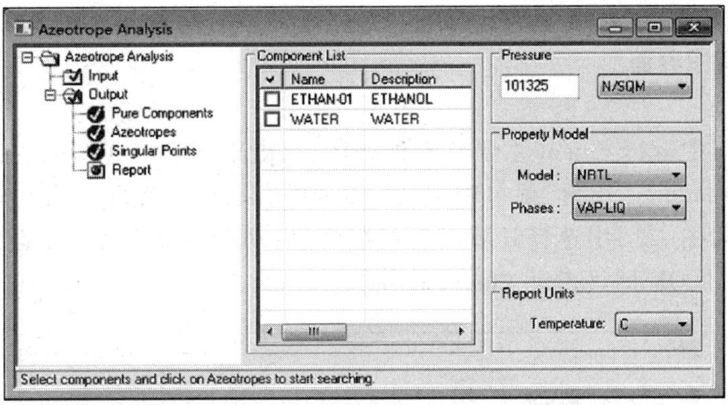

附图-29　共沸组成分析界面

	Temp (C)	Classification	Type	No. Comp.	ETHAN-01	WATER
1	78.15	Unstable Node	Homogeneous	2	0.8952	0.1048

附图-30　乙醇-水体系共沸组成分析结果

用户还可以通过修改数据浏览器中的“状态方程”，来考察不同状态方程所计算的共沸组成的差异，并与实验测量结果相比较，有利于帮助用户判断哪种热力学方程更适合于乙醇-水体系，以提高流程模拟的准确性。

除了能够进行上述分析与计算外，利用 Aspen Plus 还能够进行物性估算、节能与能量集成分析、工艺诊断等，读者可通过阅读 Aspen Plus 相关教材进一步学习。

附录 3　Fluent 软件的简易操作方法

Fluent 软件是 1983 年由美国 FLUENT 公司基于有限体积法推出的计算流体力学软件。由于其丰富的流动模型、控制方程离散方法和强大的灵活性，Fluent 软件迅速成为最为广泛使用的 CFD 分析软件。Fluent 软件被 ANSYS 公司收购后，被整合为 Ansys 套件中，其流固耦合、网格划分、多场交互性得到大幅提升，已成为目前功能最全面、适用性最广、使用最广泛的 CFD 软件之一。

Fluent 软件提供了非常灵活的网格特性，可让用户使用非结构网格，包括三角形、四边形、四面体、六面体、多面体、金字塔形或混合型结构网格来解决具有复杂外形的流动，并根据计算结果对网格进行优化(粗化或细化)。Fluent 软件可用于二维平面、二维轴对称和三维流动分析，可完成定常流动与非定常流动分析、可压缩流与不可压缩流计算、层流和湍流模拟、传热与热混合分析、化学组分混合和反应分、多相流计算、流体与固体耦合传热分析、多孔介质分析等。其湍流模型包括 $k \sim \varepsilon$ 模型、Reynolds 应力模型、LES 模型、标准壁面函数、双层近壁模型等。

Fluent 软件可定义灵活的边界条件，如流动入口及出口边界条件、壁面边界条件等，可采用局部笛卡尔和圆柱坐标的分量输入，所有边界条件均可随空间和时间变化。Fluent 软件可使用用户自定义的程度功能，可让用户自行设定连续方程、动量方程、能量方程或组分输运方程中的体积源项,自定义边界条件、初始条件、流体的物性、添加新的标量方程和多孔介质模型等。

一、Fluent 的操作界面

1. Fluent 的启动

在 Windows 窗口中运行 Fluent 主要有三种方法:双击桌面 Fluent 图标、在命令提示符中输入"Fluent"回车或在 Windows"开始"菜单中选择"Fluent"启动用户界面。启动软件后,在弹出 Fluent Launcher 窗口(附图-31)中选择计算问题的维度、启动后的显示方式、是否并行计算、工作目录等,设置完成后单击 OK 即可启动 Fluent 软件。

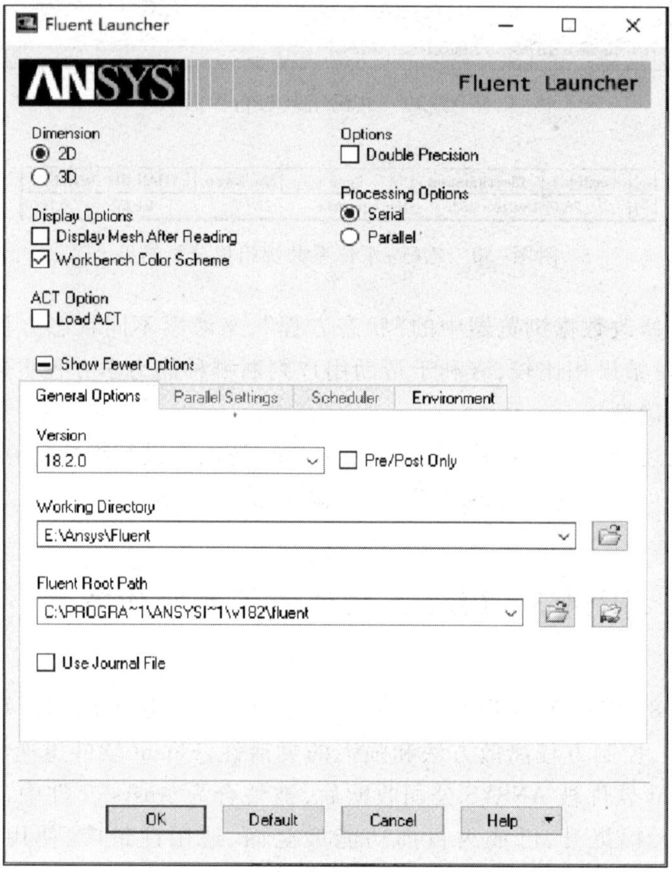

附图-31　Fluent Launcher 窗口

需要注意的是,计算问题的模型是 2D 还是 3D 一经设定,进入 Fluent 之后,就没办法更改;Fluent 的安装根目录不需要进行设置,设置错误可能导致无法启动;Fluent 的安装目录及工作目录均不能存在中文路径。

Fluent 的操作界面主要有两种:图形界面(GUI)和文本界面(TUI),控制包括菜单按钮的图形界面和终端仿真程序。

2. Fluent 的图形界面

Fluent 18.2 图形界面由操作面板、图形窗口、下拉菜单及对话框组成,如附图-32 所示。刚启动 Fluent 时,左侧显示控制树,右侧显示图形窗口。当用户选择左侧控制树的某项命令时,具体的子命令列表会在中间的控制面板展开。

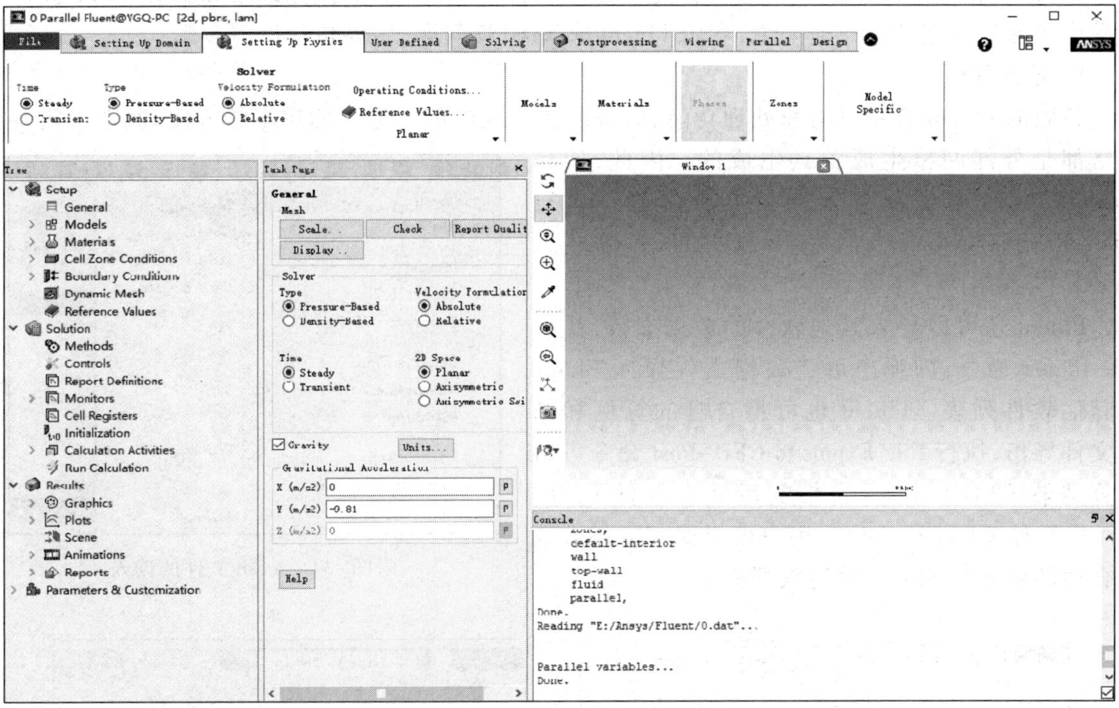

附图-32　Fluent 图形界面

新版本的 Fluent 可以在菜单选项卡设置参数,也可使用控制树实现大多数命令。菜单选项卡从左到右依次为设置计算域、设置模型参数、用户自定义函数或程序、求解器设置、后处理、视图、并行、设计。其大部分功能与控制树类似。

3. Fluent 的文本界面

Fluent 操作界面的右下角为文本界面(附图-33)。用户可借助文本界面输入各种命令、数据和表达式。Fluent 也正是利用该窗口显示文本信息,以达到用户与软件交互的目的。文本界面使用 Scheme 编程语言对用户输入的命令和表达式进行管理,详细信息参阅 Fluent 用户手册。

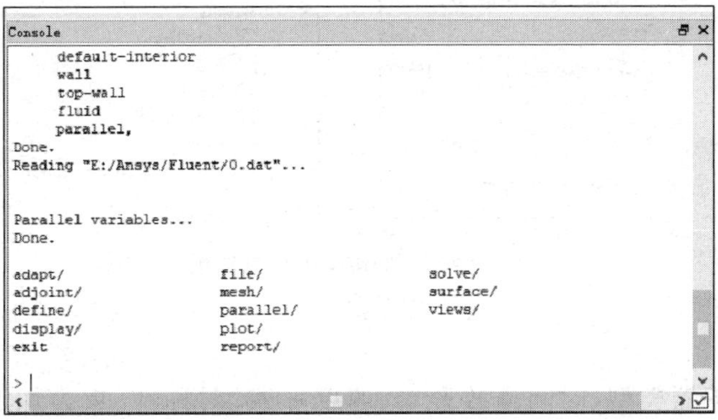

附图-33　Fluent 文本界面

二、Fluent 18.2 基本操作

作为一款 CFD 求解器，Fluent 的功能十分强大，同时也带来了操作的复杂性，但 Fluent 的主要操作步骤是一定的。一般来说，利用 Fluent 求解 CFD 问题，主要包括以下步骤：

1. 导入网格

新版的 Fluent 自身具有前处理功能，具备网格生成功能。但其使用不够方便，通常所需要的网格都是外部网格生成工具生成的。因此，使用 Fluent 的第一步需要导入网格文件。通过执行 File→Read→Mesh 命令可将绘制好的网格导入 Fluent 中，如附图-34 所示。

Fluent 还可以导入其他软件的数据文件，执行 File Import 命令，即弹出可将数据文件导入 Fluent 的其他软件列表。Fluent 也可将自身的算例和结果文件导出，执行 File Export to CFD-Post 命令可将计算结果导出给 Ansys 自带的后处理软件 CFD-Post 进行处理(附图-35)。用户可根据实际需求选择合适的软件与 Fluent 进行数据交换。

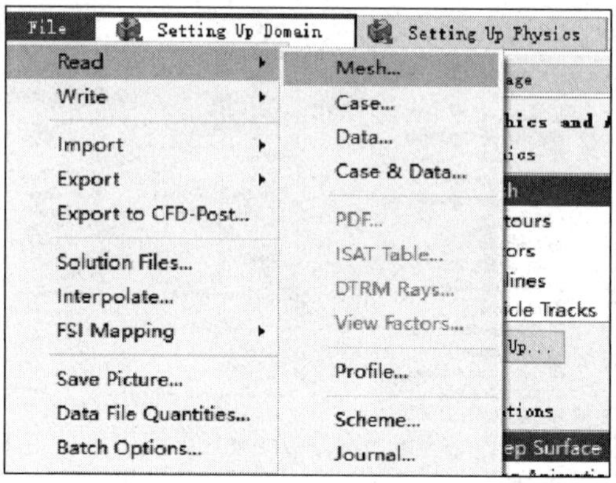

附图-34 mesh 文件的读入

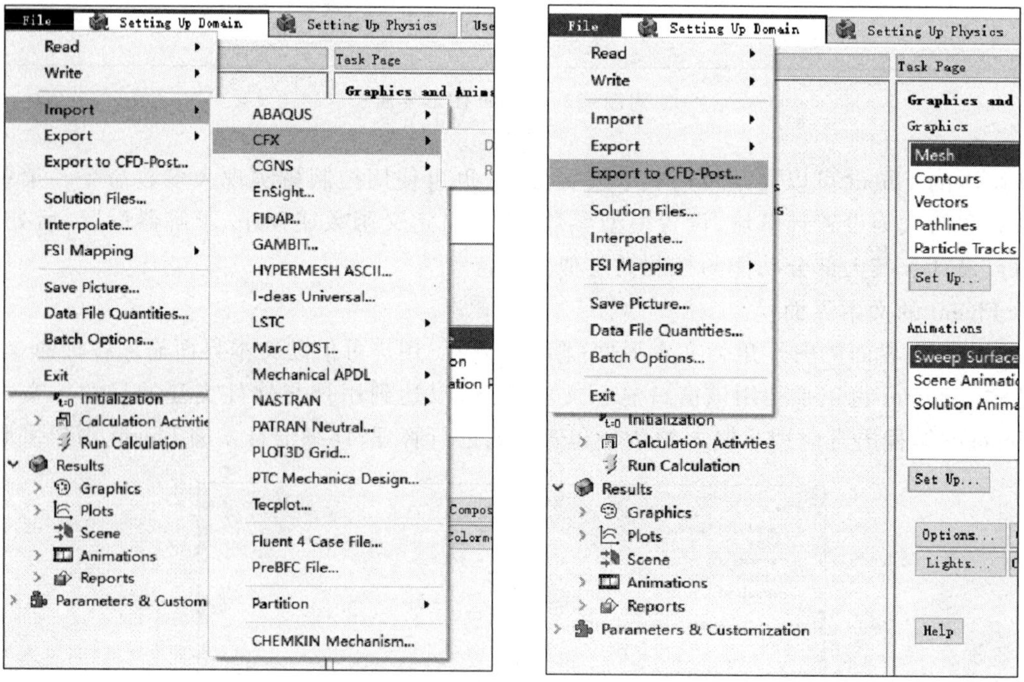

附图-35 数据的导入与导出

2. 设置通用项

这里包括设置求解器类型、时间离散形式、速度形式、对称性、重力加速度、单位等一些全局设置项。这些选项需要根据用户的实际问题进行选用(附图-36)。

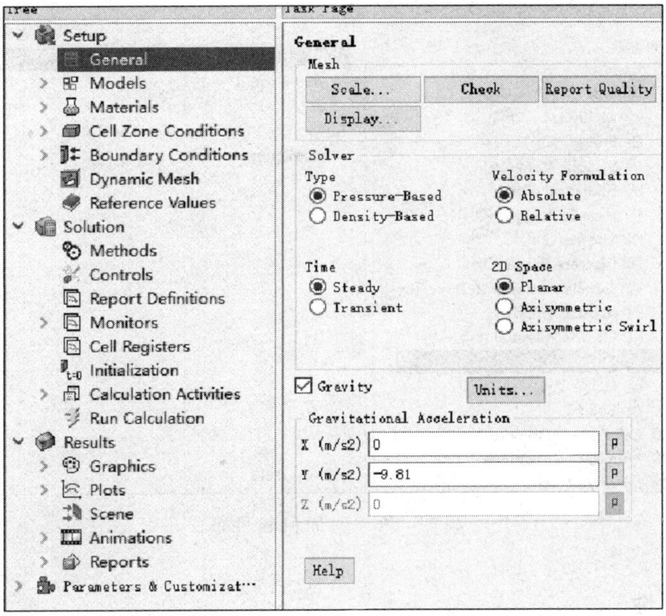

附图-36　通用选项的设置

3. 选择并设置计算模型

计算模型主要包括湍流模型、多相流模型、组分传输模型等。针对不同的问题，需要设定和选用不同的模型。单击控制树种 Models 前的三角箭头即可展开常用的模型。也可在左侧的控制树双击选择 Models，在中间弹出的 Models 控制面板下设置模型，如附图-37 所示。双击需要选择的模型，即可弹出相应的模型参数对话框，针对计算的问题填入适当的模型参数即可。

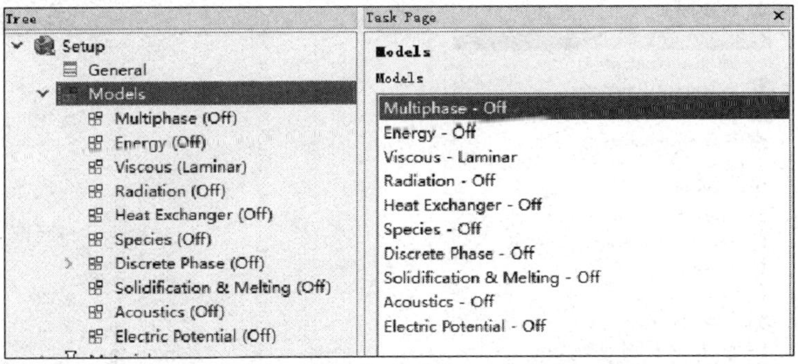

附图-37　Models 选项

4. 设置或创建材料

Fluent 要求为每个参与计算的区域指定一种材料，双击左侧控制树中 Materials，在中间弹出左下角单击 Creat/Edit 即可添加或编辑材料(附图-38)。

虽然 FLUENT 提供了很多材料，但是如果找不到需要的材料，就需自定义材料。

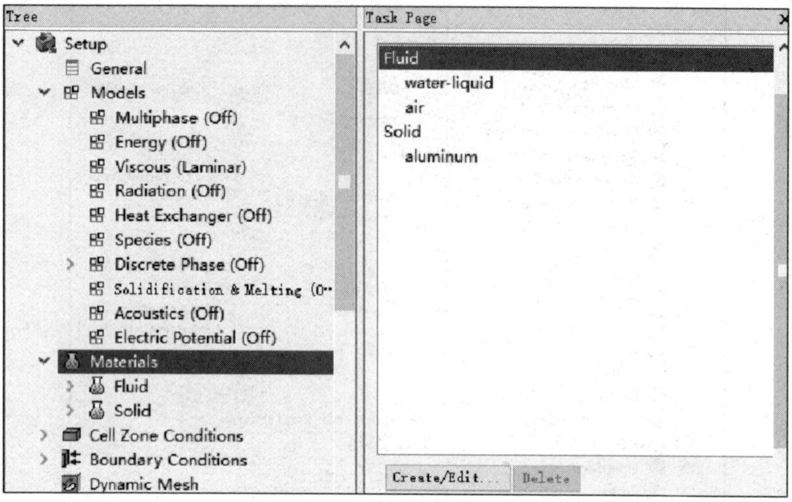

附图-38 添加材料选项

5. 设置计算域属性

设置计算域属性包括为计算域赋予材料、设置域的运动等。Fluent 要求为每个参与计算的区域指定一种材料。在定义好所需要的材料后,就需要为每个区域指定材料。其基本步骤是:在左侧的控制树处选择 Cell Zone Condition,中间弹出 Cell Zone Condition 控制面板,如附图-39 所示;选择所需定义的材料区域,单击 Edit 按钮打开 Fluid 对话框,如附图-40 所示。所有区域材料的定义,都是通过 Fluid 对话框实现的。

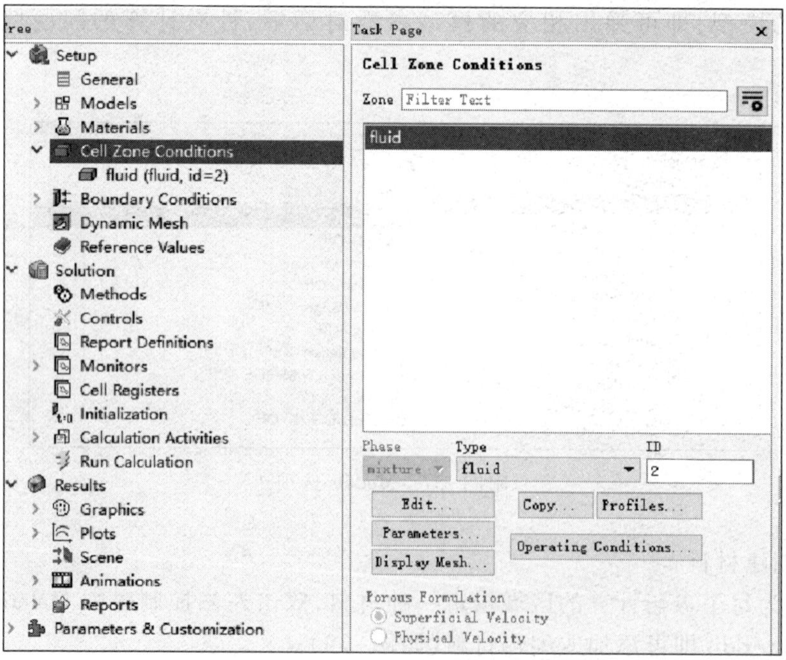

附图-39 Cell Zone Condition 控制面板

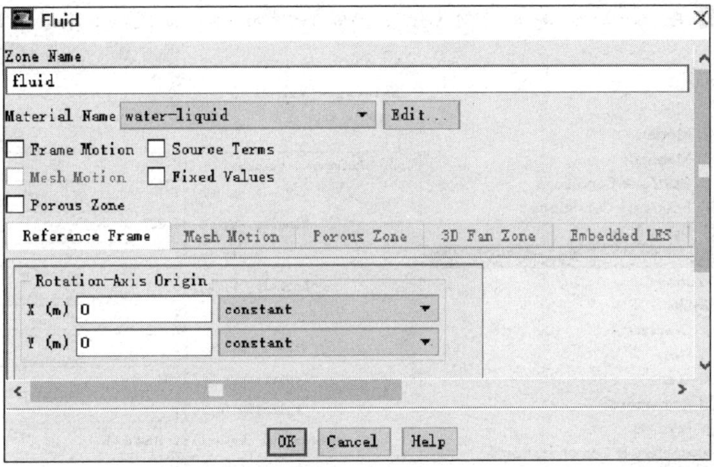

附图-40　Fluid 对话框

6. 边界条件的设定

Fluent 提供了多种边界条件，常用的有压力入口、速度进口、质量进口、压力出口、自由流出和壁面条件等，根据不同的计算要求，需要定义不同的边界条件。定义边界条件的基本步骤是：在左侧的控制树中选择 Boundary Conditions，中间弹出 Boundary Conditions 控制面板，如附图-41 所示；选择所需要设置的边界条件，单击 Edit 按钮打开相应的对话框，进行边界条件设置。

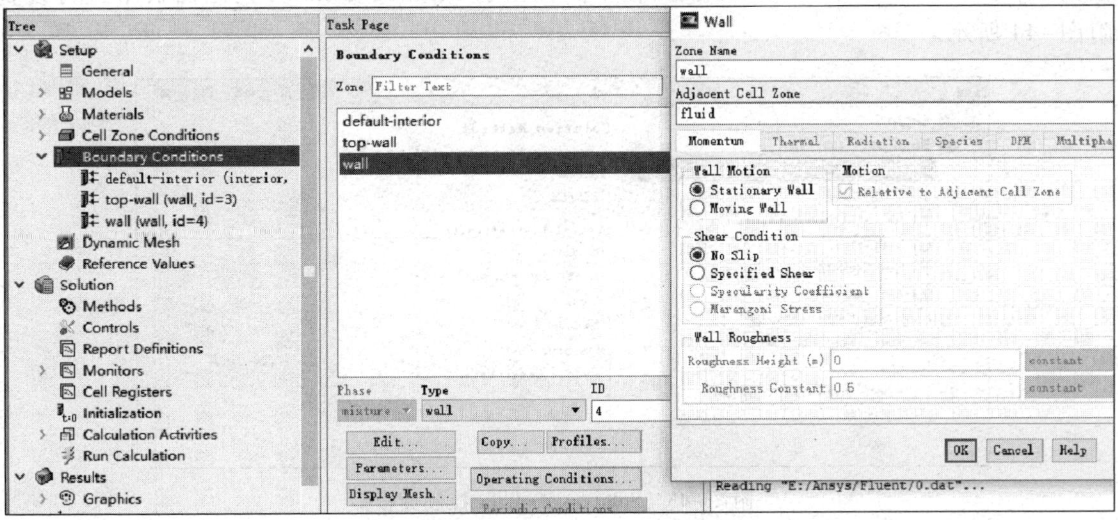

附图-41　Boundary Conditions 控制面板

7. 参考值设置

设置参考值的步骤是：在左侧的控制树处选择 Reference Values 控制面板，如附图-42 所示，进行参考值的设置。

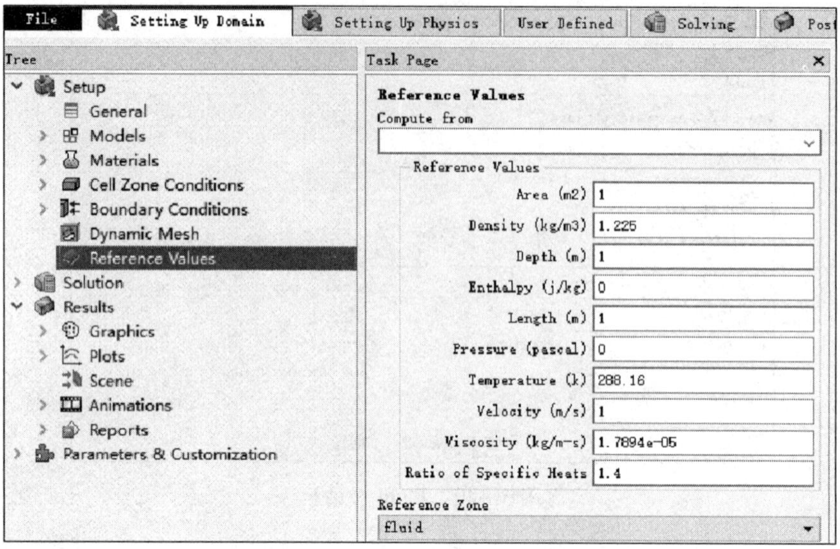

附图-42　Reference Values 控制面板

8. 算法设置

Fluent 提供了多种算法，如 SIMPLE，SIMPLEC，PISO，Coupled 算法，以及不同的动量方程离散格式，根据实际问题需要选择合适的算法和离散格式，详细信息请参阅专业的计算流体力学书籍。设置算法的基本步骤是：在左侧的控制树处选择 Solution→Methods，中间弹出 Solution Methods 控制面板，如附图-43 所示，可进行算法和离散化的设置。若需要设置求解方程的欠松弛因子，可在 Solution 下选择 Controls，在中间弹出的 Solution Controls 控制面板中进行设置，如附图-44 所示。

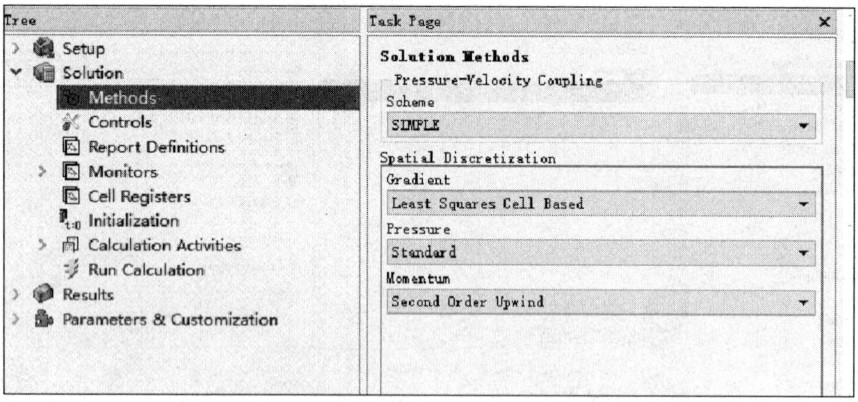

附图-43　Solution Methods 控制面板

9. 设定收敛条件及监测参数

在计算求解过程中，通过检查变量的残差、统计值、力、面积分和体积分等，可动态地监视计算的收敛性和当前计算结果。对于非稳态流动，还可监视时间进程。在控制树处选择 Monitors，双击 Residual 按钮弹出 Residual Monitors 对话框，如附图-45 所示，设置要监视哪些变量的残差、如何监视、每隔多少个迭代步监视一次、如何输出监视结果等。

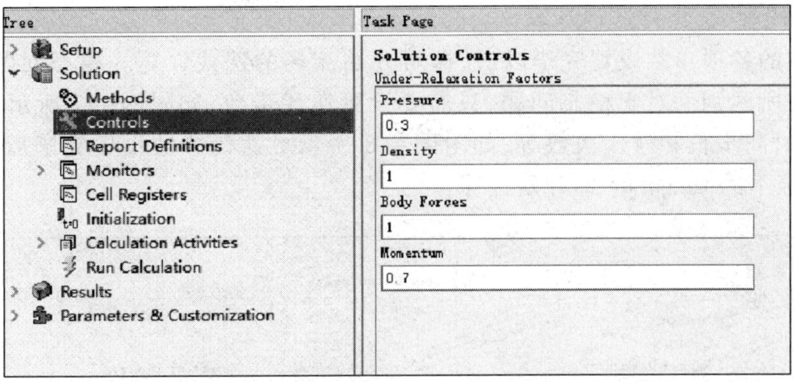

附图-44　Solution Controls 控制面板

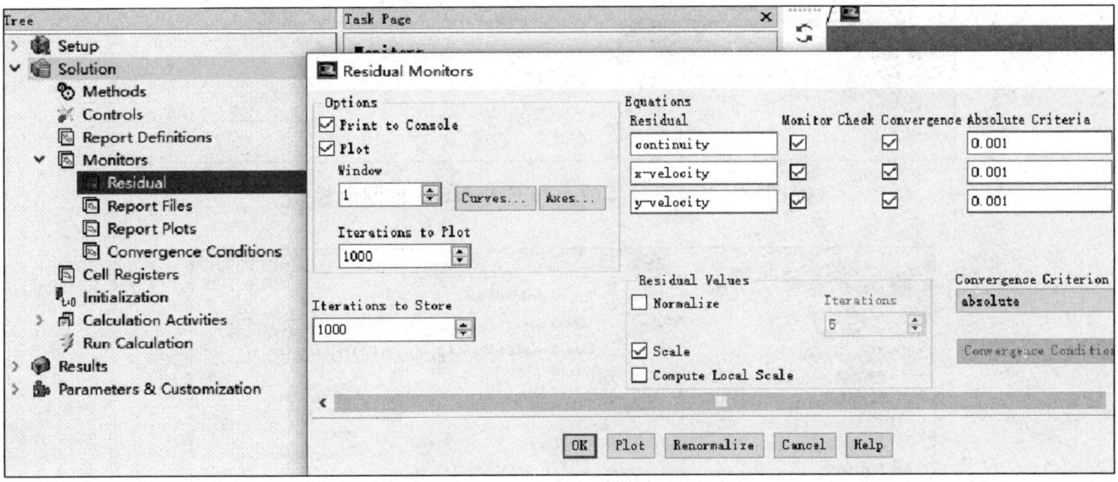

附图-45　Residual Monitors 对话框

10. 初始化设置

在对流场进行求解前，需要预选设置流程的初始猜测值。初始猜测值与最终的实际数值解越接近越好。在左侧控制树 Solution 下，双击 Initialization，弹出初始化控制面板，如附图-46 所示。在这里可设置初始化的方法及获得初始值的方式等，用户也可通过自定义程序进行初始化。

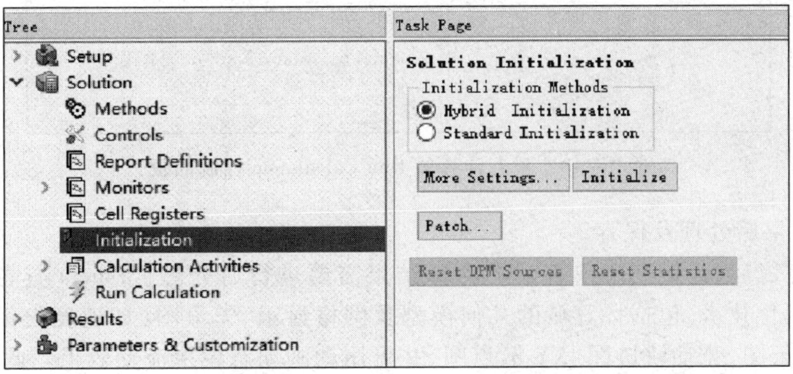

附图-46　初始化控制面板

11. 设定迭代参数,进行迭代计算

上述步骤中的各项参数设置完毕以后,即可开始流场的迭代计算。稳态问题与瞬态问题的迭代计算方法有所区别。对于稳态问题,只需要设置迭代步数,如附图-47 所示;而对于瞬态问题,则需要设置时间步长和迭代次数等,如附图-48 所示。迭代参数设置完毕后,单击 Run Calculation 控制面板下的 Calculate 即开始计算。

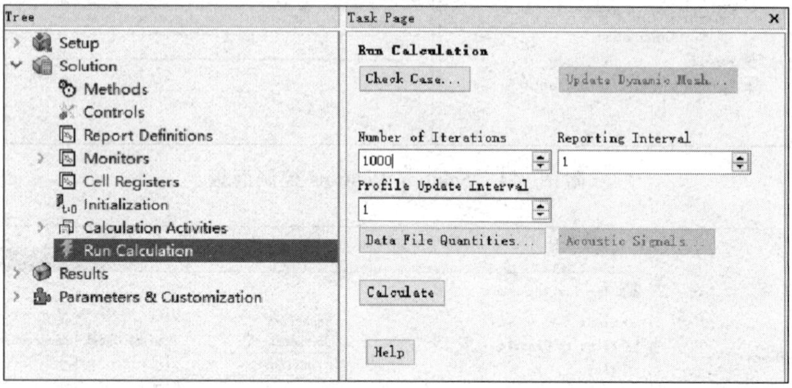

附图-47　稳态计算的 Run Calculation 控制面板

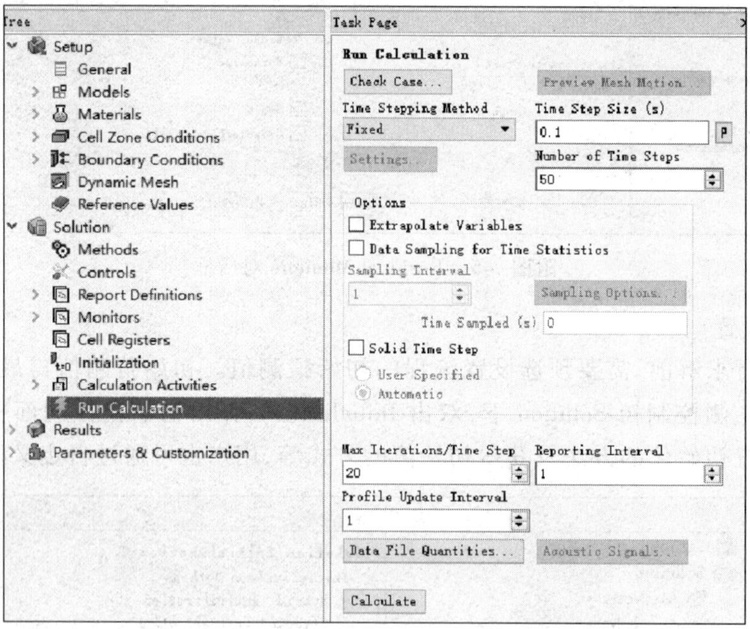

附图-48　瞬态计算的 Run Calculation 控制面板

12. 计算结果后处理及保存

模拟计算完成后,为得到形象直观的图形结果需要进行后处理。Fluent 具备丰富的后处理功能及图形可视化技术,包括计算域的几何模型及网格显示、矢量图(如速度矢量线等)、物理参数的等值线图、云图、流动轨迹图、XY 散点图,并可用动画动态模拟流动效果。此外,后处理还能求得力、力矩及对应的力矩系数、流量等,并可生成计算报告。在控制树处 Results 下可进行网格、云图、等值线图、矢量线图、流动轨迹图、动画等后处理操作,如附图-49 所示。

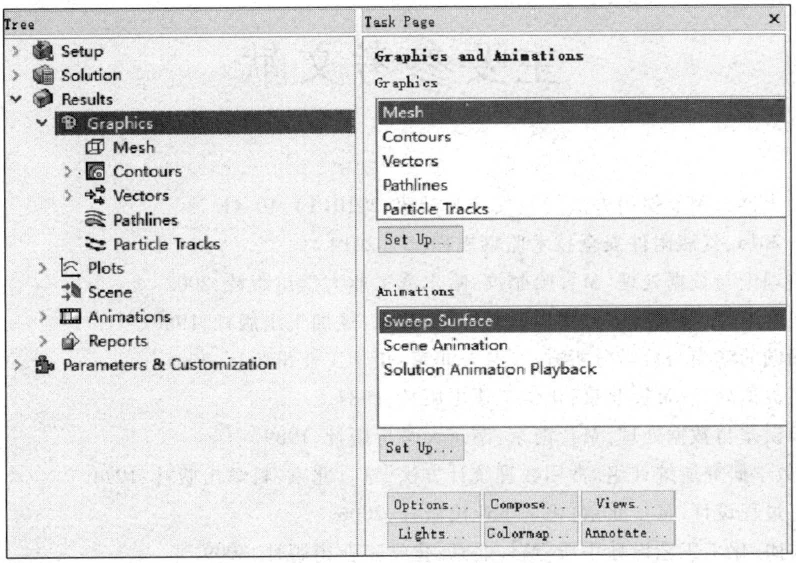

附图-49　后处理控制面板

最后,需要保存工程和数据文件:执行 File→Write→Case & Data 命令,将当前设置的全部参数及计算结果保存到案例文件和数据文件。

上面简要介绍了 Fluent 软件的使用步骤,相关的参数设置需要丰富的计算流体力学和数值离散知识,有兴趣的读者可阅读计算流体力学、数值离散方法等相关书籍进一步学习。

主要参考文献

[1] 平凡.常用灭火器选用及使用方法[J].安全与健康,2010(1):40-41.

[2] TSG R0006—2014,气瓶附件安全技术监察规程[S].2014.

[3] 丁振良.误差理论与数据处理[M].哈尔滨:哈尔滨工业大学出版社,2002.

[4] 朱中南,戴迎春.化工数据处理与实验设计[M].北京:烃加工出版社,1989.

[5] 李希.化工问题的建模与数学分析方法[M].北京:化学工业出版社,2006.

[6] 江体乾.化工数据处理[M].北京:化学工业出版社,1984.

[7] 滕敏康.实验误差与数据处理[M].南京:南京大学出版社,1989.

[8] 中国科学院数学研究所统计组.常用数理统计方法[M].北京:科学出版社,1974.

[9] 王静康.化工过程设计[M].北京:化学工业出版社,2006.

[10] 中国石化集团.化工工艺设计手册[M].北京:化学工业出版社,2009.

[11] 马国华.监控组态软件应用:从基础到实践[M].北京:中国电力出版社,2011.

[12] 北京大学,南京大学,南开大学.化工基础实验[M].北京:北京大学出版社,2004.

[13] 张金利,郭翠梨,胡瑞杰,等.化工原理实验[M].2版.天津:天津大学出版社,2016.

[14] 冯晖,居沈贵,夏毅.化工原理实验[M].南京:东南大学出版社,2003.

[15] 姚克俭主编.化工原理实验立体教材[M].杭州:浙江大学出版社,2009.

[16] 马江权,魏斗年,韶晖,等.化工原理实验[M].2版.上海:华东理工大学出版社,2011.

[17] 史贤林,张秋香,周文勇,等.化工原理实验[M].2版.上海:华东理工大学出版社,2015.

[18] 贾绍义,柴诚敬.化工原理:下册[M].2版.北京:高等教育出版社,2017.

[19] 王树青,金晓明.先进控制技术应用实例[M].北京:化学工业出版社,2005.

[20] McCabe W,Smith J C,Harriott P. Unit operations of chemical engineering [M]. 7th ed. New York:McGraw-Hill, 2004.

[21] Perry R H,Green D W. Perry's chemical engineers' handbook[M]. 8th ed. New York:McGraw-Hill,2008.

[22] Geankoplis C J. Transport processes and unit operations[M]. 3rd ed. Englewood Cliffs, New Jersey: Prentice-Hall,1993.

[23] Brodkey R S,Hershey H C. Transport phenomena a unified approach[M]. New York:McGraw-Hill,1988.

[24] Kern D Q. Process heat transfer[M]. New York:McGraw-Hill,1990.

[25] Streeter V L,Wylie E B. Fluid mechanics[M]. 8th ed. New York:McGraw-Hill,1985.

[26] William L L. Distillation design and control using ASPEN simulation[M]. 2nd ed. New York:Wiley,2013.

[27] Gomes P B,Mata V G,Rodrigues A E. Production of rose geranium oil using supercritical fluid extraction[J]. J Supercrit Fluids,2007,41(1):50-60.

[28] Inamdar S V,Gupta S K,Saraf D N. Multi-objective optimization of an industrial crude distillation unit using the elitist non-dominated sorting genetic algorithm[J]. Chem Eng Res Des,2004,82(5):611-623.

[29] Pinto J M,Joly M,Moro L F L. Planning and scheduling models for refinery operations[J]. Comput Chem Eng, 2000,24(9-10):2259-2276.

[30] Serinyel Z,Togbé C,Zaras A,et al. Kinetics of oxidation of cyclohexanone in a jet-stirred reactor:Experimental

and modeling[J]. Proc Combust Inst,2015,35(1):507-514.

[31] Sistla Y S,Khanna A. CO_2 absorption studies in amino acid-anion based ionic liquids[J]. Chem Eng J,2015,273:268-276.

[32] Kister HZ. Distillation design[M]. New York:McGraw-Hill,1992.

[33] Ludwig E E. Applied process design for chemical and petrochemical plants[M]. Texas:Gulf,1997.

[34] Pelkonen S,Górak A,Ohligschläger A,et al. Experimental study on multicomponent distillation in packed columns[J]. Chem Eng Proc,2001,40(3):235-243.

[35] Besbes S,El Hajem M,Aissia H B,et al. PIV measurements and Eulerian-Lagrangian simulations of the unsteady gas-liquid flow in a needle sparger rectangular bubble column[J]. Chem Eng Sci,2015,126:560-572.

[36] Zaloha P,Kristal J,Jiricny V,et al. Characteristics of liquid slugs in gas-liquid taylor flow in microchannels[J]. Chem Eng Sci,2012,68(1):640-649.

[37] Bates E D,Mayton R D,Ntai I,et al. CO_2 capture by a task-specific ionic liquid[J]. J Am Chem Soc,2002,124:926-927.

[38] 刘培胜,孟令常. Excel 电子表格实训教程[M]. 上海:上海交通大学出版社,2010.

[39] 时景荣,罗传义. 用 Excel 图解法求精馏塔理论塔板数[J]. 计算机与应用化学,2005,22(7):561-564.

[40] 王秀峰. 数据分析与科学绘图软件 ORIGIN 详解程[M]. 北京:化学工业出版社,2008.

[41] 侯涛,高晓新. 乙腈-水共沸体系的变压精馏模拟与优化[J]. 石油化工高等学校学报,2014,27(2):42-45.

[42] 张建侯,许锡恩. 化工过程分析和计算机模拟[M]. 北京:化学工业出版社,1989.

[43] 熊杰明,杨索和. Aspen Plus 实例教程[M]. 北京:化学工业出版社,2013.

[44] 屈一新. 化工过程数值模拟及软件[M]. 2 版. 北京:化学工业出版社,2011.

[45] 吴重光. 化工仿真实习指南[M]. 3 版. 北京:化学工业出版社,2012.

[46] 周作明,郭冰松,吕碧洪,等. 氨基酸离子液体水溶液吸收及解吸二氧化碳机理[J]. 中国科学:化学,2015,45(7):747-754.

[47] 上海交通大学化学工程系. 化学工程与工艺专业实验讲义. 2017.

[48] 房鼎业,乐清华,李福清. 化学工程与工艺实验[M]. 北京:化学工业出版社,2000.

[49] 严政,姚成林,文娟. CO_2 的化学吸收分离技术研究进展[J]. 矿业安全与环保,2013,40(3):110-113.

[50] 王艳飞,董炳利,周金波,等. 催化反应精馏合成甲缩醛的工艺研究[J]. 炼油与化工,2010,3(21):7-8.

[51] 李希,李兆奇,管小平,等. 气液鼓泡塔流体力学研究进展[J]. 高校化学工程学报,2015,29(4):765-779.

[52] 朱炳辰. 化学反应工程[M]. 北京:化学工业出版社,1998.

[53] 时钧,汪家鼎,余国琮,等. 化学工程手册[M]. 北京:化学工业出版社,1996.

[54] 吴卫,石绍军. 变压吸附分离技术在氮气生产中的应用[J]. 化工设计通讯,2010,36(3):8-10.

[55] 毛娜,朱继宣. 对分子筛变压吸附制氮最适宜条件的初步探究[J]. 合成材料老化与应用,2017,46(1):63-66.